阅读成就梦想……

Read to Achieve

心理咨询与治疗经典译丛 · 触摸你的无意识

国际荣格分析心理学协会
International Association of Analytical Psychology

武汉发展小组

荣格派
精神分析

[加拿大] 莫瑞·斯坦 主编
（Murray Stein）

刘婧恒 尚远 译
施琪嘉 审译

JUNGIAN
PSYCHOANALYSIS

WORKING IN THE SPIRIT OF CARL JUNG

中国人民大学出版社
· 北京 ·

图书在版编目（ＣＩＰ）数据

荣格派精神分析 / （加）莫瑞·斯坦
（Murray Stein）主编；刘婧恒，尚远译. -- 北京 : 中
国人民大学出版社，2023.5
书名原文：Jungian Psychoanalysis: Working in
the Spirit of Carl Jung
ISBN 978-7-300-31625-3

Ⅰ．①荣… Ⅱ．①莫… ②刘… ③尚… Ⅲ．①荣格（
Jung, Carl Gustav 1875-1961）－心理学学派－精神分析
Ⅳ．①B84-065

中国国家版本馆CIP数据核字(2023)第064455号

荣格派精神分析

［加拿大］莫瑞·斯坦（Murray Stein）　主编

刘婧恒　尚　远　译

施琪嘉　审译

RONGGEPAI JINGSHEN FENXI

出版发行	中国人民大学出版社	
社　　址	北京中关村大街31号	**邮政编码**　100080
电　　话	010-62511242（总编室）	010-62511770（质管部）
	010-82501766（邮购部）	010-62514148（门市部）
	010-62515195（发行公司）	010-62515275（盗版举报）
网　　址	http://www.crup.com.cn	
经　　销	新华书店	
印　　刷	北京联兴盛业印刷股份有限公司	
开　　本	720 mm×1000 mm　1/16	**版　次**　2023年5月第1版
印　　张	26.5　插页2	**印　次**　2023年5月第1次印刷
字　　数	420 000	**定　价**　129.00元

版权所有　　　侵权必究　　　印装差错　　　负责调换

推荐序

个体化是每个人后半辈子的内在呼唤

曾有人说弗洛伊德学说是谈论男人和父亲的理论，荣格学说则是谈论女人和母亲的理论。

人们这样议论，是因为弗洛伊德和母亲关系亲密，直到母亲八十几岁去世前，弗洛伊德每周末都要亲自到母亲屋里给她请安。在弗洛伊德40岁时，他父亲去世了，一年后在父亲去世的祭日那天凌晨，弗洛伊德梦见自己回到了母亲的故乡和小时候的场景，那时，母亲又怀了自己的弟弟尤里斯，弗洛伊德只有不到两岁居然记得母亲带着他和弟弟在回维也纳的车上的情景。那是弗洛伊德第一次感到来自弟弟的威胁，尤里斯出生四个月后夭折，弗洛伊德的母爱失而复得，这可能是弗洛伊德终身保持和母亲良好关系的原因之一。

在荣格出生前，荣格的母亲爱米莉·普莱斯威克（Emilie Preiswerk）就怀过三个孩子，三个皆夭折，所以在怀上荣格后，荣格母亲也担心荣格活不下来。在荣格出生后，他母亲居然玩起失踪，把荣格扔给她的好友贝萨·申克（Bertha Schenk），也就是后来荣格妻子艾玛的母亲去抚养，自己则躲到乡村去弄类似于念咒祈祷之类的事情。荣格的父亲是乡村牧师，只拿很少的俸禄，但可以聘一名全职助理，也就是年轻的贝萨，她的职责包括帮着带没有母亲的年幼的荣格。很多年以后，荣格还记得贝萨的模样，他写道："贝萨年轻，非常漂亮，很有魅力，有着深蓝的眼睛和平顺的头发，她非常崇拜我父亲。"

荣格长大后，也是在贝萨的鼓励下于1899年第一次见到了她女儿艾玛。艾玛当时17岁，刚从巴黎回瑞士的荣格在和她交往数月后就提出要娶她。最初遭到拒绝仍继续保持求婚姿态的荣格在1906年写信给弗洛伊德说，当时（1903年）她接受我了，于是我们结婚了。

是什么因素让荣格觉得艾玛会改变主意呢？荣格的直觉告诉他，在艾玛端庄的外貌下隐藏着对传统的叛逆，对智慧的渴望和对探索新奇事物的渴求。荣格在给艾玛的信中大量讲述了他对他喜欢的作家、哲学家的看法，他还给艾玛介绍神话故事，他在精神病院工作的趣闻以及他对未来的期待和担心，给艾玛开出书单，让她先看，这就可以成为他们在下次见面时的谈资。

荣格对直觉的强调一方面来自他母亲神经质的性格，另一方面也来自他早年自身的体验。他早年是个孤独的孩子，四岁就梦见一个小洞穴中的柱状神秘意象，经常一个人在自己的小阁楼摆弄铅笔盒里面的几块对他有神秘意义的小木块雕塑，12 岁之前不时意识丧失抽搐发作，休学在家。但当他偶然听到对自己特别包容的父亲在背后对自己未来的担心时，疾病神奇般地痊愈，他进而变成了一个激进张扬的大学生。荣格后来身体发育良好，高大壮实，但艾玛发现她英俊帅气的未婚夫其实是个直男，不会跳舞，不懂浪漫，不会献殷勤。这种情况也发生在 1907 年荣格和艾玛第一次在维也纳拜访弗洛伊德全家时，他在餐桌上只顾与弗洛伊德高谈阔论，完全不顾弗洛伊德全家在场彼此的寒暄。

荣格有个重复梦，梦中的萨乐美女神眼睛是瞎的，他后来自己理解到，这个萨乐美正是自己的阿尼玛，由于自己没有觉察自己的阿尼玛，所以梦中的萨乐美眼睛是瞎的。

阿尼玛是荣格用来形容男性身上女性气质的描述，男性身上的女性特质一般来自母亲，而荣格母亲的飘忽不定正是让他在内心让阿尼玛失明的重要原因。

有人说，那艾玛算什么，终身稳定地和荣格在一起，即便在得知荣格和患者萨宾娜的绯闻、和托尼的出轨，艾玛都对荣格不离不弃。1912 年荣格和弗洛伊德分裂前后，正是艾玛还一直保持着和弗洛伊德的通信，并试图修复关系。

荣格对阿尼玛有过不同的描述，负责繁衍的阿尼玛是以夏娃原型出现的，负责照顾的阿尼玛则以圣母玛利亚的原型出现，负责情欲的以海伦娜身份出现，而负责智慧的以缪斯女神身份出现。荣格可能把艾玛当作圣母原型了，既然是圣母，她就会接纳和照顾一切，包括荣格的各种绯闻或纰漏。

荣格曾经治疗过一个严重的患者格罗斯，该人患有严重的妄想症、同性恋倾向和色情狂，荣格很欣赏他的才华，便逐渐减少他的药量，这导致格罗斯越院逃跑，属于很严重的事故，这件事让荣格很沮丧，于是他又开始恢复和萨宾娜的关系。荣格与萨宾娜建立医患关系大约是在 1903—1904 年间，当时萨宾娜竭力引诱荣格，这导致艾玛和荣格关系的紧张。在 75 年后的一天，人们在维也纳某公寓发现了一个无人认领行李箱，确认是萨宾娜的遗物，里面有她和荣格的通信，其中的年份涵盖了 1907—1909 年，也就说明荣格恢复了和萨宾娜的通信。荣格在一封信中这样写到："亲爱的斯碧莱小姐（萨宾娜的姓），您犀利的来信准确而真实地捕捉到了我的潜意识，这种事情只会发生在我身上（指格罗斯的事），要不我们租条船去湖上，可以不受打扰地单独聊聊。沐浴在阳光下，徜徉在开阔的水域中，我们可以轻松地找到情感的指引。"

显然，萨宾娜变成了荣格阿尼玛中的海伦娜形象。这时，艾玛刚生下老三弗朗兹，这是第一个儿子，是家族的法定继承人，在潜意识中，这对荣格不是什么好事，而荣格无法对艾玛谈论这些。

托尼·沃尔夫（Toni Wolff）是和荣格保持终身关系的女友，这段关系最终得到了艾玛的默许，托尼终身未嫁，最终成为荣格学者，也被允许埋在荣格家族的墓园中。有人这样形容托尼，她似乎沉浸在自己的世界里，有时在街上遇见她时，她对你视而不见，眼睛直勾勾的，其实她是完全沉醉在自己的思想中。在苏黎世，知识分子家族之间是有密切的社交来往的，包括特里卜家族（Truebs）、克勒尔家族（Kellers）、帕菲斯特家族（Pfisters）、里克林家族（Riklins）、锡克家族（Siggs），荣格和托尼·沃尔夫常常是这个社交圈子的中心。一次荣格夫妇被邀请时，大家都拥上来和荣格打招呼，艾玛在后面静静地站着，有人注意到了，不禁发出惊叹：蒙娜丽莎！

也许，托尼·沃尔夫对荣格来讲就是缪斯女神，艾玛在 1911 年曾经很落寞地写给弗洛伊德："我通常是很安静的，我有时问自己，自己是不是很幸运的人。但随着时光飞逝，我常常被冲突折磨，我是不是不应该让自己这么忍受，不去对卡尔（荣格）发火。我没有朋友，所有人都奔着荣格而去，所有女士都爱他，对所有男士而言，我只是卡尔的妻子。卡尔对我说，我应该从他和孩子身边移开注意力，那我到底应该做什么？"

艾玛在托尼去世后以一贯的大度说道，我应该对托尼心存感激，她在最艰难的时候对卡尔做了我和任何人无法替代的事情！

荣格正是用他亲身的经历向我们展示了个体化过程的特点——真实和接近阴

影，探索自我情结的另一端，即第三、第四人格。

玛丽－路易斯·冯·弗朗兹（Marie-Louise von Franz）说，个性化原则实际上和恶魔似的力量是有关的，因为后者是从天性完整中的神性分裂出去的。

学习荣格，其实最大的意义在于找到每个人作为独特的个体存在的意义，它也是我们人生，特别是后半辈子直至死亡的向死而生的必经之路。

施琪嘉

2023 年 3 月 10 日，莱顿园

序 言

| 托马斯·B. 基尔希（Thomas B. Kirsch）[①] |

分析心理学的历史可以追溯到 1912 年，当时荣格在他的著作《力比多的变化和象征》（*Wandlungen und Symbole der Libido*）中首次使用了这个短语，后来这本书在《荣格文集》（*Collected Works of C.G.Jung*，CW）中的书名被称为《转化的象征》。当时，荣格仍然是国际精神分析协会（International Psychoanalytic Association，IPA）的主席，尽管与弗洛伊德有很深的冲突，他仍然被认为是弗洛伊德流派的精神分析师。正是在《转化的象征》的下半部分，荣格第一次开始把梦和神话作为集体心灵的象征，这种方式使他远离了弗洛伊德以及婴儿化的性。1914 年，他从 IPA 辞职，经历了一段严重又迷茫的转化过程，在他的自传性作品《回忆、梦、思考》（*Memories，Dreams，Reflections*）中，他将这一时期称为"面对无意识"。这一时期大约持续到 1918 年（Jung，1961，ch. 6）。

当荣格从这种内在危机中走出来的时候，分析心理学作为一门独立但又与精神分析相关的学科诞生了。由于荣格本质上内倾的性格，以及被认为是公开的且在政治上活跃的弗洛伊德主义者，他没有兴趣以自己为中心去组织一个专业协会。然而，由于他的作品越来越出名，在瑞士和国外也做了许多演讲，世界各地的人都来找他进行分析和咨询，其中包括了一个特别重要的来自英国和美国的代表团。荣格从 1921 年开始举办了一系列使用英语的研讨会，一直持续到 1939 年。接受荣格和 / 或他的一个亲密助手（主要是托尼·沃尔夫）的分析，参与研讨会，再加上荣格的介绍信，是作为荣格派分析师的基本要求。因此，早在第二次世界大

---

① 托马斯·B. 基尔希，医学博士，旧金山荣格学院培训分析师，IAAP 前任主席。他著有《荣格学派的历史》（*The Jungians*）和大量有关分析心理学历史的文章。

战之前，在瑞士、英国、美国、德国、法国、意大利等国就有荣格学派的分析师。小型的专业分析师团队也在苏黎世、伦敦、纽约和柏林成立了。

在这些城市中，分析心理学俱乐部也存在，其中被分析者和分析师都可被接纳为会员。其中第一个俱乐部的初次会议于 1916 年 2 月 26 日在苏黎世召开。它的目的是为那些对原型象征和放大梦境意象感兴趣的人提供一个聚会的场所，让他们可以研究特定的象征，并聆听有关主题的讲座。荣格还想看看让一群被分析的人聚集在一起会产生什么效果，以及他们会如何互动。在第二次世界大战之前，有人想要在苏黎世建立以荣格命名的培训学院，但这些活动因战争而中断，直到战争结束才重新开始。战争的另外一个影响是，许多在欧洲生活和工作的荣格派犹太分析师分散到了世界其他地方。埃里希·诺伊曼（Erich Neumann）和茱莉亚·诺伊曼（Julia Neumann）在特拉维夫定居；詹姆斯·基尔希（James Kirsch）和希尔德·基尔希（Hilde Kirsch）在洛杉矶登陆；恩斯特·伯恩哈德（Ernst Bernhard）逃到了罗马；格哈德·阿德勒（Gerhard Adler）和海拉·阿德勒（Hella Adler）在伦敦成为有影响力的成员，这样的例子不胜枚举。以上提到的这些人就在他们重新定居的国家成了荣格团体的创始人。

在多方劝说下，荣格默许于 1947 年在苏黎世成立了一个以他名字命名的研究所。它的目标是在分析心理学和荣格分析的理论以及实践方面训练人们，并为此目标提供临床精神病学、人类学、神话学、比较宗教、童话和其他几个相关领域的课程。苏黎世荣格学院成立于 1948 年，在接下来的 20 年里，它一直是全球领先的荣格派分析师培训中心。在伦敦、纽约、洛杉矶和旧金山也有其他培训项目，但就课程和学员人数而言，苏黎世是主要中心。伦敦很快就成为了第二重要的城市。

1955 年荣格 80 岁生日时，国际分析心理学会（International Association for Analytical Psychology，IAAP）在苏黎世成立，旨在为国际上越来越多的荣格派分析师提供一个组织结构，并将其正式确立为一个国际实体。它的一个主要任务是每三年召开一次国际大会，目的是分享理论和临床观点，提供新的想法，并继续发展该领域。第一次大会于 1958 年 8 月在苏黎世举行。来自世界各地的约 120 名分析师参与其中，荣格亲自出席了开幕式和晚宴。以放大原型为主题的论文主导了整个会议。该次会议的参与人员被严格限制为分析师。

第二次代表大会于 1962 年在苏黎世召开。荣格在此期间去世。一场尖锐的潜在冲突在苏黎世和伦敦两个团体之间浮现出来，而这其实在第一次会议上已经出现过了。伦敦荣格学派深受梅兰妮·克莱因（Melanie Klein）、唐纳德·温尼科特（Donald Winnicott）、威尔福德·比昂（Wilford Bion），以及其他弗洛伊德派精神分析学家的影响，他们改变了苏黎世团体的传统方法，在与患者工作时使用躺椅，治疗时间增加到每周四次，并把重点放在分析移情以及儿童发展对成人心理功能的影响上。这些修改与荣格自己使用的方式以及世界上大多数荣格学家沿用的实践方法大相径庭，传统的荣格派方法是治疗师与患者面对面坐着，侧重于梦的诠释而不是移情，要求的治疗频率为一周一次或两次。在接下来的 20 年里，伦敦和苏黎世团体之间的冲突主导了协会和整个领域。分析心理学的主要能量被这两个中心所吸引。与荣格一起进行分析的第一代荣格学家，通过放大原型梦的意象，展示了他们各自版本的经典方法；而伦敦学派呈现的则是那些表现出早期发展问题的患者，他们的症状似乎更为严重。从一开始，这种不同就很明显。

到 20 世纪 80 年代中期，弗洛伊德派精神分析经历了一系列重大的发展和转变，包括海因茨·科胡特（Heinz Kohut）的自体心理学的出现，以及斯蒂芬·米切尔（Stephen Mitchell）和杰西卡·本杰明（Jessica Benjamin）领导的关系运动。在荣格学派的世界里，分析师对患者和分析师之间的界限问题更加谨慎，临床问题的种类也越来越多，伦敦学派（发展学派）和苏黎世学派（古典学派）之间的距离也缩小了。在美国，新分析师的数量急剧增加，因此美国人的意见在分析心理学领域也产生了重要的影响。国际会议于 1980 年和 1992 年分别在美国的旧金山和芝加哥举行，而在 IAAP 刚创建时，人们认为这是不可能的。

精神分析在 20 世纪中叶和之后的 10 年中达到了顶峰，但它此时也开始失去一些光彩。候选人不再排队等待成为精神分析师。精神药理学的新发展有望立即缓解情感障碍，任何形式的分析都不再被认为是治疗情感障碍的黄金准则。在同一时期，分析心理学在美国、英国和欧洲继续以稳定的速度增长和发展，到 1989年，在 IAAP 中有 2000 名荣格派分析师。西欧主要国家都有成熟的全国性团体，其规模正在扩大。虽然荣格中心主要集中在这些国家的首都城市，但在每个国家的其他主要城市也正在形成一些分支机构。由于政治和理论上的差异，以意大利为主的一些国家有两个全国性的协会，而英国有四个协会，都位于伦敦。到 1989年，大多数与荣格或弗洛伊德共事过的第一代分析师不再活跃或已去世，弗洛伊德派和荣格派分析师之间的联结变得更有可能性。双方在第一代分析师之间爆发的宿怨有所缓解，尽管在今天宿怨也可能再次爆发，尤其是在纽约和洛杉矶，那里有很大比例的犹太精神分析师。荣格在 20 世纪 30 年代参与的与德国有关的专业和文化活动，继续成为许多专业人士进入这个领域的绊脚石，否则他们可能会对他的工作感兴趣。时至今日，关于荣格是纳粹分子和积极反犹太主义者的谣言依然存在。荣格与当时欧洲政治局势的关系是复杂的，有关这一关系的讨论很少考虑到那些微妙之处，因而我们也无法准确理解他的立场。荣格的许多犹太学生曾在 20 世纪 30 年代试图解释他的立场，但他们的澄清并没有消除这个问题（Kirsch 1982，1983；Samuels 1993）。荣格与詹姆斯·基尔希之间的通信即将出版，将提供关于 20 世纪 30 年代荣格立场的最新资料。

1989 年对世界和分析心理学来说都是重要的一年。柏林墙倒塌和苏联解体给东欧国家和俄罗斯带来了许多变化。来自东欧和俄罗斯的人们开始对学习分析心理学表现出浓厚的兴趣。在此之前，他们对精神分析史和分析心理学知之甚少。我们所熟知的精神分析领域的矛盾和发展，对他们来说几乎是完全陌生的。东欧国家与西方国家之间的联系迅速发展，如何培养有兴趣成为荣格派分析师的人成为一个严重的问题，主要是如何安排他们获得个人分析和督导。书籍和理论研讨会是比较容易获得的资源。碰巧，几位荣格学派的分析师搬到莫斯科住了一段时间，他们能够提供分析和督导，但大多数情况下，要么西方国家的分析师做短期旅行（一到两周），要么安排这些国家的学生前往德国或苏黎世进行分析。

一个具体的例子应该被提及，因为该项目的影响范围在过去以及在现在都如此之广泛。该项目由来自伦敦的分析心理学会（Society of Analytical Psychology，SAP）的简·维纳（Jan Wiener）和凯瑟琳·克劳瑟（Catherine Crowther）领导，资金来自 IAAP 和英国的基金会，并通过大规模的福利为来自圣彼得堡和莫斯科的合适人选提供定期的督导和穿梭分析。来自英国的四个团体的大约 20 名荣格派分析师自愿定期前往俄罗斯，为接受培训的分析师提供分析、督导和研讨会。在 2007 年于南非开普敦举行的 IAAP 大会上，有一个由荣格派分析师组成的俄罗斯社团（有 18 名成员）被接受参会。这是在相对较短的时间内（大约 7 年）取得的非凡成就。来自其他国家的个人也已经可以获得 IAAP 的个人成员资格，然而在这些国家还没有足够数量的候选人完成培训来组成一个团体。

　　事实上，自 20 世纪 70 年代以来，分析心理学的传播已遍及全球。专业的荣格团体在委内瑞拉、智利、乌拉圭、巴西、南非、韩国、日本、澳大利亚和新西兰都有发展。每一个国家都成立了一个官方的 IAAP 培训协会。全世界都对分析心理学越来越感兴趣。

　　目前分析心理学的世界是什么样的？虽然分析心理学在许多国家引起了人们的兴趣，但其影响已经发生了明确的变化。分析心理学始于荣格在苏黎世的生涯，在荣格的一生中，直到 1961 年他去世之前，苏黎世一直被视为荣格学派的麦加，并且是受训的首选之地。伦敦，以其不同的分析心理学观点，强调发展问题和移情，也一直是一个主要的培训中心。美国从来没有一个全国性的荣格协会，但是许多当地的团体在使用荣格学派的方法工作，只是方式有些微不同。一个非正式的协会，即北美荣格分析学会理事会成立于 1978 年，由北美各学会的代表组成，每年举行一次会议。理事会就许多问题提出了建议，但它没有执行决定的权力。

　　几乎所有西欧国家都有一个全国性的协会。在许多国家，如意大利、比利时和英国，全国性协会不止一个。全国性的专业团体正在东欧国家缓慢发展。对荣格学派的兴趣增长最快的地区包括南美和亚洲，但荣格派的心理分析师目前仍寥寥无几。在中国，由苏黎世的荣格圈子发展出来的沙盘是心理学家们的主要兴趣所在。在其他亚洲国家也是类似的情况。IAAP，作为一个荣格派的专业社团和个人分析师的国际认证组织，继续由西欧和美国人领导。虽然其他地区的声音正在增多，但仍不足以转变现状。

　　分析心理学的发展非常复杂，并受到许多因素的影响。荣格曾作为 IPA 和国际医学心理治疗协会的主席，两次涉足专业精神分析以及心理治疗的领导者角色，但对他个人和他的追随者来说，结果都很糟糕。在这些努力之后，他并没有高度重视机构的活动，所以即使在需求很大的时候，他带领的专业协会也发展缓慢。另一个重要的因素是，弗洛伊德与荣格的冲突导致许多心理治疗师反对荣格，尤其是当弗洛伊德模式在专业领域有如此大的影响之时，而且荣格在纳粹时期与德国人的关系，使得许多犹太心理治疗师甚至拒绝去思考他的工作。最后，荣格对非理性和共时性等主题的兴趣虽然吸引了许多人，但也让其他人感到厌烦。

　　我在这一领域工作了 40 多年，在我看来，荣格和分析心理学的观点对于今日世界的重要性前所未有。当我们看到世界上许多宗教和文化的冲突之时，就会发现也许分析心理学可以发挥重要的作用。荣格关于他那个时代的精神危机的著作仍然与当代社会息息相关。今天，我们与荣格不再有直接的联系，但通过他的著作和许多后继者的著作，再加上我们在许多不同国家和文化的专业培训，我们正在继续以创新的方式发展这一领域。本书就是一个最好的例子。

编者序

| 莫瑞·斯坦 |

我预订了一桌晚餐。

请告诉我你的名字。

卡尔·荣格。

你的意思是你们是著名的"弗洛伊德、阿德勒、荣格"吗？

不，只是荣格。

这是杜撰的故事，却说明了很多问题。

荣格将自己与精神分析的另外两位先驱弗洛伊德和阿德勒区分开来，并创立了深度心理学（或早期被称为医学心理学）的一个独特分支——分析心理学。这个学派的物质和精神家园是瑞士的苏黎世。这三位创始人在理论和临床上的差异，特别是荣格和弗洛伊德之间的差异，已经在许多出版物和传记中被广泛讨论。这里我只想说，荣格学派的第一代和第二代人，为了将自身的领域与周围环境区分开来，强调了基本视角和实践上的差异，用浓重的笔墨与其他学派划清了界限。最近，当代荣格学派写作的重点转向了融合和对话的视角。这可能是该领域成熟的标志。人们对身份的焦虑减少了。

在围绕荣格建立起来的学派中，临床执业者称自己为分析心理学家、荣格派分析师和荣格派心理治疗师。近年来，他们越来越认识到自己与精神分析大家庭的历史渊源，并开始将自己称为荣格派精神分析师。因此才有了这本书的书名。

荣格派精神分析是分析心理学临床应用的当代名称。

从一开始，来自世界各地的人围绕在荣格身边，帮助他在苏黎世创办了学校。因此，强大的国际性从一开始就成为分析心理学的特点，并一直持续到今天。此外，最初从事分析心理学实践的人绝不都是受过医学训练的。因此，所谓的外行分析在整个学派的历史中都是专业组成的一部分，而近年来，大多数荣格派精神分析师都来自非医学背景。荣格本人，虽然最初接受的是精神科的医学教育，但他的兴趣如此广泛，以至于他很快就看到了将分析实践限制于医疗专业人员的局限性。在分析心理学的历史上，许多学科之间的合作一直是其理论和实践的一部分。这种精神在今天继续得到了彰显。

本书中的文章反映了在过去的 15 年和第二代人去世后该领域发生的变化，第二代荣格派分析师中的许多人在 20 世纪 30 年代和 40 年代与荣格相识，并与他一起工作。我相信，本书作为来自这个领域的宣言，全面地代表了多种思想，以及丰富多样的方法和思考，构成了当代荣格派分析的作品和思想的复杂性。读者会发现其中充满着各种流派的交融，也许在今天这种融合已经接近无缝整合的地步，广为人知的经典的、发展的和典型的分析心理学分支，以及从分析心理学领域之外的现代精神分析思想家那里借鉴的一系列令人印象深刻的观点和见解交织在一起，尽管这些思想家的思想和见解并没有受到荣格学派的启发，但他们的观点越来越被认为是趋同和兼容的。

然而，在当代荣格派精神分析思想的中心，仍然保留着荣格的崇高形象。他出版的作品，无论后来的作者如何解读它们，仍然占据着关键参考材料的特权地位。荣格的 20 卷作品集，连同几卷已经出版的书信集、目前已经被精心编辑及出版的他在苏黎世和其他国家举办的研讨会内容，以及其他一些附带的作品，构成了公认的理解和反思荣格实践的基础。荣格的开创性思想，即心灵是进化的、变化的和寻找目标的，换句话说，即个体化（individuating），仍然是构建其他一切思想的核心认知。他对无意识做了长期而细致的阐述，认为无意识是有目的性的，整体的心灵是以自性（the self）为导向的，引导和支配着心理生活的过程，这构成了这一领域中大多数思想家（到目前为止）的成千上万作品背后的关键灵感。

这些思想继续指导着荣格派精神分析思想的最新贡献，就像它们对荣格学派的前两代人所做的一样，而且在本书收入的文章中很明显地体现了出来。荣格对心灵的看法是，它从根本上不是有缺陷的和病态的（缺陷与病态意味着，注定要上演一个始终不变的悲剧故事），而是面向一生的发展，这种发展可能只是部分地实现，或者也有可能相对完整地实现。但这绝不意味着精神病理学被忽视了。正如本书中的许多文章充分证明的那样，病理问题无疑在生命的各个阶段破坏和中断了个体化的过程，但心灵通过寻求各种方式来克服疾病。荣格派精神分析师寻找这种个体化的自体，并与之结盟，用来培养和鼓励意识的变化和成长。分析师试图跟随并促进自性在心灵中的自然涌现，而不是强加一个程序来改善自我功能，或像外科手术一样，通过精辟的诠释来移除病态结构。一般来说，荣格派精神分析被视为一种反思性的协作努力、一种对话，而不是单方面的教条性的诠释。

"以荣格的精神"来工作，意味着在思想中与整个自性一起工作。当它在这本书中被阐明时，读者会发现，这主要与意识和无意识之间的辩证关系，以及参与分析过程的两个人之间的辩证关系有关。渐渐地，这种辩证过程在个人和原型方面建立了一种完整感。荣格派精神分析的最终结果——在这一努力中"成功"的可能性——主要不是"更好的功能"或"改善的应对技巧"，也不是更大的幸福感、快乐感或自我价值感，尽管这些肯定是有价值的副产品。被期待的最主要的结果是对个人生活模式的一致性和方向性的认识，这种认识作为一个整体深深扎根于心灵，也就是自性。个人获得了关于自身如何归属于个人、文化和历史背景的广阔视角。个人和文化情结以及原型意象浮现在意识的表面，并与自我意识融合，形成了一个比分析开始之前大得多的自体形象。

这种意识是如何产生的？正如读者将在本书许多文章中发现的那样，荣格派精神分析师采用了多种方法来达到这个结果。被寻求的必须被引入到心灵矩阵中的变化因素，隐含在"与无意识进行接触"或"发展一种超越功能"的概念中，这些概念在传统荣格文献中很常见，也存在于本书的许多文章中。重点不是要在个体的分析中创造一种永恒的包罗一切的意识状态，而是要捕捉一些类似的东西，并以最具包容性和想象力的方式发展思考和感受的自由性。这意味着要修通恐惧、抑制和所有种类的防御，特别是无意识的原始形式。它要求穿过痛苦的记忆，认识自己和他人，并消化这种回忆和洞察的苦涩。分析师需要培养被分析者从背后看自己的能力，学会偷听自己的声音，就像一个与自己对话的人一样，当新的想法、意象和自体表征涌现在分析过程中时，向它们伸出欢迎之手。

产生这种意识的方法，被用来打开心灵，并解释在那里发现的事物。在荣格派精神分析中，这种探索发生在一个空间里，它是由两个致力于探索心灵现实的人创造的。分析师可能会采用几种方法来探究无意识的隐藏世界（梦、幻想、积极想象、情结的释放、移情），另外还会采用几种方法来收集这些洞察，并将其固定在记忆和意识中（诠释、沙盘游戏、艺术创作、身体运动），目的是建立基于整个自性的认同。这种扩展意象的专业术语是超越功能。

那婴儿期、童年、青春期和成年初期呢？弗洛伊德学派传统上主要关注生命的早期阶段，而荣格学派则更擅长解决与生命后半段有关的议题。然而，阅读本书文章的读者会发现，荣格派精神分析师在当下对早期发展也给予了惊人的关注。后半生的个体化遵从循环而非线性路径，这在很大程度上依赖于前半生发展阶段的成功经历。从荣格学派的角度来看，早期阶段是为以后的阶段做准备的，对儿童、青少年和青年人进行分析和治疗的一个主要原因，就是为了最大限度地提高他们日后成熟的机会。早期创伤、联结和依恋不足、与父母和原生家庭分离失败所产生的病症，都会导致后半生的生活停滞不前、防御性强，并受到智慧、复原力和创造力不断下降的威胁。如果成熟和个体化的果实是对自己和他人拥有更大的意识和更深的同情，简而言之，即获得智慧和超越，那么没有个体化的结果就是怨恨、孤立和精神匮乏。

如今，大多数荣格派精神分析师都是已步入后半生的人。我没有做过仔细的调查，但在我担任国际分析心理学会主席的这些年里，认识了来自世界各地的许多人，我估计他们现在的平均年龄在 50 岁左右。这样的人，即使不都是十分聪明的，至少拥有丰富的生活经验，以及在分析的艺术和技巧方面得到了细致的训练。我的印象是，大部分的人致力于继续他们的个体化工作，并磨练他们作为专业分析师的技能。与此同时，我也不会低估在我们步入老年时，阴影付诸行动的潜力。分析师专业协会已经承担了监督其成员伦理的义务，许多协会发现，对其所有成员制定持续督导和继续教育的要求是明智的，无论其年资有多高。许多文章涉及了这些问题。

本书文章的作者都在各种不同的文化背景下接受过培训并工作过。这里集合了国际上来自六大洲的声音。本书反映了荣格派精神分析的国际特性和多种视角。正如托马斯·B.基尔希在序言中所解释的那样，起源于瑞士的分析心理学领域已经得到了许多拓展。荣格派精神分析师现在在西欧所有国家都很活跃，在东欧的许多国家也很活跃，在整个美洲、大洋洲、亚洲和非洲也是如此。目前，他们在世界范围内的心理健康专业中发挥着重要作用，并越来越多地在学术机构任教。近年来，荣格学派也广泛考虑了其他精神分析学派和当代科学研究的现代发展。本书中的文章表明，荣格吸收了来自分析心理学领域之外的知识，这丰富了他的思想，却没有掩盖他在长篇著作中阐述的核心思想和观点。如果说有什么不同的话，那就是荣格的工作在当今比 40 年前更加引人注目，很大程度上是因为现代精神分析和神经科学领域的许多最新发展，似乎都在肯定和支持他在 20 世纪上半叶提出的关键原则。

当我邀请作者们对本书做出具体的贡献时，我鼓励他们发出自己的声音，在他们所写的主题中表达自己的想法和感受，勇敢和创造性地扩展自己独特的愿景和信念。因此，我很高兴地说，本书是一本生动的、有特色的文集，而不是一本枯燥的、收集了各种观点和参考资料的教科书。现在说这是荣格派精神分析领域的权威著作可能有点过分，但它无疑是人们能找到的接近这一标准的著作。我希望读者发现这里收录的文章，无论是作为独立文章还是作为一个集合体，都提供了有用的信息，且令人振奋。

目　录

第三部分　分析的过程

第四部分　特殊议题

第五部分　培训

参考文献

**Jungian
Psychoanalysis**
Working in the
Spirit of
Carl Jung

第一部分
目标

关于分析的目标的讨论，很难统一，也很难面面俱到。每一种情况都是不同的，需要具体考虑。荣格派精神分析师接受的训练是把每一位被分析者作为有着独特历史和具有相当多挑战的个体来看待。因此，分析的结果在每种情况下都是不同的，治疗方法必须因人而异。一种方式并不适合所有人。然而，也存在一些适用于许多案例的普遍的观点，尽管它们并非适用于所有案例。就像在医学中没有两个病例是相同的，但是对一个心脏病病例的治疗与对另一个类似病例的治疗并没有太大的不同。只要牢记每个灵魂的独特之处，我们就可以做出一些总结归纳。

本部分内容主要围绕荣格在一篇名为《现代心理治疗的问题》的论文（CW 16）中提出的模型来编排，文中他概述了心理治疗的四个阶段：告解、阐明、教育和转化。斯坦顿·马兰（Stanton Marlan）所写的"面对阴影"一章讨论了第一个概念"告解"，并将其进一步扩展为将心灵的阴影和能量提升到有意识的状态，并将它们整合在一起。帕特丽夏·维西－麦格鲁（Patricia Vesey-McGrew）在她所写的"掌握思维和行为模式"一章中揭示了"阐明"的含义。这将意识的范围从阴影的内容和机制扩展到情绪和行为模式，从而形成对无意识地控制这些模式的个人情结的理解。托马斯·辛格（Thomas Singer）在他与凯瑟琳·卡普林斯基（Catherine Kaplinsky）合著的"分析中的文化情结"一章中，阐述了文化情结的理论，包含了被分析者的文化背景中的内容，从而深化和拓展了将情结的运作提升到意识状态的讨论。分析的目的，正如在这几章中所概念化的那样，是为了让人们走出自主情结的双极动力学，以厘清意识，并将人们从自动情绪反应中解放出来。

继以上这些思考之后，约瑟芬·埃维茨－塞克（Josephine Evetts-Secker）所写的一章是关于在分析中"开展心理教育"。这是荣格派精神分析中的一个认知部分，目的是帮助被分析者获得对心理功能的个人理解。从长远来看，完整的荣格派精神分析在很大程度上是一种教育体验。被分析者对构成心理生活的大部分的梦、幻想、思想、情感反应和人际动态了解得越多，就越有可能在分析期间和之后形成个人的、令人满意的生活态度。

荣格派精神分析的最重要的目标历来被认为是人格的转化。这意味着被分析者对自体、他人和世界的态度，不仅仅发生了认知上的改变，还有更深层次的转变。戴安娜·库西诺·布鲁奇（Diane Cousineau Brutsche）在她所写的"开启转化"一章中谈到了这个话题，约瑟夫·坎布里（Joseph Cambray）在他所写的"涌现与自性"一章中继续了这个主题。总的来说，荣格对精神分析传统的贡献主要围绕着他对转化的理解。这两章为此提供了一个当代视角的描述。

本部分的各章表达了荣格派精神分析师对当今分析治疗目标思考的多样性和连贯性。他们编织和融合了传统和当代荣格学派的观点，并吸收了其他现代精神分析学派的观点。

第1章

面对阴影

斯坦顿·马兰

太阳和它的阴影完成了这项工作。

——迈克尔·迈尔（Michael Maier）

《逃离的阿塔兰忒》（*Atalanta Fugiens*）

荣格的"阴影"（shadow）概念是对深度心理学和精神分析理论及实践的重要贡献。人们对于阴影的理解方式也随着领域内每位作者的不同取向而自然发展，在他们对精神生活的整体概念和分析观点的阐述中，有时会强调阴影经典的、发展的或原型的位置和意义。当旧的概念类别开始融合时，领域内关于阴影的思想继续分化并逐渐深入。

在本章中，我不会在荣格的作品中精确地追溯这个概念的历史，也不会在我的反思所必需的范围之外去归纳这个概念，更不会对荣格关于阴影的文章做一个总结。这类资料可从许多来源广泛获得。我在这里的意图是把阴影看作一种鲜活的心理现象，它可以持续教会我们更多关于心灵的知识。

　　面对阴影是荣格派精神分析的重要目标之一。在其著作《荣格派心理分析》（*Jungian Analysis*）的早期版本中，莫瑞·斯坦将荣格派心理分析的目标描述为"与无意识达成共识"（Stein 1995，38）。面对阴影是整个工作的关键。斯坦指出，面对阴影意味着"对一个人关于自己最珍视且坚信的幻觉提出质疑，而这个幻觉是被用来增强自尊和保持个人认同感的"（Stein 1995，40）。我们可以理解在分析中面对阴影和幻觉是很痛苦的时刻。

　　从最普遍的意义上讲，我们可以把阴影定义为无意识中的黑暗，指的是被意识拒绝的部分，包括积极的和消极的内容，以及那些尚未被意识到或可能永远不会被意识到的部分。转向这种黑暗意味着去面对我们自己不可接受的、不受欢迎的和未发展的部分，它们是残疾的、盲目的、残酷的、丑陋的、低劣的、夸张的，有时甚至是邪恶的，同时发现没有被意识到的进一步发展的潜力。荣格认为，我们试图融入我们的家庭、历史和文化价值体系的努力，会导致人格的发展，他称之为"人格面具"（persona），这个面具促进了适应性，并且是形成关系的必要结构。

　　为了适应，更大的人格中那些被认为不可接受的方面经常被否认、压抑，并与发展中的人格相分离。其结果是，它们可能会受到折磨、伤害或致残，并会退入黑暗之中，最终可能在那里被杀害和埋葬。从未被意识到的、自性的其他潜能可能同样被抗拒，并且永远不会与人格产生有意识的关系。这个动态的过程协助形成了荣格所说的心灵中的阴影。尽管阴影被放逐到阴间，它仍然在我们的心理生活中继续扮演着活跃的角色。

　　荣格探索了阴影是如何进入意识的，通常是通过非理性的爆发并阻碍意识。阴影表现得好像它有自己的思想一样，其如同骗子的行为把有意识的生活送进了一场退行运动，在那里，个人意志之外的东西似乎正在统治一切。阴影也会出现在梦境、投射、移情和反移情中，一方面对意识进行阻抗，另一方面似乎在通过寻求面质、挑战和威胁来追寻意识，其常常让人感到恐惧，想与它远离。因此对阴影的担忧不足为奇。一些患者当下的梦境意象显示了阴影会以下面几种形式出现：原始的无形体的声音和灵魂、受伤的动物、史前和神话中残酷的冷血野兽、跟踪者、杀人犯和性变态者。此外，患者的梦中还出现了令人作呕的酗酒者、穷困潦倒的赌徒、浓妆却毫无魅力的女人、品味差得离谱的男人、呆头呆脑的蠢货，以及疯狂暴怒的瘫痪之人。沉重的情感常常伴随着意象，比如严重的甚至是无法治愈的疾病，或是伤痕累累、面目全非的形象，以及死去的婴儿或孩子在墓地中徘徊。

雅克·拉康（Jacques Lacan）曾指出，"精神分析包括允许被分析者以癌症的形式，而不是以深度的形式来阐述他内在的、无意识的知识"（Lacan，in Fink 2007，74）。面对这样令人厌恶的意象，确实就像面对癌症一样，这种癌症不一定在身体上表现出来，但癌细胞却在心理上增殖，常常导致自恋的屈辱、羞耻、绝望和抑郁。面对这样的意象，理性秩序会被动摇。对这样的意象打开心灵，我们可能会受伤以及不稳定，所以抗拒开放是自然的并可被理解的。

在《黑太阳》（*The Black Sun*，Malan 2005）中，我写了关于阴影的最难处理和最黑暗的意象。黑色的太阳（*sol niger*）是原始阴影的典型形象，在比黑色更黑暗的维度上，它抗拒同化。面对它是最困难的，并且通常是不可能完成的分析任务之一。

关于密宗中的女神卡丽的诗试图捕捉这种感情强烈到难以抵挡的精神维度。梅·萨顿（May Sarton）在她的诗《卡丽的祈祷》（*The Invocation of Kali*）中把她描述为"内在的破坏者""野蛮的女神""阻止我们成为自己渴望成为的人""我们可能把她当作疯子一样对待，但却是她用爪子按住我们，让我们流血不止"（Sarton 1971，19–24）。萨顿在诗中继续说道，卡丽是"我们最害怕的，也是最不敢面对的"。斯瓦米·维韦卡南达（Swami Vivekananda）也同样描述了面对这位女神会对我们产生何种影响（Mookerjee 1988，108）：

> 繁星均被遮蔽，
> 乌云层层叠叠……
> 一道骇人的光芒，
> 万物显现，
> 千万个，千万个阴影，
> 死亡蔓延，黑暗散布瘟疫与悲伤……

我们很难想象如何去面对这些意象中描述的如同女神般强大的阴影形象，然而诗人萨顿说，我们要"睁大眼睛，待在这个恐怖的地方"；维韦卡南达说要拥抱"死亡的形式"，在"毁灭的舞蹈"中跳舞。他仿佛在对女神说话，邀请她进来，"来吧，母亲，来吧！"（Mookerjee 1988，108）

　　在这些强有力的诗歌中，诗人给了我们一种面对原始阴影的暗示。但是我们很难将其转化为分析的原则。很明显，面对阴影和分析的艰辛工作，在一定程度上是学习如何面对痛苦的、不愉快的，有时甚至是可怕的心灵意象，从而去面对自我不可接受的方面。探索原型阴影的最深处可能是无法挽回的，我们可能需要放弃或被迫放弃拯救主义的希望，但并非所有的阴影人物都像黑色的太阳和卡丽那样恐怖。这些意象提醒我们，生活可能是悲剧性的，而无意识也并非总是仁慈的。

　　分析所能达到的效果是有限的，这让我们清醒地认识到我们的期望过于热切。在这种情况下，分析师可能被要求与被分析者坐在一起，经历丧失、哀伤、绝望和人生的悲惨际遇，在死亡的航程中同行，默默见证分析的极限，以及人类灵魂的希望和梦想。然而，我们所面临的"死亡"有时可能是象征性的，预示着炼金术中的死亡（mortificatio）和腐败（putrefaction）过程，这将导致重生，并为深入的象征生活打开大门。

　　斯坦指出，"在分析中，人们被或明或暗地要求保持对无意识的接纳，也就是对于人格中不那么理性、更模糊的，通常也更神秘的一面保持接纳"（Stein 1995，39）。重要的是，作为参与者，分析师也要准备好冒险进入阴影中最黑暗的角落，并以稳坐、活在当下、陪伴这些能力来协助引导被分析者去面对精神生活中最黑暗的部分。这样做的话，阴影的形象可能会显现出来以补偿或补充单一片面的意识，而面对它们可以形成一个更完整的人格。然而，问题依然存在：如何面对这些形象呢？

　　并不是所有的阴影都是可怕的，但它们仍然难以面对。希尔曼谈到了我们自身中破碎的、毁灭性的、脆弱的、病态的、低人一等的和无法被社会接受的部分（Hillman 1991）。对他来说，治愈这些阴影的意象需要爱。他问道："对于我们自身的那些破碎和毁灭性的部分，爱能延伸多远呢？对于那些令人作呕和变态的部分呢？我们对自己的软弱和病态有多少慈悲和怜悯？我们能做到什么地步呢……可以允许每个人都有自己的空间吗？"（Hillman 1991，242）因为阴影在社会上是不可接受的，甚至是邪恶的，所以重要的是我们要自己承载它，这意味着我们不会把自己不可接受的部分投射到别人身上，也不会把它们付诸行动。这是一种道德责任。

　　在今天的世界局势中，极其紧迫的重点是，要避免制造出代我们背负罪恶的替罪羊。这是埃里希·诺伊曼最关心的问题之一，他认为阴影是最重要的道德和伦理问题（Neumann 1969）。对诺伊曼来说，面对阴影以及整合心灵的对立面，可以发展出一种超然统一。诺伊曼将荣格的思想进一步带入伦理维度，发现了心灵的一个基本倾向，他称之为中心论（centroversion）——自性的动态部分，它可以扩展和平衡人格。对希尔曼来说，对阴影保持道德立场也是至关重要的，绝不能放弃，但这还不够："在某一时刻，有些东西必然会突破"（Hillman 1991，242–43）。面对阴影和治愈阴影需要将两个看似对立的方面联合起来，需要正面对峙，以及将两个大相径庭的矛盾方面融合起来，"在道德上，我认识到这些部分是沉重的和不能忍受的，必须改变；要用爱与欢笑接受它们原本的样子……（一个人）既严厉地评判，又乐于参与"，每个立场都拥有"真相的一面"（Hillman 1991，243）。希尔曼举了一个例子，它来自犹太神秘的哈西德派教（Chassidim），"哪里有深刻的虔诚道德，哪里就有人生的惊喜"（Hillman 1991，243）。

要拥有这样的态度，需要相当完善的心理发展水平，但似乎仍然无法想象我们可以从阴影的邪恶与剧毒中得到乐趣。在面对纳粹大屠杀的形象和恐怖主义的阴影时，我们怎能参与到这样的邪恶中去呢？约伯会乐见上帝的黑暗面吗？根据荣格的观点，这需要道德的转化和约伯个人的愤怒。然而，尽管判断感觉对道德生活至关重要，但道德上的愤怒也可能被夸大，当其过于理性和片面，人们就可能忽略这些恐怖意象的矛盾性和转化的一面。因此，如果不能更充分地理解这些意象的心理含义，我们就只剩下非黑即白的判断了。

在希尔曼看来，弗洛伊德学派的传统精神分析立场过于理性，并没有对心灵做出公正的评价。根据他的说法，弗洛伊德"没有充分认识到每个意象和每个经历都有一个前瞻性以及还原性的方面，积极的一面和消极的一面……（或者）没有足够清楚地看到这样一个悖论，即腐烂的垃圾也是肥料，幼稚也是童真，多种形式的放纵也是快乐和身体的自由……"（Hillman 1991，243）。这些矛盾的意象同时需要弗洛伊德学派和荣格学派两者的立场，在他看来，这并不是两个具体的、相互矛盾的立场；相反，在象征生活的悖论中，我们必须同时看到阴影的还原性和前瞻性。

荣格派心理分析本身同时拥有还原性和前瞻性。荣格同意精神分析的观点，它依赖于一系列充满能量和发展的概念，包括适应、阻抗、否认、潜抑、压抑、冲突的形成、分裂、投射、压抑的回归，等等。除此之外，他还从自己和患者的体验中，提出了一系列自己的概念性观点，以及与神话和原型相关的洞察。他对于近经验的"阴影"一词的选择反映了他的这些贡献，并且这一选择基于这样一个洞察，即无意识倾向于将自己人格化，就像在梦中一样。这种人格化"显示出与诗歌、宗教或神话形式之间最明显的联系……"（Jung 1939/1968，para. 516）。后来荣格在他的炼金术著作中深化了这一观念。当面对这些人格象征时，它们可以指向最令人惊奇的方向。

思考荣格关于阴影的思想的一个困难是，他依赖于两种论述模式，而这两种思维方式经常被想象成完全对立的。然而，它们带来了个人和原型、科学和神话、因果还原论和目的论视角的复杂性。兰伯特从语言学的角度描述了智力语言和想象语言之间的区别（Lambert 1981）。塞缪尔斯指出，"建立一个两种语言都参与其中的模型的目标可能很难实现"（Samuels 1985，6），但我相信，这正是荣格心理分析的目标。直接思考与想象这两个方向在所有荣格的观点中都扮演着重要的角色，但最常见的情况是其中之一取得了优势，并在意识或无意识中将另一个置于次要地位。简而言之，这两种语言可以说是互为阴影，这或许也是必要的。

哲学家保罗·利科（Paul Ricoeur）对弗洛伊德的分析也提出了类似的担忧。在他的《弗洛伊德与哲学》（*Freud and Philosophy*）一书中，利科谈到了持有和产生对立的解释的可能性，每一种解释都是自洽的，并互相关联。他将这些取向描述为诠释学的策略；一个朝向"是对属于人类婴儿期的古老意义的复兴，另一个朝向能够预见我们探险精神的形象的出现"（Ricoeur 1970，496）。

对于利科来说，"如果没有这两种功能之间的辩证关系，精神分析中所谓的多元决定论就无法被理解，这两种功能被认为是彼此对立的，但是它们的象征协调为一个具体的统一体"（Ricoeur 1970，490）。我相信荣格在他对象征生命的理解中也在寻求同样的统一。

无论是对于利科还是荣格来说，具体的象征都承载着这两种功能，并将这两种对立但又互为基础的取向联系起来。"这样的象征既能掩饰又能揭示。当它们隐藏我们本能的目的时，它们也就揭示了自我意识的过程"（Ricoeur 1970，497）。生活在这样的象征和意象的关系中，需要辩证看待思维和想象之间、荣格所说的幻想和直接思考（Jung 1956，para. 39）之间，以及意识与无意识之间的关系。最终，对利科来说，哲学和概念性的思想能够超越阴影，获得优势地位。然而，从荣格的观点来看，理论太脱离其无意识基础和生活是存在危险的。

理论也投下了阴影，荣格在这个问题上有所挣扎：

当其中一个被另一个压抑和伤害时，意识和无意识无法形成一个整体。如果它们必须斗争，那就让它成为一场双方权力平等的公平之战吧。两者都是生活的一面。意识应该捍卫它的理性，保护它自己，而混乱的无意识生活也应该被给予机会，拥有自己的道路——在我们所能承受的范围之内给予其最多的空间。这意味着公开的冲突和同时公开的合作……这是一个古老的铁锤和铁砧的游戏：在它们之间，坚韧的铁被锻造成一个坚不可摧的整体，一个"个体"。（Jung 1939/1968，para.522）

对于荣格来说，超越意象和象征进入科学、哲学和宗教的抽象概念，其前景是值得怀疑的；相反，他试图以一种似是而非的、超越性的，但仍然有具体可能性的方式，将两者结合在一起并且保持精神生活的张力。这意味着与阴影和想象的生活保持紧密的关系，而不是将无意识或阴影留在身后。对于荣格来说，重要的是思考和理论化，同时也要"继续做梦"，但不会天真地相信无意识的字面意义。

根据荣格的观点，哲学、科学和神学的技术语言可能很容易片面，把其他的话语模式压抑入阴影。这也是希尔曼提出并阐述的观点，他认为语言的重要性与炼金术士的观点相似，即意象不会消失在概念之中（Hillman 1980）。需要明确的是，希尔曼并不是建议我们放弃概念，而是建议我们不要片面地使用它们，总是将幻想转化为直接思维。当这种情况发生时，"我们的概念会通过抽象化（通常是'抽离'）那些内容来超越具体且生动的形象，扩展它们的控制权"（Hillman 1980，125）。

荣格的主要贡献之一，也许是最重要的，是他对人格化的运用，在这一点上，他保留了思想的形象特质。因此，强调阴影的具体形象是荣格学派和原型方法的一个重要贡献。对于希尔曼和荣格来说，心灵是建立在意象和人格化之上的，"而不是建立在从科学或哲学中借来的概念之上，（这意味着）即使是荣格的元心理学仍然是心理学"（Hillman 1975，22）。按照希尔曼的说法，荣格从未抛弃心灵，从未去寻找其自身想象世界之外的解释原则。我相信这也是埃丁格指出的意思，"当荣格研究炼金术时，他发现这个丰富的图像网络实际上是心灵的'水'，可以用来理解心灵的复杂内容"（Edinger 1985，1）。

对于荣格、埃丁格和希尔曼来说，心灵存在的基本事实是幻想的意象；对他们来说，意象就是心灵。在追求荣格遗产的这一方面的特权时，希尔曼解构了荣格广为人知的关于原型本身和原型意象之间的区别。原型本身被忽视了。对一些分析师来说，这一观点也为自己投下了理论的阴影。

肯尼斯·纽曼（Kenneth Newman）是后一种立场的代表。他认为，给予意象特权，在某种程度上和荣格一样，甚至和希尔曼一样，忽视了科学想象的一个重要方面。对纽曼来说，在意象中有一个心灵上的洞，"阴影的阴影"，在那里可以找到无意象性（a-imaginal），并且"心灵有能力进入……因为它超出了人的感官范围而去除了任何意象"（Newman 1993, 38），但并没有超出人的想象。对于纽曼来说，"想象力可以看穿和超越眼睛所看到的……"（Newman 1993, 38）。认识到"无意象"领域的重要性，是科学想象产生的重要原因。他指出，科学"不是唯名主义和理性解释排挤灵魂的实例，而是灵魂之外的领域"（Newman 1993, 41），情况恰恰相反：

> 阿尼玛化或女性灵魂化创造了它自己的空隙，使其他世界黯然失色。在这个暗影（我们称之为阴影的阴影）中，我们发现阿尼姆斯与男性气概正在灵魂化。科学思维是男性化情欲的一种表现，这种情欲与无感官性（a-sensorial）以及无意象性有关，而不再受意象的限制，因为并非所有可以想象的事物都是意象性的。（Newman 1993, 41）

尼尔·米克勒姆（Neil Micklem）同样关心超越感官和意象的知识。然而，他并没有想象通过科学进入无意象性的世界，而是转向了宗教，尤其是埃克哈特大师（Meister Eckhart）悖论性的教义。向无意象性敞开自己就是向一个超个人的神性世界开放，这需要超脱、空无，"为了获得真实的事物而不是意象，我们需要从感官中切换出来，让自己摆脱意象"（Micklem 1993, 120）。

纽曼的"科学"和米克勒姆的"宗教"，与沃尔夫冈·吉格里希（Wolfgang Giegerich）的男性化情欲产生了共鸣，后者也批评了荣格和希尔曼给予意象以根本的优先权的看法。在《灵魂的逻辑生活》（*The Soul's Logical Life*）一书中，吉格里希转向了哲学，尤其是黑格尔的哲学，去寻求灵感。和纽曼一样，吉格里希认为，在荣格和希尔曼的心理学中，由于意象的重要性，思维被低估且没有得到发展。因此，吉格里希的作品从意象转向了逻辑。

纽曼、米克勒姆和吉格里希看到了意象作为精神生活基础的阴影一面，但他们每个人都以自己的方式思考着无意象性。然而，他们一致认为，当主要的焦点在意象上时，理论或形而上学的阴影就产生了。康德对于荣格的影响使他对关于真实的形而上学的陈述更加谨慎，至少在哲学和宗教领域是这样的。他的取向仍然是心理学的，这就是为什么他最关注的基础还是意象。

在我看来，重要的是要继续对概念和意象关系的争辩，而不是让其中一个屈从于另一个，也不是让其中一个陷入阴影。纽曼把无意象性作为意象上的一个空洞，这可以看作意象本身的动态特性的一部分，是思想可以超越心灵的地方。但是，如果思想脱离了意象的灵体，男性气概的情欲就会退化为承载阿尼姆斯的阴影。对我来说，意象上的空洞也可以被想象成指向非意象空间的轴，在这里，意象被解构和重新激活，在这里意象的灵体展示了一个超越图像或表征的神秘和矛盾的视角。从这个意义上说，意象的阴影与之密切相关。原型心理学的大多数批评家也没有注意到的是，对于希尔曼来说，并非所有原型都可以包含在心灵中，"因为它们也表现在身体、社会、语言、美学和精神模式中"（Hillman 1983/2004，13）。

荣格最终在炼金术中看到，面对阴影的工作是一种矛盾对立的结合，是心理工作和炼金术工作的核心。在他后期的著作《神秘论》（*Mysterium Coniunctionis*）的"悖论"一章中，荣格谈到了对立面对于炼金术士的重要性，以及他们如何试图"将对立面形象化，但同时又将它们表达出来"（Jung 1955–56/1963，para. 36）。本着这种精神，我以迈克尔·迈尔的《逃离的阿塔兰忒》中的一句题词作为本章的开始："太阳和它的阴影完成了这项作品。"在这个观点中，太阳和它的阴影紧密地联系在一起，并反映了意识和阴影永远在其中发挥作用的原型和宇宙结构。这一伟大的结合暗示了炼金术的宝石和哲学家的石头，在那里，阴影的原始材料和作品的光明目标神秘地结合在一起。对于以炼金术为导向的分析师来说，阴影不仅是工作的开始，也是工作的结束。

作者简介

斯坦顿·马兰，博士，ABPP，LP，是荣格派分析师区际协会的培训和督导分析师，在宾夕法尼亚州匹兹堡私人执业。他是杜肯大学兼职临床教授，同时在临床心理学和精神分析方向拥有美国职业心理学委员会认证，《黑太阳：炼金术和黑暗艺术》的作者。

第 2 章

掌握思维和行为模式

帕特丽夏·维西－麦格鲁

当与被分析者一起工作时，我经常会想起科林斯国王西西弗斯的故事。他是一个狡猾奸诈的骗子，他的傲慢欺骗了自己，使他相信他这个凡人能够胜过宙斯——万神殿的统治者。这个复仇心深重的神把西西弗斯流放到冥界，惩罚他将一块大石头推到山上，结果石头却不断滚落下来砸在他的身上，而这永无止境。在现象学层面上，我们的来访者经常被批判性的消极思想、关于他人动机和行为的虚幻信念，以及重复的反应性行为所阻碍，事后回想起来这些似乎都是非理性的。尽管他们相信自己已经克服、智胜或削弱了内心的恶魔，但他们和西西弗斯一样，常常觉得自己已经把这块石头推上去了很多次，结果却只能感觉到巨石沉重的回归。他们或者我们是否注定永远被那些能够被感知和理解，却又似乎超越自我的力量所挫败？这个问题的答案，就像两难困境的解决方案一样，是矛盾的。答案既是肯定的也是否定的。

情结的本质

荣格对心灵结构的独特理解是他对深度心理学领域最重要的贡献之一。正是在苏黎世大学精神病医院进行词汇联想实验时，他才开始巩固他对情结（complex）的本质及其在个人人格中的基本地位的最初推测。就在那之后不久，他发表了一篇卓越的论文，概述了这些独立的、自我管理的人格或分裂的心灵作为精神生活基本的结构性组成部分的重要性。情结的这种自主性使它脱离了意识的控制，并使得自我容易受到频繁的破坏（Jung 1911/1973，para. 1352）。

荣格把情结看作一种无意识的现象，但他也承认，有时情结的内容可能曾经是有意识的而后被压抑。他认为情结充满了情感，围绕着一个核心形象，他称之为原型。精神分析理论将情感归因于自我的活动，在这一点上荣格的观点不同。荣格断定，当一个情结聚集（或在无意识中被激活）时，自我是情感的接受者，而不是情感的始发者。

他不仅假定"情结的成因是一种创伤、情感休克……或者是一种道德冲突，这种道德冲突的根本来自我们明显不可能确认一个人的全部本性"（Jung 1934/1969，para. 204），并且承认"情结并不完全是病态的，而是心灵的特有表达，不管这种心灵是分化的还是原始的……情结实际上是无意识心理鲜活的部分"（Jung 1934/1969，para. 209–10）。因此，情结常常被体验为祝福和诅咒共存。作为个人心灵的基本结构组成部分，它们扩大、增加了人格的深度和丰富性。然而，它们经常阻挠自我的意图，经常导致虚幻的感知、有问题的思想和行为，并偶尔引发强烈的痛苦。我们不仅拥有情结，事实上，更普通的情况是，情结拥有了我们（Jung 1934/1969，para. 200）。

我们目前在如何理解情结的结构及其动态行为模式方面已经取得了重大进展。这些新的视角不仅需要我们在操作层面转变意识，还需要我们重新评估和设想我们与来访者合作的最佳方式，以解决（或至少最小化）强大的情结系统激活所造成的破坏。这个新领域的发现，即使是在一个非常熟悉的世界里，也会鼓励我们在分析环境中对于如何处理和控制情结进行革新与创造。

荣格去世后不到 10 年，约翰·佩里（John Perry）敏锐地观察到"整个心灵的结构不仅是由情结构成，并且也由情结的两极系统或排列构成；情绪的产生需要两种情结的相互作用，而习惯性情绪属于习惯性配对"（Perry 1970，9）。他假设在这种二元结构中，组成配对的一极倾向于与自我联盟，另一极则常常投射到外部客体上。我们可以通过观察一个人来研究这个联盟的运作方式，在这个人身上，我们发现施害者与受害者以二元一体的形式通过一些伤害性事件聚集。我们的来访者可能认为自己是一个受害者，或者这个（受害者的）意象在意识水平之下并且在移情中显现出来。该事件不需要令人极度不安就可以激活这个两极体，因为当受伤的主体存在时，就会有施害者/侵略者。当自我与情结二元结构中的受害者一极联盟，或在某种情况下，认同受害者一极，那么有攻击性的侵略者能量将会被认为与自我矛盾，并且被投射到自我之外的某个客体上，或者被体验为内在的（在梦中或非理性的想法中）攻击性客体。

有时，一个人的自我倾向于与权力或侵略性的能量结盟，这个人对于投射则是一个合适的"钩子"。然而，适合投射的客体并不总是或不需要是与"自我联盟"相反一极的客体。这种情感客体总是"透过幻觉的面纱被看见，被无意识赋予它的意义所渲染"（Perry 1970，4）。同时，当这一复杂的二元结构被激活时，来访者的自我也可以与侵略者一极联盟，不过这种情况很少发生。如果自我与任一极点的联盟是持续的，那么将发展出一种片面的人生态度，荣格相信这将导致神经症（Jung 1946/1966，para.452）。不断重复的对某一极的认同以及随之而来的对另一极的投射可能导致严重的病理状态。在这种情结结构中，被分析者作为受害者或攻击者的表现可能像在一个拥挤房间中的耳语一样微妙，也可能如同斗牛时的红斗篷一样炫目。这通常取决于附着于情结的能量（效价）水平以及自我容纳与整合混乱冲击的能力，而混乱冲击往往伴随着情结的爆发。

情结的效价与自我整合

个体情结的效价可以动态地以多种方式改变。效价水平可以通过与已存在的情结能量有密切关系的情形导致的能量积聚而提高，通过自我的新陈代谢和整合而降低。较高的效价增加了自我破碎的倾向，并使自我整合更成问题。然而，一个高的效价水平也让我们可以想象一个特定的情结在心灵中已经存在了相当长的时间。因此，当一个新来访者表现出强烈的受害者情绪时，分析师通常可以有把握地假设，当前的情况是对最初伤害的重复（除非最近有过重大的创伤经历），这种伤害不断地为自身聚集能量。

在一个情结的核心，对于无意识的心灵意象的认同，可以以一种低调的或非常戏剧性的方式表现出来。一个例子来自几年前我在一次团体实践中的遭遇，在那里我见到了几位被分析者。一位新来访者是当地一所大学的学者，在我们第一次见面时，她说她对地位或头衔毫不在乎（我认为这是一个情结的暗示），于是打电话来找我谈话。因为我和另一个来访者在一起，她就给办公室管理员留了言。一个小时过去了，我还没有给她回电话，她又打了一次电话，坚持要管理员打断我的咨询，这样她就可以和我"谈一会儿"。当管理员拒绝时，她在电话里大喊："你不知道我是谁吗？我是某某大学的某某博士！"然后她怒气冲冲地挂了电话，我猜想她完全没有意识到她对自己的角色和地位有强烈的认同感。当一个人有意识地说"我是这个"或"我是那个"的那一刻，任何与"这个"或"那个"不相容的东西就进入了无意识领域，把它依附在已经存在的情结能量中。这种被压抑的意象是与自我矛盾的，很容易向外投射或无意识地付诸行动。在上述情况中，两者都发生了。我的来访者认为自己是平等主义者和学院派，是一个"对更好的东西感兴趣的女人——书籍、音乐、艺术"。她还把一种肤浅的想法投射到同事身上，认为他们唯一的目标就是与有声望的人为伍，并体验自己的重要性和影响力。这些投射很常见。然而，由于自我拒绝或不能把它们想象成个人心灵的一部分，它们就呈现出一种恶性的特质。对某种特定身份的需求越强烈，人格中不可见和不被承认的部分就越黑暗。

山德和毕比（Sandner & Beebe 1982，1995）扩展了佩里关于情结本质的双极性的假定，他们发展了一种方法，详细描述了病态情况下情结结构的性质，强调了在自我联盟和自我投射的情结中产生的分裂。

通常来说，被分析者的自我在自我联盟的情结的两极之间摇摆，几乎没有意识到其被情结的能量所掌控的程度。在讨论上述案例时，被分析者指出，办公室管理员"没有文化，缺乏经验"，她只需要我几分钟的时间，我必须尽快和她谈，因为她不得不改变她自己的约会。一开始，她的权利意识和好斗的态度并没有被她的自我意识所觉察到。我们面前有一条漫长而艰难的道路，因为这些情结的动力在分析情境内外都会定期出现。

情结爆发的标志是它们重复发生。具有重要的能量效价的情结双极可以反复阻碍自我的功能。佩里用精神分析术语"强迫性重复"来描述自发的情结对自我的持续破坏。他指出，这个过程为自我提供了机会，让自我不断地与心灵中那些与自我矛盾的部分相遇，从而让自我整合的目标有可能发生（Perry 1970，5）。然而，自我整合不仅需要纯粹的认知理解，实现结构的改变至少还需要在此之前的无意识情结以及自我的"我"（I of ego）作为不同的能量状态被同时体验。

重复与矛盾

无论如何，重复的自我破坏的最佳解决方案是由同时存在的、矛盾的体验所促成的，这些体验来自分析领域中我们非常熟悉的与全新事物的结合。诠释可以促进并且有时会影响情结动态的变化。山德和毕比（Sandner & Beebe 1995）讨论了诠释的时机和分析师的稳定性对促进"分裂的自我联盟"情结的整合的重要性。然而，正如他们所暗示的，在分析情境中的体验往往是关键。情结不是抽象的。洞悉情结的本质，结合新的现象的发生，对于实现结构层面的转变至关重要。精神分析师西奥多·雅各布斯（Theodore Jacobs）在谈到治疗性改变的问题时指出："然而，理解和洞察只是改变过程的一部分……体验也很重要，患者与分析师一起经历的体验，伴随着洞察，具有改变固着的位置、固着的观点和固着的自动反应的效果"（Jacobs 2002，18）。斯蒂芬·米切尔认为，对于这种程度变化的发生，"分析师在任何时候都是一个（或多个）旧客体和一个（或多个）可能的新客体"（Mitchell 2002，83）。这些错综复杂的动力要求分析师承担起重要的责任，以促使情结能量的削弱。这个过程经常涉及被荣格在分析中归类为第二阶段（阐明）和第四阶段（转化）的同时体验。我们也可以把这个过程想象成类似于他对超越功能的理解，尽管这样会扩展这个概念，允许分析师将自己的个人心灵包含在新的涌现系统的配置中。"这一于 1916 年提出的想法的根本性质在于，它是一种全面的综合性方法。它不能被简化为使无意识成为有意识的，而是寻求一种参与无意识过程的方法，并允许（有意识和无意识）相互影响"（Cambray and Carter 2004，121）。

后期的精神分析师保罗·罗素（Paul Russell）虽然从未提及过荣格，但在处理有问题的、重复的思想和行为模式时，信奉一种心理学态度，这与荣格的综合方法非常一致。"唯一能进入这个相对封闭的旧体系的方法是通过悖论……

从目的论上讲，它可以被看作一种刺激物，一种刺激思想去扩展内在的理解框架"（Russell 1998，15）。当分析关系的安全性允许被分析者在当下的容纳和依恋中同时体验分离和丧失时，以上过程就完成了。如果分析师正在等待患者修通移情，则不会发生这种情况。患者需要治疗师同样去接触那些还没有融合在一起的、非常不和谐的现实片段。而且，一个真正的治疗过程肯定包含了对治疗师的治疗（Russell 1998，16–17）。

只有当分析师处于这种动力过程中，即包含并允许一个矛盾的空间，在这个空间中，事物既不是一致的，也不是完整的，才能促进被分析者在自身内抱持矛盾的能力。"参与和维持这个矛盾打破了旧的系统，刚刚足够让一些新的组织突现"（Mitchell 1998，55）。因此，如果要产生变化，分析师必须抱持（不投射）充满冲突情感的心灵物质，这些心灵物质已经由被分析者聚集在分析师的个人心灵之中，同时她也需要抱持自己所体验的源自患者心灵的投射意象。当分析师和被分析者都能容纳和抱持这一矛盾时，自由的潜力是巨大的。一个临床案例可以很好地说明这一点。

一位30多岁的牧师在其研究生院导师的建议下来找我，他的主诉是不记得那些和他有明显联系的人，不是亲密关系对象，而是那些泛泛之交和专业上的同事。他会认出某个人是他认识的人，却记不住那个人的名字或他们关系的性质。他的医生对他进行了全面的生理评估，没有发现任何器质性病变。

在最初的会面里，他非常详细地叙述了五年前的悲惨经历，那时他在祖国目睹并逃离了种族灭绝性的大屠杀。他的叙述明显是不带感情的，但在随后的放大中，他的情感表达变得越来越明显。一开始，我以为记忆丧失与这一深刻的创伤经历密切相关。随着工作的进展，到目前为止重要的丧失尚未被承认，然而，它出现在前景中，并极大地扩展了整个内在心灵地图的完整景象。他的一个梦为他提供了一种动力，让他去探讨什么是不可想象以及长期压抑的。

> 我所在的地方就像我曾经就读的大学一样。我是一名战士，我们已经设下埋伏，让敌人大吃一惊。我犯了一个错误，我想给那些敌人照张相。
>
> 我们成了目标。一个敌人站在我后面，他是我的宗教团体的成员，他对着我射击。我相信这就是结局。我走了出去，另一个社区成员在那里，他哭着。我叫他去把发生的事告诉其余的人。

我们花了很多时间基于这个梦进行工作。那是他第一次写出了好几页的联想：首先，是关于那个射击他的牧师，然后是有关那个哭泣的人的一些细节。他对用相机拍照的事情详细地写了一页。他从来没有和任何人讨论过他申请当军官被拒的痛苦经历，被拒主要是由于他的种族背景。成为一名牧师使他获得了另一种尊重，却需要他转变态度。在做这个梦之前，他对于与自己拥有共同特征的射击他的敌人（一个阴影的形象）的认识，停留在一个灰色的局限空间内。这些特征包括明显的种族和民族偏见（接近于厌恶），其中有不诚实、控制欲、攻击性行为、嫉妒以及与权威相关的议题。他解释说，在他生命的大部分时间里，他一直试图做一个"好孩子"，向他的家人和宗教团体隐瞒与他希望保持的形象有所不一致的事情，不仅是为了别人，也是为了他自己。在谈到相机时，他写道，它"有助于记忆，而且如果一个人有照片可以展示，谈论某件事就容易得多"。

在这种情况下，相互关联的双极性情结构成了一个网络。它们是：压迫者和被压迫者，局内人和局外人，精神权威和叛逆青少年。这个梦帮助他在不同程度上体验一对情结的两极。他发现观察别人作为压迫者的动力过程是多么容易。我们从未否认他的创伤带来的恐惧，但也确实为他自己的杀人冲动创造了空间，让它清晰地呈现在分析性容器中。

我的回应涵盖了广阔的范围。我对他的苦难深感同情，对他的人民遭受的暴行感到极度恐惧。他为失去军旅生涯而难过，也对他内心的军人能量表示尊敬。令人惊讶的是，他所有的反叛行为都有一种让人感到宽慰的感觉。他的种族背景使他享有少数统治阶级成员的特权。内战一开始，这种局内人的地位就被彻底颠覆了。他不仅变成了一个局外人，而且他的新职位迫使他为了拯救自己的生命而离开了自己的祖国。他很愤怒，因为他所认为的低等阶级成了新的精英统治者。这种特定的反应也激活了我自己长期以来的一些情结，我发现自己对他的态度感到愤怒和厌恶，这种感觉与我对他的丧失的同情以及深切的悲伤形成了直接的对立。

爱神自愿地、突然地进入了这个矛盾与可能性并存的领域。他的到来与他夜间拜访灵魂女神普赛克（Psyche）是同时发生的。我的被分析者很震惊，他竟然对一个不仅比他老得多，而且似乎与他完全不同的人存有欲望。我体验到了爱神的存在，它是一种强大的、包含能量的存在，促进了我们抱持、结合和代谢矛盾感觉的能力。从这种混合物中突现了一种新的结构。这就像在梦中一样，需要牺牲自我先前的位置。在内在回忆起敌人的意象时，这位来访者也开始再次识别他人。他用一种不那么挑剔的眼光看待他们。他还发现，他可以体验到自己既是一名战时士兵，又是一名精神牧师。不到一年，他就完成了学业，回到了祖国。至于我，在一些变化之中，局内人和局外人之间的界限变得非常模糊，而且完全是随心所欲的。

西西弗斯与此时此地

很明显，在这一章所介绍的希腊神话中，缺少的是分析师的形象。西西弗斯在相对孤立的环境中忍受着重复的、令人沮丧的任务。如果我们在场，第一反应可能是对他的痛苦处境深表同情。当然，我们会努力帮助他理解这一切是如何发生的：他与宙斯的关系、他的领导风格、他所做的选择，以及这些决策的无意识成分。当他对自己在困境中扮演重要角色的内在力量有了一些洞察时，我们甚至可以想象与他一起接近这些强大能量的方式。

另外，如果我们允许他的绝境穿透我们自己重复的推石状态，并能够容忍由此产生的所有不同的、矛盾的反应，那么可能会为我们双方打开一扇新的大门。我们的情结是个人心理结构的组成部分，它们不会消失。然而，它们的结构构成、自我破坏的数量和程度，以及内在的心理联系，都有可能并有希望转化。因此，岩石和山被保留了下来，但图像发生了根本的变化。

作者简介

帕特丽夏·维西-麦格鲁，NCPsyA，波士顿荣格学院督导分析师和培训分析师，曾担任该院院长。她是美国国家精神分析促进协会的董事会成员，也是《分析心理学杂志》（*Journal of Analytical Psychology*）的书评编辑，并在马萨诸塞州的剑桥和洛克波特有私人诊所。

第 3 章

分析中的文化情结

托马斯·辛格

凯瑟琳·卡普林斯基

1947 年 12 月 3 日，约瑟夫·亨德森（Joseph Henderson）博士写信给卡尔·荣格：

> 我正在写一篇文章，可能会成书，叫作《新教之人》。在这篇文章中，我收集了新教历史发展的基本特征，并试图将它们与出现在我们新教患者心理层面上的现代文化情结（cultural complex）结合起来（Henderson 1947）。

大约 60 年后的 2007 年，旧金山荣格学院德高望重的长者亨德森去世。他从未完成《新教之人》这本书，也没有进一步阐述"文化情结"的概念，但他确实通过描述"文化无意识"（cultural unconscious），即他称之为更具体的无意识活动和影响的领域，并与荣格的"集体无意识"概念进行区分，为构建文化情结理论奠定了基础。人们可以将其概念化，认为它比集体无意识更接近自我意识的表面，而集体无意识则是我们理解原型模式起源的基础。

文化情结的概念长期以来是隐微的，偶尔在分析心理学的文献中被提及，直到 21 世纪，当山姆·金布尔斯（Sam Kimbles）和托马斯·辛格把荣格最初的情结理论与亨德森关于文化无意识的工作的基础相结合，分析心理学的这种理论扩展的潜在影响才开始被欣赏和被更广泛地应用（Singer and Kimbles 2004）。

在荣格传统中文化情结的概念一直隐含而不明确，这至少有两个可能的原因。荣格不合时宜地试图讨论国民性格，尤其是在 20 世纪 30 年代讨论德国精神（Jung 1936/1970），其有效地阻止了荣格学派在种族、民族以及部落 / 民族身份认同的基础之上去进一步详细考虑人群之间的差异，针对荣格及其追随者的反犹太主义的指控，让他们深感受伤，并且受到极大限制。在第二次世界大战和大屠杀之后，几乎没有人愿意讨论"国民性格"或文化情结的问题，因为他们害怕被污名化，包括关于歧视的指控，或者更糟糕的是，为种族灭绝辩护的指控。在这一点上，荣格学派的人很清楚地认识到，踩上文化情结的地雷是非常令人痛苦和具有破坏性的。此外，大多数荣格派分析师的内倾倾向导致了一种对讨论群体心理根深蒂固的厌恶，因为群体生活本身被视为肤浅的"集体"，而个体化需要从中脱离出来。

在过去的 15 年里，年轻一代的荣格派分析师愿意更加公开地解决围绕荣格对犹太人态度的高度敏感的问题，这可能释放了荣格文化情结概念的大量能量。现在我们可以再一次更公开地探索荣格心理学关于群体或集体心理的暗示。由于苏联体系的解体，以及主要由两个相互碰撞的超级大国主导的心理世界观的终结，各种新的部落、民族和种族问题开始在迅速发展的全球化进程中浮现。这使得荣格传统必须以一种更加灵活和开放的态度开始解析集体心理。这意味着要抵制典型的荣格式诱惑，即把每一个群体冲突归纳为一种古老的母题的诱惑，取而代之的是更仔细地考虑不同文化的独特性，包括它们各自独立的文化情结。开始这项工作的工具就在荣格传统本身之内，通过把荣格的早期情结理论与亨德森的文化无意识概念结合起来，就可以获得它。

以最简单的方式来看，我们现在的理论认为，大规模的社会情结形成于群体的文化无意识层，并成为文化情结，正如亨德森在其 1947 年给荣格的信中所建议的那样。这个对荣格理论主体的新补充有以下两个非常重要的应用。

- 对于那些发现自己处于个人和集体身份冲突之中的人，这种冲突不可避免地造成了内在和外在的痛苦。文化情结提供了一个独特的视角来理解这些个体的心灵的特殊层面。

- 文化情结也为理解集体心理的结构和内容提供了一个独特的视角，尤其是在阐明冲突的性质和群体内彼此之间的态度方面。这个研究集中在集体心理的层面上，在那里我们可以把集体的精神和行为看作一个躯体。

基石

文化情结理论有两个主要的基石：（1）荣格的原始情结理论及其与个体化和集体生活的关系；（2）约瑟夫·亨德森的文化无意识理论。

荣格关于字词联想实验的论文发表于 1904—1909 年（Jung 1973，Part 1）。在在这些基于对单词列表的计时反应的早期实验中，荣格的情结理论诞生了。对于许多当代荣格派分析师来说，情结理论仍然是他们日常临床工作的基石。就像弗洛伊德的防御理论一样，荣格的情结概念为理解内部冲突和人际冲突的本质提供了一个切入点。

经过 100 年的临床实践，该领域已经充分认识和接受情结在个人生活中是一种强大的力量。情结被定义为自主的、很大程度上无意识的、充满情感的记忆、想法和意象的聚合体，其聚集在一个原型核心周围。荣格写道：

> 情结似乎有身体，某种程度上它有自己的生理机能。它会使胃不舒服。它打乱呼吸，扰乱心脏——简而言之，它的行为就像一个局部人格。例如，当你想说或做某件事，不幸的是，一个情结干扰了你的意图，那么你说的或做的事就与你的意图不同。你只是被打断了，你的最佳意图被这个情结扰乱了，就像你被一个人或外部环境干扰了一样。（Jung 1936/1976，para. 149）

在荣格学派的分析中，一个重要的目标是使个人情结更能被有意识地认识到。这样的话，其中的能量就会被释放出来，增加了心理发展的可能性。伊丽莎白·奥斯特曼（Elizabeth Osterman）是上一代的资深荣格派分析师，她喜欢说，她知道自己的情结永远不会完全消失，但与之抗争的一生可使它的效果衰弱，包括糟糕的情绪，每次只会持续五分钟，而不是几十年。

今天，我们可以说，我们目前正在探索的一些文化情结，已经在文化中造成了不间断的恶劣情绪，其影响没有几千年，也至少持续了几个世纪。文化情结可以拥有个人或群体的心理和躯体，导致人们思考和感受的方式可能与他们理性地认为他们应该感觉或思考的方式大不相同。正如荣格所说，"当你想说或做某件事，不幸的是，一个情结干扰了你的意图，那么你说的或做的事就与你的意图不同"（Jung 1936/1976，para. 149）。换句话说，文化情结并不总是"政治正确"的，尽管"政治正确"本身可能就是一种文化情结。

我们理论的基本前提是，另一层次的情结存在于集体心理之中，并且存在于个体心理中的集体层面。我们称这些集体情结为"文化情结"，它们也可以被定义为自主的、很大程度上无意识的、充满情感的记忆、想法和意象的聚合体，它们往往聚集在一个原型核心周围，并被认同它的集体中的个体所共享。当涉及理解集体、部落和民族的精神病理和情感纠葛时，我们认为，直到现在，荣格的原始情结理论还没有得到充分利用，这在分析心理学中留下了一个重大的空白。

正如文化情结理论在荣格心理学中是隐性的而不是显性的一样，文化无意识的层次在荣格的心理模型中也是隐性的而不是显性的，直到约瑟夫·亨德森指出了它独特的影响范围。亨德森在他的论文《文化无意识》（The Cultural Unconscious）中将文化无意识定义为：

> 一个位于集体无意识和文化的显性模式之间的历史记忆领域。它可能包括这两种形式——有意识的和无意识的，但它有某种来自集体无意识原型的身份，这有助于神话和仪式的形成，也促进个体的发展过程。（Henderson 1990，102–13）

在几十年的时间里，约瑟夫·亨德森在他的教学和写作中阐述了心灵的"文化层面"，他称之为"文化无意识"。他假设这个领域存在于个人无意识和集体无意识之间。对于许多荣格学派的人来说，亨德森的工作打开了通往人类经验的广阔领域的理论之门，这一领域处于这个世界中我们最个人的和最原型的存在层次之间的心理空间。亨德森对心理文化层面的阐述为群体生活的外部世界提供了更大的空间，让人能够在个体的内在世界找到归宿，也让那些沉浸在内在世界的人更充分地认识到，心理实际上与集体文化体验的外部世界相契合的深层价值。然而，在亨德森对文化无意识的讨论中，荣格情结理论的潜在作用仍未得到发展。正如约瑟夫·亨德森首次描述的那样，将荣格的情结理论扩展到"心理的文化层面"，正是我们现在要进行的工作。我们认为对于临床工作来说，厘清文化无意识是如何通过文化情结的发展、传播和表现去影响个体和群体的心理是有帮助的。

文化情结理论

现在是时候把两块基石——荣格的情结理论和亨德森的文化无意识理论组装起来，使"文化情结"成为分析心理学理论框架中的一个整合的部分。下面是一个尝试。

必须指出的是，个人情结和文化情结是不一样的，但它们会混合在一起，相互影响。我们认为，个人情结和文化情结有以下共同特点。

- 它们用强烈的情绪和重复的行为来表达自己。高度紧张的情绪或情感反应是它们的名片。
- 它们抵制我们让其进入到意识中的最英勇的努力，而试图尽可能地留在无意识状态中。
- 它们积累经验来证明自己的观点，并创造一个自我肯定的祖传记忆仓库。
- 个人和文化情结以一种非自愿的、自主的方式发挥作用，倾向于确信一种简单化的观点，以固定的、通常是自以为是的对世界的态度来取代日常的模糊性和不确定性。
- 此外，个人情结和文化情结都具有原型核心，也就是说，它们表达了典型的人类态度，并根植于关于什么是有意义的原始观念中，使得它们很难被抵制、反思或分解。

关注个人、文化和原型层次的情结需要尊重以上每一点，而不是将一个压缩或精简成另一个，或者认为似乎某一点比另一个更实际、更真实或更根本。文化情结建立在不断重复的历史经验的基础上，在一个群体的集体心理和个体成员的心理中扎根，它们表达了这个群体的原型价值观。因此，文化情结可以被认为是内在社会学的基本组成部分。但这种内在的社会学在对不同群体和阶级的描述上是不客观和不科学的。其实，它对群体和阶级的描述就像是从祖祖辈辈的心理中过滤出来的那样。它包含了大量关于社会结构的正确和错误的信息—— 一个真正的内在社会——它的基本组成部分是文化情结。

个体心理中的文化情结：一个例子 [①]

下面的案例说明了文化情结是如何在个体心理中形成的。这是与案例主人公个人情结有关的创造性的修通工作，他的故事说明了情结是如何被释放的，以及如何通过一种转化性的经历释放出个体化的能量。

案例主人公现在已经去世，他是一名生活在国外的南非白人，曾经在一所欧洲大学当教授。在 1994 年南非从种族隔离制度向民主过渡的时期，他在给我（我是他的朋友）的信中提到，文化情结呈现在他反复出现的梦境中。

从 35 岁到 40 岁左右，我经常做这样的梦。梦中的经历总是令人愉快的。它非常简单：

"一个黑人小男孩坐在沙滩上，不知怎么，我知道他是科萨人。海滩很长很漂亮，海浪很大。如果你从海滩上看浪花，海浪似乎很高，一浪推一浪。在浪花的上方，空气中弥漫着淡淡的薄雾。这个男孩大约 4 岁。他玩了一大堆玛瑙贝（cowrie shell），叫它们'牛'（cattle）。他把这些牛关进沙坑做的牛栏（kraal，也指传统非洲的部落）里。他很高兴。我不在梦里。我不能和他说话，只能观察他……"

这个小男孩是个谜，我花了很长时间才把他弄明白。后来我对自己的身份有了一种强烈的感觉，这种感觉不知怎么地与科萨人的身份混淆在了一起。我意识到这个小男孩就是我自己——奇怪得让人难以接受。我想这就是为什么我没有出现在梦中，只是作为一个旁观者，而不能和小男孩说话。

为什么我是那个小男孩……我的发现是这样的：童年早期，我和母亲以及妹妹住在西斯凯，在那儿我的表兄弟和叔叔都是农民。我父亲北上服役。那段时间，我和母亲的"关系"很糟糕。你可以说，她嫉妒我的童年，因为她想照顾自己，憎恨必须成为一个负责任的母亲。从本质上说，她是一个好胜的孩子……一个成

---

① 本节由凯瑟琳·卡普林斯基撰写。

年的、对我有很大的权力的孩子。我不记得她给过我什么有意义的爱。

不过，我得到了罗西的爱和妥善的照顾，她是我姑姑家的仆人兼保姆……我对她的依赖远远超过了大多数南非孩子对他们的黑人保姆的依赖，因为我母亲选择了放弃她的角色，而且我母亲实际上伤害了我，羞辱了我。但是，罗西爱我，这是无条件的爱的唯一来源……

几年前当我发现这一点时，我体验到了一种无限的快乐和自由。当发现我被这样爱的时候，作为成年人的我第一次意识到，像其他人一样，我是"可爱的"，爱自己也是可以的。

我开始明白，这么多年来，我一直没有得到这种认可（直到我 40 岁左右才意识到这点），因为我父亲回来后，我们去了开普敦，在那里，我在家里和学校都受到了极端强烈的种族主义影响。我根本不能让一个科萨女人做我的母亲……在西斯凯形成的我身上所有的黑人的部分都变得不可接受了。我不能允许自己拥有与罗西在一起相处过的经历。虽然到了 25~30 岁的时候，我已经摆脱了后西斯凯时代强加给我的大量种族主义垃圾，但这个批判性的部分仍然存在。毕竟，它提出了非常根本的问题。与此同时，由于罗西的爱是我情感生存的核心，所以在连续的梦境中我无意识地牢牢抓住了它。

两周前我造访西斯凯地区时，在芬尼看到了罗西。那是一次非常愉快的会面。我能够感谢她当时给我的爱。她非常清楚这件事有多重要，而且非常谨慎地表明，她很了解我母亲的无能。她说我回来很重要，因为我是科萨人，因为我的"肚脐被埋在"西斯凯。我懂她的意思。

这就是你的梦。尽你所能利用它。我分享了所有痛恨种族隔离的常见理由，但我还有另外一个理由……它使我无法拥有童年最重要的经历。我不能拥有我身体中黑人的部分。我不再做这个梦了。这一定是因为我可以拥有现实了。
（Kaplinsky 2008）

从梦和做梦者的"修通"中可以清楚地看出，文化和个体化过程之间的互相作用如何给他造成了冲突和压力。做梦者需要"拥有"他与罗西相处的经历，以便对自己"真实"，同时他需要"否认"它们，以便对他的家庭和他出生时所处的白人种族主义文化"真实"。然而，他后来对自己不得不与罗西"断绝关系"的积极体验感到不满。这推动了他的个人旅程。

一种由情结、分裂和阴影组成的层次形成了。首先，他形容自己的母亲"很糟糕"。因此，他的婴儿自我必须建立一个防御结构，也就是第二个皮肤功能以便生存（可怕的母亲情结）。但他也在其他地方寻找合适的回应——身体上和情感上的回应，他在罗西身上找到了这种回应（积极母亲情结）。后来，由于他"属于"白人群体，并与他们互动，他学会了与罗西"断绝关系"，这让他产生了一种被背叛和内疚的感觉，这种感觉存在于这个文化情结之中。因此，我们可以看到，情结是如何从一个复杂的情感网络中发展出来的，它通过母亲、罗西和其他亲密的人来进行吸收，而这些人反过来也参与到这个文化中，并融入其中。

权力和依赖的主题贯穿了个人和文化情结。梦者描述了母亲对他的"巨大权力"，从而使他的防御结构成为必要。从文化的角度来看，这里有一个有趣的旋转。虽然白人在经济上支配和控制着黑人，但他们不仅依赖黑人的劳动，还常常依赖他们的情感照顾——梦者就是这样。为了维持现状，需要一种僵化的政治结构，这助长了文化情结的形成。种族隔离意味着"分离"，因此意味着根据肤色设定的"我们与他们相对"的动态的僵化。正如我们所知，白人统治阶级的各种负面投射都指向了那些非白色皮肤的人种。肤色触发情感反应，这是文化情结的关键点。

梦里的牛的游戏是梦者试图将自己从他所谓的"强加在他身上的屎一样的种族主义"中解脱出来，而那构成了他所生活的文化情结的一部分。这反过来又影响了他的个人情结。

玛瑙贝（cowrie）被当作奶牛（cow）。从玛瑙贝到奶牛的转变特别有创造性。贝壳具有坚硬的防御结构，里面是女性化的更柔软的生物，它们相互作用，提供乳汁和营养。它们也很容易排出废物，而且它们的皮肤也比较松弛。因此，在这场牛的游戏中，就好像是玛瑙贝／奶牛／情结被松动和转移，在牛栏／容器中进进出出，允许进行实验和交换。梦者正在寻找一种方法来触及他隐藏的、脆弱的内心。

当谈到种族隔离时代的文化情结时，这些玛瑙贝的颜色尤为重要。玛瑙贝的颜色多种多样，但梦者在海滩上玩耍时，它们大多是白色的，夹杂着斑点棕色、黑色或焦糖斑纹。奶牛也有相似的颜色，通常更明确——可能意味着梦者的颜色意识越来越坚定，以及他努力松动与肤色有关的情结。他写道："我身上所有的黑人部分……变得不可接受。"他还是婴儿的时候就以为自己是科萨人，和罗西一样的黑人。因此，我们看到了超越功能的作用，它产生的象征是某个单独个体皮肤上出现了多种颜色（包括玛瑙贝和奶牛），其有助于解开和松动个人和文化的情结。

对凯瑟琳·卡普林斯基的案例的评论 [①]

有很多方法来思考这种特别的材料。我在下面画了一个示意图来说明文化情结是如何在无意识的不同层面上运作的（见图 3–1）。

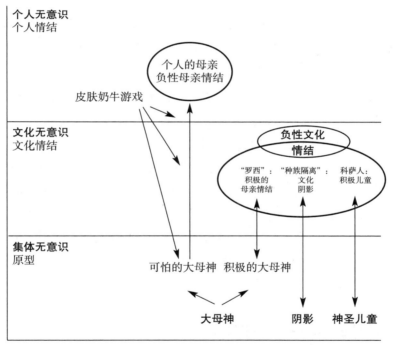

图 3–1　拥有文化情结之人的无意识动力

在这位被流放的教授反复出现的梦和他随后的"修通"中，（个人的和文化的）情结和原型（阴影、大母神和神圣儿童）相互影响。这张图旨在帮助理解文化情结是如何在心灵中形成的，以及困在其中的能量是如何被释放的，从而为该个体

---

① 　本节由托马斯·辛格撰写。

带来一种深刻的新生感。在这个案例中它是通过自发的积极想象过程产生的。

在集体无意识中，原型模式是塑造和发展一个心灵的先决条件。两极对立的种子在这里形成，包括理想化和贬低（分裂）的倾向，以及阴影的能量和道德的潜力。伟大而可怕的母亲、神圣儿童等都存在于此。

在这个男人的个人无意识里，我们发现了截然相反的情况：他形容自己的母亲"可怕"，而罗西是他"无条件爱的唯一源泉"。在他的家族中，"最可怕""最强大"的母亲导致他建立起一种防御性的第二层皮肤结构，就像玛瑙贝一样。后来，他在罗西身上发现了"伟大而积极的母亲"，她成为了他个体化过程中必不可少的一部分，具有强大的文化影响。

当与罗西的积极体验被否认时，文化无意识就发挥了作用。对罗西的爱和来自罗西的爱被负面的文化情结所掩盖，这种文化情结与种族隔离时代的阴影的投射结合在一起，形成了罪恶的结合。

"牛的游戏"或"玛瑙贝的游戏"是一种促进和象征心理能量从无意识的一个层面转移到另一个层面的游戏，最终导致心理的深刻转化。几十年来，"积极的大母神"的无意识记忆或能量被与种族隔离的"阴影"的罪恶结合所掩盖，从而在文化无意识的层面上被安置在负性的文化情结之中。这种积极的母亲情结和文化阴影在文化情结中的融合最终被化解了，而包含在负性文化情结中的能量被释放出来，并可以被意识用于其他目的。对罗西的爱的体验本来可以形成一个积极的母亲情结，却被压抑了，现在通过梦中的科萨男孩形象被意识到了，个人的负性母亲情结对自我的控制也进一步放松。因此，自我与自我认同的新体验成为可能，有时自我 – 自性轴也可以被修复。

关于文化情结的进一步临床观察

虽然前文关于具有文化情结的个体的案例并没有在正式的心理治疗框架之下展开，但它之所以被选中作为案例，是因为那个梦及梦者的故事提供了一个简洁而强大的例子，表现了在个体中的文化情结的结构、内容和进化。在《文化情结》（ *The Cultural Complex* ，Singer and Kimbles 2004）一书中，塞缪尔·金布尔斯（Samuel Kimbles）、海伦·摩根（Helen Morgan）和约翰·毕比（John Beebe）各自提供了临床心理案例片段，显示出治疗容器内的文化情结，建议读者去阅读这些研究中对于文化情结的临床表现更详细的描述。在这里，我将简要地概述当文化情结突然在分析工作中出现时的一些更重要的特征。

与意识到大多数其他无意识冲突一样，在分析中意识到文化情结的方式有以下几种：通过密切关注个人、家庭和文化历史，通过分析无意识中产生的梦和幻想材料，通过移情／反移情的反应，通过无意识的失误，通过强大的情绪和／或强有力的情感的突破。对此，约翰·毕比写道：

荣格学派的分析工作，总是在探索情结，一个人不一定意识到自己试图解开的结可能是一个文化情结。就像任何其他情结一样，文化情结会产生内部冲突，引发焦虑、愤怒和沮丧的时刻，影响被带到咨询中的外部情境，在治疗互动中形成移情并构建患者梦中的意象。由于这些情结影响到个人，以及任何进入到个体周围的情感领域的人，我们通常认为它们只属于那个人的主观本性。然而，它们可以代表在个人层面运作的文化。通过遵循仔细的临床方法，治疗师可以揭示一种文化情结对患者无意识生活的侵入。（Beebe 2004，223）

毕比以外科手术般的精准，剖析了一个人梦中的文化情结的表现，此人后来死于艾滋病。在梦中，梦者大腿上有一块 20 世纪 50 年代可口可乐瓶盖形状的伤痕，这让梦者和分析师们发现了一种文化情结，这种情结在他的身体和心理上烙上了一种可怕的恐同心理，害怕自己不够强壮，不够阳刚，不够英勇。20 世纪 50 年代的同性恋恐惧症给这个男孩打上了一种严重的文化情结的烙印，让他成了替罪羊和局外人。文化情结在梦中宣告了自己的存在，通过仔细的分析，它更多地进入到了被分析者和分析师的意识当中。虽然没能英勇地战胜艾滋病毒，但他们减少了文化情结的毒性。

文化情结在咨询室中展现自己的另一种方式是通过被分析者和分析师的移情、反移情的反应。海伦·摩根描述了她在自己身上发现的种族文化情结，她是一位白人女性，有一位黑人女性患者，通过分析师对患者的负面情绪反应和患者无意识的口误而显现出了种族文化情结。她把自己的患者比作"鸟巢里的杜鹃"。"杜鹃不自己筑巢，而是一个一个地在别的鸟巢里下蛋，然后在养父母不知情的情况下由其孵化和抚养幼鸟"（Morgan 2004，214）。摩根有一种侵入性的、消极的、隐含的想法，她不想让她的患者待在房间里，觉得患者是"鸟巢里的杜鹃"。反过来，患者很快开始表达她的恐惧，害怕摩根想要给她"洗脑"，但在一个口误中，"洗脑"（brainwash）变成了"洗白"（whitewash）。随着患者和分析师开始探索情结，通过"鸟巢里的杜鹃"担心被"洗白"、自我厌恶及厌恶他人浮现出来的文化情结核心中的态度开始进入意识——先是对患者的黑人身份的贬低，后来又是对分析师的白人身份的贬低。摩根写道：

> 这种对她自己和对我的复杂态度与她的个人经历有明显的关联，但这也说明了黑人在白人社会中的一些困境。如果认为好的东西都是白色的，那么一个人越白皙，就越容易被人接受。污点和不端行为都属于黑人，必须被洗白，但一旦被洗白，个人就失去了黑人的价值。当一层白色覆盖了所有的地方，就是一种对多样性的灭绝。在这场比赛中，黑人完全被白人打败，以至于"他/她根本一分未得"。（Morgan 2004，218）

塞缪尔·金布尔斯记录了这种文化情结出现的另一种形式。他描述了一个白人患者，这位患者透露了她童年的幻想和幻想的形象，这些后来被投射到他，即一个黑人分析师身上。这些幻想的形象在她的心灵中，以一种刻板印象的方式交替扮演着"令人恐惧和渴望他人"的角色。金布尔斯写道：

> 在她的幻想中，早在她的青春期前，患者就开始利用刻板印象来表现焦虑和冲突，这些焦虑和冲突活跃在她的早期发展史中。我的患者与她的幻想和梦中的文化形象没有现实的关系，这表明了文化刻板印象在文化无意识层面上的相对自主性。然而，她创造性地使用了这些刻板印象，揭示了文化情结可能在个人身上无意识地发挥作用，就像在文化中一样，组织和约束着与差异有关的焦虑。（Kimbles 2004，210）

就个人情结而言，在心理治疗的背景下，使文化情结进入意识并获得一些客观性，是一个漫长而艰难的过程，它需要与来自文化无意识以及更为熟悉的个人无意识和集体无意识的内容分离。

集体心理中的文化情结

即使文化情结不是心理治疗的直接焦点，临床医生也不要低估这部分集体心理对咨询室里的个人的力量和影响。集体无意识中的文化情结对日常生活的氛围有很大的影响，可以看作所有患者心理环境的一部分。

荣格在 1936 年的文章《沃坦》（Wotan）中写道：

原型就像河床，当水离开时就会干涸，但水随时都可以重新找到河床。原型就像一条古老的水道，生命之水沿着它流了几个世纪，为自己挖出了一条深深的水道。在河道中流动的时间越长，水越有可能迟早会回到原来的河床。个人的生活作为社会的一部分，特别是作为国家的一部分，可以像运河一样被调节，但是民族的生活是一条奔流的大河，完全超出了人类的控制……因此，各个民族的生活不受约束，没有指引，不知去向，就像岩石从山坡上崩落，直到被比自己更强大的障碍所阻挡。政治事件从一个僵局转到另一个僵局，就像被困在沟壑、溪流和沼泽中的激流。当个人被卷入大规模运动时，所有的人为控制就结束了。然后，原型开始发挥作用，就像在个人生活中面对无法用任何熟悉的方式处理的情况那样。（Jung 1936/1964，para. 395）

文化情结可以拥有漫长的记忆，非常强大的情感嵌入其中。随着时间的推移，一代接一代，传递了好几代人，让文化情结拥有了强烈的历史感。文化情结把自己铭刻在群体的意识和无意识以及群体成员的个体心理中。同时，它们与其他民族群体的文化情结交织在一起。事实上，这些相互交织和充满情感冲突的无意识文化情结的能量，可以成为人类的暴怒事件的前提条件，这就像几年前一部名为《完美风暴》（The Perfect Storm）的电影中描绘的自然力量，当时美国东海岸的所有气候条件都处于独特的位置，当它们聚集在一起时，就造成了一场规模巨大的风暴。

从地缘政治、心理和精神想象中不难看出，我们生活在这样一个时代：一种罕见的、错综复杂的文化情结正巧结合在一起，释放出巨大的破坏性力量。要想知道一个人是否正在接触一种文化情结——不管是一个群体还是一个人——最好的方法就是观察由某些话题自动引发的情绪反应。这就是荣格第一次识别个人情结的方式——触发词的情绪反应导致了回应的紊乱。文化情结也是如此。

结论

关于个人情结，荣格写道："我们的命运通常是我们心理倾向的结果。"（Jung 1913/1967，para. 309）。文化情结也是如此。我们的个人和文化情结是命运之手。荣格在另一篇文章中相当直白地说："我们都有情结，这是一个非常平庸和无趣的事实……只有了解人们如何处理他们的情结才有趣，这是重要的实际问题"（Jung 1936/1976，para. 175）。我们如何把握命运之手，以及我们如何处理自己的个人和文化情结，决定了我们成为什么样的个体、群体和社会。

作者简介

托马斯·辛格，医学博士，精神病学家、荣格派精神分析师和旧金山荣格学院培训分析师。他对神话、心理学和社会的长期兴趣反映在他编辑和写作的书籍中，其中包括《幻觉之物》（*The Vision Thing*）、《文化情结》（*The Cultural Complex*）、《球迷的棒球狂热指南》（*A Fan's Guide to Baseball Fever*）和《启蒙：一个原型的生活现实》（*Initiation: The Living Reality of an Archetype*）。

凯瑟琳·卡普林斯基，出生于印度，在南非长大。她现在是伦敦分析心理学协会的专业成员，BAP（荣格分部）和儿童心理治疗师协会的培训分析师。

第 4 章

开展心理教育

约瑟芬·埃维茨 – 塞克

……我们在被诠释的世界里并不自在。

——里尔克（Rilke）

我们根本不需要教育，

我们根本不需要思想控制。

——平克·弗洛伊德（Pink Floyd）

"思想控制"一直是人们对整个精神分析领域的标准指控，它可能是一种被滥用的指责。我们在移情领域中与权威问题斗争，充分认识到分析师拥有权力并可以行使权力。在这个时代，对分析实践中固有的教育功能的方法，我们必须重新构思。

荣格对分析过程结构的早期构思是，分析会通过告解、阐明、教育和转化的阶段而演变，这与当前的实践格格不入。在一定范围内，我们可以接受这些阶段作为分析过程的真正组成部分，但我们不认为它们必然是连续的或渐进的；相反，它们的顺序是可变的，并且更典型的情况是同时存在（Lambert 1973，24）。教育每时每刻都在发生。尽管荣格内在对于科学的渴望让他追求系统化，但他对于心理的实际体验使他确信"如果集体无意识不存在，一切都可以通过教育来实现"（Jung 1931/1977，para. 720）。但无意识确实存在。他坚持认为，理解无意识的力量是必要的工作，但他强调理解可能导致危险，即里尔克所说的"被诠释的世界"（der gedeutete Welt）的死亡。

然而，作为他那个时代严谨的学者，荣格重视教育，认为教育是塑造和指导的方式，他可能曾经和阿德勒一样支持医学科学家鲁道夫·维尔周（Rudolph Virchow）："医生最终将成为人类的教育者"（Adler 1923，317）。这就是对教育的信心和对修正过程的信心。那种乌托邦式的信任仍然存在，但在整个西方世界，人们对教育的期望如今变得更加谦卑，甚至愤世嫉俗，就像平克·弗洛伊德那样。

荣格逐渐开始怀疑教育，但是很难想象荣格会变得愤世嫉俗。他的谨慎来自另一个方面。这是对诠释学真正的怀疑的早期表现。与维尔周相反，荣格希望"医学的治疗方法"将成为"自我教育方法"（Jung 1931a/1977，para. 174）。他反思了"对他人实施暴力或屈服于他人的影响"的危险，充分意识到"建议疗法"的风险。"我已经放弃了催眠治疗……因为我不想把自己的意志强加给别人。我希望治疗过程源自患者自己的人格，而不是来自我的暗示，因为我的暗示只会产生短暂的效果"（Jung 1961/1976，para. 492）。我们渴望的人格转化会"带来丰富的心智"。这种发展是分析的结果，而不是目的。然而老师的原型是不可避免的，我们可能很想知道荣格如何始终如一地实践他所宣讲的东西！

在讨论教育（education）时，通常会用到拉丁语中的两个动词：ducere 和 ductare。ducere 的意思是领导、指引、引导。ductare 也有类似的意思，但还有带回家的意味。e-ducare 暗示着引导出来，但最初表示的是教养过程：喂养、养育，甚至孵化。在英语中，这两个词源都很重要，尽管它们在德语中不存在。荣格坚持谴责的是灌输（indoctrination，词源为 docere，意为教导）。他与弗洛伊德的分离反映了他对精神分析"学说"的拒绝，他导师的话很有分量："我求你……不要离我太远"（McGuire 1974，18）。这与荣格逐渐形成的信念形成对比，即"每个心理治疗师不仅有自己的方法……他自己就是那种方法"（Jung 1945/1966，para.

198）。分析师在分析中所具有的特质具有天生的教育性。

为了掌握荣格在分析中的教育方法，以上的意义和语义领域中的其他衍生词都是必要的：诱导（induce）、推论（deduce），甚至是引诱（seduce）。所有这些都为真正的教育提供了经验。荣格鼓励分心、破坏、生成能量，这些都是无意识的潜在代理人。他谈到了"某种再教育和人格再生"的需要，但他逐渐意识到再教育是产生的，而不是被教导的，因为"一个人是一个精神系统，它……与另一种精神系统相互反应"（Jung 1935/1966，para. 1）。这种"反应"自发地发生在分析二人组之间的当下互动时刻，这使他确信分析师事先知道的越少越好（Jung 1945/1966，para. 197）。教育不是知识的指导或转移，留给被分析者的不能是一个"聪明但仍然无能的孩子"（Jung 1931a/1966，para.150）。更确切地说，这是心理态度的重新调整，因为"我们很少仅仅通过理解其原因就能摆脱邪恶（或我们的情结）……患者必须指引自己走上新的道路……只有通过教育性的意志才能实现"（Jung 1945/1966，para. 152）。要想修复被分析者的意志，就需要被分析者从荣格的"医学权威中尽快"解脱出来（Jung 1935/1966，para. 43），以便被分析者可以"学会走他自己的路"和"学会站稳自己的脚跟"（Jung 1945/1966，para. 26，"学会"是本文作者加入的）。

当荣格与鲜活的心灵一起工作时，他很清楚在分析中教学是错误的模式。虽然来自无意识的材料和典型行为的表现可与比较神话学进行最好的联系与整合，同时博学的分析师可能会提供"某种背景，以便使它们更容易理解"（Jung 1944/1968，para. 38；参见关于"放大"的一章），但这种模式并不是指导。相反，分析者需要在无意识的原型世界的辩证关系中建立生活模式，并且在治疗性的二元关系中的内在工作里进行实践。分析师的一项任务是为工作找到 / 铸造一种必要的语言，这种语言对于每个被分析者来说都是不同的。荣格顽皮而严肃地评论道，每个人都需要一种新的理论：为了让心灵可以表达，每一种理论都需要自己的独特语言——特殊的词汇、句法、口音和语调。

大多数人发现，在分析中最重要的不是学到的内容，而是新的理解、想象力的觉醒，它们释放出新的、更真实的存在方式。弗洛伊德的教导目标是诠释患者隐藏在无意识中的意义，而这与大多数人的发现相去甚远。这不能成为提供教育的导师的成就，而只能通过培养被分析者去做"对自己本性的实验"（Jung

1929/1966，para. 99）来实现。在一个持续的丰富的分析过程中，个人将变得不那么依赖分析师提供的材料。考虑到"心灵在所有科学中都占有一席之地"（Jung 1945/1966，para. 209），分析训练强调需要学识渊博，但这些知识必须保存在过渡空间里，而不是被直接或明确地去使用。

如果需要教导，那么要由梦去教导并在梦中完成，梦会"像一个寓言"（Jung 1928/1977，para. 471）一样去教导。这就是为什么我们需要并且必须优先考虑与无意识心灵的沟通。但这里也有龙的存在（But here too there be dragons）。在训练中，我最重视的是促进，"总是比被分析者的无意识落后一步"（C. T. Frey）。这是给有教导倾向的分析师的好建议。我清楚地记得，在一次梦的研讨会上，给我印象最深的是通过神话知识窃取梦的危险。一个天真的梦中的猫被全面放大了——从埃及到雅典，以及其间的所有神话之地——直到有人冒着风险问了一个幼稚的问题："梦者有一只猫吗？"是的，她确实有，就在做这个梦之前，她心爱的小动物被撞了。我想起诺兰（Nowlan）的一首诗，当知识使我成为小偷时，这首诗仍然打动我。诗人给了一个即将成人的孩子（child-adult）一份礼物，他低声说：

"没有人能从我这里抢走它。"
这声音与其说是挑衅，不如说是绝望，
习惯于藏身之地被人发现，习惯于手里之物被人夺走。
（Nowlan 2004，138）

我们要如何避免这样由导师实施的"抢劫"，即他可能知道被分析者还不知道的事？这需要的不仅仅是谦逊的真诚对话。

我们不必害怕援引教育的代理人苏格拉底所设想的爱。希尔曼（Hillman）提醒我们："就好像爱在其本质中有一个使命，即去点燃、教育和转变，在灵魂中传播它的水银之火，把它从一个人转移到另一个人……（通过）迂回曲折的间接手段"（Hillman 1972，78）。这种能量是上文描述的词汇游戏的本质：一种转瞬即逝的感觉，而不是既定的意义，因为它们存在于 ducere 及 ductare，它们会产生多种联想。自性是源泉。苏格拉底主张爱能教育人，希波克拉底也坚持爱能治愈人。我们知道爱不可避免会越界，所以我们期望这个精灵会破坏或渗透所有的分类思维。令人不安的是，当我们的教育实践无所畏惧地、荒谬地引导和诱惑时，常常冒犯脾气好的、受过教育的自我时，它被证明是最有效的。精神分析起始的崇高目的是，解释心灵的潜在目的以及诠释神经功能，并以此作为治疗的手段。但心灵的向导是赫尔墨斯，他喜欢爱洛斯的"迂回曲折"。我们必须相应地调整我们的教育意图，这与亚当·菲利普斯（Adam Phillips）对我们的任务提出的问题相呼应：精神分析"已成为理性激情的科学，仿佛目标……是让人们更容易理解自己，而不是意识到他们对自己来说有多陌生。当精神分析制造出太多意义，或太过于言之有理时，它就会转变成其正试图治愈的症状，即防御性的认知"（Phillips 1995，87）。荣格还希望，分析将"使我们更能意识到我们的困惑"（Jung 1939/1976，para. 688）。他会赞同华兹华斯（Wordsworth）的号召，"走向事物的光明，让自然成为你的老师"（Wordsworth 1959，377）。想象和个体化都是无法教导的。心灵本身的经验具有教育意义，同时分析师培育了与无意识困惑相关的先天之路。

我们有新的方法来证明这一点，并被当前神经科学的发现所证实。相对于认知性的工作方式，使用隐喻／神话的工作方式可以更有效地创造新的神经通路。这里没有空间来探讨左脑作为诠释和影响工具的价值——玛格丽特·威尔金森（Margaret Wilkinson）将其描述为"在不同的认知领域中建立概念和情感联系的创造性能力"（Wilkinson 2006，146），但这些必须整合到我们对于心理教育的感知、启蒙和实践中。当我们允许意义进入时，这也会让我们对关键的"诠释时刻"做出反应（Wilkinson 2006，110）。我们认为分析中的教育最初过分强调了分析师作为资源的部分。我们现在也许能够有一个更广阔、更真实的视角，知道我们在做什么，例如，隐喻的体验本身是如何点亮大脑的，并且它可以成为转化左脑功能的根源。

如果我们想要在实践中培养"对自己本性的试验"，促进"以本性为师"，让"思想的丰富"带来人格转化的觉醒，我们要怎样做呢？在对荣格认识论的探索中，雷诺斯·帕帕多普洛斯（Renos Papadopoulos）在意义的共同创造、知识的共同建构以及学习如何在分析中学习方面做出了重要贡献（Papadopoulos 2006）。考虑到这一点，我总结了几个来自实践的典型时刻，它们可能具有明显的教育意义。

首先，我承认教育互惠。分析师也在转化的容器中，因此他们是被被分析者告知，甚至塑造的。我曾经举办过一个名为"修补匠、裁缝、士兵、水手"的系列研讨会，这是由于我意识到我从各种职业的被分析者中所学到的一切，以及心灵是如何富有想象力地运用每一种职业准则的。我们探索了护士、演员、作曲家、美发师和律师的工作和生活是如何通过做梦而为象征提供素材的。这些被证明不仅仅是"白日的残余"，而是不断的心理工作的一部分，其促进转化和自我教育。在修剪、造型、染发、卷发、拉直、着色的工作中，发廊就像是炼金术士的实验室。在法律实践中，包括审判前的发现、辩诉交易、庭外和解，无意识的想象精确、生动地掌握了这些数据，以便象征性地循环利用。在音乐领域中，音调和节奏的变化表达了情绪、感觉、压抑的渴望，"主要的"喜悦迫切地要超越"次要的"忧伤。医疗程序、器官功能、医院手术室的外科干预，都为心理代谢提供了资源。在另一个剧场里，我们考虑了在冲突和合谋中角色之间明显但微妙的相互作用，因为演员们在试验心灵的"无限多样"的自己。那时我还和测量师、牧场主、画家、IT 专家、铁匠等不同职业的被分析者一起工作过……职业上的可能性是无限的。分析师从被分析者那里学到多少关于生活的任务和心灵的创造性啊！如果双方都愿意受到影响，教育就是互惠的，并且是转化性的。

许多人来分析的时候根本没有任何心理学知识，甚至对它充满防备。有一个科学家来到我在加拿大的诊所，他说除了一本教科书外，他什么也没读过。他突然意识到，他需要治疗，尽管他也解释不清为什么。从一开始，他显然就受苦于一种破坏性的母亲情结，但在我们的互动中，他没有任何接近这个议题的意图。刚开始不久，他就去度假了，并让我建议一些假日可读的小说。他来自 D.H. 劳伦斯（D. H. Lawrence）的家乡，所以我很天真地建议他阅读《儿子与情人》（*Sons and Lovers*），而对这可能产生的实际影响完全没有准备。他其实足够成熟到可以进行深度的内在工作，但他感到恐惧。而小说中那遥远而又熟悉的场景让他感受到了安全，这本书给了他足够的洞察力，让他开始处理与母亲之间的议题。这也引诱他的自我接受了栩栩如生的梦，提供他所需要的一切来忍受抑郁，从而使新生命可以诞生。教育发生了，他学到了所有他需要知道的关于情结如何占有和蛊惑人心的知识。

一位对古代神话知之甚少的舞动治疗师在身体工作坊中画了一幅画，这引发了一个梦。在梦中，她在画中描绘的一个扁平的人物从地板上的纸上站了起来，身着长袍，带着盾牌。这似乎是雅典娜的形象，而梦者对雅典娜"一无所知"。她只需要我告诉她这个名字。通过阅读和想象，一个惊人的自我发现的过程随之而来，以不可预知的方式塑造了她的现实生活。于是，她开始了一项关于她本性的令人震惊的试验。

因此，我们需要的是找到开展心理教育的途径，从而使心理教育自我推进。如果我们每个人都听从心灵的指挥，那转化和丰盛就会随之而来。如果我们允许赫尔墨斯参与到工作中来，我们就会被引导和诱惑。但最终，比教育和放大的知识更重要的资源是心智和灵魂，荣格称这个资源为"振幅"（amplitude）。

思想的丰富在于精神的接受能力，而不在于财富的积累。只有当我们的内在振幅能够与外在内容的振幅相同时，来自外部的事物，以及一切从内在升起的事物，才能成为我们自己的东西。真正的人格成长意味着来自内在资源的意识的扩大。没有精神深度，我们就永远无法与我们的客体的量级充分联结。因此，有句话是相当正确的：一个人随着他的任务的伟大而成长，但他的内在必须有成长的能力。（Jung 1950/1968，para.215）

作者简介

约瑟芬·埃维茨-塞克，博士，曾在卡尔加里大学英语系任教多年，后来在苏黎世荣格学院接受培训，现居住在英国，是 IGAP（伦敦）的高级成员和培训分析师。

她发表过关于文学以及文学、心理学和神学领域间跨学科的文章。

第 5 章

Jungian
Psychoanalysis
Working in the
Spirit of
Carl Jung

开启转化

戴安娜·库西诺·布鲁奇

一个转化过程

"……心灵与它的表现是无法区分的。"荣格说道（Jung 1937/1958，para.87）。而且"心理学与观看行为有关"（Jung 1944/1953，para.15），同时心理学也描述经验事实。以这种精神为本，我选择将本章建立在具体案例上，在分析容器中，我见证了这些案例的转化过程。

第一次咨询时，克里斯蒂娜做了这样一个梦："我要和我前夫复婚了。典礼即将开始，但我意识到我还没有为这个特殊的场合准备一件合适的礼服。我们的客人就要到了。我感到恐慌。我前夫告诉我，我可以穿一件我已经有的且我们都喜欢的裙子。但那件衣服只适合参加婚礼，却不适合新娘本人。我醒来时感到脆弱、焦虑和迷失。"

克里斯蒂娜开始和我一起做心理分析时已经 64 岁了。她是一位职业女性，离婚多年，和现在的伴侣幸福地生活在一起，即将退休。当被问及她与前夫的关系时，她说两人的关系很友好，主要是围绕着他们共同的女儿和外孙女。对她来说，很明显，梦是要从主观的层面来理解的，特别是因为她在梦中的前夫是一个她在现实生活中完全不认识的人。

开始接受分析的决定通常是由一个人生活中的危机触发的。在她离婚的时候，克里斯蒂娜接受了治疗，试图理清她的情绪波动以及离婚对她生活的影响。在早期治疗的某个时刻，似乎她当时的问题的客观部分已经逐渐解决，并且她正在恢复她的内心平衡。尽管如此，她还是决定继续她的内心工作，以探索她心灵生活的更深层次。在她开始和我一起工作的时候，似乎没有什么值得注意的明显的失调。然而，她谈到了内心停滞不前的感觉，一种奇怪的脆弱感，以及她找不到任何具体依据的模糊但持续的焦虑感。她最初的那个梦是在我们第一次见面前一周做的，它让她意识到内心的紧迫感。无意识已经起了带头作用，而由于她之前的治疗工作，她的自我已经很好地与她的无意识协调一致，遵循了冲动。

转化

在荣格的文章《现代心理治疗的问题》（Problems of Modern Psychotherapy, Jung 1931/1966）中，荣格确定了心理治疗的四个连续阶段，每一个阶段都有特定的内在过程，即"告解""阐明""教育"和"转化"。前三个阶段在所有深度心理治疗工作中都存在。荣格将它们定义为客观、理性的方法，每一个过程都是必要的，以便去处理个人的特殊症状。第四阶段，他称之为"转化"，是分析心理学（即荣格派精神分析）最具特征的阶段。关于第四阶段，荣格说，它主要涉及像克里斯蒂娜这样的人，他们在智力和情感上功能良好，满意地融入了他们的社会、家庭和工作环境，换句话说，他们很好地适应了环境，但渴望一些超出正常和适应的东西。其目标是实现心理的完整性（wholeness），而转化是实现这一目标的手段。激发这一过程的因素不再是需要被克服的功能失调的态度，而是一种无意识的反应，它被个人感知为一种无法忍受的内在停顿或内在压力，但并不来源于客观的日常生活。它产生于一种主观需要，并通过一种主观过程得到解决，其中非理性的维度起着重要作用。即使有时候会有些年轻人去追寻这条路，但大多数时候是中年人所需要的。

转化的意象

人类对心理转化的关注是普遍存在的，在每一种文化中都有大量象征心理转化的意象。荣格对炼金术意象的偏爱是众所周知的，因为它唤起了转化的过程。心理转化的另一个有力形象是毛毛虫蜕变成蝴蝶的现象。即使这种现象是自然界中的一个具象过程，它也被普遍理解为具有唤起象征化的性质（Stein 2005 and Woodman 1985）。

如果象征性地去理解这些意象，它们不仅揭示了转化过程的基本阶段，也揭示了其目的。无论是普通金属转变成黄金，还是毛毛虫蜕变成蝴蝶，两者都指向一种被称为给定结构或实体的终极身份的显现和实现。

通往心理完整性的道路会经历一系列的转化，类似于蛇皮的脱落，这是另一个自然过程，其象征意义已被所有文化认可。在蛇的一生中，它不断地遵循自身生长的指令，长出新的皮肤，并蜕去已有的皮肤。通过这样做，它把自己从之前发展阶段的限制中解放出来，为它的存在的扩展腾出空间。因此毫不奇怪的是，它成了心理成长、更新和愈合的有力形象。

克里斯蒂娜的梦显然是指向即将到来的启示阶段，它象征着一场崭新的婚礼：从心理学角度来说，她的梦宣告了一种新的"结合"的需要，一种与她的无意识和自性的新关系。关于结婚礼服的需求，让人想起新的蛇皮必须在内部生长，这样旧的皮肤才能脱落。

门槛

在蜕皮前的阶段，当旧的皮肤开始与下面的新皮肤分离时，蛇的视觉在一定时间内会变得模糊，导致紧张行为的增加，模糊的视觉剥夺了蛇在环境中的正常定向。那些观察蛇的人认为它是不安的，明显紧张和焦虑，因为它很脆弱。

无论可能与心理转化阶段有关的象征形象是什么，每一个这样的时期都类似于跨过一个门槛。门槛将人带入一个"介于两者之间"的空间，一个阈限的空间（来自拉丁文 limen），一个"两者皆非的地方"，在这里，一个众所周知的、让人安心的参考点被遮蔽了。失去了通常的应对机制或保护服，人们会发现自己有时处于一种深刻地迷失了方向和脆弱的客观状态。赤裸裸的、无保护的心灵被暴露出来，就像一只软壳蟹，面对无数的捕食者，不是被破坏性的冲动猛烈地攻击，就是被退行修复的诱惑之路所吸引。这种心理过程当然会产生正当而不可避免的焦虑感，正如克里斯蒂娜所表达的那样。

几乎在每一种文化中都存在着无数的仪式，它们被发展出来是为了预防跨越门槛时所固有的危险，说明这里有严重的问题以及潜在的危险。在童话故事中，怪物和恶魔经常守在门口，要么警告里面有危险，要么阻碍通道，阻止女主角完成任务。现在最为人所知的仪式是新娘跨过门槛进入新家时的仪式。在许多古代文化中，人们认为新娘娘家里的恶魔围绕着她，阻止她进入新家，阻止她完成转化。因此，她必须在不碰门的情况下被抬过门槛，以智取魔鬼，这个习俗在西方的几个发达国家仍然经常实行。

在讨论克里斯蒂娜的梦时，我们都意识到她正处于一个深刻的（尽管仍然是神秘的）过渡阶段。在这个阶段，需要谨慎，也就是意识到潜在的危险。我们还意识到，她的梦中丈夫一直试图让她相信她那熟悉的衣服（她的"旧皮肤"）就足够好了，他正象征性地扮演着新娘的"家族恶魔"的角色，阻止她越过门槛。

由于这个梦对她产生了强烈的影响，克里斯蒂娜在几次谈话中把它带回来进行讨论或是提到它，在这个过程中，这个梦的意义逐渐显露出来。一天，当我们再次忙于处理意象时，她说："显然有一个神秘的最后期限（deadline），而我对此毫无准备。"沉默了一会儿，她又重复了几遍，并一字一顿地说："一个最后期限。"她突然睁大了眼睛盯着我，她说："一条死亡线，这就是婚礼的意义吗？"但似乎没有什么特别的疾病威胁到她的生命。相反，她的身体非常健康。然而，她突然的洞察与萦绕在她心头一段时间的一种模糊但不断增长的觉察完全一致：她觉察到自己的生命长度正在萎缩，很缓慢，但却毫无疑问地在萎缩。"即使我也许还能好好活上20 年，但我也觉得它很短，"克里斯蒂娜说道，"20 年前，我遇到了现在的伴侣。那仿佛就在昨天。"她突然意识到，职业退休年龄对她的心理产生了意义。

"生命之夜"中的转化

关于分别对应于生命的前半生和后半生的典型心理需求，荣格谈到了"生命的早晨和下午的心理学"（1931/1966，para. 75）。

在我与被分析者进行工作以及与朋友的交谈过程中，我即将进入或已经进入人生的第七个 10 年，这远远超过了通常所说的中年，我开始发现内在生活的另一种转变，这两者之间的过程表现出相似之处，令人深受启发，且呼应了我自己的经历。我开始把这些具体的方面进行归类，我把它们称之为"生命之夜的心理学"。在这简短的一章中，我希望能见证这种生命之夜心理的某些重要方面，以及它所需要的转化过程。

从生命的下午到夜晚的过渡通常不像生命的上午和下午之间的过渡那样明显。从一个阶段到另一个阶段的转变在大多数时候是如此微妙，以至于它很可能不被注意到，人们更多体验到的是连续性而不是转变。然而，在灵魂领域中，能够听到生物钟的声音，某些个体（可能更能意识到时间的影响）也可以做到这一点，感知到其中显著的差异，让这个过程具有一种非常特殊的性质，一种特别的色彩。

对于一个人逐渐进入生命之夜的这一过渡阶段，克里斯蒂娜的故事为其提供了一种触动人心的阐述。

"死亡之线"

除非有严重的、威胁生命的疾病突然袭击，我们大多数人都会设法将死亡的现实很好地封存起来，储藏在无意识的一个黑暗、遥远的角落里。对它的压抑是一种有益于生命健康的反应。不这样做，一个人就永远不会真正投入到生命中。然而，随着个人年龄的增长，人们也越来越意识到时间在流逝，未来的岁月在迅速减少。从它的藏身之处，死亡的现实在无意识中被激活，试图唤醒自我去承担它的进一步职责，并以情结的方式作用于心灵。随后过程的性质取决于自我是否能与之相联结，或者相反，由于必须保护自己，从而把它当作一个不可接受的阴影一样去抑制它。

准备接受这种对抗，或者相反地，为摆脱它而斗争，可能与一个人是否把死亡看作生命的终结，或者是否能够把死亡看作生命的目标有很大关系，正如荣格在他的文章《灵魂与死亡》（The Soul and Death，1934/1969，paras. 796–815）中所肯定的那样。从一种知觉到另一种知觉的转变本身就需要深刻的内在转化。事实上，即使死亡被认为是生命的（最终）目标，而不是终点，这两者谈论的仍然是有限性。健康的人不喜欢沉湎于自己不可避免的毁灭。阻抗会自动出现，就像克里斯蒂娜梦中的那样：这个梦使她意识到梦中的自我所象征的两种相反的冲动之间的内在冲突，一种冲动是由即将到来的"最后期限"（死亡之线），以及为下一步的开始而迫切需要得到"合适的衣服"所象征的，而另一个更理性的部分，是由梦中的前夫所象征的，他会满足于像过去一样继续下去，而无视全新的任务，正如克里斯蒂娜很快意识到的，她忽略的事实是梦中的最后期限所指的"死亡之线"。

在意识到自己的死亡之线以后，克里斯蒂娜经历了一段痛苦和不安的时期，她的情绪在恐慌（"这个梦宣告我即将死亡"）和否认（"我很健康，我不需要担心"）之间摇摆不定。两种相反的冲动之间的冲突是焦虑最常见的来源。当她最终接受并成功地把这两种对立的声音抱持在一起时，一个新的观点开始逐渐浮现。一点一点地，这个梦开始失去它的末日性质（比如宣告她生命即将结束），并让克里斯蒂娜开始感受到这是一个邀请，是对她生命之夜的需求做出回应的邀请，也就是指向目标的必要转化，以及与这个新阶段相对应的，与生命签订的新契约。在童话故事中，对邪恶进行命名（命名为魔鬼或女巫）会导致邪恶的力量被剥夺。在命名和接受有限性之后，克里斯蒂娜的焦虑症状从那一刻开始逐渐消失。

完整性的概念根植于自性的无限潜能中，它的充分实现会超越任何个体生命的限制。由于它的原型性质，它的矛盾本性很可能被揭示出来：它可以被体验为一种更深入地与自己联结的邀请，但它也可以引导人们想要设立带有夸大意味的目标。克里斯蒂娜可以说是一个精神上有野心的人，也就是说，她认真对待自己灵魂的指示，准备好面对自己的阻抗，积极致力于自己的内在成长，并为自己设定有高度价值的精神目标。然而，即使这样的目标是内在的，它们仍然是由自我设定的目标，因此，即使是这样的目标，也必须在生命之夜中被逐步地放弃，以便为自己的存在腾出空间，让自己成为自己，而不是成为自己希望成为的人。就以往任何时候来说，在生命之夜，完整性的概念更加显现为一条道路，这条路就像"道"一样，它有自己的目标。

哀悼是任何转化过程的一部分：为了新的东西能够出现，我们必须放弃一些东西。克里斯蒂娜在转化过程中经历了一段时间的哀悼，为那被她称为"死气沉沉的生活"哀悼，不仅为了那些属于她的过去，也为了那些属于她的未来。不仅过去无法重来，而且由于人的寿命有限，一个人的许多真正潜力永远无法实现。许多人渴望的转化永远不会发生。然而，矛盾的是，接受自己无法改变的方面，深刻的转化就可以实现。正如荣格所指出的，疗愈有时不是治愈一种神经症，而是接受它是有意义和有帮助的（1931/1966，para. 11）。在生命之夜，哀悼导致了与自己的和解，心理上的统一、整合（integrity），这个术语实际上是完整性的同义词，但有一种更温和的味道，因此更适应生命之夜的指示。心理的整合意味着无条件地接受和整合一个人存在的所有方面，并停止内在的分裂，有时候由于我们精神上渴望最佳的后半生，这种分裂会被强化。我们在精神上认为有些东西有价值，却做出了与之相反的行动，这证明了人们的疑虑和懒惰。在有价值的东西和相反的事实之间存在裂痕，在弥合这些裂痕之前，必须要蜕去许多厚厚的皮。为了无条件地接受自己，必须蜕去更多的皮，有动力地向自己的全部真实投降，而不是一个简单的失败主义者的顺从。正如海伦·卢克（Helen Luke）所写的，只有通过这种充满动力的投降，一个人才能真正"继续变老……而不仅仅是陷入衰老的过程"。

自我和无意识相互转化的力量

有一天，克里斯蒂娜在咨询中带来了一幅她这周画的丙烯画。它呈曼多拉的形状，被安放在黑暗的背景上，并从背景中凸出来。曼多拉的内部是一种彩色玻璃窗，看起来像一个玫瑰色的窗户，呈现出不同的形状和鲜艳的颜色，每一个都与她自己的某个方面有关。一些彩色玻璃的碎片形状奇特，看起来像未经抛光的石头，轮廓参差不齐。当她在评论这个曼多拉时，她指着这些意想不到的形状说："这些是石头。"她继续说道："这是我无法转化的部分，太沉重，太严密，无法渗透。这是我绝望的部分。"她开始给它们起名："这是我没有母性的、没有抚育我的母亲；这是我内心抑郁的少女，一个被动的、毫无生气的、在抑郁中沉睡的少女；她是一个永远害怕在公共场合暴露自己的人，她会继续隐藏和背叛她的部分真实……"她继续给每一块石头命名。至于我自己，可以感受到这些奇形怪状的沉重，但我被它们鲜艳的颜色和比其他材料更突出的浮雕形式打动了，就好像克里斯蒂娜在它们上面涂了好几层丙烯。我说："它们看起来像宝石。""一开始我把它们涂成深灰色。但有一刻我为它们感到难过，于是我决定给它们每一个都披上一件合适的婚纱，"她笑着说，"我认为它们值得，所以它们最终变成了宝石。"

这次咨询后不久，克里斯蒂娜做了一个梦，梦见自己在黄昏时跟着一个女人走在一条狭窄的走廊上。她的向导有一种天使般的气质，从她身上散发出神秘的光芒。走廊的每一边都有各种各样的人在等待，有的健康且面带微笑，有的受伤又闷闷不乐。其中有一位跳舞的年轻女人，一只快乐地跑来跑去的狗，还有一个死胎，一个怀孕的 12 岁的女孩即将分娩，一个死去的老人，甚至还有一个人的破碎的身体部分——一只脚、一个肝脏，等等。当那天使般的女人经过的时候，这些人和物都向她移动（连脚和肝也向她靠近）。这群人组成一个队伍，逐一加入进来，壮大了这个队伍。队伍慢慢地向走廊尽头的一间空屋子走去，一束神秘而柔和的光从那里照射过来。从这里到他们到达那个神秘的房间的距离无法估量。唯一清楚的是，在走廊的另一端，有许多更熟悉的或更陌生的，更令人安心的或更可怕的人或物，正等着加入这个队伍。

我们通常认为心理转化是被无意识的冲动所开启，当自我服从它的需求时就完成了。然而，荣格最有希望和最具开创性的思想之一，是承认自我的力量带来了自性的转化，这是他在他的《对约布的回答》（Answer to Job，Jung 1952/1958，paras. 553–758）一文中着重阐述的一种洞察。当自我与无意识之间建立起一种深厚的联系时，它们就会在相互转化的过程中成为积极的伙伴。

我们都深深地被克里斯蒂娜的梦触动了，当她在画曼多拉时，我们都觉得那是她对于自己的无意识采取的有意识的回应。她对自己灵魂的所有部分的慈悲，她有意识地决定为自己最绝望的内在部分提供一件"婚纱"，这已经激起了炼金术式的转变，并触发了无意识的运动，并且立即产生了反应。随后的梦境为她提供了一个精神实体的形象，一个灵魂指引者（Psychopomp，赫尔墨斯的祭祀用别名），引领她沿着整合的道路前行，揭示了她自己（怀孕的少女）之前无望的一面的创造性潜能，但也带来了看似无用的元素，死亡的、死产的、被肢解的灵魂元素。一个伊希斯–索菲亚（Isis-Sophia）的形象引导着克里斯蒂娜找到了生命这个阶段的意义，进行了一项"回忆"的任务，即生命之夜的具体任务。克里斯蒂娜承认，如果没有这样一个让她安心的存在，她可能会感到害怕，并试图逃避这项任务。为了回应自我的主动性，无意识为她提供了一个象征，使不可能成为可能。

"对于有象征的人来说，转变是容易的"（Habenentibus Symbolum facile est transitus）。

作者简介

戴安娜·库西诺·布鲁奇，博士，出生于加拿大蒙特利尔，在巴黎大学获得法国文学博士学位，在苏黎世荣格学院获得分析心理学证书。她在苏黎世的私人诊所担任分析师，同时也是苏黎世国际分析心理学学院的培训分析师、督导和讲师。

第 6 章

Jungian
Psychoanalysis
Working in the
Spirit of
Carl Jung

涌现与自性

约瑟夫 · 坎布里

在多年分析过程中的关键时刻，一位正在为跳槽而奋斗的专业人士做了一个简短的梦：

> 我是来接受治疗的。当我要按铃进去的时候，我抬头一看，光线在变化，暮色降临，繁星闪现。我很惊讶地看到了一个我从未见过的星座。它是崭新的，几乎在我的头顶之上。

当梦者意识到更深层的背景，他生活的原型形态（也就是他的定位点）正在发生变化时，直截了当且清晰的梦境意象给他留下了深刻的印象和乐趣。梦对他的抽象、复杂的意识形态和理想化的移情都有补偿作用。

在隐喻的第一层，我认为梦中的行动轨迹在最后这点上特别重要。"抬头一看"并不是直接发生在分析师的办公室里，也没有离他很远。分析师缺席，但即将参与。这种行为发生在门槛上，仿佛从自然世界的外部到内部空间的转变，实际上是一种深度的内化即将发生。通过这个梦，我们被带到了世界的边缘，在意识和无意识之间，以及人类和宇宙之间的一个停顿。这一场景的临界性在夜幕降临时得到了进一步的体现。正是在这种开放的状态下，人们偶然地瞥见了崭新的、意想不到的景象。"惊奇"（surprise）是西尔万·汤姆金斯（Silvan Tomkins）在其作品中确认的六种或七种天生的情感之一，由路易斯·斯图尔特（Louis Stewart）引入荣格学派的文献（1987）。"惊奇"对被分析者的影响值得我们注意：惊奇会阻止他，让他重新定位，并开启一个反思的过程。

　　考虑到这个梦及由此产生的反应、联想和反思，以及这个人未来的心理发展，传统的荣格派治疗可以很容易地识别个人和超个人自我的各个方面，这些方面都会参与到一个转化性的重新组合的时刻中，具有整合新态度的潜力，指向更完整的人格。我不会直接详细描述这一观点，尽管这显然具有很大的价值。相反，我将退一步，从科学的整体主义的传统开始，作为探索这里出现的"新星座"的一种方式。这将通过涌现（emergence）的概念被带入当代的话语中，并被应用于自性（the Self）概念的分析实践中，着眼于如何增进我们对梦中的这种遇见的理解。

整体论

　　"前科学"世界的人们对宇宙有许多看法，通常认为它是有生命的，以神秘且有魔力的方式深刻地互相联系，并经常在神话中对其进行描述。随着旨在对自然进行量化的实证观察方法的出现，编年史记录的先驱在工作中强调了与先前不同的观点，他们常常嘲笑先前的观点是迷信。主流科学史包含了许多 17 世纪之前的重要的观察者和理论家，最著名的人物如哥白尼（Copernicus）、伽利略（Galileo）、第谷·布拉赫（Tycho Brahe）以及开普勒（Kepler），他们都属于这样的思想家。然而，在西方科学宇宙观起源的故事中，对基本的、普遍的物理定律的严格数学化通常被赋予了崇高的地位。虽然这种对自然的量化是由开普勒开创的，但这种量化通常可以追溯到 17 世纪的哲学 – 科学 – 数学家，开始于勒内·笛卡尔（René Descartes）的解析几何以及笛卡尔坐标系的源头。在哲学上，笛卡尔拥护精神与物质 / 身体的完全分离，开启了几个世纪以来关于意识的起源及其本质的争论，在 21 世纪，随着探测技术的发展，对大脑 / 思维相互作用的科学性探索成为可能，这个问题（重新）得到了关注。

　　数学方法最伟大的倡导者当然是艾萨克·牛顿（Isaac Newton）爵士，他阐述了运动定律。牛顿学说的成功导致了机械论的世界观，但随着时间的推移，这一成就在两个重点上出现了问题。首先是远距离作用的问题。虽然牛顿定律准确地描述了万有引力和物体的运动，特别是行星和卫星的运动，但这种力的传播方式仍然神秘得令人不安。其次，牛顿提出的模型含蓄地认为空间是空的和绝对的，也就是说，物体通过一个三维的笛卡尔坐标移动。时间也可以用绝对的术语来描述，它是一种从过去到现在，再到未来的单向流动，它也可以被系统却任意地划分为各个单位，比如使用时钟这样的机械设备来划分。

对于这些 16 世纪和 17 世纪的科学家，近期的传记作家告诉我们，这些人物的生活比他们的科学成就要复杂得多。例如，现在人们知道牛顿写的关于炼金术的内容比数学物理多得多。与牛顿一起发现了微积分的莱布尼茨（Leibniz），同样也十分关注象征思维。对他来说，数学只是寻找一种通用语言的一部分，弗朗西斯·耶茨（Francis Yates 1966）坚定地认为他在炼金术的传统之中。这个时期的大多数科学家和数学家都对哲学有强烈的兴趣，而这超出了可以量化的范围，但这些观点之后在 18 世纪对自然的理性主义、还原论（"启蒙运动"）的解读中被删除了。

虽然还原论面临着许多挑战，但它们的解释力非常有说服力，所以其影响力一直持续到当代，尽管越来越多的人认为它们只适用于特定的情况和条件。从 17 世纪开始，哲学家最先对其进行了最尖锐的批评。莱布尼茨把他的注意力集中在连续体（宇宙的一种永久的背景，一个整体的基础）上，反对牛顿微粒体的原子论观点。他还提出了将时间和空间联系起来的观点——这后来导致爱因斯坦宣称自己是"莱布尼兹派"（Agassi 1969）。换句话说，他拒绝了牛顿关于时间和空间的绝对观点。在莱布尼茨看来，物质是由力或能量的增强组成的，它们是连续体中的无量纲的点。虽然莱布尼茨的单子理论超出了这篇文章的范围，但这一理论包含了单子之间预先建立的和谐的概念，这是荣格的共时性思想的关键先驱之一。同样，斯宾诺莎（Spinoza）在拒绝笛卡尔的二元论的同时，发展了一种两面性的一元论（精神和物质作为一个基本统一体的两个不同的方面，这是一个根本的整体立场）。令人惊讶的是，最后一种理论最近在一些研究大脑／思维接口的神经科学家中重新流行起来（Damasio 2003）。

到 18 世纪末，对"启蒙科学"的反思开始出现，尤其是在德国文化中。在康德（Kant）批判的指导下，德国浪漫主义和古典主义通过各种人物，包括歌德

（Gothe）和谢林（Schelling）的自然哲学，重新唤起了人们对斯宾诺莎的兴趣。以过程为导向的科学研究方法被提出。尽管这种方法在当时没有取得成功，而且很快就被边缘化了，但仍有一个重要的领域保留了下来，那就是 1820 年汉斯·克里斯蒂安·奥斯特（Hans Christian Oersted）发现了电与磁之间的联系，他也曾与费希特（Fichte）一起做过研究。这个发现是在一次课堂演示中偶然发现的，当时奥斯特注意到一个指南针对流过附近导线的电流有反应。虽然他的理论还没有得到很好的发展，但这一发现激励了伟大的英国实验主义者迈克尔·法拉第（Michael Faraday）。

　　法拉第的社会经济背景很普通，且缺乏数学的教育，但他在实验室和形而上学的思考方面很出色。在电磁学研究中，他发现了力线，并发现磁张力渗透在磁现象周围的空间中。从他的磁对偏振光的影响的研究中，法拉第发展了场的概念，他把场理解为"一个充满电或磁力线的空间"（Cantor et al. 1991，77）。1845 年 6月，他在英国科学促进会（British Association for the Advancement of Science）的一次会议上首次公开阐明了这一点。法拉第反对牛顿关于空间是空的和绝对的观点，相反，他设想电和磁现象周围的空间充满了电磁力线，甚至是由其组成的，他提出这些力线可以携带"光的射线振动"（Willams 1980，116）。他还发现类似的力线可以解释万有引力。因此，他一举提出了光和引力传播的理论，质疑了绝对空间的概念，并排除了距离作用。这是自牛顿以来在理解物理世界方面最伟大的智力突破。从荣格的角度来看，我们认为这是一个原型理念的重新涌现，它促成了一个完全相互连接的宇宙的景象，荣格自己也会大量借鉴这一意象。

　　在经典物理学的范围内，法拉第的见解在 1862 年至 1865 年间被詹姆斯·克拉克·麦克斯韦（James Clerk Maxwell）充分地展现了出来。麦克斯韦在他的众多辉煌成就中，对电磁场给出了一个完全严谨的数学表达式，不仅统一了电和磁现象，而且证明了光是一种电磁辐射形式，其光谱范围远远超出了可见光的两个方向（可见光谱的紫外线和红外线端一定给荣格提供了合适的隐喻，即原型过程既具有精神层面也有本能层面）。牛顿关于绝对空间、绝对时间以及绝对距离作用的概念现在完全被推翻了。19 世纪科学中的电磁学研究和催眠现象（通常被称为"磁性"的一种形式）魅力之间的相似之处，在这里只能被顺便提及，但它们确实与荣格医学论文中对媒介的研究有直接关系。

在令人惊讶的短时间内，麦克斯韦的工作就被作为跳板，通过场论让物理学得到更为彻底的修正。1905 年，爱因斯坦发表了四篇主要论文，其中包括《论动体的电动力学》（On the Electrodynamics of Moving Bodies），这篇文章提出了他的狭义相对论（所有惯性参照系的相对论）。到 1915 年至 1916 年，爱因斯坦已经清楚地阐述了他的广义相对论，其统一了狭义相对论、牛顿的万有引力以及时空的几何观点。引力加速度来源于物质的质能与动量产生的时空曲率。这反过来又对心理学理论产生了深远的影响。在"爱因斯坦发展他的第一个相对论期间"，荣格数次邀请爱因斯坦到他家里吃饭，"是爱因斯坦首先让我开始思考时间和空间可能存在相对性，以及它们对心理的制约"（Jung 1975，109）。

虽然荣格没有明确地提到他的心理模型作为场理论的一种形式，但它显然在很大程度上归功于此，特别是在物理科学中，场理论定义了时代精神，它已经被一些人物引入心理学，例如威廉·詹姆斯（William James）的"意识场"。以荣格关于集体无意识原型的观点为例，集体无意识实际上形成了一个高度互联的网络："从心灵的活体组织中剥离出单个原型是毫无希望的；尽管它们相互交织，它们确实形成了可以直观理解的有意义的单位。"（Jung 1940，para. 302；Cambray and Carter 2004，119）对场的描述可以理解为具有多中心的整体的网络模型。在心理动力学方面，荣格的"移情心理学"提出了一个来自背景原型场的互动场模型。对于物理学中的场理论与整体观的联系，相关的科学研究主要是在大卫·博姆（David Bohm）和他的学生们所开展的被称为"隐含秩序"（implicate order）的工作中继续进行的（Nichol 2003）。

这种场的描述本身来源于原型形象，似乎可以通过放大显现出来。炼金术的一元宇宙（unus mundus）就是一个例子；另一个来自印度和中国佛教哲学的例子是"因陀罗的网"（Indra's net）。后一种意象是华严派（Hua-yen or flower garland school）的主要隐喻之一：

在伟大的神因陀罗的天堂里，据说有一张巨大而闪亮的网，比蜘蛛网还细，一直延伸到宇宙的最外层。在它透明的线的每一个交叉点上都挂着一颗可以反射的宝石。因为网的范围是无限的，所以珠宝的数量也是无限的。在每一颗宝石闪闪发光的表面，都反射出其他所有的宝石，甚至那些在天堂最遥远角落里的宝石也是这样。在每一次反射中，也反射出无限多的其他宝石，因此，通过这一过程，

反射的反射就会无限地继续下去。（Mumford，Series and Wright 2002，ii）

一个整体性的、从根本上相互联系的、反思性的宇宙在人类的想象中反复出现，并且，荣格关于自性和集体无意识的理论提供了对这种原型模式的当代心理解读。

涌现

科学和哲学中另一个相关的整体思维来自动态系统理论的发展，特别是最近的"复杂性"研究。具有多个组件的系统能够相互作用，产生比组件更高阶的总体行为或属性，并且无法根据其已知的行为预测，这种系统被认为是"复合体"（complex）。这些系统往往对环境开放，释放能量并产生更重要的内部秩序，因此它们被称为自组织系统。它们的工作状态远离平衡态，所以不能用经典热力学定律来分析。与此类系统的自组织特征相关的高阶现象被称为涌现，它往往出现在秩序和混乱的边缘（临床应用见 Cambray 2002）。根据场理论，我们预期涌现现象会发生在那些正在经历自我组织的场域。从亚原子粒子团到星系团的组织，涌现现象在自然界和人类世界中已经被确认；涌现在生物系统中也得到了确认，比如群居昆虫的行为、动物的免疫系统、大脑的组织以及与大脑的互动（从中产生了意识），产生经济和文化行为的人类互动网络。我假定荣格的自性概念是精神的一个涌现属性，下面我们将对此进行讨论。

值得注意的是，复杂自适应系统的附加子集是那些通过相互作用形成的动态网络系统。这些网络既有高度连接的集线器，也有不那么紧密连接的节点。想象一下，航空公司联线地图将主要城市的机场显示为枢纽，具有许多连接，而较小的城市和城镇机场则作为节点。这种网络最显著的特征是其"无尺度"特性，即在不同尺度上具有相似的分形特性。例如，考虑一棵树的形状，然后是主要树枝的形状，以此类推，再到单个叶子的结构。值得注意的是，无尺度网络具有自组织特性。

正如我在其他地方所详述的（Cambray and Carter，2004），荣格的集体无意识模型，以及他的放大方法，可以被看作一种无尺度的网络结构，尽管他的陈述往往有点过于死板。这个公式也可以用来将精神分析模型整合到荣格的观点中：童年遗留下来的个人情结可以被看作围绕着早期发展中活跃的主要原型组织起来的，这些原型形成了分析理论中的"枢纽"。客体关系的交互模式，反映了移情 / 反移情场，揭示了枢纽之间的相互联系。

个体化从童年开始，经过成年生活的社会适应时期（荣格所说的"前半生"）走向成熟的心理挑战（无论是整个人格还是它的特定发展方面），原型模式的活跃也从更常见的中心路径转移到探索节点模式及其边缘的联系。这些边缘的模式迄今为止可能还未被探索，因为自我或自体的各种防御策略，将它们置于动态无意识的"阴影"区域。生活中进一步的经验可能会把我们带到边缘和未知的方面，通常只有在无意识的阻碍被克服之后才会显现出来。在开篇的临床片段中，梦者的黄昏天空中出现的新星座暗示了这样一个发现的时刻。

涌现的自性

目前，依恋理论、复杂性理论、认知科学和神经科学的研究成果已广泛应用于情感和发展过程的不同方面。这一应用的核心是自性的体验，这一体验越来越多地被理解为在婴儿和照顾者之间最初的互动领域中"心－脑"的一种涌现。丹尼尔·斯特恩（Daniel Stern）于 1985 年为精神分析开创了这个领域；最近，开始出现了对荣格学派的反思和研究，最重要的是简·诺克斯（Jean Knox）的工作（Knox 2003）。

婴儿期自性涌现的时刻表现在不同层面上，从母亲 / 婴儿二人互动的视频中观察到的微小变化（Beebe and Lachman，2005），到更大的阶段转变，如微笑反应的突然出现或经典研究中注意到的早期发展中的陌生人焦虑。后者似乎涉及以自组织方式快速重组神经元模式的要素。由于这一领域有庞大且不断增长的文献，我鼓励感兴趣的读者从这里引用的参考文献开始探索。基于本章的目标，我现在想谈谈荣格关于自性的观点，即自性作为原型、超越个人、超越历史的现实观点，特别是在《伊雍：自性现象学研究》（Aion）的最后一章"自性的结构和动力"中所阐述的观点。

在定义自性时，荣格曾明确指出，这是一个超验的概念，不能完全被智力所掌握，但它提供了人格的原型基础，包括概念化的能力。他早期的描述已经集中在整体性上："作为一个经验性的概念，自性指定了人类精神现象的整个范围。它表达了整个人格的统一。"(1971, para. 789)作为整个精神的统一体，这种整体性当然包括人格的有意识和无意识的成分。就像在梦中一样，与自性相关的意象倾向于反映或暗示这个整体：具有圆形、正方形、十字形、四分之一圆等外观；与对立面结合的描述（阴和阳；神圣婚姻或炼金术的结合；英雄和旅伴或敌对的兄弟）；"高级人格"的形象（1971, para. 788）。这类意象的体验常常伴随着强烈的情感能量。他们得到了圣秘（numinous）的感觉。因此，自性的展现与神的形象重叠，其来自世界各地不同的文化历史，并带来一种秩序感或对它们出现的情境产生秩序。艾丁格（Edinger）注意到，荣格通过阅读叔本华和尼采，从《奥义书》的神圣文本中借用了"自性"一词（1996, 163）。

荣格详细描写的一个自性形象的子集是曼陀罗的象征主义（e.g., in CW 8）。简而言之，他指出：

经验表明，个体曼陀罗是秩序的象征，它们主要在精神迷失方向或重新定位的时候在患者身上出现。作为有魔力的圆圈，它们捆绑和征服属于黑暗世界的无法无天的力量，描绘或创造一个秩序，将混沌转化为宇宙。（Jung 1959, para. 60）

这些意象的转化性质，尤其是在疯狂的边缘自发出现时，非常类似于自组织系统中出现的那种秩序，而我们确实预想自组织系统会出现在混乱的边缘。这些过程是宇宙作为一种物理和心理现实涌现的核心。

在《伊雍》的后一部分，当荣格通过"自性的诺斯替派象征"进行创作时，他非常努力地通过一组几何图形来代表自性的多维性质。通过使用四个八面体——双棱锥体（一种柏拉图固体），每一个都被解释为在不同的层次上的四位一体的组合，从无机物质（四面体石头）上升至超验自性、"高级亚当"（见图 6–1 摩西四面体）的意象，他最终构想出一组非线性的、循环的过程（见图 6–2 和图 6–3）。从涌现的角度来说，我们可以看到这里与复杂性和网络/信息理论相结合的当代观点的相似之处。自性组织反映了复杂系统的信息，它是宇宙从微观到宏观的"无机"自然性质的内在特征。它通过生物系统的属性延伸到心理的表现，包括个人和集体行为、文化的进化，以及人类所有的最高渴望。荣格的四面体提供了一种诗意的表达，以一种紧密的形式表达了这种知识［参见从经典荣格学派的角度对这些层次进行的详细讨论（Edinger 1996）；荣格在《伊雍》中未发表的绘图的详细情况（被简化为图 6–2，Ann Lammers 2007）；1948 年 5 月 21 日荣格写给维克多·怀特（Victor White）的信（Lammers and Cunningham 2007）]。

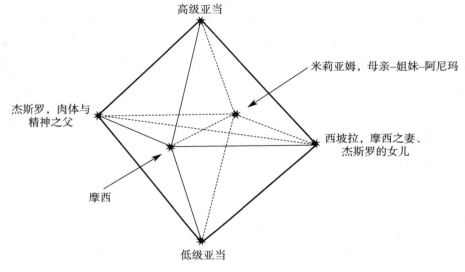

图 6–1　摩西四面体

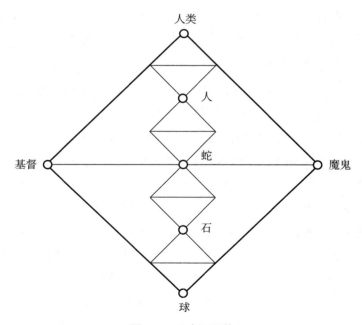

图 6–2　四个四面体

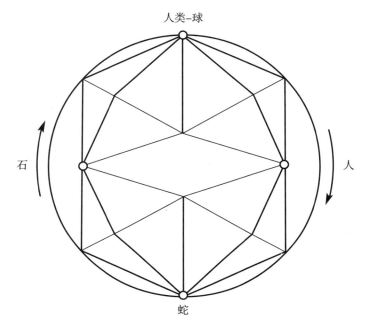

人类-球

石

人

蛇

图 6–3　衔尾蛇式四面体

　　在这些图形中，荣格显然是在寻求一种足够复杂的方式，以便表达他对 2000年来不断发展的象征主义的理解。荣格的多维几何想象与他对自己所理解的宗教和科学的三位一体原则（空间、时间、因果关系）的突破性尝试以及他对包括"对应关系"［他关于共时性的观点（Jung 1951/1959，para. 409）］在内的四元论观点的表达密切相关。在本文中，这些图表代表着荣格在努力传达一个原型自性的观点，并将其置于涌现过程的核心。因此，它象征着从物质到精神，穿透存在层次而涌现的潜能。

　　比较这些图，我们会发现一个显著特征，即荣格最完整的表达（见图 6–4）破坏或减少了对称性。在它们的一般形式中，图 6–1 到图 6–3 都表现出高度规则、对称的特征。即使是最复杂的结构也表现出了旋转对称和镜像对称。然而，与《伊雍》中发布的所有图表不同的是，荣格写给怀特的信中的草图（图 6–4）显示了顶部八面体相对于下面的八面体旋转了 90 度。这个旋转与连接第二个八面体的下部正面及第三个八面体的上部背面的对角线，与更大的菱形中的对角线一起使整个图形的对称性成为一个单一的镜面。此外，正如拉莫斯（Lammers 2007）所指出的，这些从物质到♂符号以及从心智（精神）到♀符号的对角线在《伊雍》

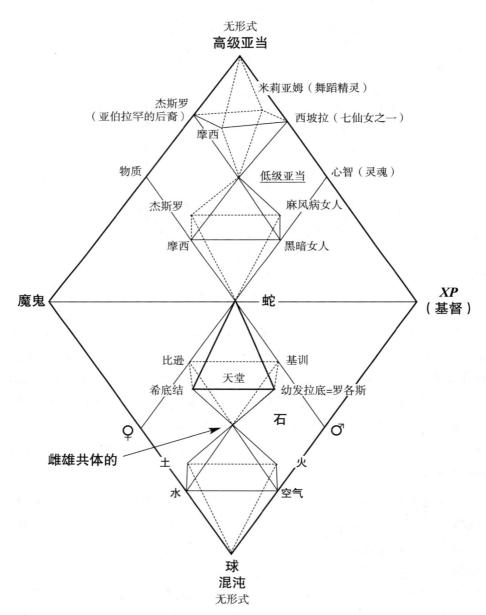

图6-4　来自荣格信件中的四位一体

的图表中被省略，相对于在给怀特的信中所呈现的，它被再次简化并对称化后出版。在我看来，对称的减少表明，这种对荣格思想的最充分的表达包含着一种冲动（我不知道这是否有意识），想要打破他在讨论自性时所产生的过度的秩序（就像他自己创造曼陀罗的经历一样）。在对称性的减少中存在着未被认可的价值，而在其结果中增加的复杂性上可能体现了这些价值。

通过仔细研究对称性与复杂性之间的关系，科学家们已经确定，复杂性的特征破坏了对称性。对于整体等于其部分之和的简单/线性系统，对称特征是常见的，并在模式中引入冗余，这样人们只需要简单系统中的一部分信息就可以构建整体。重复一种有秩序的模式往往会产生一种审美体验，这当然会使心灵得到平静，并在和谐共鸣的对称形式中产生一种宁静的感觉。对称形式的建立也是早期发展的关键，因此模仿学习的价值也就体现出来了。然而，对于复杂系统来说，对称性的减少是涌现的必要条件。复杂系统的任一方面都没有足够的信息来代表整个系统，也没有任何一个单独的部分可以在统计上预测系统的动态行为，特别是当它自组织时。对称性在所谓的相变中被打破，即在一个动态系统中快速重组，从而在根本上重组系统，允许新的形式涌现（关于"自性展现"中的相变的讨论，见 Hogenson 2005；更多一般性的科学讨论，见 Mainzer 2005）。从心理上讲，即使最终会产生积极的转化效果，承受这样的转变和重组也可能会给个人带来很大压力。

我认为荣格在阐明自性的过程中，在问题的两面之间挣扎。一方面，他需要与历史、美学和宗教传统相关的对称的有序属性，另一方面，他也需要对不稳定的、打破对称的、自性涌现的可能性保持开放。也许他需要保持对圣秘力量的开放，而这种力量不可能总是被简化为对称的容器，这影响了他写给怀特的信中的图表，就像他谈到对各种宗教传统的尊重一样，他认为这是接近信仰的最好的方式（Lammers and Cunningham 2007）。他似乎需要一种比传统宗教更复杂的对神性的观点。

由于荣格对自性的讨论集中在基督教时代，他也指出了自性原型的集体表达在历史上的转化。他的讨论与柏拉图的"年"和黄道带的"月"相反（由于地球的摆动造成了分点岁差，一"年"是一个完整的二分点通过黄道带的周期，即25 765 个地球年，因此每个月大约是 2200 年）。显然荣格预见到了，我们会过渡到下一个时代，进入到现在被过度吹捧的"水瓶座时代"。在这里，他发现了与解决对立有关的困境（1959，para.142）。从客观心理的角度来看，这种自性形式的基本表达方式的转变意味着在社会文化，甚至全球层面上的巨大的阶段性转变，同时伴随着一种新形式的涌现。当然，特别是随着全球化的兴起和互联网的巨大影响，关于这一点有很多猜测，但现在寻求明确的认同还为时过早。

除了《伊雍》之外，我们对之前的转变有了更多的反思，并从涌现的角度重新思考这个转变。凯伦·阿姆斯特朗（Karen Armstrong）就做出了这样的贡献，那就是完成了关于世界伟大宗教传统在"轴心时代"起源的著作（2006）。在荣格圈子中，莫瑞·斯坦（1998）探讨了成年生活中涌现的转化方面，而赫斯特·所罗门（Hester Solomon）在其最新著作《转化中的自性》（*The Self in Transformation*）的最后一章中，将荣格学派和涌现主义者对这一材料的解读结合起来，使其引人入胜（2007）。同样，对社会文化和历史现象的无意识维度的仔细研究，以及在其中对复杂性理论的应用，我相信也会推进对文化情结的研究（e.g., Singer and Kimbles 2004）。在其他地方，我将探索宏观的共时性，它们发生在社会和文化交界处，并在历史上留下了印记（Cambray 2009）。

结论

回到本章开始时的那个梦，我们现在可以思考出现在头顶上的新星座。我们没有足够的信息去确定梦者的心灵中这一景象与黄道相关联的位置是哪里。我们只知道，一种新的模式已经涌现，并且极端接近分析的临界点，这使得它的个人和集体方面的联结变得聚集而不稳定。它所暗示的是对称的打破，也许是超越或打破了"赫玛墨涅"（heimarmene，星球被强迫束缚在黄道带上）。当然，命运并不会那么简单地被超越，但这种破坏导致了复杂性的增加，确实使个体化变得更加迫切。梦的阈限也包含了更大的分化冲动，人们希望这将加强阐明自性的个体和集体元素之间关系的需要，这样涌现的事物就能以一种无法预测的方式同时兼顾两者。在这里，感觉到惊奇是至关重要的。正如我之前所写的，这是与涌现的心理体验最直接相关的情感（Cambray 2006）。

尽管我希望当代科学的思想正在形成一个新的典范，但我们最终还是回归未知。荣格的概念，特别是自性的概念，不做修改是无法经受反思的，但我相信，在这样的反思中，它们得到了巩固。荣格的整个作品都有一种涌现主义的感觉。他惊人的直觉发现了许多可能与这种观点有关的特征，尽管他这样做时无法受益于科学探索，因为那在当时还不存在。有时，他的观点似乎被对秩序的渴望所束缚，这导致他的模型过度对称，就像爱因斯坦寻求统一场论一样。我们的世界面临着不同的焦虑，如果我们把荣格的自性模型放到一个更开放的多中心网络的整体上，它的活力和生命力将为 21 世纪做出许多贡献。

作者简介

约瑟夫·坎布里，博士，IAAP 候任主席，也是新英格兰荣格派分析师协会以及荣格分析心理学会的成员，并在马萨诸塞州波士顿和罗德岛普罗维登斯市私人执业。他也是哈佛医学院分析心理学研究中心的教员。

Jungian
Psychoanalysis
Working in the
Spirit of
Carl Jung

第二部分
方法论

荣格以在分析中不屑使用"技术"概念而享誉盛名。这对他来说是一种诅咒，因为他担心过度强调"如何去做"只会创造出无数的机械模仿者，而失去自己的个性。他深信，一个分析师能够提供的最重要的东西就是一种开放和接纳的心态，如果技术阻碍了这一点，最好把技术放到一边，与一人相伴静坐，不去纠结做什么或者怎样做。在某种意义上，本部分内容与荣格在分析中对方法和技术直白的批判相矛盾，但只是看似矛盾，并非真的矛盾。正如这些文章表述的那样，没有人赞成技术的存在高于人类。如果处理得当，本部分所讲的方法论、工具和技术都是有价值的，这并不意味着"机械地"和生硬地处理，而是尊重分析中每一个独一无二的灵魂。

约翰·毕比，世界上最主要的当代荣格派代言人和心理类型理论家，他阐释了与被分析者工作时评估其类型的巨大价值。类型理论是一种工具，它实际上保证了比其他方式提供更多的个体化治疗，这正是因为它预设了个体的独特性，正如同一码的鞋并不适合所有的脚。同样作为当今荣格派关于移情的权威，简·维纳讨论了荣格对使用移情作为分析工具所表达的矛盾性，且展现了荣格认为理解移情对促进分析中的意识化和个体化的成长至关重要。

荣格在分析的工作中偏好的工具是对梦的诠释。沃伦·科尔曼（Warren Colman）在其"梦的诠释与象征意义的创造"一章里展示了荣格与弗洛伊德方法的差异，以及当代荣格派分析师如何在今天集中并着重使用梦的诠释。在荣格派的工作中，释梦的传统和当代形式相互协作，意义既不是由权威的分析师赋予的，也不是由权威的分析师传授的，而是在分析性设置下的创造性环境中对话和交流的产物。约翰·希尔（John Hill）在"放大：揭示意义的涌现模式"一章中讨论了分析师对这种对话的重要贡献。荣格特别设计了放大法，以扩展梦和其他来自无意识材料的意义，从而不仅囊括了个人的内容且包含了集体的内容。

除了与梦打交道之外，积极想象也是荣格派与无意识接触的首选方法。雪莉·萨尔曼（Sherry Salman）在她的"积极想象的旅程"一章中，将这种传统的荣格派方法与当代关于荣格派分析和后现代观点的讨论联系起来，并评论了分析中使用的这种技术的传统和当代形式。近几十年来，积极想象在荣格派分析师中被稍许忽略，现在又被新一代荣格派分析师所重视，并划归为深入分析工作不可缺少的技术。玛丽·多尔蒂（Mary Dougherty，"论在分析中制造和使用意象"一章作者）、伊娃·帕蒂斯·佐佳（Eva Pattis Zoja，"沙盘游戏"一章作者）和瑟度斯·蒙特（Cedrus Monte，"分析中的身体和运动"一章的作者）通过介绍他们自己和其他荣格派分析师所开发的进一步的具体技术来扩展对积极想象的讨论，且阐述了积极想象在各种模式下的潜力。

所有这些方法论、手段和技术，目的都是为了在意识和无意识之间建立一个辩证的过程，释放创造性的能量，建立一个稳定的心理结构，以最大限度地表征整体性的人格。当然，在错误的人的手中，它们会成为紧箍咒，戕害而非治愈。训练有素的荣格派分析师知道何时且如何使用它们，以及什么时候应将其搁置一边。

Jungian
Psychoanalysis
Working in the
Spirit of
Carl Jung

对心理类型的认识

约翰·毕比

　　已故的乔·惠莱特（Jo Wheelwright）是一位分析师，他在 1940 年至 1980 年期间为将荣格的心理类型理论推行为一种临床相关的诠释方式而做了大量工作，他常说，识别心理类型的能力是一种"诀窍"。正如他以其独特的方式解释的那样（Wheelwright 1982），乔是"外倾直觉情感型"，对他来说，这意味着一种不可思议的能力，他能够进入他人的思想，并且了解他们的情感。在"情商"一词还未普及时，他表达的一些直觉性的同情非常具有传奇性。一位与酗酒做斗争的女同事在康复后的第一年，每周都会收到他送来的一束鲜花。乔曾向一位年轻的男同事打招呼说："穿上一套崭新的西装，感觉一定很棒！"这位同事很惊讶乔是如何知道的，因为他最近刚买了一套西装，但他并没有天天见到乔。

　　为了知道他的类型，乔假设：（1）他是一个外倾型的人（了解他的人对此毫不怀疑）；（2）他的优势意识（荣格会称之为他的"意识的高级功能"）是"直觉"；（3）他的辅助功能（荣格的术语，指的是与第一意识功能配对产生个人"类型"的"第二"意识功能）是情感。乔得出的结论是，他是将"外倾的直觉"与"外倾的情感"配对，以实现他显著且非凡的共情能力。但在我看来，以及在那些

使用迈尔斯 – 布里格斯类型指标（Myers-Briggs Type Indicator，MBTI）研究过类型的人看来，乔是把"内倾的情感"（回忆起某些类别的经验时，往往在内心深处有所感受）与"外倾的直觉"（抓住一个人生活中的新事物，乔所共情的那个人正把自己的未来寄托在这个事物上）配对。然而，乔本人始终坚持自己的情感是外倾的，声称没有证据表明自己是内倾情感型。我们与乔的妻子简分享过一段研讨会录音，录音中我耐心地解释我与乔有矛盾的结论的依据，而乔却在大声反驳，直到简最后对我喊道："你能不能别这样？"

关于乔·惠莱特类型的这一争论反映了荣格派临床医生在尝试使用类型理论时经常遇到的困惑，尽管荣格（1921）在《心理类型》（*Psychological Types*）一书和凯瑟琳·布里格斯·迈尔斯（Katherine Briggs Myers）（1980）在《天生不同》（*Gifts Differing*）一书中奠定了广泛的基础，而后荣格派和 MBTI 界对此都有澄清，我在最近的一篇评论文章中总结了这些澄清内容（Beebe 2006）。要想精确地使用该理论，不仅要能够认识并准确地说出一个人用来表达自己意识的主要"功能"（荣格只给出了四个选择：思维、情感、直觉和感觉），而且要弄清楚在可能被最经常使用的两种功能中，哪一种是主要的，哪一种是次要的；除此之外，还要明确每一种功能被部署的"态度"。（荣格和迈尔斯在这里给我们的选择只有两个，即外倾和内倾。迈尔斯和我自己的观点是，如果主要功能是外倾型的，那么辅助功能就会是内倾型的，反之亦然。根据我的观察，我们意识功能中的这种外倾和内倾的自然交替是非常具有适应性的：它使我们不至于过于片面。）

即使是那些既认识到乔·惠莱特的直觉又认识到他的情感的人（也有许多人只能看到这些功能中的一种或另一种），也不一定知道该怎么称呼它们（有人认为乔的外倾直觉只是干扰或自恋）。而很少有人能弄清楚这些功能中哪些是主要的，哪些是次要的［大多数人认为他的主要工作方式是"外倾情感"，我相信，他们并没有意识到，他们只是把他的优势功能（直觉）的外倾性与他的辅助功能（情感）的内倾性混为一谈］。

如果我不承认我的思维功能有精确定义类型的需要，我就不会把如此准确地定义类型的需要作为一种价值来推广，同时我也要防止把他人放入自己心中的理想模型中，即容易被解析的类型中。这一点在我身上表现得非常明显，以至于读者很容易得出结论，认为我的优势功能是内倾思维型。但是，并非如此，我想说，外倾直觉才是我的优势功能，内倾思维是我的辅助功能。请注意，我对自己的思维有种莫名的内在自信，使我相信自己完全有权去给乔·惠莱特分类。不过也请注意，这篇文章的开头直接陷入混乱的分类之中。这就是外倾的直觉，它有一定的魄力和直接性。然而，一旦我试图用我的思维功能过于精确地指定乔的类型或我自己的类型时，文章就开始陷入困境，因为这样一来，我的文章就好像是在讨论一个对我来说很特别的心灵模型，这对还不熟悉这个模型的读者来说，并不是轻易就可理解的。现在读者必须努力追随我的论点。如果读者参考目前为止的阅读经验，那么对作者进行类型评估的证据就已触手可及。

要评估作者是使用外倾直觉还是内倾思维，读者可以认为无论是情感还是感觉方面都不是本章的重点。我是否考虑了乔·惠莱特对所得出的关于他的类型结论的感受——正如他所说的，"他的思维"可能会因为这个分析与他自己相矛盾而"受到伤害"？我是不是给读者提供了很多确定的事实来作为任何一种分析的基础？到目前为止，尽管有个人的案例，但这一章的整体感觉是否很抽象而并不具体？而我作为作者，对于我想表达的类型选择的算法，是不是似乎很难清晰地表述？

如果你在阅读本章时结合自己的经验，就不难看出，作者并不特别强调情感，他表现出的感觉则更少。而且，如果你已经相当熟悉荣格派类型理论，你可能会发现，我涌现的意识模式与这样的观点是一致的：当思维是两个主导功能中的第二位时，情感（它在同一轴线上的"理性"功能的另一端）将是第三位，而当直觉主导时，感觉（与直觉相对，在"非理性"功能轴线上的另一端）将是次要功能。知道了这一点，我们也许就可以像荣格那样，从一条竖线开始，在它的顶部标记"直觉"，在它的底部标记"感觉"，然后用一条水平线穿过它来形成一个垂直的直角轴。然后，我们将把这条横轴最左端标为"思维"，最右端标为"情感"。这样得到的杆状图就可以标注为"约翰·毕比的类型特征"。它的目的是为了分类这个作者，把他想象成好像面对读者一样，双臂张开，右手置于观众的左边，左手置于观众的右边，他的头、躯干和腿都排成一排，使得他的脊柱是正直的。

为什么有人要把自己变成一张图表？如果这样的模型制造是内倾思维（我们可以把这种功能定义为需要使经验符合一种固有的思维模型，并在其中进行"内部"一致性的检查），那么这个问题的答案可能是："这就是内倾思维型喜欢做的事情！"詹姆斯·希尔曼（James Hillman）曾指出，"功能"这个词本身就来自梵文词根 bhunj，意思是"享受"，他自己的内倾思维由此得出结论："功能的行使和表现是一件值得享受的事情，是一种愉快或健康的活动，也是作为一个人的力量在任何行动领域的操作"（Hillman 1971，75）。就我而言，我确实喜欢将意识归类，并把它装入思维模式当中。

但是，我不是在真空中孤独地进行这项练习，这并非只为自己。这是我的教学方式、表达方式，甚至是尝试照顾读者的方式，我想象读者正在阅读这一章，希望了解如何在分析实践中使用类型。我的辅助功能——内倾思维，其实是试图在你阅读的时候照顾你，通过画出那个杆状图，让你能直观地理解类型理论，并且看到一个为你解释类型术语的人，我认为这是最有帮助的。你是否感到被照顾，以及是否真的因这种指导而对类型更加清晰，你如何接受我的结论，这些取决于你自己的类型。但我希望你在阅读这一章的时候，至少对我有一些体验，我希望你能在此基础上对我的类型形成自己的感觉，就像你观察和倾听一个患者向你介绍自己一样。

在其他地方（Beebe 2004），我已经论证过，不管一个人的心理类型如何，在荣格最初的四功能意识模型中，我们类型学中的每一个排列的"位置"——优势、辅助、第三和劣势，都对应一个首要的才能。对于每个位置，都有一个原型来表达该位置的功能（虽然这超出了这篇短文的范围，但我也确认了与阴影中的四个功能相关的原型）。我发现辅助功能是一种父母功能——作为照顾他人的一种方式（同样，我关注的是个体在使用特定意识类型时的意图）。由此可见，在进行类型评估时，我们需要考虑到伴随着特定功能部署的原型立场。如果你能体会到我至少是想用一种精细的、甚至是私人的方式来照顾你，并且基于我对自己特定版本的类型理论的热爱，那么你就可以开始看到我的内倾思维是如何辅助的，因为这就是辅助功能的目的，照顾另一个人。

在一次专业会议后，乔·惠莱特有一次在酒店的酒吧里带领一些同事随意地唱歌，这时弹钢琴的女人突然意识到自己的月经来了。她停止了弹奏，优雅地站起身来，走到卫生间，这时钢琴凳上被裙子遮住的一滩血迹赫然在目。这一刻，在场的所有人自然都不舒服：谁也不知道该说什么，该做什么。乔无声无息地走到吧台前，拿起一些纸巾，用它们擦拭着长凳。然后他坐下来，开始弹琴，这样唱歌就可以继续了。10分钟后，当那个女人再次出现的时候，她便可以继续弹奏。我相信乔利用了他内倾的情感，知道这样的经历对那个女人来说可能是多么尴尬，其他人也可能会感到无奈，不知道该怎么办，而他只是专心致志地消除产生尴尬的事物：长凳上的血迹。他很可能会把自己的行动理解为一种外倾的情感。我认为很明显，这也同样是一种父母的姿态，一种利用他作为前辈分析师的权威，以他精致又准确的情感方式，贴心地处理了年轻同事的困境。无论这是作为外倾还是内倾情感的例子，如果不以父亲的方式来看待这个故事的类型，那就无法想象这种情感可以被使用。而且我怀疑，在场的人很少有人能体会到这种状态，虽然涉及感觉功能（擦拭血迹），但这却是出于情感以外的动机。

相比之下，优势功能较少涉及对他人的照顾，而更多涉及自我的肯定。荣格在《力比多的转化和象征》（*Wandlungen und Symbole der Libido*）中描述英雄的夜海之旅时，对英雄的内倾直觉处理与无意识相关的问题的方式做了优美的描绘。在主张这种有意识的非理性自我（即直觉型）的观点时，他放弃了他对弗洛伊德心理学的照顾角色，而这正是弗洛伊德封他为"王储"的基础。从此，弗洛伊德指责他放弃了对无意识的科学研究，而对弗洛伊德来说，只有通过思维和情感的辩证法才能理性地完成这项研究。

在他去世前不久完成的一篇文章中，荣格描述了如何肯定他自己由无意识本身发展而来的更基于直觉和感觉的立场（因此用他自己的语言来描述这些功能，即"非理性"）的必要性。他讲述了他与弗洛伊德分享的一个梦，当时两人正在去美国的路上，去克拉克大学参加一个会议，其中包括威廉·詹姆斯在内的许多杰出的心理学家都会出席。弗洛伊德期望荣格能帮他向美国心理学家"推销"精神分析理论。在梦中，荣格第一次遇到了自己的房子，通过它的家具和陈设，不仅反映了他的知识和兴趣，也反映了心理的多层次模型。他告诉我们，在与弗洛伊德讨论这个梦时，他"突然有了最意想不到的洞察，我的梦意味着我自己、我的生活和我的世界，我的整个现实与另一个人建立的理论结构相对立……这不是弗洛伊德的梦，这是我的梦；突然，我在电光火石间明白了我的梦意味着什么"（Jung 1961/1980，215）。

可以说，针对这个梦，荣格的身份认同涌现了，而且他的认同是通过颇具特色的内倾直觉的爆发来展现的。与许多荣格派分析师（偶尔也包括荣格本人）给出的荣格是内倾思维型的判断不同，我倾向于把荣格解读为内倾直觉型，思维（我认为他是外倾思维）是他的辅助功能。这里重点要注意到，荣格对待那个他试图与弗洛伊德分享的梦的方式是，他在认为它呈现出"自己"立场的那一刻就断定了他的直觉。这里有自恋，也有某种英雄的斗志。他强调自己的梦和弗洛伊德无关，如同他在做那个梦的时候发表的比较"理性"的著作中用外倾思维来论证精神分析的有效性一样。荣格的梦，以及他对梦的诠释方式，是对让自己被这样利用的补偿。这个梦促进了直觉功能所承载的极端自我肯定的涌现，而直觉功能（至少在那个洞察的时刻）成了荣格的优势功能（也是他此后首选的思维指南）。

对于治疗情境中的患者，我们常常要区分患者肯定自我的方式和患者照顾他人的方式，这并不难做到，因为在分析情境中，"他人"通常是分析师。肯定自我是一种英雄主义（应该注意的是，许多患者在肯定自我时，很难做到像荣格描述的那样，对自己的梦拥有坚定的所有权），而照顾他人的方式也是某种父母的方式。分析师可能要注意到患者在移情中的父母方式，而不仅仅是患者的婴儿方式［温尼科特发展了关于分析师在整个分析过程中"抱持"患者的概念（Winnicott 1987）］，当代关系派精神分析师认为，患者在治疗过程中也会抱持分析师，就像分析师抱持患者一样（Samuels 2008），当然，患者和分析师这么做的能力和方式有巨大的差异，也与患者辅助功能的强度和类型相关）。这种区分有助于我们将患者的（英雄）优势功能与其（父母、照顾）辅助功能区分开来，这对建立可靠的类型诊断有很大的帮助。由于荣格的内倾直觉在意识到他自己的心理理论的可能性时，与他的自我肯定如此紧密地联系在一起（他不再对支持弗洛伊德的模型感兴趣），我不得不将荣格的优势功能诊断为内倾直觉，并将他解读为（当他最具个性的时候）一种内倾直觉思维类型。

虽然"位置"在类型的评估中至关重要，但如果在"优势"和"辅助"（这两种并不能穷尽一种意识类型可能出现的位置，但我之所以集中讨论它们，是因为它们是大多数人在治疗中相对早期最常出现的表现）的特定位置上，不知道如何同时认识和区分可能出现的不同类型的意识（共八种），那就没有什么帮助。换句话说，一个人要能够识别、分辨内倾的思维、内倾的情感、内倾的感觉、内倾的直觉，与外倾的思维、外倾的情感、外倾的感觉、外倾的直觉之间的不同。学会这些，需要有意识的练习。这和一个人学习音乐的方式没什么不同。遗憾的是，我们没有像玛丽·马丁（Mary Martin），以及后来的朱莉·安德鲁斯（Julie

Andrews）在《音乐之声》中唱的"Do-Re-Mi"这样的记忆性歌曲来学习类型的识别，就像我们学习识别西方音乐音阶的基本音调一样。然而，有一个欧洲故事《与类型的晚宴》，作为附录收录在达里尔·夏普（Daryl Sharp）的《人格类型：荣格的类型学模型》（*Personality Types：Jung's Model of Typology*）一书中（Sharp，113–19），它准确地描述了化为晚宴上的客人的八种不同类型的意识人格。女主人，一个适合她的角色，体现出了外倾的情感；她的丈夫是一位安静、纤细的艺术史教授，毫无疑问地擅长注意到同类艺术品之间的微小差异，他代表着内倾的感觉；一个外倾思维的律师是第一位到来的客人；接着来了一位实业家，衣冠楚楚但嗓门很大，是个贪婪而有鉴赏力的食客，他代表着外倾的感觉；与他一起的是他的妻子，一个安静的、极度淑女的女人，有一双神秘的眼睛，是那种"静水流深"的类型，她以内倾的情感对其他客人产生了奇异的磁场效应；下一位是一个内倾思维的医学教授，他没有带着妻子来，显然是被他所研究的疾病占据了整个心神；紧随其后的是一位外倾直觉型的工程师，他对自己的雄心勃勃的计划侃侃而谈，人们怀疑这些计划只有在别人执行的情况下才能实现，他一边说着，一边狼吞虎咽地吃着食物，却没有注意到自己在吃什么；最后一位客人是一个可怜的年轻诗人，他忘了来参加聚会，但当他意识到自己的错误时，计划通过把他在聚会期间正在创作的诗送给女主人作为道歉的方式（遵循荣格的理论，夏普对这八种意识类型进行了描述，并在他的书的主要部分有较详细的介绍）。

这些功能在治疗中并没那么容易被识别出来。一个现实生活中的人，不像刻板印象中的人物只有一项功能，他可以获得所有的八种意识功能，即使有些功能是在阴影之中，但是在不同的情景之下，以及由于该情景对不同意识类型的需求，他可以使用不同的意识功能。另外，分析中的患者常常处于情结的控制中，众所周知，这会产生荣格所引用的珍妮特的话，所谓的"精神上的堕落"（abaissment du niveau mentale），一种精神水平的降低，以至于正常情况下附着于优势和辅助功能上的能量没有出现。当这些功能不活跃时，就会出现第三和劣势功能。"第三"和"劣势"是指在通常描述某人的"自我"的四种意识类型中存在分化梯度的术语，至少在分析心理学中，对"自我"这个有时定义不明确的术语进行理解时是这样的。作为患者意识中分化程度最低的功能，第三和劣势功能往往不太适应现实，更多的是受无意识情结的影响，事实上，当第三和劣势功能以可识别的形式涌现时，它们通常会支配心灵。因此，他们的表现往往是华丽的神经质，很容易被定性为强迫的、循环的、歇斯底里的或偏执性的，从而与精神病理学产生了明显的联系。当很容易在一个分析患者身上诊断出神经质特征或病态性格时，这就提示人们不是在看患者的自然（优势和辅助功能）类型，而是在看"原初人格的歪曲"（Jung 1959，para. 214）。自然，一个人也可以通过顺应家庭、学校、职业或文化的期望，以更适应的方式来歪曲自己的原初人格。

因此，我们在做出类型诊断之时应该谨慎。最好不要试图给一个还没有与自己自然的自我建立联系的人定型，因为你所做的一切可能是关注到"消极人格"（Jung 1959，para. 214），而它吞噬了患者的真实自体（Beebe 1988）。然而，有时，了解劣势和第三功能反映了某人"最不擅长"的东西，可以成为实际类型的线索。经常纠结于细微的情感，觉得别人的情感是巨大负担的人，可能不是一个外倾情感型的人，对外倾情感型的人来说，别人的情感很重要，但他觉得处理这些情感是很容易的，而一个外倾情感为劣势的人，其实是内倾思维型。玛丽－路易丝·冯·弗朗茨写出了关于劣势功能的权威性文章（1971），在许多方面，她的著作对临床工作者来说也是最好的有关类型的书，因为它描绘了在咨询室里，许多患者被劣势功能控制时各种不同的表现。它应该是所有荣格派培训课程的必读书目。詹姆斯·希尔曼的一篇关于情感功能的论文显示，有许多其他的心理实体可能会混淆意识功能的识别，以及使得临床医生区分所有这些功能的需要变得混乱。仅摘取一例：

外倾情感不应该与人格面具混为一谈。虽然在荣格的理论中，两者都是指适应过程，但外倾情感是人格的一种功能。它既可以是一种表现方式，也可以是一种个人风格的表达。通过它，一个人以高度差异化、非集体性和独创性的方式赋予价值和适应价值。另一方面，人格面具是心灵的基本原型，它是意识对社会的反映方式。在荣格对术语的严格用法中，人格面具是指集体共识的发展性反映。如果一个人是一个囚犯，一个瘾君子，一个隐士，或是一个将军，那么，这个人可以通过做出属于这些集体存在模式的行为风格和形式来拥有一个成熟的人格面具。它们是原型模式。情感可能与这种适应性关系不大或毫无关系，因为一个人可以通过思维、直觉和感觉很好地与集体联系起来。一言以蔽之：经典的人格面具是集体在世界中扮演角色的方式；情感功能是个人自我肯定的工具。（Hillman 1971，102）

要找到患者是什么类型，最好等到他／她表现出一种原始的天赋，以便能准确地建构或掌控在治疗中出现的状况，而不是当他／她表现出一个可能属于任何人的集体人格面具时，或者当患者明显遭受精神病理的折磨，几乎被症状取代时，才试图"分类"这个人。

真实自体［定义为个人的小"s"自体（self）与超个人的大"S"自性（Self）相关联（Gordon 1985；Beebe 1998）］的类型很少如此刻板；相反，它以个人的方式开启了对人格中最不同的部分的使用，这是一种启示，也是一种愉快的体验。当患者作为一个真实的人展示自己的优势时，我们才能开始欣赏到情感、思维、感觉和直觉的运用技巧。在这样的时刻，我们也可以看到，当外倾和内倾被用作有意识的态度时，它们是什么样子。

在患者使用分化良好的外倾功能时，该功能会寻求与分析师的某些方面相融合，分析师就不会感到特别不舒服。当外倾情感是被分化的，分析师会感到被欣赏和尊重，有一种自己的善意被看到且被接受的感觉。当外倾思维高度分化时，分析师会发现，让患者安排日程是安全的，就像一个将军在指挥治疗。当患者的外倾感觉得到充分发展时，分析师会体验到时刻都在参与当下，同时也会对抽象的事物感到不耐烦，就好像存在的事物早已足够，而无需太多解释。外倾直觉会让人感到被侵入，但它也很有趣和令人惊讶，让人注意到这个世界上还有发展崭新的治疗目标的可能性。

在有意识地使用内倾性时，它并没那么容易分辨，事实上内倾情感、内倾感觉和内倾直觉的功能很容易相互混淆。内倾思维通常可以如此来区分：它往往不知道什么时候停止，想要重新定义一切，以至于让人疲惫不堪，难以追随。它和其他内倾型功能一样，力图将自己对某一客体的经验与无意识中已经存在的对该类客体的先验的、原型的理解相匹配。因此，在内倾者将内倾功能的力比多深入到内倾者主体的无意识的过程中，第一步是远离外在客体，以观察这个客体是否真的匹配（它经常不符合原型，这有助于解释在分析中出现内倾功能时为什么经常产生失望，而这种失望并不需要被治疗，即使对主体来说它是令人焦虑的。拥有优势内倾功能的人，在客体根本不匹配时，一定会感到失望。这是他们正常的反应方式）。内倾直觉力图将经验与原型的意象相匹配，类似于视觉隐喻。内倾感觉喜欢确定客体的体验是否与自己通过长期人类经验所确立的"真实"的内在感觉相符。而内倾情感想知道，作为体验的客体是否在按照这种客体所符合的方式在运行，也就是说，新娘的行为是否像新娘，家的感觉是否像家，老板的行为是否符合她的角色。

临床医生应该习惯于内倾功能不断地在衡量治疗中所发生的事情，看它是否与已知的、拥有原型体验的、丰富的内心世界相吻合，内倾功能就是用这种方式来衡量一切。承认内倾型有正常的功能是荣格对内倾世界的巨大贡献，让我们意识到它是健康功能的一部分。在我们这个病态外倾、破坏世界的时代，不把内倾型病态化也许是治疗师能做的最有疗效的事情。这也是一个标志，表明治疗师已经掌握了识别类型的诀窍。

作者简介

约翰·毕比，医学博士，他是美国精神病学协会的杰出成员，也是旧金山荣格学院前任主席和分析师会员。在过去的 25 年里，他致力于关于心理类型的演讲和写作。他是《深度的整合》（*Integrity in Depth*）的作者，也是《电影中女性气质的存在》（*The Presence of the Feminine in Film*）的合著者。

第8章

Jungian Psychoanalysis
Working in the Spirit of Carl Jung

在移情中工作以及处理移情

简·维纳

情绪具有感染性，因为它们深深扎根于交感系统……任何情绪化的过程都会立即引起别人的类似过程……即使医生与患者的情绪内容完全无关，患者有情绪这一事实本身也会对他产生影响。如果医生认为他能摆脱这种状况，那就大错特错了。他只能意识到他受到了影响。

——荣格

在塔维斯托克讲座的第五讲中，荣格的这段话清楚地表明，从他早期的写作和临床实践中，他敏锐的直觉能力就一直存在。荣格知道移情存在于他的骨子里，虽然很少被承认，但他肯定是第一个指出反移情对分析师的影响是必然且实用的深度心理学家。荣格对患者和分析师之间存在的无意识过程的原型本质、分析的情绪影响及其创造意义的潜力的深刻信念，在 21 世纪初得到了当代神经科学和依恋理论领域研究的大力支持（Schore 1994，2001；Lyons-Ruth et al. 1998；Kaplan-Solms and Solms 2000；Pally 2000；Beebe and Lachmann 2002）。思想的发展和创造意义的能力通过关系而涌现。因此，在移情和反移情关系中，通过暗示，非语言和无意识的互动过程在婴儿期和成年期持续进行。超越意识的内隐过程与外显的、有意识的或言语的过程同样重要。本章开头引用的荣格的这段话经得起时间的研究考验，并且关于如何最好地训练潜在的分析师，以调整他们与患者之间的情感状态，这个观点显然为我们提供了思考的源泉。

鉴于荣格在这一领域的杰出才能，我们要问的问题是，为什么在荣格学派的世界里，在最好的情况下，移情的角色是有争议的，而在最坏的情况下，它也是引起深刻分歧的热点。作为分析心理学家，我们可能至少有三个核心信念：（1）我们坚信无意识的力量比自我去理解无意识的能力要强大得多；（2）与自性的价值有关，自性是一种组织和统一的精神中心，它寻求将对立的力量聚集在一起，并调和矛盾；（3）象征能力和超越功能的发展促进了个体化的过程。然而，当涉及关于移情的理论以及如何与移情性的投射进行工作时，荣格学派内分裂出了截然不同的观点。关于患者对分析师的角色和价值如何移情，对此的预测不仅基于对精神本质和心理功能发展的看法，而且还基于分析的目标和在分析关系中的角色。我们可能都同意移情是作为一个原型过程而存在的，那么为什么荣格派分析师们使用了各种不同的方法来解释他们患者的移情体验？世界各地的荣格派分析师们观察到，在作为"治疗性行为的场所"之中，移情的意义差异如此之大（Colman 2003，352），这意味着什么呢？这一章将讨论这些问题。

荣格关于移情的矛盾观点

人们只需要审视荣格关于移情的文章，就能意识到他对这个主题的矛盾心理，有时甚至在同一篇论文中，他的陈述也出现了矛盾。这不可避免地引起了许多作者的兴趣，每个人都渴望理解为什么会出现这种情况。例如，斯滕伯格（Steinberg 1988）和福德汉姆（Fordham 1974）仔细研究了荣格关于移情的著作。斯滕伯格认为荣格的矛盾心理可以归因于他与弗洛伊德之间的伤害和愤怒，也因为他遇到了患者的个人移情困境，这导致他淡化了个人移情的重要性。亨德森（Henderson 1975，117）回忆起他与荣格的私人关系，他记得荣格倾向于将那些对他有强烈移情的患者介绍给托尼·沃尔夫！福德汉姆（1974）对荣格很宽容，认为在他关于移情的著作中，如果把它们放在当时的社会和文化背景中去看，就有可能找到某种连贯性。最近，其他作者被再次吸引，想要通过带着不同时代文化中的分析性眼光来检验荣格的移情方法（Kirsch 1995；Perry 1997；Samuels 2006；Wiener 2004；Wiener in 2009）。

荣格对移情的观点前后矛盾，这确实令人困惑。在 1909 年春夏期间，荣格与弗洛伊德之间的书信交流令人着迷（McGuire 1974），从中我们看到荣格对他的第一个分析性患者萨宾娜·斯皮尔雷恩（Sabina Spielrein）产生了极其强烈的情欲性移情，并似乎对此感到脆弱，这确实可能使他对与患者过于亲密的私人交往保持警惕。尽管如此，这些信件传达了荣格想要理解和处理这一困难经历的强烈动机。弗洛伊德和后弗洛伊德派对分析关系中移情动力学的精微玄妙之处越来越感兴趣，而荣格在与弗洛伊德的友谊破裂后，更乐于研究他所钟爱的梦，以及从无意识中涌现出来的原型意象和象征。

荣格派分析师们受荣格矛盾心理的困扰，当然也受到了当地文化中流行的趋势和个性的影响，在工作方法上采取了不同的移情方向。一些人，包括我自己，转向了发展的取向，对情结如何从生命的最初阶段形成感兴趣，也特别对福德姆关于自体在婴儿期如何发展的观点感兴趣。精神分析的观点对于理解分析关系的微妙之处至关重要，包括如何在咨询室内处理移情的技术方面。其他人则选择更紧密地追随荣格本人的中心思想，他们坚信荣格为未来的分析师提供了一个与患者工作足够好的方法。不幸的是，这导致了两个移情阵地——发展的和经典的——以及一种持续至今的分裂。对于那些对发展取向感兴趣的人来说，关系和它的过程是优先考虑的，而对于那些更受经典取向吸引的人来说，获得集体无意识的内容和创造性能量则具有更大的意义。

移情的本质

正如我们今天所理解的，移情是一个自然的、原型的过程，在性质上是多光束和多向的。它带来了不同的移情光束包括情欲的、精神病性的、负性的、理想化的和成瘾的。有时它似乎又完全消失了。"转移"的东西总是无意识的：一种根植于患者过去的、在当下被搅动的情结；对患者来说还没意识到的那一刻的情绪；投射到分析师身上的内在客体；婴儿的焦虑或幻想；然后，突然间，一些崭新的、原型的东西，在分析关系中第一次被激活，就像斯特恩的"相遇时刻"（Stern

1998）。每一种移情投射都有可能以不同的方式激活分析师的反移情的情感，如果对此谨慎处理并以可控的形式返还给患者，那么就会产生新的洞察。

在我们思考移情的过程中，通过重点区分"在"移情中工作和"与"移情一起工作，我们得到了帮助。不管你是否喜欢，我们总是"在"移情中工作。来自神经科学和婴儿研究的证据清楚地表明，主观性总是涉及一个互动的过程。从摇篮到坟墓，我们都会相互影响，而我们早期关系的质量很可能会影响我们大脑的生物化学和结构，创造出与情绪相连的神经通路，这些神经通路奠定了成人关系的基本模式。在我们的患者中，那些经历过有能力调节和管理婴儿情绪的母亲的人，更有可能在遇到困难时，发展内在的能力来安抚和控制自己。其他患者由于缺乏这种母亲的经验，无法调整自己的情绪，他们很容易感到难受和不安，形成典型的"热"反应，即边缘性或精神病性心理状态，或者形成"冷"反应，即精神分裂状态，他们与关系隔绝，孤立但免受恐怖的入侵。

"与"移情工作需要分析师来决定是否、何时以及如何诠释患者的移情投射。当想到要这么去做的时候，分析师要以开放的心态倾听，并使用他们的身体感觉、思想和想象能力来诠释移情。然而，"当想到要这么做的时候"这个短语实际上涉及一个相当复杂的过程。分析师需要在头脑中创造一个空间，一个可以发生某些事情的地方。布里顿（Britton 1998，121）把这个称为"其他空间"。"反移情发生在大脑的另一个空间里，在双方大脑的右半球和右半球之间创造了这个空间，形成了无意识的非语言关系；一个可以体验的内部空间，尽管还不知道有什么东西会进来。在这里，我们可以毫无偏见地接受患者的无意识交流，包括移情投射。它包括一种放手，一种接受的状态，很像冥想或遐思。但是想象包含了一种心理功能和心理空间，我们需要的正是这种更以自我为导向的功能，来评估和理解我们与患者之间经历的意义。当然，艰巨的任务是区分哪些部分属于分析师，哪些部分来自患者的移情投射。

概念争议

我认为荣格对弗洛伊德不再抱有幻想，以及他与萨宾娜·斯皮尔雷恩的富有挑战性的经历，并不足以解释围绕着今天荣格学派的移情话题的争议。为此，我们必须转向一些概念性的议题，它们已经搅浑了移情之水。

　　荣格使用德语单词"Übertragung"（意为将某物从一个地方带到另一个地方）来定义术语"移情"（Jung 1935/1976，paras.311–12）。他的重点很广泛，可以包括个人和原型的移情。他对移情的研究在很大程度上是理论性的，没有给我们很多关于他的临床工作的详细描述，也未告诉我们他是如何与移情材料工作的。总的来说，荣格模糊地使用了移情这个术语。他不想把移情的意义仅仅局限于父母形象的投射，而是为原型始终保留一席之地；但是过于宽泛的定义会使一个概念完全失去意义。

　　在荣格的用法中，移情这个术语经常成为对整体分析关系的描述。他对炼金术和玫瑰园图的象征（Jung 1946/1966）的兴趣，是为了找到分析关系发展阶段的隐喻，他称之为移情，但这让我们对过程和结果都感到困惑。荣格对比了参与神秘的分析（过程）的最初体验，我们今天将其称为投射认同，其中分析里的个人移情投射可能会导致患者和分析师之间的无意识认同状态，（结果）是一种更高层次的心理机制，它"总是一个过程的产物或努力的目标"（Jung 1946/1966，para.462）。换句话说，这是当患者变得更加有意识时，分析所希望达成的结果。但是在分析过程中，不同的患者会以不同的方式产生移情。它是一个无意识的过程，是所有分析不可避免的一部分，有时更强烈，有时更安静，有时指向分析师，有时也会影响患者生活中的其他人。我不确定它是否像荣格建议的那样，会在清晰的阶段中发展，如果我们把这个术语作为分析关系的整体描述，那么就有可能混淆过程和结果。

　　在受训期间，我满怀兴趣和热情地学习了与移情工作的技术，这来自对此感兴趣的精神分析师的详细描述。我后来才意识到，弗洛伊德和荣格对移情意义的概念是完全不同的。荣格的技术重点强调移情是未知事物的投射，这与弗洛伊德强调的移情是压抑的回归形成对比，他称之为"旧冲突的新版本"（Freud 1916，454）。荣格的心理和无意识的概念通常是解离的——垂直分裂——以及他的兴趣是未知、未被压抑的，和集体无意识的自然制造象征的能力，这与弗洛伊德的水平分裂形成对比，弗洛伊德认为在水平分裂中压抑是一种无意识的防御策略和一种更病态功能的形式。从荣格的观点来看，我们无意识地把未知的东西投射到分析师身上，这样我们就能更多地了解自己。这些不同的心理功能模型表明了对移情的不同态度，这不仅对理论构建有影响，对临床实践也有影响。

荣格明确区分了个人移情和原型移情。他认为，从患者来自个人经历的移情中涌现的意象，与那些从非个人的心理结构中产生的意象，在性质上是不同的。荣格更感兴趣的是原型和超个人的移情，并给人一种印象，他想要迅速推开个人的移情。在我看来，他的区分已经变得相当有问题。将个人与原型分离，可能导致潜在的对原型及其内容的过度理想化，或可能导致对个人的忽视。我们应该注意玛丽·威廉姆斯（Mary Williams）的智慧之言（1963），在创造意象和创造模式的活动中，个人和集体无意识总是相互依赖的：

> 除非自我感觉受到原型力量的威胁，否则个人经验中没有任何东西需要被压抑。构成个人神话的原型活动依赖于由个人无意识提供的材料……概念上的分裂，虽然为了阐明目的是必要的，但在实践中并不需要。（Williams 1963，45）

大多数荣格派分析师对无意识材料的意义更感兴趣，而非来源。当象征在咨询或梦中涌现时，荣格倾向于一种更具教育意义和综合性的方法来处理它们，这在很大程度上基于他对心灵建立的内心模型。一些分析师会寻找从患者的心理中涌现的无意识象征，以便在分析中一起阐明。其他人，包括我自己在内，更倾向于人际关系方向，我们认为无意识的材料（包括象征）在关系中会更自然地涌现。

临床争议

除了概念上的困难，我们还发现了分析心理学领域的两个核心的临床争议，一个来自精神分析，另一个来自荣格的独特传承。这些在临床实践中产生了显著差异。

在分析过程中，关于是否应该只给予移情一个有限的空间，仍有争论，但这与认为主要任务是把每件事都作为移情的一方面来分析的观点有明显的差异。在英国，把移情作为全体情境（Joseph 1985）已经成为一种流行的方法。它是由克莱因学派的分析学师发展起来的，他们认为，获得心理和无意识原始状态的唯一途径就是此时此地的移情关系。分析中的每一件事，在患者对他们的分析师的移情中都有其意义，并提供了关于他们最早期的无意识幻想的线索。在承认移情在我自己的临床中扮演着核心角色的同时，我也质疑从心灵浮现的每件事是否仅仅来自这些最早的心理状态。我也有些担忧残酷的移情诠释对患者造成的影响。首先，这意味着分析师很可能只"为了"移情材料而倾听，而不是以开放的心态"对"患者进行倾听。单纯地倾听移情意味着这种专注会增加分析师忽略无意识交流的倾向，而无意识交流是通过患者在咨询中自由流动的联想而获得的。还有一种危险是，患者会学习他们分析师的语言，随后的互动则变得虚假而非真实。大卫·贝尔（David Bell）是一位精神分析师，他评论道，移情非常容易成为受训者的迷恋对象，因为他们认为如果在督导中没有定期报告移情诠释，就会陷入麻烦（2008）。但这与人们的期望相去甚远，人们希望分析师对于每一个患者，都能以灵活而敏锐的方式来使用他们的超越功能，包括"现在和过去"（Bollas 2007，95），而不仅是"此时此刻"的移情诠释。贝尔的评论不只是针对受训者，因为定下移情基调的人肯定是他们的老师。

荣格主张分析师的人格在分析关系中扮演核心角色。以他的意思来看，这个问题越深入探究就越复杂。当然，分析师的人格会影响分析的进程，但是我们需要对不同的患者以不同的方式使用我们的人格。我们需要的是必要的培训和技能，以识别患者的不同需求，以及这些需求如何随着时间的推移而改变。人们很容易把真实性和一种过于"真实"的关系混为一谈，前者意味着分析师让自己在情感上完全为患者所用，而后者则折衷了分析和伦理的态度，使之难以维持一个不带评判的、安全的心理容器，而无法让患者在其中更多地了解自己。荣格对人格的强调，在一定程度上是他反对弗洛伊德学派对中立、节制和匿名的过度强调，而其中部分是旧医学模式的残余。但是，我们今天还是把它们铭记于心。作为分析师，我们尽量不透露关于自己的信息，为移情投射留出空间（匿名）；我们试图限制咨询室内外的付诸行动（节制），并保持一种非评价的态度（中立）。实际上患者需要的是我们的自我认识，这是经过仔细斟酌而来的，一种利用我们自己来服务于分析过程的方法。这种自我认识无法与人格分开，但它也涉及一些学习能力（Wiener 2007）。这也是为什么分析师需要接受全面的培训。

荣格对方法的态度

荣格通过他自己的经验认识到，移情的意义是作为即将有事物浮现到意识中的前兆。然而，在我看来，他缺乏一致的方法和技巧与移情工作。荣格更感兴趣的是象征形成的预示功能，而不是它是如何工作的，或者它在婴儿期是如何发展或失败的。对于许多缺乏天赋的患者，以及我们所知道的那些在早期经历过父母失职、家庭暴力、虐待儿童、慢性躯体疾病，或者自我脆弱或无力的人来说，最好的情况是发展了基本的象征能力，最糟糕的是这个能力可能毫无发展。比起那些未知的可以整合的状态来说，解体的状态更有可能在他们身上发生。在临床实践中，我能想到很多这样的例子，我一直在努力寻找与严重抑郁的患者、有慢性躯体症状的患者，或陷入妄想性移情的患者工作的方法。他们无法游戏，也不能想象。移情分析可以发挥关键作用，帮助这样的患者摆脱这些心理退缩。

　　荣格对方法和技术的态度是高度多变的，尽管他对自性和患者的个体化感兴趣。在《回忆、梦、思考》中，他坚持适合每个患者的方法是不同的："心理治疗和分析就像人类个体一样各不相同。我尽可能单独治疗每个患者，因为解决问题的方法总是因人而异。普遍规则只能像一粒盐一样"（Jung 1963/1995，153）。荣格接着提出，他不建议坚持用一种方法去治疗所有患者："一般来说，人们必须警惕理论假设。今天这些假设可能是有效的，明天可能就会转变为其他假设。在我的分析中，我故意很不系统……我们需要为每个患者使用不同的语言"（Jung 1963/1995，153）。当然，我们需要不同的语言来认可每个患者的独特性，但仍然需要理论和方法来帮助我们保持专业和伦理的态度。我们需要一些限制将分析定义为一种方法，虽然技术似乎会破坏分析的人性部分，但我认为我们不能没有它。

移情和象征能力的发展

　　卡斯特（Kast）很清楚与移情工作时的优先事项是："促进象征的发展比移情－反移情的过程本身更重要。"象征不仅是个体化过程的载体，更涉及生命历史和未来的发展……它们塑造了与情结、原型和真实关系相关的情感"（Kast 2003，107）。我想知道她是如何与那些无法象征，不能带来梦的患者工作的？因此，与移情工作是必要的，这就是为了促进象征能力和超越功能的发展。

　　我注意到两位荣格学派的作者在相隔近 40 年的时间里所表达的观点。第一位是普劳特（Plaut），他在 1966 年写道："如果不结合对人际关系的分析，只依赖意象会导致一种荒漠"（Plaut 1966，113）。在同一篇文章的后部，他认为，"形成意象和建设性地将这些意象重新组合成新模式的能力，取决于个人去信任的能力……在这方面的失败会使生活变得贫瘠，需要谨慎的移情分析，以便进一步发挥自我的功能，从而信任关系和自己的想象"（Plaut 1966，130）。2002 年，博文西彭（Bovensiepen）在文章中提出了有些不同的观点，但其主旨是相同的："如果象征性态度主要被理解为一种关系过程，而不是象征内容的认知性放大，那么对于主要困难是象征化的患者来说，这种理解将扩大我们的治疗选择"（Bovensiepen 2002，253）。博文西彭还认为，"荣格反复强调鲜活的象征的预示功能，这与对鲜活客体的需要是一致的"（Bovensiepen 2002，253）。这两位杰出的荣格派分析师让我们了解到，分析性关系，分析师这个人，以及移情分析，结合在一起才能帮助促进象征的能力。人们希望分析师的人格能够得到足够的发展，以帮助患者获得玩游戏的想象力，从而引导他们思考自己缺少什么或失去了什么。比昂评论道，"有些人无法容忍痛苦或挫折，或者在某些人身上的痛苦或挫折是如此难以忍受，以至于他们感到痛苦但不愿经历它，因此不能说我们发现了痛苦"（Bion 1993，9）。大多数患者感到痛苦，这确实是他们进入分析的原因，但对他们中的一些人来说，学会在别人面前经历自己的痛苦是一项艰巨的任务，有时会持续许多年。对于那些有早期障碍的人来说，首先要在移情中去解决这些困难。

普劳特和博文西彭的这些想法对我的论点是至关重要的。我建议首先把象征态度看作一个关系过程，其中鲜活的象征预示着新的意义，它会在鲜活的关系中涌现，并且对移情来说也是一个重要的角色。其次，尽管荣格认为心灵创造象征的能力是一个自然的、原型的过程，但是我们的许多患者却无法使用他们的想象能力。他们受到了阻碍，只有在一段真实的关系中，并且在移情和反移情的动力之下，信任才能发展，自性才会开始涌现，随之而来的是信任新关系的潜能，以及创造意义的内在能力。

移情矩阵

我可能夸大了荣格世界中对移情的不同态度的重要性，事实上，现在理论和临床实践的方法比以前有了更多的重叠。我也希望如此。我想提出一个关于移情的当代隐喻，以纪念荣格对象征以及对患者和分析师相互影响的重视，但同时也会参考在婴儿研究和神经科学领域的最新著作，以及更详细的对不同类型移情的临床研究。今天，我相信我们需要一种象征的方法，它不仅要尊重心理塑造意象的能力，而且要承认象征能力会不可避免地在关系中涌现。

参考以下一个我的被督导者的患者的梦：

> 我正在拜访一户人家，那里正在举行某种聚会，有人正在烹饪牛肉汉堡，但中间还是生的。你（分析师）出现在梦中。其他人收到了书作为礼物，我则收到了一本关于建筑的书。我很失望。这本书没有充分反映我的兴趣。它是黑白的，而且太死板了。我试着把书换成别的东西。在梦里的另一个场景中，我来到你的（分析师的）家，按了门铃。你没有马上回应，而是在我按第二次门铃的时候才来到门口。

我想读者会同意这个梦存在移情。我对这个梦的最初联想是，对于梦者鲍勃和他的分析师来说，这是一个移情的梦，把分析关系里的鲜活的议题带到意识当中来。有东西在烹饪，但中间还是生的。分析可能仍然刚刚开始，或者鲍勃感觉是这样的。我们可能想知道鲍勃为什么会在这个时候做这样的梦，以及这个梦可能在告诉分析师什么呢。或许分析师在某些事上太死板了，就像那本书一样黑白分明，这意味着给了鲍勃一份不合心意的礼物？鲍勃不得不两次按铃，这暗示分析师可能没有听到他一直试图传达的信息。在试图理清梦的意义时，显然鲍勃对梦的个人联想是至关重要的，但乍一看，这个梦似乎暗示了鲍勃当时对他的分析师的无意识感觉。分析师很可能做错了，他需要一个警示。我不知道其他的分析师对这个梦会如何进行联想。也许是因为我的脑海里出现了"烹饪"的炼金术意象，以及我猜测书中提到的建筑是否暗示了鲍勃需要发展思考功能以外的东西，或是要去发展与美学或日常生活有关的部分。

荣格关于移情的主要文本是《移情心理学》(The Psychology of the Transference)，在其中他使用了玫瑰园图，它是以下几个方面的视觉放大：移情、个体化以及患者和分析师之间的无意识过程，并且使用炼金术作为隐喻。由于其象征的复杂性，以及未能详细描绘分析关系的复杂性，一些人难以理解并认为其临床用途有限。它最著名的是荣格的"反向交叉移情关系"图表（Jung 1946，para. 425），或者是炼金术中的四位一体婚姻。这阐明了患者和分析师之间意识和无意识的关系。

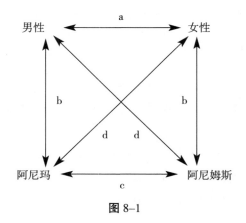

图 8-1

荣格（1944/1952，para. 219）使用术语"vas bene clausum"（密封良好的器皿）来描述在分析中承载患者和分析师的容器。vas 是一种炼金术器皿，用来容纳不同的元素，当这些元素混合在一起时，最终会产生黄金——自性的涌现。

我想建议我们采用移情矩阵这个术语作为一个当代荣格学派的隐喻，它指的是在一种共同构建的场所和框架中思考移情，从而允许通过一段关系中的经验进行学习。矩阵这个词来自拉丁语"子宫"，是一个孕育、保护和滋养婴儿的地方，直到他们准备好来到这个世界。《牛津英语词典》对"矩阵"一词的定义是："一个起源和发展的地方或点；在其中铸造或塑造某物的模具；嵌有宝石、水晶或化石的大量精磨岩石。"从这些定义来看，移情矩阵可以被视为一个潜在的个人移情涌现的环境，也会涌现出来源于自性中的婴儿般的、珍贵的、原型的珍珠。

温尼科特（1965，33）将自我的联系称为"移情矩阵"，并将母亲视为婴儿的心理矩阵。我对移情矩阵这个术语的使用开始于一个二人组，一个潜在关系的地方，在这里，对于患者不同层次的体验，包括发展的体验，以及带有未知空间的原型的体验，分析师从一开始就保持自由悬浮的意识。矩阵容纳分析双方，并允许分析师"想到要这么做的时候"去诠释。正如上面的梦所暗示的，人们"想到"的可能是不同的，这取决于关系和分析师的信仰系统。

结论

在本章中，我已阐明，尽管荣格对分析关系中移情的重要性有着非凡的直觉，但他在写作中对这一主题的矛盾心理却留给我们一些难以处理的理论和临床差异。我们的学科和相关学科的当代研究结果提供了强有力的证据，证明我们对彼此产生了深刻的无意识的情绪影响。正如荣格所强调的，每个分析环境都是独特的，我们被邀请为我们的患者完成不同的、不断变化的移情角色和客体表征。移情必须被体验，才能被理解。我们忽视它会带来危险，但矛盾的是，过度使用它会培养出一个带有偏见的倾听者。

对于一些患者来说，在移情中以及与移情一起工作是必不可少的，这是象征能力的前兆；对其他人来说，它始终是心灵体验的中心；对有些人来说，要谨慎对待它。安德烈·格林（André Green）曾讽刺道："如果患者行动起来像乌龟，那么分析师像野兔一样奔跑就毫无意义了。在深处的会合点更有可能像一条线，它可以联结两个旅行者，也可以使他们完全分开"（Green 1974，421）。

作为一名在伦敦生活和工作的荣格派分析师，我更喜欢对移情采取一种多样化的方法。这个方法的中心思想是，移情投射有可能一直都在发生，每一次都有一个我希望理解的无意识目标。如何选择可能是无关紧要的，因为有时在移情中，在患者和分析师之间的自性对自性的关系中，我们是"被选择"去实施某些事情。这些都是自性的行为，而不是自我的行为，或者正如我的一位被督导者最近所说的，"倾听内心平静的声音，从中她可以找到自己的方向。"移情矩阵不仅是一个容器的意象，并且在它的墙壁中包含了物质，在那里我们可能同时会发现患者心灵的化石和珍宝。

作者简介

简·维纳是分析心理学会（SAP）和英国心理治疗师协会的培训分析师和督导。她是 IAAP 的执行委员会成员、SAP 前培训主任，在英国国民健康服务中心和私人诊所工作。

第9章

Jungian
Psychoanalysis
Working in the
Spirit of
Carl Jung

梦的诠释与象征意义的创造

沃伦·科尔曼

尽管存在差异，但所有的精神分析学派都有一个共同的理解梦的方法，那是精神分析疗法的普遍方式，也就是象征性的态度。我们训练分析师在自己和他们的患者身上培养一种思维方式，在这种思维方式中，患者的整个精神生活都可以像理解梦一样被理解——也就是说，作为一种象征性的表达形式。这在以下情况中是非常正确的：分析师试图理解患者材料的表面内容的方式，以及当患者用行为对分析师表达自己无意识的内在世界时，分析师通过诠释将这些隐含意义传达给患者的方式。所有这些诠释都使用了一种象征性想象，在这种想象中，显然普通的事件和陈述都具有额外的隐喻意义，因此，利用建构梦的相同思维方式，一件事被用来代表另一件事（移置），并且许多事情可能也代表了相同的潜在议题（凝缩）。所以对梦的解读是精神分析诠释艺术的典范。同样地，精神分析师和患者都需要发展一种心理状态来关注梦，这种心理状态是关注精神生活所需的典范。

梦的科学理论

在我看来，这种思维方式本质上是非科学的，因为科学需要测量、证据和证明的形式，而这些形式与象征的理解和诠释是对立的。尤其，象征意义是内在、多重且不确定的，而科学的解释需要精确的说明。更广泛地来说，科学是一种理性思维模式的表达，这种思维模式通常与清醒的意识有关，尤其是在后启蒙时代的西方文化中。这正是我们在睡眠时停止的认知形式。所以，根据定义，梦不符合理性意识的构思（或意识形态）。因此，对梦的理解需要一个更类似于艺术鉴赏的过程，而不是去发现科学规律。这个过程并不涉及原因的解释，而是意义的阐述（Rycroft 1966）。

因此，科学努力去确定梦的起因往往与人们对梦的普遍态度相关，这也许并不令人惊讶，因为人们要么否认梦的全部意义，要么认为梦的意义是偶然的或微不足道的。自 20 世纪 70 年代末以来，在神经科学中占主导地位的梦理论一直是霍布森（Hobson）和麦卡利（McCarley）提出的"激活 / 合成"模型（1977）。根据这一理论，做梦是快速眼动睡眠期脑干的生理性激活，从而产生了随机的无意义信息的结果，而前脑的认知试图努力将这些信息综合成一个合理的叙述（关于另一种批判性的观点，参见 Solms and Turnbull 2002）。然而，当我们考虑到许多被报道的梦具有高度象征的连贯性时，这似乎不太可能是从随意的胡言乱语中找出意义，并在事后进行组合的结果。相反，对梦的详细探索反复发现，梦所选择的意象，意象之间的联想，以及梦者清醒时所关心和贯注的内容之间的联系，都具有独特的针对性。因此，很难相信随机选择的意象和记忆可以最终产生一个像荣格所做的"生命之池"梦一样的梦。他梦见在一个曼陀罗形状的城市（Liverpool，肝-池 / 利物浦）的中心有一棵木兰树，他说："这个梦带来了一种终结的感觉……（它）描绘了整个意识发展过程的高潮。它令我完全满意，因为它让我对自己的处境有了全面的了解。"（Jung 1963，224）

还有其他一些著名的梦，比如柯勒律治（Coleridge）梦到忽必烈，凯库勒（Kekule）梦见一条蛇咬住自己的尾巴。凯库勒这个原型的梦向他揭示了苯的结构，苯是一种由碳原子环组成的化合物。所有这些梦都表明梦和创造力之间有很强的联系。同样，许多有创造力的艺术家用梦一般的直觉和感受性来描述他们的灵感。例如，斯特拉文斯基（Stravinsky）在谈到"春之祭"时曾说，他是"盛过圣餐的容器"。这些经验表明，一种超越意识的、具有强烈目的性的智能在工作，它能够产生梦，以及创造性的艺术作品。

当然，这样的梦确实是相对罕见的，而且大多数的梦都相当单调且不连贯。然而，如果梦被视为一种睡眠时的思维方式，那么很明显，这与我们清醒时的思维方式是一致的。大多数清醒时的想法都是短暂和不真实的，大多数科学的预感都被证明是错误的，大多数艺术作品是失败的，最终都被扔进了垃圾桶。因此，大多数梦要么缺乏意义，要么以一种不能被理解的形式进行了表达，从而没能作为一种表达象征的方法，但是这一事实并不意味着梦本身比清醒时的思考更随意、更无意义。

弗洛伊德关于梦的理论

弗洛伊德和荣格都认为自己是经验主义（empirical）科学家，并热衷于证明他们工作的科学可信度。然而，他们两人都发展了一门学科，至少它需要对科学的本质进行彻底的重新解释。这在荣格身上表现得很明显，他强烈地批判了还原、唯物主义的心理方法，并把这种方法与弗洛伊德联系在一起。然而，虽然弗洛伊德在理论上仍然致力于实证主义（positivist）的科学观点，但是在实践中，他的工作表达了一个完全不同的方向，其与象征意义的创造有关，因此与荣格的工作更为相似。

这两种截然不同的思考倾向可以在弗洛伊德的伟大著作《梦的解析》（Freud 1900/1976）中清晰地看到。就好像有两个弗洛伊德在写这本书：一个是神经学科学家，决心构建一个关于心理的科学理论；另一个则更具有想象力、直觉性以及诗意的感觉，他喜欢由梦所产生的丰富的隐喻和象征意义，以及自己用来诠释梦的方法，即自由联想。

弗洛伊德的伟大洞察力，即"人一生只有一次的洞察力"（Freud 1931/1976，56），并不如他所想的是他的理论——梦是伪装的本能欲望的实现——而是他得出这个结论的方法。只有通过设计出一种方法来解释梦的奇怪语言，而这种语言与清醒时的理性意识相距甚远，他才能证明自己的理论。然而，事实证明，用同样的方法可以得出完全不同的结论。这表明了该方法的强大和灵活性，并展示了它独立于理论性的结论。在某种意义上，这确实使精神分析得以科学化，因为虽然它的结论可能并非经验主义式的可测试或可证明的，但其受制于批判性的评价，并且可以被改变，尽管不是通过科学实验，而是依据精神分析的经验。因此，事实并非如有时断言的那样，精神分析理论不仅仅是自我验证的命题（Gellner 1985）。

弗洛伊德的理论模型来自之前被抛弃的"科学心理学项目"，它试图完全用神经科学的术语来表达心理现象。他有自己的激活 / 合成模型版本，可以被描述为激活 / 压抑模型。根据弗洛伊德的理论，通过与前一天的事件（"日间残留"）联系起来，一个本能的愿望从"下面"被激活。它遇到了心理"审查员"的反对，审查员扮演着"睡眠守护者"的角色，阻止无法接受的被压抑的愿望扰乱睡眠自我的平静。在这一冲突中，"梦的工作"为"梦之思想"创造了一个无伤大雅的伪装，它利用了思维的无意识模式，就是弗洛伊德所说的初级过程，即通过联想链，一个想法可以被另一个所代表（移置），或者许多想法可以被压缩成一个想法 / 意象（凝缩）。

弗洛伊德认为，由于梦的伪装过程，显梦中的意象和叙述只是真实的、隐梦的扭曲形式，只能通过详细的诠释工作才能找到它。只有通过解码每一个单独的意象，并遵循靠近而又远离它的联想链，才能找到原始的、不加掩饰的梦的思想。因此，在弗洛伊德看来，梦是一种外壳，一旦侦查分析师找到进入隐藏核心的方法，就可以丢弃它。

弗洛伊德相信，他称之为"次级过程"的理性思维是从这种更"原始"的思维方式发展而来的，因为婴儿的自我发展出了延迟即时满足的能力，并参与了外部现实的约束（"现实原则"）。然而，在梦中，大脑会退回到更原始的快乐原则水平。因此，我们可以看到所有的梦都是由满足愿望的伪装形式组成的。

虽然弗洛伊德似乎相信初级过程是一种劣等的思维模式，需要被次级过程的合理性所取代，但他自己的诠释却传达了一种完全不同的态度。梦本身（通常是弗洛伊德自己的梦）是丰富而迷人并极具想象力的作品，对其的诠释往往显示出惊人的丰富性以及复杂的联想链网络，并且这些诠释揭示的意义和可能性的层次远远超过了弗洛伊德自己提供的简单而还原的"解决方案"。正是在这些联想、隐喻、双关语和借喻的链条中，弗洛伊德揭示了无意识的丰富且非凡的创造性，对此，他既重视又贬低。一方面，他展示了梦是一种真正的心理现象，它所蕴含的意义远远超出了它的表象，但另一方面，他似乎认为梦"不过是"一种伪装，它可以被隐梦的"梦之思想"所取代。他并没有把梦的初级过程放在心理现象链中，而是用次级过程的梦的思想来代替它。因此，虽然梦被认为来自一种心理层次，这个层次与具有空间、时间、矛盾、排中等这样的理性层次完全不同，但不知为何，被认为是原始的梦之思想却能够以这样一种理性的、线性的形式表达出来。

荣格的批判：象征的意义

正是在这一点上，荣格与弗洛伊德产生了分歧。荣格并没有把梦看作其他事物伪装的表现，而是认为梦就是它们的表象：梦"显示了患者的内在真相和真实情况：不是我猜想的那样，也不是他希望的那样，而就是事实本身"（Jung 1934/1966，para. 304）。梦不需要被解码为其他的东西；相反，它需要被详细阐述。诠释并不是取代梦，而是增强梦，就像艺术批评会增强一件艺术品的意义一样。

然而，梦之所以显得模糊，是因为它是一种表征事物的方式，用荣格的话说，它"补偿"了有意识的态度——也就是说，它显示了对某些事物的不同看法，这些事物实际上是从"另一"思维领域中涌现出来的，在这个领域中，意义是通过隐喻和象征而不是线性思维创造的。因此，荣格发展了一种诠释方法，通过展现梦与神话原型主题的联系来放大梦。这样，他试图创造一个更大的意义网络，通过这个网络可以阐明梦的象征主题。他还鼓励患者通过积极想象来"梦到梦的未来"（见下文第 11 章）。由于他认为梦是一种象征性的表达，而不是一种伪装，他试图通过任何可能的手段帮助患者发展这种表达，这与弗洛伊德的观点相反，弗洛伊德认为这种阐述仅仅是显梦的"二次修正"，而进一步模糊了隐梦的思想。

弗洛伊德对象征化表征的无意识工作的看法很消极，这使他难以解释艺术创造力，他倾向于将其视为本能满足的某种替代形式。在这里，荣格的梦的观点更容易进入艺术创造的过程中，并告诫人们，对于艺术的创造，需要一种更直接的感性来塑造，并形成自发的无意识意象，使之成为一种更普遍的可识别和相关的形式。与梦和积极想象有关，意识的感性倾向于促使新的象征形式涌现，这些新的象征形式揭示了无意识过程所追求的内在的个人意义。然而，在这两种情况下，这个过程都涉及意识和无意识思维模式的相互渗透，导致了"第三种"创造，荣格称之为超越功能。

正是在他们处理象征的方法中，弗洛伊德和荣格对梦的看法的差异变得最为明显。弗洛伊德对梦中的象征采取了非常局限的观点，将它们视为被压抑元素的具象表征，特别是（并且众所周知的）身体的某些部分，如男性和女性的生殖器。荣格认为，这使它们成为符号而非象征，因为它们可以被其所指的——对应的客体所取代。相反，他认为象征代表的不是已知，而是未知——它们是对未知的心理事实最有可能的表征。因此，象征的目的是代表正处在被认识过程中的事物，并且只能以这种复杂的方式来表征。在这个观点中，象征包含并超越了所有可能的联想，而不是简化为单一的"梦之思想"。

在一个梦的诠释中，荣格对这种不同的方法给出了清晰的说明。在这个梦中，一个女患者梦见有人送给她一把从坟墓里挖出来的精美的，装饰华丽的古董剑（Jung 1916/1969，paras. 149ff.）。由于她将这把剑和属于她父亲的匕首联系在一起，荣格认为弗洛伊德派还原性的诠释会把这个梦从纯粹性的角度看作是她渴望父亲的"武器"——一种生殖器幻想。然而，荣格将其与父亲充满活力、强大的气质联系起来，并指出梦中的剑是一把凯尔特剑，这会让患者联想到自己的祖先、古代传统以及人类遗产。他接着提出了一种诠释，剑代表了患者所需要的东西——这是对她自己被动和依赖态度的一种"补偿"，它代表了一种激情、能量和意志的象征意象，将她与她的遗产联系起来，并通过分析"挖掘"出来。因此，剑是一种强大的象征意象，它通过自身的能力将所有与之相关的联想聚集在一起，并将它们合成为一幅图像。

不幸的是，荣格将这两种诠释并列的方式似乎表明，它们是相互对立的。在荣格的世界里，这往往会产生一种令人遗憾的、相当不必要的两极分化。然而，综合诠释的真正优势在于它的包容性。因为很明显，父亲力量的一方面肯定是他的阳具部分，如果用弗洛伊德的术语来说，可以很好地表达为"对父亲阴茎的渴望"。通过加强性和欲望的强大控制，增添了此象征在这方面的意义——它给了它推力和欲望。这一切都是象征，并且无疑还有更多。更重要的是，象征性的意象表征了这些联想中的许多强大的情感——渴望、能量、对权力的追求和性欲，也许还有患者猛烈的攻击性能量。在这个意义上，象征可以被描述为意象中的情感服装，因为，正如荣格所说，它们是最有可能，并最有潜力成为思考的工具。通过对梦所表征的意象的沉思，我们可以表达和思考无数难以言说的复杂情感。

关于植物学专著的梦

现在，我现在想要展示这些象征表征的过程是如何在弗洛伊德的一个梦中起作用的，它产生了一个与弗洛伊德完全不同的诠释，但我相信这个诠释是正确的。这个梦在《梦的解析》中多次被提到，首先是关于梦的起源那一章（Freud 1900/1976，254–62；279–80），然后在关于梦的工作那一章（Freud 1900/1976，386–90），最后是在有关梦中的情感的内容中（Freud 1900/1976，603）。这个梦本身很简单：

> 我写了一部论述某种植物的专著。那本书就摆在我面前，而我正在翻阅折叠的彩色插图。每一幅图里都有一份干枯的植物标本，仿佛是从植物标本室里取来的。（Freud 1900/1976，254）

弗洛伊德概述了关于这个梦的一系列奇妙的联想（1900/1976，254–58），我将试图简要概括如下：前一天他在一家商店的橱窗里看到了一部关于樱草属的专著；樱草花是他妻子最喜欢的花；他为没有给妻子送花而感到内疚；他写了一篇关于可卡因的专著，希望借此出名，但一位同事却令他黯然失色；前一天晚上他与两位同事进行了谈话，其中一位叫加德纳的医生，在谈话中提到了"花容月貌"以及一位名叫弗洛拉的患者；校长对他的评价很低，这与学校植物标本室里的书虫事件有关；他未能识别出一种植物；他不擅长画植物；他的妻子送了他最喜欢的花——洋蓟；他的朋友弗莱斯给他写信说，他想象自己看到弗洛伊德关于梦的书"正在我面前，书页翻动"；一本彩色插图的书，那是他小时候父亲给他的，让他把书拆开（像掰开洋蓟一样）；最后，收集书籍是他最喜欢的爱好，这与书虫、债务以及他与两位同事谈话的主题有关："太专注于我最喜欢的爱好"（Freud 1900/1976，258）以及"我与书的亲密关系"（Freud 1900/1976，388）。

从这种"丰富而交织的联想联结"的精心工作中，弗洛伊德得出结论，梦是一种自我辩护，"一个代表自己权利的请求"，即"我被允许这样做"。虽然弗洛伊德很谨慎，没有这么说，但我们可以从联想和他自己的理论中想象到，他"最喜欢的爱好"很可能与性有关，可能是自慰，也可能与他没有给妻子带来她最喜欢的花的内疚有关。他还暗示，婴儿记忆中拉开彩色插图书的重要性，这可能与对母亲身体的幻想有关。当然，所有这些都只是推测。

然而，弗洛伊德为梦的另一个关键主题提供了大量的证据——他燃烧着对职业成功的野心，他与专业同事之间的竞争性嫉妒和对抗，以及他为自己辩护的需要。这在其他几个梦中也有体现，包括第二次谈到植物学专著的梦（Freud 1900/1976，280）之后的那个梦。"黄胡子"梦里有两个没有被评为教授的犹太同事。弗洛伊德对这个梦的解释是，他也是犹太人，希望自己得到任命。但这个梦还包括胡须变白，就像他自己的胡须正在变白一样，这表明他害怕自己会在实现职业成功和得到认可的毕生抱负之前变老。这一点在植物学专著的梦中通过弗莱斯想象弗洛伊德关于梦的书"摆在我前面"得到了体现。现在我们开始看到，植物学专著就是梦对自身的诠释。正如哈姆雷特所言，"人们虔诚地渴望抵达圆满"，它就是弗洛伊德渴望实现的最大野心。这就是弗洛伊德"最喜欢的爱好"，他把所有的希望、恐惧和野心都投入了这本书中，它在一定程度上占据了他一生中清醒和睡着的每一刻。他对校长的联想，他没能识别出正确的植物，他不擅长画画，这些都与可卡因专著的失败和对头发变白的恐惧联系在一起。在梦的背后，弗洛伊德的野心与他必须克服的恐惧、怀疑和内疚之间展开了一场激烈的战斗，其中内疚来源于如果他想只带着他"最喜欢的花"继续前行，他就会忽视他的专业同事们的规劝（也许是他忽视了他对妻子和家庭的义务），这场战斗使得他初生的灵感开花结果：梦的诠释的秘密。

进一步的证据显然来自弗洛伊德自己无意识的联想，从植物学专著（Freud 1900/1976，279）到黄胡子的梦（Freud 1900/1976，280），再到他对奥匈帝国（Freud 1900/1976，280–82）犹太人所面临的阻碍感到沮丧和愤怒。掰开洋蓟与他的评论"洋蓟的背后是我对意大利的看法"（Freud 1900/1976，388）有关。弗洛伊德在黄胡子的梦之后的章节中对关于意大利的思想进行了讨论，其中谈到了他对去罗马的渴望（出现在许多梦境中），以及他与跨越阿尔卑斯山的汉尼拔（Hannibal）的认同，然而，像弗洛伊德一样，汉尼拔被拒绝进入罗马的应许之地（Freud 1900/1976，282–85）。弗洛伊德写道：

在我年轻的心灵中，汉尼拔和罗马象征着犹太人的顽强以及天主教会的组织之间的冲突……因此，去罗马的愿望在我的梦里成了一件斗篷和象征，代表了许多其他充满激情的愿望。这些愿望的实现是要像迦太基人那样，以百折不挠和专心致志的精神去追求的，尽管他们在当时似乎没有受到命运的眷顾，就像汉尼拔进入罗马的毕生愿望一样。（1900/1976，285）

　　弗洛伊德接着描述了这件事，父亲告诉他在反犹太袭击事件中，自己的帽子被打落在水沟里。当得知他的父亲悄悄走过去把帽子捡起来时，弗洛伊德深感羞愧，他把这与对汉尼拔的（补偿性）认同，以及对拿破仑的认同联系起来，也就是说，他渴望对反犹太偏见的残酷和暴行进行胜利的报复。

　　另外还有一个与植物学专著相关的提示，其巩固了这个诠释，即它是弗洛伊德希望战胜敌人的象征性表征。在后来的《梦的解析》中，弗洛伊德讨论了梦中对情感的明显抑制（通过移置），他对比了显梦中强烈情感的缺乏与他发现的"最强烈的心理冲动……努力让自己被感受到，并作为一种规则与那些强烈反对它们的人斗争"。在关于植物学专著的例子中，他说：

　　与之相对应的思想是，为了自由，我满怀激情地鼓动自己，按照我选择的方式行事，按照我认为正确，也只有对我正确的方式来管理我的生活。从这些思想里产生的梦有一种淡淡的光环……这使人想起（尸横遍野的战场上降临的和平；激烈的争斗已然消失无踪）。（1900/1976，603，括号中文字为作者补充）

　　这就是在植物学专著的梦中要实现的愿望。这远不是缺乏情感：如果我们把弗洛伊德的意象作为对梦的进一步联想（放大），我们可以看到他在对军事英雄（如汉尼拔和拿破仑）的认同中所表达的野心里的绝对暴力。但我们也可以看到他的恐惧和不安，因为汉尼拔和拿破仑最终都被打败了。难道这就是为什么后来弗洛伊德会感到来自荣格的威胁吗？梦的意象涉及这两个方面，梦中的专著代表了他渴望的梦之书，著书将证明他是正确的，驱散过去的失败，并征服他的敌人。而且，由于梦的意象有各种各样的联想，所以梦的意象实际上比他书中的意象要复杂得多。当然，这就是梦的象征意义所在。

　　简而言之，这个梦完美地说明了荣格关于超越功能的观点，象征形象来自调和并超越交战双方的冲突（"战场上激烈的斗争"）。甚至弗洛伊德自己的讨论，尤其是关于罗马意义的讨论，也清楚地表明，那时他认为象征远不止是身体性欲部分的简单替代品。弗洛伊德自己的联想提供了丰富的证据，其证明了复杂的、连贯的、有目的性的无意识思想与梦者最深的恐惧和欲望直接相关。弗洛伊德清楚地展示了这些无意识的思维过程是如何打破了梦的表面，利用惊人的广泛联系，把梦者的整个生活汇集成一个单一的图像，即翻阅植物学专著里折叠的彩色插图。

梦的功能

我们很有可能将这个梦解读为一种来自无意识的"信息"，就像弗洛伊德在无意识中鼓励其追求自己的目标，而不是屈服于自己的怀疑（投射到他的同事身上等）。一些荣格学派甚至想把这称为来自"给予指导的自性"的信息、无意识的智慧，或诸如此类。然而，它同样也有可能真的是弗洛伊德的俄狄浦斯式愿望的表达——小汉尼拔试图击败父亲，享受母亲的洋蓟，鲜嫩多汁的嘴唇，等等。梦确实如此，并比之更多，而不止于此。正如荣格所说，梦只是它本身，并且只有在清醒的意识中沉思它才有意义。或者，正如赖克罗夫特（Rycroft）所说，"梦中的意象还缺乏将其转化为隐喻的意义"（Rycroft 1979，71）。只有如此，梦的象征性潜能才会显示为一张由无限可能性构成的网络。这种对梦的看法，尽管认识到梦的巨大创造潜力，但并不要求我们把梦视为来自"自性"的一种特殊的神谕。

很有可能，由于弗洛伊德有异常强烈的欲望，他的梦确实是愿望的满足，而且毫无疑问，许多梦符合这种描述。不仅是孩子，成年人有时也会有不加掩饰的"英雄幻想"之梦——我的一个患者把梦描述为他的"印第安纳·琼斯式的射击梦"。弗洛伊德对自己的梦的诠释清楚地表达了他心中强大的英雄原型的集合，比起逃避的幻想来说，这些梦被阐述为更有目的性的事物。然而，现在很少有分析师会断言所有的梦都是如此。在精神分析中，客体关系理论的发展引发了一个观点，与荣格的观点相似，它认为许多梦是对患者心理状态的描述，其中各种人物和情境代表了属于患者内心世界的客体关系，而这些关系也经常在移情中产生。正如荣格所言，"梦是一种自发的自我描绘，以无意识中实际情况的象征形式出现"（Jung 1948/1969，para. 505）。

例如，一个雄心勃勃、干劲十足的年轻职业女性，正在与一系列心身疾病做斗争，在治疗早期她做了这样一个梦：

有一个为抵抗运动工作的特种兵，他一直在执行任务，在寒风和暴雨中艰

> 难地返回营地。当他最终到达那里时，饥寒交迫，疲惫不堪，他的指挥官告诉他必须在下一个任务之前休息和复原，但这个特种兵拒绝休息，坚持立即出发执行任务。
>
> 在梦的第二部分，在一个教育机构，有一个年轻的女孩穿过走廊，不时地偷偷踢某人的小腿。

治疗师意识到，这个梦准确地描述了患者在治疗中带来的问题——她无意识地认同了"特种兵"以及叛逆的女孩，她可能不仅会抵制治疗师（指挥官）的规劝，还会因为自己的问题而踢治疗师的小腿。在治疗的过程中，这个梦，尤其是"特种兵"的形象，成为了患者不断坚持"任务"的强迫性冲动的主题，而对身体健康不管不顾。因此，治疗任务首先涉及阐明这一内在形象的意义，特别是关于她对阿尼姆斯的敌意的认同，这个认同是一个"抵抗运动"，为了反对不支持她的母亲，其次是这一内在形象如何在认识到其英雄主义、自我牺牲、意志和决心的积极方面时，变得更完整，且对患者的破坏性更小。最初，只有治疗师领悟了特种兵的象征意义，但后来患者能够利用这个形象加深自我理解，并有意识地选择自己的生活方式。通过想象特种兵，患者能够逐渐发展出"第三位置"来对付这个凶猛的内在驱力（超我）。

这样的梦暗示着一个无意识的盟友的存在，这个盟友在默默地与分析师一起工作，为患者的困难创造有意义的结构。虽然特定的梦可以实现广泛的功能（包括实现愿望），但我相信所有的梦，就像这一个梦一样，都表达了梦者在当时无意识的担忧和贯注——这就是"白日残留"的意义。这是由于一个更简单的原因：梦是睡眠时思考的形式。就像在我们安静清醒的时候，我们可能会发现自己在反思当前的担忧和贯注之事，尤其是那些我们投入了强烈情感的事情，所以我们在睡觉的时候在脑海中翻来覆去地思考这些事。这些事的范围可以从简单的身体愿望，到最复杂的哲学问题的解决方案。因此，梦很可能与我们清醒着时参与思考的任何一种或所有的思想有关，但很可能当我们睡着而没有其他干扰的时候，才会发现什么对我们是真正重要的，如果幸运的话，我们也会找到原因。爱默生（Emerson）优美地写道："梦以象形文字回答了我们将要提出的问题"（Whitmont and Perera 1989，8）。然而，很明显，我们在睡眠与清醒时的思维方式大不相同，因此，关键是要从梦中弄清楚我们在想什么！

　　然而，正是因为我们的思维采取了如此不同的形式，梦才能够为我们提供新颖而有用的思考方式。从认知理性的角度来看，做梦是一种较低级的思考形式，因为它只是那些在睡眠期间被关闭（被抑制）的心理功能。但从另一个角度来看，对认知理性的抑制使一种更为自由、更具联想性的思维方式得以发挥，这种思维方式能够利用范围更广的联想，以新颖和意想不到的方式，将大脑中不同领域的材料结合在一起，将清醒意识中分门别类的时间、空间和逻辑融合在一起。虽然我们在白天可以看得更清晰，但我们需要有意识地将注意力的阳光调暗，才能看到那无垠梦境为我们展开的星空。

　　由于这些原因，精神分析师查尔斯·赖克罗夫特（Charles Rycroft）提出用哲学家苏珊·朗格（Susanne Langer）的语言象征主义和非语言象征主义的区别来取代弗洛伊德关于初级过程和次级过程的区别（Rycroft 1979；Langer 1942）。语言的象征主义指的是在某种意义上，将词语视为象征——也就是说，词语是具有明确的、固定的意义的表征单位，这些意义或多或少是被永久地赋予的。在语言的象征主义中，意义因其精确性和特异性而被增强。在非语言的象征主义中，情况正好相反。非语言的象征具有多重意义，而这些意义是不确定的，它们将多个意义整合到一个同时出现的表征中，从而获得意义和重要性。赖克罗夫特认为，在这方面，梦类似于文学作品："与'滑铁卢战役发生在 1815 年 6 月 18 日'或'砷是毒药'这样只有一种含义的事实陈述不一样，梦、诗歌和小说要么没有意义，要么有好几种含义"（Rycroft 1979，162）。因此，赖克罗夫特并不认为梦的联想性、具象性思维是退行，也并不认为这就比不上次级过程中的逻辑、直接理性，他认为它们不一样只是因为它们有不同的目的和功能。就像荣格（Jung 1912/1952/1956）一样，他同样区分了定向思维和非定向思维，而赖克罗夫特就认识到象征性思维的价值恰恰在于意义的多重不确定性。

　　正如弗洛伊德对植物学专著之梦的解释那样，它生动地显示了，梦的象征是从高度复杂的联想网络而来，并以一个浓缩的形式进行了表达。对我来说，这清晰地区分了语言和非语言的思维模式。理性思维和语言使用的是线性思维，因此通过遵循一个确定的顺序来使其明晰。另一方面，非语言思维涉及网络思维，网络中的所有元素都可能同时出现。因此，对网络的理解需要思维工具充当网络枢纽，网络中的许多链接在这里汇聚——简而言之，象征。网络越复杂，在整体结构中链接在一起的联想中心的数量就越多，意义的潜在范围就越大——因此，梦的想法，或艺术作品，就是一个拥有无限可能的网络。

同样地，释梦需要一种开放和引申的态度，建立联系并提出可能性，而不是试图找到一个"解决方案"，或一个"正确的"诠释，这样会将梦简化为一件事而关闭了梦的潜能。因此荣格反对弗洛伊德对梦的性欲诠释，而偏爱使用放大。与科学事实和理论不同的是，科学事实和理论的有效性随着它们的模糊性或易受多种解释的影响而降低，而象征及其诠释的价值却会根据它们所能解释的多重性和不确定性的程度而增加。例如，哈姆雷特或蒙娜丽莎等伟大艺术作品存在的模糊性和内在不确定性。这就是济慈（Keats）向诗人推荐"消极能力"的根本原因，而比昂则把它作为对精神分析师的建议。消极的能力，即"存在于不确定、神秘、怀疑之中，而不急于去追求事实和理性"的能力（Keats 1817/1958 I，193；quoted in Bion 1970），它是（梦者，诗人）产生象征性意象，以及（精神分析师）诠释象征性意象所必需的心理状态。

梦之心灵"自然地"、自发地产生隐喻、意象和象征，就像济慈指出的消极方式那样：正是因为心灵没有做什么（追求事实和理性），它才能够产生梦的多重意义。可以这样说，诗人和分析师培养这种心理能力，是为了学会说——诠释——梦的"自然的"无意识语言。在这两种情况下，它都需要发展一种既包含清醒思维又包含睡眠思维的心理状态，充分抑制认知功能以允许发展类似梦的状态，同时保持足够的认知功能，从而能将隐喻和象征意义归属于涌现的"梦之思想"。比昂称之为分析师的"遐思"；荣格称之为超越功能。

如果梦是一种非语言的象征形式，这就意味着梦，或者更广泛的无意识想象，不仅是艺术的原材料，而且是任何创造性活动的原材料，这些活动利用象征想象作为一种方式来反映我们心理生活的情感和精神方面——也就是我们的主观体验。艺术、宗教和精神分析都提供了想象的舞台，通过阐述象征意象来培养意识中想象力的发展。这样，它们就可以被视为一种培养有意识的做梦形式。

集中营之梦：无意义的意义

我想以自己的一个梦作为结束，这个梦是在20多年前我的分析过程中出现的。这是一个例子，说明分析过程可以促进患者自身的象征功能，从而最终让一个之前无意义的内在情境有可能出现在梦中。虽然这样的梦可能很恐怖，就像这个梦一样，但它们也能带来巨大的解脱，就像取出一块痛苦的碎片，一种"啊，现在我知道它是什么了"的感觉。

这个梦是在与一位患者进行了一次特别痛苦的治疗后发生的，这位患者在结婚一周年纪念日那天发现他的妻子和他的朋友在床上。我一直深感不安，是因为患者的痛苦和黑暗带来的暴力，以及他确实想要谋杀妻子与朋友。我认同他的痛苦，但又排斥他强烈的复仇欲望，这一过程让我感到沮丧，并且被这节咨询占据了全身心，似乎充满了我现在可以称之为"未处理"的东西。凌晨一点，我从以下的梦中醒来：

> 我们在集中营里，我不愿意成为一起强奸未遂事件的帮凶。尽管我感到厌恶和恐惧，集中营生活的规则要求我必须保持沉默，绝不抗议或抱怨。
>
> 后来，我们从集中营里释放出来，但我们自身却未得到解放。我们依旧遵循同样的沉默规则，别人看不见也不知道。这是一种阴冷而绝望的情绪，可怕得难以形容，它笼罩着我们，没有解脱的希望。
>
> 再后来，我剧烈地干呕起来，仿佛要呕吐出我体内的死亡、腐烂和腐败。但这是不被允许的，而且我被一群想要惩罚我的人包围着。我努力地大声哭喊，通过这个哭喊，我终于意识到，我们根本没有得到解放，而是处于一种更糟糕的状态，甚至没有解放的希望，因为没有人知道我们的精神仍然受到限制。随着一颗食物从天而降，梦结束了，我醒了过来，猛烈地哭泣着，从噩梦中解脱出来，如释重负。

这个梦通过大声哭喊的意象来体现它本身的重要性：这个梦中的哭喊让我意识到一种感觉终生存在，它象征了我身处集中营的感受。它描述了一种情境，即你知道某件事，但同时你又不可能知道，因为你无法用言语来表达——这是没有意义的。通过这种难以言喻的内心状况的表征，我从一种以前未意识到的压抑感中解放出来。就像在治疗我的患者时，我对暴力和卑劣的行为感到恐惧和厌恶，但现在我不得不承认我自己的同谋和罪行。那次让我不安的治疗带来的"白日残余"，以及它在我身上引发的未处理的、无意义的情感，现在在一个象征性的叙述中找到了问题，它表征了我内心世界中一些最深切的担忧。在这个梦的背后隐藏着一种被背叛、受伤和绝望的感觉，这种感觉我从未提起过，或不知道它与童年早期的分离有关——这就是无法控诉这一主题的意义所在。事实上，我的分析师对我做出的第一个诠释是，我需要强烈地控诉——当时我还没有真正理解这一点。现在我明白她的意思了。因此，梦也表达了一种无意识的联结，介于我的分析师的理解与我自己试图象征化，并以此向她传达我的内心处境的努力之间。

在梦里，我回想起那些由于患者的投射性认同，而在我心中唤起的可怕的复杂情感。虽然其中一些感觉可能是属于他的，但它们也触动了我的一种情结，现在看来，就像这个痛苦的梦一样呕吐了出来。因此，尽管有惩罚的威胁，我还是能够克服压抑的障碍，从一个终生的噩梦中醒来，就像我的患者一样，我感到被囚禁在没有希望的囚笼中。这样，噩梦本身就成了一个压迫性客体的象征，而我因为能够梦到它才能从这个压迫性客体中解放出来。就像比昂说的那样，这是在 α 功能无意识的作用下，β 元素向 α 元素的转化。

这个梦一直留在我的脑海里，不仅是因为它的内容和个人意义，还因为它让我意识到梦的作用以及梦对分析过程的巨大价值。正是因为有了这样的经历，我才像大多数分析师一样，满怀希望地期待着患者的梦，期待着崭新的洞察和理解。这也是我做过的最后一场噩梦——从那以后，我一直欢迎我的梦，不管它有多么可怕和令人不安，因为它是新的理解和转化的工具。

作者简介

沃伦·科尔曼，分析心理学会培训分析师，也是《分析心理学杂志》的主编。他发表了许多论文，涉及的主题多种多样，包括伴侣、性、自性和象征性想象。目前在英国圣奥尔本斯私人诊所全职工作。

第 10 章

放大：揭示意义的涌现模式

约翰·希尔

Jungian
Psychoanalysis
Working in the
Spirit of
Carl Jung

成功或失败

人类从未停止讲述生命的奇迹与矛盾，梦也是如此。我们认为放大是荣格对梦的诠释方法的独特贡献。与个人联想不同的是，放大可以让我们在童话、神话、仪式和"人类科学的所有分支"中找到梦和梦的片段（Mattoon，69）。关于电影、文学、历史和当代事件的主题的放大也是很重要的。个人联想详细阐述了梦的主题，以便将它们与被压抑或遗忘的实际体验联系起来。通过放大，分析师通常会阐明某些梦的主题和象征，意图将它们与人类叙事遗产中的普遍主题联系起来，而梦者之前可能对此毫无所知。放大可以被理解为试图在遗产中锚定身份。

荣格派分析师经过训练后，可以从不同的文化实践中掌握足够的仪式和神话知识，以阐明梦的内容。最令人惊讶的是，这样的主题提供了进入梦的入口，否则，梦在意识中是不明朗的。然而，放大也有可能成为解梦的一种碰巧的、要么成功要么失败的方法。然而，分析师和梦者可能永远不会忘记这样的时刻：一个普遍的主题击中了梦者的内心深处，揭示了他／她行为中隐藏的部分，为未来打开了新的视角，或将梦者的思想与人类的文化遗产联系起来。例如，一名年轻女子的梦的开头是："我是一只天鹅。"在一瞬间我想起了里尔的孩子们的故事，在故事中，国王里尔的女儿们被邪恶的继母变成了天鹅，直到多年后才得到救赎。我戏剧性地向梦者说道："我认为你应该回到地面。"在分析终止27年后，就是这个人告诉我，那一刻改变了她的整个人生。

以上就是一个令人印象深刻的成功案例。那失败的呢？在一些情况下，当用神话和炼金术的主题来放大梦时，我的想法并没有击中重点，梦者、梦以及分析师之间的意识脱节了。放大可能对分析师有意义，但与患者的梦之思想毫无共鸣。福德姆意识到了这种危险。神话和炼金术主题可能会成为脱离患者当代生活的抽象概念，特别是如果他／她对创造它们的历史背景知之甚少之时（Fordham 1978，145）。然而，他确实承认，在移情的背景下，放大可能对分析师和患者都有转化性的影响（1974，149）。

清醒与做梦间的中断

梦的诠释主要是联结两种截然不同的意识状态。人类的意识在清醒和睡眠两种状态下都是活跃的，尽管这两种状态在形式上有区别。在做梦时，认知和短时记忆减弱，而情感、图像和长期记忆增强（Hobson，14）。梦给了我们另一种存在，只有当我们假设意识只局限于清醒的意识状态时，我们才会认为它是不真实的。在做梦的时候，我们觉得自己是有意识的。一旦醒来，我们倾向于将主观性限制为白天的意识。分析师可能太容易陷入语言的诠释，而有可能失去梦的情感内容。这个假设严重地限制了我们对梦的理解。我们不再跨越联结两种主体性模式的桥梁。我们失去了对那个夜复一夜创造那些神秘风景的主体的觉察，也就无法欣赏梦之心灵的创造力。所有对诠释的尝试都必须考虑到心灵的根本差异性，这个心灵在没有白日意识的情况下制造了梦。

通过梦者的个人联想，很容易在清醒和睡眠的意识状态之间建立一座桥梁。来自白日残余的个人材料和早期记忆的激活，常常给梦者提供了足够的材料来联结这两种意识状态。如果分析师的干预、支持或评论与来访历史中的关系成分同频，那么这些成分可能在移情中被重新激活。然而，梦也激活了普遍的意义模式，可能引发分析师和来访者之间的另一种联系。在这里，分析性干预涉及复杂的文化交流。在接近梦的过程中，分析师可能不仅要叙述一个神话的主题，而且可能要对它做出一些评价；不仅是神话本身，而是它适用于某个特定的梦的意义。这个意义不是简单的对神话知识上的、无实体的、非个人的评价，而是反映了分析师自己对神话的更深层次的理解，这与来访者对意义的追求既有可能密切关联，也有可能没有关联。如果放大是为了深入梦者的夜间意识，分析性相遇本身必须优先于原型的诠释性或教育倾向。

了解命运的力量

放大是一种冒险，是一种尝试将意义的涌现模式带入意识的过程，因为它们表现在特定的和相关的事物中。在放大的过程中，一个人冒着失去个人生活主线的风险，不断地把梦带回原型。然而，在评估个人史和梦时，荣格派分析师不能错过"母亲"或"父亲"在人际关系中涌现的原型。我们也许会听到一些故事，说他们最终打破了界限，拥有了恶魔般的品质，或者理想化的父母给孩子灌输了期望，而这些期望是无法在之后的关系中实现的。由于他们的发展过程受到了严重的损害，受害者可能会发现他们不记得哪里出了问题，不能区分谜题的不同部分，不能识别什么属于父母、文化或神。在某个时刻，一个整理的过程开始了。在分析中，对治愈的过程至关重要的是，个人联想的聚集，以及在正确的时机对放大的使用。

早在 1909 年，荣格就发现了命运的力量的原型，这种原型对一个家庭的影响可以与善良或邪恶的灵魂相比较（Jung 1909/1961，para. 727）。追寻命运的起源可以是一种放大的工作。开始，我们可能会发现它的超个人力量嵌入在对父母形象的认同中。因此，它可能与一种文化模式有关，这种文化模式对几代人的家庭成员产生了改善或破坏生活的影响。这种模式往往体现在主要照顾者身上，对其生活态度产生巨大的影响，从而失去了对个体的尊重，例如通过恐惧控制人的意识形态，侮辱妇女的文化，以及根据肤色、宗教信仰或某些外部因素判断人的社会。

弥合差距

从荣格派的观点来看，无意识并不是简单地将过去的事件存储在记忆中，而是作为一种创造性的媒介，允许幻想展翅飞翔。荣格派分析师也注意到了梦的叙述和早期文化实践之间的相似性，特别是关于生命阶段、生存和生命潜力的进一步发展的启蒙阶段（Jacobi，76–78）。在探索幻想的基础时，荣格声称，幻想，特别是神话幻想，是象征性的，并认为它是心灵的一种潜力的表达，这个潜力是预测意义。它不仅远离现实，还具有"曾一度暴露在阳光下"的系统根源（Jung，1912/1970，para. 27）。有些人可能认为现实的扭曲曾经是一种有意识的习俗、法律或一种塑造了文明的精神生活的普遍信仰。在将个人幻想与早期文化的神话材料联系起来的过程中，荣格确信，心智的基本法则是不变的，因此这里会有一个共同的解释（Jung，1912/1970，para. 27–29）。这个共同的解释是心理有能力创造象征，从而预测意义。

在梦的叙事中，文化象征可能不会以明确的形式出现。梦根植于一种文化遗产，表现在一个人的具体存在中，它也有生物学基础，这使得一些神经心理学家将梦叙述的奇异本质解释为大脑随机活动的表现。然而，其他神经生物学研究表明，象征和隐喻往往"比任何其他形式的人类交流更能激活大脑的中心"（Wilkinson，147）。考虑到马拉美（Mallarmé）的原则，"命名就是毁灭，暗示才是创造"（Hederman，118），以及荣格对象征的理解，他说象征是"仅仅被预测，而尚未清晰意识到的东西"（Jung 1923/1971，para. 475），所以在夜间创造象征可以被认为是一种开放意识去预测意义的行为。正如潘克塞普（Panksepp）和索姆斯（Solms）所倡导的那样，梦可能反映了大脑中的"好奇–兴趣–期待–回路"（Solms，171–74），但考虑到象征对意义的倾向，好奇心的驱力中将包含一种人类特有的寻找意义的成分。

鉴于好奇心和梦的象征主义之间的联系，放大可以被理解为试图将梦的预测和象征的意识，与早期社会创造的文化努力联系起来，以有意义的形式和仪式来容纳生活的转变。这不是一个通过列举类似的材料就能证明这种联系的问题；相反，这是一种比较、定义、评估，并将神话或仪式性意象的情感倾向转化为梦者和分析师之间有意义的话语。通过比较、反思和概念的运用，可以弥合非语言象征主义与语言象征主义之间的差距，也可以弥合神话意象的直接性与语言意义的外延之间的差距。它的目的不是用概念取代意象，而是激发想象力，并将其根植于一个历史矩阵中。与苏珊·朗格的作品一致，它试图将人类的思想锚定在遗传、社会和历史的传承中："但最灾难性的障碍是迷失方向，生命象征的失败或破坏，以及对信仰行为的丧失或压抑。没有某种程度的仪式、姿态和态度的生活，就没有精神寄托。它平淡到完全漠不关心的地步，纯粹是随意的，缺乏那种我们称之为人格的智力和情感结构"（Langer 1996，290）。放大工作是将情感和梦的象征所表达的意义的胚胎形式，与特定的生活背景联系起来，使其在超越个人无意识的历史根源的框架内被理解。一旦弥合过程开始，象征的意义就转化为白天意识的语言，成为交流的载体，不仅在分析关系的情境中，而且在社区的公共和文化生活中，都创造了新的密切相连的意义。

四个片段

下面的片段展示了四个梦中存在的原型物质，当梦者的生命过程被阻塞时，它们就会聚集在一起。这些片段说明了使用放大的四种不同方法。

原型的暗示

一个年轻人梦见他看到一片沼泽，里面满是像蛇一样的死人。每当他一碰它们，它们就活了，梦者就在恐惧中醒来。在做这个梦的时候，这个年轻人对自己的性欲和与女人的关系刚开始建立信心。一个受训的候选人成了这个年轻来访者的支持性父亲。这个梦让他建立起个人的联想；他的诠释仍停留在个人层面。他意识到梦者害怕做这样的梦，并认为梦者主要是需要安抚。分析师认为，这个梦与自慰有关，并向梦者保证，通过自慰来了解自己的身体是正常的。这种方法对一个害怕性关系的年轻人很有帮助，但它没有看到梦中所包含的神秘结构。如果分析师想到了死亡与重生的主题，他就可以问一些重要的问题，而不必刻意放大一个特定的叙述，例如：在你心中什么死了？你觉得有什么东西苏醒过来了吗？问了这些问题之后，分析师会发现这个年轻人开始把注意力从分析师身上移开，更多地集中在他自己的感觉、他自己的性取向和他自己的创造力上，而这些都被一个占有欲强烈的母亲淹没了。通过这个以及其他的梦，这个年轻人意识到，他人格中被压抑的部分正在重新变得鲜活起来。死亡与重生的主题在分析中确立了一个转折点。梦者需要的不是"支持性的父亲"，而是能帮助他继续自己生活的"同伴"或"朋友"。

解开命运之结

以下是一个年轻医学生在一个重要的考试前不久的梦：

> 我走进考场。教授坐在一把大椅子上。那些被允许考试的人被送到右边，那些不被允许考试的人被送到左边的毒气室。我被派往左边，在恐惧中醒来。

当这个女人把她的梦带给我时，她确信命运与她作对，她考试不会及格。我意识到《最后的审判》中的基督教主题（位于纳粹背景下）与实际的考试情景（被理解为关于职业身份的现代启蒙）之间的差异。在几次戏剧性的治疗中，我们的工作集中在把她对考试的真实恐惧与永恒诅咒的更深层次的焦虑分开。我确信她为考试做了充分的准备，她成功的机会非常大。这个梦指向了另一种恐惧，一种对全能而非人性的上帝的恐惧，他已经宣布了对她和整个世界的审判。在几次治疗中，我们将注意力集中在这两种形式的焦虑上。最后在一次治疗上，她出乎意料地想起了小时候的家庭女教师。每天晚上，这个人都告诫孩子们要好好表现，并警告他们，如果他们做了什么坏事，魔鬼就会在夜晚来把他们带走，永远不能回家。这个女人童年的每一个夜晚都是恐怖之夜。无论她白天做什么，黑夜的全能恶魔都会找她的茬。她的命运已经注定：她没有办法保护自己。放大这个梦对我们的工作至关重要。我们发现了她与一个拥有神的力量的人的致命联系的根源，这个人把这个女人的灵魂囚禁在一个充满罪恶和恐惧的宗教中。她的生活被残酷的命运所决定，对此她感到无能为力。在放大的帮助下，她可以把非人和人类区分开来。这涉及几次关于厘清"基督的最后审判""希特勒""家庭女教师"和"教授"主题的讨论。在这个过程中，她可以内化"法官"，对自己的自我评价能力有更多的信心。最终，她决定脱离她的家庭宗教，这种宗教模糊了上帝、魔鬼和家庭教师之间的界限。她在考试中取得了成功，后来又在职业上取得了成功。

心灵永恒的创造力

以下是一个患抑郁症的 30 岁女人的梦：

> 我躺在一个山洞的地上，那里漆黑一片。我感到疲倦和空虚。我不知道是否应该向神祈祷，让我进入他的王国。我准备吃完我所有的安眠药，安静

地死去。时间一到，我母亲就不会想念我，而我的心理医生已经离开我太久，他回来时几乎不会注意到我的离开。我突然感到有个天使在我身后。虽然我闭着眼睛，但仍能看到它那巨大的、会发光的翅膀。他说："除了这个世界，还有许多其他的世界，但它们也好不到哪里去。你可以选择去你想去的地方，但是神的王国只对他所召唤的人开放，而他还没有召唤你。在这个地球上还有一个任务需要你去完成。"我向他要求一个明确的命令，我答应服从命令。他回答说："大众需要命令，而你被告知要自由行动。你的任务不能被透露给你，直到你准备好活出自己的自由意志。"当我听到这些话时，我感到挫败和害怕，沉默了很长一段时间。然后天使在我耳边低语："小心，时间紧迫，而你天性迟缓。因此，你必须比以往更多地利用那些被派来帮助你的人。我会照顾你，并在那里提供帮助。但是记住，我是力量的天使，我不能和你的软弱联盟。"我没有回答，但感到心里越来越平静了。翅膀的光芒消失了，但天使一直陪伴着我，直到我睡着。

这个梦与其他的梦在放大方面尤其不同。在这里，分析师要面对一种心理层次，这种心理层次挑战了他通常运用放大的能力。鉴于梦的超级圣秘性，人们面临着一个两难的境地，是放大还是保持尊重的沉默。这两种我都没有选，因为诠释的工作首先是与梦者的意识接触。这个梦开始于一种完全被遗弃的状态，是她真实童年的再现。通过这个梦，来访者请求分析师对她生活的这一部分产生共情；而分析师在很远的地方，事实上他当时正在度假。只有在承认我的帮助是有限的，并认识到我的假期重新引发了来访者童年的创伤后，我们才能继续进入更深层次的梦。我们俩都很清楚，在我失败之处天使接替了我。放大变成了一个相互的过程，我们谈论了一些熟悉的故事，这些故事是关于在人类失败之时，出现了奇怪的、出乎意料的、经常是无法解释的干预，尤其是在传说和童话故事中。我们可以将这种干预理解为来自神的消息、自性的声音或人类心灵的自主性。无论我们的信仰体系是什么，梦者的夜间意识将这个原型主题显示为天使。天使对自由的庆祝推翻了专制制度的禁令，而这些制度是用恐惧统治了人类的心灵。天使的存在使分析师的心感受到梦者灵魂的非凡深度，并为未来的工作提供了意义和方向。

献给所有人的故事

一位 50 岁的妇女做了如下的梦：

> 我在不停地拉扯一个颜色全为灰色的肮脏的充气橡胶。我试图把它折起来。我已经很努力了，但是什么也没有发生。突然，那个肮脏的东西变成了一个小小的银色容器，而且有一个声音说："这是灵魂的容器，温柔地对待它。"我双手捧着这个容器，感觉非常平静。

那个在医院里，因癌症而奄奄一息的梦者，把这个梦告诉了她的治疗师，治疗师征得她的同意后，把它传达给了我在场的一个讨论梦的小组。我们听说患者的身体很痛苦，颜色发灰，并且受到癌症晚期的折磨。她千方百计想死，但都无济于事。梦过后，她知道自己的挣扎结束了，可以彻底放松，迎接另一种生活。在场的人都被这个故事深深打动了。很明显，这个梦不仅对那个垂死的患者有意义，而且对我们所有人都有意义。一些人对患者表示了极大的同情，一些人谈到了接受生命不可避免的终结，还有一些人则被梦的深层精神意图所鼓励。在那次小组讨论中讲了许多故事。一个人提到了埃及法老时期的太阳船，它把死者的灵魂带到另一个世界，等待新生；另一个则讲述了爱尔兰人的夜间海上旅行，前往最幸福的岛屿的故事。在那一天，这个梦成为灵感的源泉，并提供了一个机会让大家来分享经验，这些经验的主题与在场的所有人都相关。

结论

我概述了四种应用放大的模式，它们对应了梦的原型主题可能出现的四种不同方式。这四个梦的共同主题是死亡和重生：第一个梦中的重生，第二个梦中的地狱，第三个梦中的力量天使，以及第四个梦中的生命之船。在分析关系中，每个梦的内容是不同的，需要不同的方法来放大。首先，在第一个梦中，原型只是隐含的，作为一种背景，却为梦提供了结构。年轻人梦见蛇一样的生物活了过来，这并不需要明确的放大。根据马苏德（Masud）的解释理论，塞缪尔斯（Samuels）提醒我们，分析师不必阐明他们对神话的放大知识，而是间接地使用它来指导他们的干预，并帮助他们看到事情的走向（Samuels，198）。在第二个梦中，强大的神话主题深深融入了个人历史，以至于人类和原型几乎无法区分。对纳粹－基督的明确放大是至关重要的，这样梦者就可以远离家庭女教师的清教权威，将这种压迫性的影响从考试的实际情况中分离出来，并内化自我评价的能力。第三个是包含原型内容的梦，它们似乎没有被过去有影响力的形象所污染。这些启示性的梦代表了心灵的一个自发的方面，揭示了意想不到的信息，对梦者的整个生活有着深远的意义。然而，放大的目的并不是要以一种排他性的方式来阐述梦的圣秘性，而是要包含移情的情景。第四个梦中的原型可能只是与个人历史有着松散的联系。它们可能与最初激发人类创造神话和仪式以适应生活中不可避免的变化的源头相同。这些就是所谓的大梦，其意义超越了个人。在更大的社会背景下，放大可以成为一种丰富和有启发性的体验。

随着对消费的崇拜和对生活的纯粹实用主义的态度（在当代文化中如此明显），古老的神话和宗教信仰要么失去了很多意义，要么成为集体意识形态运动的旗舰，而这些运动往往会造成分裂。夜复一夜，我们创造了关于永恒主题的故事，尤其是关于死亡和重生的主题。在我们经历生命的转变时，心灵似乎会挑战、保护和包容我们。或许，在一个涌现意义的网络中，这种有益的抱持确保了生存，允许转化，并促进了一种支持心灵价值的公共意识。在分析性相遇中的放大可以被理解为一种容纳、预测和区分灵魂原型意图的方式。它以一种关系的方式促进了对亲密关系的意义的发现。如果我们不再放大我们的梦，也不分享共同的人类价值观，如同情、团结、友谊和社区意识，那么在面对共同的人类命运时，我们将失去很多意义。通过谨慎地加以放大，分析师可以将叙事和仪式的新视角带到白天的意识中，而这些叙事和仪式曾使一个社会得以将世界维系在一起，并赋予它意义。分析师含蓄地或明确地放大类似的故事，可以帮助来访者与重生、地狱、天使或精神容器的形象重新联结，并邀请每个人在他们实际生活情景下重新发现心灵的进化倾向。

作者简介

约翰·希尔，硕士，苏黎世国际分析心理学学院的培训师和督导师。他在都柏林大学和美国天主教大学获得哲学学位。他撰写了一系列关于联想实验、凯尔特神话、詹姆斯·乔伊斯、家、梦想和基督教神秘主义等主题的文章。

第 11 章

Jungian Psychoanalysis
Working in the Spirit of Carl Jung

积极想象的旅程：
后现代迷宫中难以捉摸的精髓

雪莉·萨尔曼

　　"积极想象"是对创造性想象的有意运用，旨在实现最精髓的真理和可能性。作为一种方法，它构建并增强了原型的自然、自发的表达，以及建设和解构心理过程的生命流。"睁大眼睛做梦"，积极想象既是心理自然的神话表达倾向所提供的过程，也是一种必须培养的正式方法，更是一种心理对自身和世界的态度。在我们面对后现代迷宫里"中心无物"的同时，想象力的积极运用可以创造出一个虚拟的视角，为心理过程提供一个视角，将心理转向与永远存在的他者进行根本的互动。

　　在许多方面，积极想象类似于操作各种炼金术程序，在一个后现代的容器中，它包含了主题、意象、想象的行为，甚至是一个无形目标的暗示，这是一种有待发现和创造的存在状态和现实。这个目标就是炼金术士所说的"精髓""天香"和贤者之石。富有成效的积极想象之石当然不是文学之石，也不是无意识之石，更不是想象的意象本身。更确切地说，作为精髓，它是一个过程，与个人个体化和更大的文化巨作有关——歌德在《浮士德》中以最简洁、最诗意的方式描述了西方的神秘工程："形成、转化、永恒心灵的永恒再创造。"（*Faust*，Act I，69）对于后现代精神来说，想象过程的精髓不是揭示智慧的客观性，不是高高在上的个体创造者的主观性，也不是意象本身的主权，而是自体与他者之间重新想象的关系，在这种关系中，意义在相互依存中涌现——作为一系列无休止的反思性反应。

这种难以捉摸的精髓的故事反映了荣格的思想及其在后现代心理学中的未来。当艺术的主体性随着意象完全进入想象的容器时，而容器本身被认为不存在于任何地方和空间，它是虚拟的。当旧神消失之时，围绕（如果不是包含）我们的东西、信息、企业全球化、虚拟和网络空间则完全是另一种现实秩序。甚至当想象本身也被集体中发生的毁灭所解构时，可能现在在容器中我们工作的就是想象本身，以及意象的去中心化。

本章主要不是对想象的危机、消失或死亡的后现代的哀叹。相反，它试图推进后现代想象的运动和可能的未来。不言而喻，想象力已经被殖民化了：原教旨主义者对神话般的感性的劫持，图像产业对图像的字面化扭曲，以及虚拟空间中信息的无休止流动，这些都是想象力崩溃和当前存在的心理运动的副产品。在集体文化中的想象力似乎消失或被隐藏的同时（它在诡计和胁迫的边缘，在空洞之处和网络空间中生存），我们发现它对当今心理和社会发生的事情，进行了清晰和充满反思的真正颠覆性的倾听；进一步地，几乎不可想象地，从固着和主观性中解脱出来。

起源

荣格派在理论和实践中历来重视想象。对心理过程和想象的建构性、综合性，甚至预言性倾向的关注贯穿了整部文学作品。如果说创造性的想象是"道"，是运动中的曼陀罗，是心理过程的重要调节者和创造者，也不为过。荣格运用想象的特殊方法的起源是他早期与自己心理危机的面质，并在新出版的《红书》（2009）中进行了记录和说明，在《回忆、梦、思考》中也进行了阐述。他投入了扑面而来的意象洪流，并在其中于 1916 年写下了一篇开创性的论文《超越功能》（The Transcendent Function），这是他关于积极想象的第一篇书面陈述，不过直到大约 40 年后才发表。它提出了一种心理过程的合成观点，并提出了一种方法，用这种方法来与他所经历的强烈的情感、恐惧和意象达成一致。荣格的结论是，如果任其自生自灭，无意识的材料会通过令人不安和怪异的症状，或强烈的情感以及意象的泛滥，以一种潜在的适应性和补偿性的方式影响我们，平衡以及转移心理能量。关键是我们要尽可能意识到这个过程，与它互动，并修改和深化它。该方法旨在以一种更好、更持久、更灵活的方式来迎接和处理生活中不可避免的困难，以及整合成长中的突发事件。荣格认为，生活中最重要的问题在本质上是无法解决的。然而，它们是可以被超越的，也就是说，被一个更简明的意识范围所取代。积极想象是为了通过刺激"超越功能"来促进这种成长，这是一种心理能力，它将有意识和无意识的因素结合在一起，从而形成了一种新的关系。

积极想象的原始方法的四个阶段

在第一阶段，在意识减弱的神入状态下，专注于一种情绪或意象（Cwik，1997）。这就使心灵转变、进入神话般的过程，转变成意象、故事、象征和情感领域的语言。想象中的人物、故事和感觉将会涌现。让这些形式以自发的方式去表达，比如言语的方式，或者通过写作、绘画、舞蹈，再或是任何让情感和意象丰富起来的方式，就让它们诉说。贴近特定意象的完整性，而不要游离到情感或智力的自由联想中。在这个阶段，不干涉是关键：顺其自然。荣格谈到第一阶段时说：

以无意识的一种最简便的形式，比如自发的幻想、梦、非理性的情绪、情感或诸如此类的东西，加以运用。对它给予特别的注意，集中注意力，客观地观察它的变化。不遗余力地投入到这个任务中，用心仔细地跟随自发幻想的后续转化。最重要的是，不要让外界的任何东西侵入它，因为幻想的意象有"它需要的一切"。通过这种方式，一个人肯定不会被意识的反复无常所干扰，并且让无意识放手去干。（Jung 1955–56/1970，para. 749）

在第二阶段中，以一种直接的方式处理涌现的东西，或者通过试图在意义的维度上理解它，或者通过有意识的艺术感受力来阐述它，或是两者都有。

在第三阶段中，反反复复的对话在无方向和有方向的心理过程之间创造了一个领域，在这个领域中，更简明的象征、感觉或位置得以发展。

在第四阶段，这个过程以"达成协议"结束。当生命中实现了这个过程的成果时，就得出了结论，做出了牺牲。这被认为是一个道德过程，一个良知的问题，而不仅仅是意识的问题。这非常困难，因为正如荣格所描述的：

> 这就好像两个拥有平等权利的人之间正在进行对话，每个人都认为对方的论点是有道理的，并认为值得通过彻底的比较和讨论来改变相互冲突的观点，或者将它们彼此明确区分开来。由于达成协议的道路很少是畅通的，在大多数情况下，将不得不承受长期的冲突，要求双方都做出牺牲。（Jung 1916/1969, para. 186）

在他研究这种方法的同时，以及后来的许多年里（1912—1930），荣格全身心地投入到他在"与无意识的对抗"中遇到的狂野的想象人物和戏剧性的遭遇中，并将这些写入了《红书》。荣格将《红书》中的文字和绘画展示给几个信任的朋友和同事，但在他发现炼金术后，他停止了对它的研究。在他死后，它被收藏在瑞士银行的保险库里，最终于 2009 年出版。作为荣格作品中缺失的一部分——他自己积极想象的不朽之作——《红书》准确地说明了荣格对积极使用想象力的定义，以及他有多重视想象的完整性和未知却可知的生活。正如荣格在他生命的最后所说，"我的整个生命都在阐述从无意识中迸发出来的东西，它像神秘的溪流一样淹没了我……后来的一切都只是外在的分类……"（2009，vii）。

在更详细地探索这种方法以及它与后现代精神的相关性之前，我们有必要回到更久远的过去。追溯到现代化前的古代和神话时代，我们可以看到，心理过程中深层变化的力量，是通过精神、神和神谕的神秘作用而体验到的。这些作品以"客观"的形式呈现了非我的意象，尽管它们之间的差异很大。当神变得有意识——或者最好说"变成无意识"时，人类的推测投射就变成了心理投射。荣格会以特定的意象来区分和扩大这种"无意识的智慧"，例如，作为灌木灵魂（bush-soul）的直觉知识。在积极想象的方法中，它变得高度动态和实际地分化，在这种方法中，此刻另一个"它"完全从内部出现，这反映了集体心理对这一主题的日益浓厚的兴趣。

有趣的是，在荣格学派的圈子里，围绕着积极想象仍然有一种神圣和禁忌的气氛，一种既抬高又边缘化它的宗教状态。这种方法的地位在一定程度上与古老的神话仪式的意象过程有关，比如埃及的"清洁和张口"仪式。为了使死者的灵魂起死回生，在清洗和净化了各种各样的神祇、国王的木乃伊雕像，甚至是人们喜爱的动物雕像之后，人们会在仪式上用刀把他们的嘴打开。这使他们能够看到、听到、呼吸和吃东西——简而言之，享受为他们提供的食物和饮料，从而维持他们的生命能量（精神）。一旦这种修复完成，这些形象可以回报和帮助活着的人（Rundle-Clark 1959）。

第一代荣格派所实践的积极想象的原始方法，就是在这种与神魔对话的模式中，在与我们每个人的"神体"对话的模式中构想出来的（Dallett 1982，175）。虽然这种对话模式以一种特殊的方式实现了心理过程自主性的客观化，使我们能够欣赏到一种超越自我意识的现实秩序，但当代的荣格派分析师不再象征性地张开神或王的嘴，也不再浪漫化或具体化这些意象供养我们的力量。此外，我们还认识到这样一种狂妄的观念，即自我可以以某种方式同化，也就是"吃掉"神像所代表的原型动力，以促进自身的"成长"。我们的分析师前辈也以自己的方式来理解这一点，他们用自发写作、催眠、通灵、自由联想和字词联想等方法进行实验，试图超越自我认同的边缘。荣格和他培养的一代人完全致力于放大和积极想象的技术。他们认为，这些技巧通过神话的历史跨文化记录和神秘传统的方法，尤其是炼金术，得到了证实。他们追随在梦和幻觉中发现的想象的神话轨迹，努力超越自我的边缘，他们坚信所有的文化，包括个人精神的文化，都源于想象的入侵。这些入侵——想象过程的"改变状态"，是创始人们在开始定义分析技艺时通过的入口。早期分析师们特别着迷的是想象的神话般的运作——以及它们的建设性和治愈功能。从那以后，荣格学派就用意象和想象的两种经典方法——放大和积极想象——来正式化他们的工作，这两种方法都被用于分析。

放大作为一种诠释方法，以神话中的意象为基础，这不同于科学解释或历史参考（见前一章的放大）。它召唤过去，即所谓的"已知"，以集体和文化中的神话、民间传说、传统象征和习俗的形式象征性地表达出来。它将意象的领域从模糊的个人层面放大到文化和原型中。作为一种经验，放大可以是圣秘的，因为它揭示了一个人的意象与宇宙的共振之间的奇妙联系。积极想象，有时被称为自然或无意识的放大，是一种个人对涌现的心理材料的唤起，也是个人与涌现的心理材料的关系，表现为神话般的语言和想象。作为一种方法，它呼唤当下的"未知"。它不像祈祷、艺术或冥想，而所有这些都需要心理过程的其他方面。利用放大和积极想象，意象和无意识的材料就可以与过去、现在和未来可能的发展联系起来。这两种方法都假设意象揭示了重要的信息和体验，这些信息和体验通过相互的共鸣场（过去被称为"共情魔法"）赋予意象本身、想象者和"其他"事物以力量（见图11-1）。在这两种方法中，意象都是循环的，来来回回，并且在个人的和原型的精神领域和生活领域之间的循环中被体验和分析。

与意象工作

放大	系统化的集体想象
	从现存的神话（已知的）中提取必要的
	和相关的神话
	不是常规或科学的解释
	将过去的集体象征与现在联系起来
	诠释的
	保守的
积极想象	自然或无意识的个体放大
	从神话般的想象（未知的）意象中汲取灵感
	展现它自身的意义
	可以解构集体神话
	不是传统的祈祷、冥想或艺术
	将现在与未来联系起来
	凭经验的
	颠覆性的

图 11-1 与意象工作：放大与积极想象

毒药还是灵丹妙药

荣格最初关于"处理"这样的无意识材料的担忧如下：

最重要的是通过拟人化将自己与这些无意识内容区分开来，同时将它们与意识联系起来。这是剥夺他们力量的技术。将它们拟人化并不太困难，因为他们总是拥有一定程度的自主权，一个独立的身份。它们的自主性是一件最让人不舒服的事情，然而事实是无意识以这种方式呈现了自己，这给予了我们处理它的最好方法。（Jung 1961/1989，187）

而且他仍然相信，在无意识过程的原始本体中，存在一个恶魔，它可以驱使人们，以及整个文化发疯。

积极想象是"毒药还是灵丹妙药"，一直是临床医生不断思考的问题。尽管希尔曼非常赞同这一观点，但他指出，精神病理学是对中世纪鬼神学所代表的相同现象的功能和动态描述（Hillman 1983），从这个意义上说，练习积极想象打开了通往魔鬼和地狱所有居民的大门！对于一个已经被情感和奇怪的意象、想法淹没的人来说，这个方法是毒药吗？应该留给自我界限比较强的人吗？临床经验通常证明不是这样的，尤其是我们从一个更流动、更多元的角度来理解心理过程，而不是从自我与无意识两极性的角度来理解心理过程。正如我在之前的一篇论文中所写的，许多临床医生发现：

积极想象的神话般的结构和它在非理性过程中的起源可以创造一种共情性的共鸣，这种共鸣会深入到早期的困扰和过程中。在那些炼金术戏剧正在上演的心理过程的变化状态中，这变得特别相关——解决（solutio）、黑化（mortificatio）、分离（separatio）——在这里我们最充分地参与了旧道路的破坏，与新可能性的创造。与积极想象在过程的早期阶段没有治疗效果，并且可能是侵入性的这一观点相反，这一过程可能会提供共情性联结，而这是不可能通过主体间分析、自我强化或移情的传统分析来实现的，因为这些需要认知和情感能力，而这些能力是在早期体验阶段之后才产生的。（Salman 2006，186）

如果移情被理解为超越功能的一个方面，甚至是一种替代，那么在人格障碍的心理过程的这些层面上，以及在更成熟过程的某些点和区域上，移情的分析工作也可以是一种积极想象。这种理解也导致了对分析中立性的理解的改变，这种理解是基于意象以及通过移情的展开，而不是在超然或镜映的状态中。通过积极想象或放大进入了意象的自主性，其产生了最深层的客观性。透过想象的镜头，可以实现真正的中立功能，因为它是基于原型动力学的矩阵。

即便如此，对于这种方法还是有一些注意事项，类似于在炼金术容器中"煮""浸泡"或"干燥"材料的注意事项。与所有的方法和技术一样，我们需要尊重时机以及健康的阻抗。

毒药

1. **在想象和幻想的唤起中：**
   （1）防御产生的伪象征，这些伪象征只是集体意象的复制品，是一种愚人的黄金；
   （2）材料的喷发、占有和认同。

2. **在随后对意象和幻想的理解和阐述中：**
   （1）防御性退化为自由联想；
   （2）防御性或解离的审美兴趣；
   （3）倾向于根据主观或集体的标准高估或低估材料和相关判断问题；
   （4）向原型还原论靠拢，这是一种过早地将心理过程具体化为某个神话和类别，而不是将过程看完，而过程往往是一种意外的惊喜。

3. **关于整个方法的使用：**
   （1）操纵他人和事件的黑魔法实践；
   （2）在自我心理学的实践中，无意识的内容似乎被自我同化或"吃掉"，以服务于自我的成长，而不是自我的关系化；
   （3）偶像崇拜的两极：一端是把偶像崇拜作为来自自性的神奇信息，另一端是通过寓言化、概念化和心理化对偶像进行破坏；
   （4）人类行为伦理和意象伦理的融合。

炼金术士们一次又一次地被愚弄，他们以为自己的目标（即获得黄金）已经达到了，而表面上的灵丹妙药实际上是毒药。当我们认同并具体化理论或实践的任何方面时，同样的道理也适用于精神分析。话虽如此，心理过程中也有一些金块，即"非世俗"元素，作为"灵丹妙药"沉淀出来，尽管并非所有的元素都是无可争议的。

灵丹妙药

第一，心灵不是由"我"的碎片"充满"的，而是充斥了"他者"，他们主张情感与关系的参与。这种观点强调"心灵的现实"是不可分的。荣格在他的《红书》中遇到的积极想象的人物之一是"菲勒蒙"（Philemon），一个跛脚的"异教徒"，他指出：

> 菲勒蒙和我幻想中的其他人物让我明白了一个至关重要的观点，那就是我的心灵中有些东西不是我制造的，而是它们自己制造的，它们有自己的生活。菲勒蒙代表了一种非我的力量。在我的幻想中，我和他交谈，他说了一些我没有意识到的事情。因为我清楚地观察到，说话的是他，而不是我。他说我对待思想就好像是我自己产生的一样，但在他看来，思想就像森林中的动物，或者房间里的人，或者空中的鸟，他补充说，"如果你看到房间里的人，你不会认为是你创造了那些人，或者你对他们负责。"是他教会了我心灵的客观性，这是心灵的事实。（Jung 1961/1989，183）

第二，当被带入意识和投入其中时，心灵能量从无意识认同中释放出来。同样，当能量被无意识的内容充实时，就会从有意识的固着中释放出来。意象和情感形式中都存在一种心理情结或原型因素。意象赋予情感以形式，情感赋予形象以生命。从情绪中释放意象，反之亦然，其有助于打破认同，这就是为什么积极想象也是一种治疗工具。

第三，在积极想象和被动幻想之间，在炼金术士所谓的"真实想象"（CW12，para.218）和"幻觉想象"，在我们在心理过程中经历的原型因素的展开（真实）与情结的强迫性重复（幻觉）之间，存在差异。

第四，积极想象是一种"认识你自己"的方式，但不是个人意义上的"认识我自己"。它主要不是为了治愈症状、发泄情绪、解决问题或"发展自己"。它也不是关于超个人意义上的仪式性魔法的实践——不是关于邀请共时性、诱导幻觉、增强预言能力或"召唤或释放"神。其目的是通过日益去中心化来治愈心灵，正如希尔曼指出的那样，去中心化是"永无止境的、启示性的、非线性的和不连续的……我们可以虚构启示时刻之间的联系，但是这些联系是隐藏的，就像火花之间的空间，或发光鱼眼周围的黑暗海洋，这是荣格用来解释意象的图像"（Hillman 1983，80）。

从心理过程的角度来看，不同之处在于，"解决方案"或"溶剂"，空间和黑暗的海洋，本质总是非理性的，是一个充满能量的过程。这种观点不同于在积极想象中良心和伦理是"最后底线"的提法。

第五，随着后现代主义的出现，"认识你自己"进一步向世界敞开，在后现代主义中，想象、意象和进行想象的想象者都进入了容器，容器也进入了自身。这一发展将积极想象的"共同创造"的炼金术敏感性转变为一种同步互动。"看到的""理解的"和用它"做的"之间的区别被彻底地关系化了，以前设想的该方法的线性过程现在被想象为同时发生。

想象过程的三种模式

各种各样的毒药和灵丹妙药可以分为三种模式，它们代表了应用于分析工作中的动态系统的不同扭曲和差异："极性""多元性"和"同时性"（见图 11–2 ）。

想象过程的动态模型

极性　　"自我"和"无意识"存在区别
　　　　　意识和无意识在对话、补偿关系中的功能
　　　　　这些对立面呼唤整合、联合或超越成为一个"第三"
　　　　　良知是最后底线

建立在一个统一和自我 – 自性轴的意象上

多元性　意识有多个独立的中心
　　　　　自我意识是关系化的
　　　　　意象有自己的使命
　　　　　意象——"媒介"——有它自己的"信息"和意义
　　　　　最终的解决方法是非理性的

建立在多重和解离的意象上

同时性　主体 / 客体、空间 / 时间、叙事和线性区分的崩溃
　　　　　所有意象和叙述的意义都是同步和全息的
　　　　　想象的过程揭示了比想象更重要的真理——媒介不是信息

建立在无形的精髓——全息意象之上

图 11–2　想象过程的动态模型

颠覆与真相时刻

传统上，积极想象被框在"意识－无意识"和"自我－他人"的两极中，成对的这些两极之后，极其需要整合或超越成为一个"第三"。基于多重性、解离性、涌现性、共同创造性和互动性的意象对心理过程的新理解，一些最初的方式受到质疑。我们需要问那些还有什么用，还有什么需要补充。

颠覆意味着"从下而上"，而想象力的积极运用颠覆了既定的习俗、权威和神话，因为它来自"下面"，来自心灵对非理性的神话过程和意象的古老倾向。荣格评论了想象力的颠覆性及其对集体神话的解构：

> 具有讽刺意味的是，作为一名精神科医生，我几乎在实验的每一步都碰到了同样的精神材料，那是精神病性的东西，可以在精神病患者身上找到。这是无意识意象的基础，这些意象对精神病患者有致命的迷惑性。它也是神话般想象力的母体，而这已经从我们的理性时代消失了。虽然这种想象无处不在，但它既是禁忌又令人恐惧。因此，把自己托付给通向无意识深处的不确定的道路，似乎是一种冒险的尝试，或一种值得怀疑的冒险。它被认为是错误、模糊和误解的途径。我想起了歌德的一句话："现在让我勇敢地敞开大门 / 过去人们的脚步曾畏缩不前"（《浮士德》第一部分）……不受欢迎，模糊，危险，这是一次探索世界另一极的航行。(Jung 1961/1989，189)

在积极想象中总是有危险和"惊讶"的因素，因为心灵神话般的重构模式不仅仅是为了重建古老的故事和过时的现实，而是为了将它们分开，碾碎它们，并创造新的叙事和原型动力学的新变化，为未来的可能性指明方向。这些变化总是在进行中，常常与流行的集体神话相矛盾，而这反过来又恰好把这种方法塑造成一个颠覆性的角色。通过个人心灵对个体和集体神话的不断解构，积极想象对社会规范提出了批评。它也允许我们，以颠覆性的方式，识别和共情那些被遗忘的、"被抛弃的"、被删除的、被损毁的，或者刚刚涌现的。神话和仪式通常是保守的地方，积极想象可以是进步的和民主的，允许被剥夺权利的心灵元素说话。更重要的是，颠覆性元素不是随机的，简单的无政府或混乱的，而是旨在心理上的"真实"，这是在精神分析和后现代圈子中都不受欢迎的一个概念。在后现代关系化和技巧的混乱中，在心灵意象和集体再现的多样性中，与想象过程相关的意义和"准确性"的议题现在能存在于哪里？

跟随炼金术士，我们可以来看"真正的想象力"。这被理解为创造和唤起具有自己生命的意象，并且它们会根据自己的逻辑进行发展，这是"思想或构思能力的真实壮举"（Jung 1936/1976，paras. 396–97），它会抓住内在事实并以真实的意象描绘它们。这与"神奇的"想象（幻想）形成对比，幻想是一种"纯粹的自负"的虚幻想法，它"只是玩弄它的对象"，在事物的表面上制造毫无根据的幻想，主要与"意识的期待"有关（Jung 1936/1976，paras. 396–97）。炼金术士警告说（Jung 1944/1968，para. 218），他们的工作必须用"真实"的想象来完成，也就是用积极的、有目的的创作，而不是神奇的想象。这在分析中找到了一个类比，我们试图将那些干扰整合和重建的情结所产生的防御性幻想，与心灵真实的想象轨迹，与实际的、想象的一致性综合体，以及与可能出现的奥秘进行区分（Salman 2006）。

在后现代主义的影响下，所看到的（形象和幻视）、所理解的（对意义的阐述和放大）和所做的一切（伦理议题）之间的分裂和积极想象的空间正在缩小。如果所经历的是"真实的"，那么一个人在被"看见"的同时，就变成了（事实上已经是被赋予了）那个真相。当主体、客体、空间、时间和意图都被压缩成一个单一的意义时刻——一个古希腊人称之为凯罗斯（kairos）的时间节点，一个约定的和适宜的时刻到来时，一位日本学者问道："谁开枪，靶子是什么？"从这个角度来看，只有一个"事件"，一个凯罗斯，一个"真相时刻"，这是在积极想象中揭示的。观察到的特定想象和时间序列是叙事和想象媒介的副产品，与"信息"并不一致。我们可以明确"信息"的真实性，也可以保持它的不可见性，这是它不可或缺的特征：积极想象传递了关于心灵与自身正在形成的关系的基本信息，吉杰里奇（Giegerich）称之为"灵魂的逻辑生活"，其范围是不可见的领域，是"非"的领土（2001）。就像"石头不是石头""金子不是金子"一样，意象，甚至想象都必须被看穿并理解为"非世俗"（non vulgi）。

积极想象的成果，并不是作为一个人的主观真理或"某个"客观真理的"真实"。当它们完全正确地"击中目标"，当它们深入"问题的核心"时，它们就是真实的。积极想象的原型象征，以及它们与主体和客体的共同联系，在激进的主观特异性中，在所有体验和表达的具体化的、客观的途径中，在面对他人时，在它们自己的真相中同时展开。就连炼金术士也总是声称"整个工作的最高奥秘是将物质溶解到汞中，形成水银一样的物质"（Fabricius 1976）。意象本身也必须被"溶解"到一个更大的溶剂中，在那里心理生活的真相在它的意象背后被揭露，这些意象是世界中不断"流动"的心灵。即使是从象征和意象中，识别的过程也或多或少地变得完整，同时对现实和其他事物的理解也成倍地增强。参与这一过程可能会发挥后现代主义内在的潜力。

对魔鬼的同情和对他人的共情——圆桌会议上的想象

如果心灵的想象力确实构建了主观性和客观性，那么激进的想法是，如果没有想象能力，就与现实没有联系。荣格总是对科学发展感兴趣，他一定会很高兴地得知，脑部 PET 和核磁共振成像的研究表明，当人们想象自己正走在大街上，或按下一个实验按钮时，与他们"真的"走在大街上或按下按钮时相同的大脑区域变得活跃起来。而且，想象做出这些动作，会增加后续对这些实际身体动作的熟练度。想象中的"练习"几乎和实际训练一样有效（Frith，2007）。

我们非常清楚传染和有害的投射可以从一个人的想象深入到另一个人当中，甚至到世界当中。我们往往不太关注这种影响中更友好的一面，即由想象和共同情感形成的有益的和共情的联系。无意识过程的流动性打开了心灵对其他自我和其他现实的主观性和客观性。积极想象追踪什么是"可能的"，增加对已经存在和后来出现的可能性的适应，并采取行动改变这些现实。它的象征是参与体验的一部分，镜映和反映在情感、生物、社会、政治和精神生活的各个领域，它们也参与其中。积极想象，通过深入自身，也让我们接触到超越自己之物。它是通向客观意识的主观途径。想象打开了阴影，将认同从边缘移到心灵和世界的现实中，进入到生活经验的黑暗中心，来到内在认知和永恒他者的冲击中。

对我们自己的魔鬼的同情与对他人的共情是相辅相成的。甚至这种方法的具体特征也支持民主和外交的理想：相互性、多元化、对话、互动、谈判、互惠，以及认识到在背后总是有一种"群体心理"在起作用。没有什么比这更符合社区和集体生活的需要了。与"他者"的对话也仅仅是与他人建立共情联系。荣格评论道：

今天，我们清楚地看到，尽管这种能力是任何人类社会不可或缺的基本条件，但人们是多么不懂得让别人的论点发挥作用。每个想与自己和解的人都必须考虑这个基本问题。因为，在某种程度上，他不承认他人的有效性，他就是否认自己内心的"他者"存在的权利；反之亦然。内在对话的能力是外在客观性的试金石。（Jung 1916/1969，para. 187）

通过我们对心理生活中的解离和依恋的理解，积极想象的原始补偿模式早已发生了转变。换句话说，并不是"无意识"不知何故"太无意识了"，或者意识"太片面了"，而是各种心理内容之间缺乏力比多的依恋才造成了困扰。在特质性和原型性的心理因素中涌现出的力比多的依恋领域，将是超越功能的最新意象。这种力比多领域延伸到人际领域，甚至延伸到政治体，在其中，无意识动力的共享意象创建了一个强烈的关系领域，它可以退化为精神病性的感染（暴走），或者促进共情和成熟的联结。

如果积极想象是一种媒介，通过它心灵的各个部分可以相互联系，那么移情和情欲在锚定这些关系中起着决定性的作用。我们知道精神变态和反社会的定义是缺乏同理心和缺乏想象力，而且很明显，心理各部分之间的关系的存在或缺失是性格、"命运"、健康和心理创造力的决定因素。这同样适用于国内和国际的民族和文化。从主观性中分离出来的想象可以充分地向他者的需要开放。

炼金术过程中的最后一道工序叫作"倍增"，这是一种为了改变容器、长生不老药和炼金术士的本质的工序。在倍增中，中世纪的思维被描绘成木星广阔领域下的恒星爆炸，"以 10 的次方向无限前进"，长生不老药从具有"着色"能力的容器中"溢出"，成为一个政治体，随着人类灵魂的活动而活跃在世界上。心灵和世界的表达变得同时且不可分割，这是荣格用"联结的奥秘"一词来表达的。这样，作为长生不老药的精巧想象就不再仅仅是主体与客体之间的"桥梁"。它同时容纳、建构和呼吸。想象，就像一个"灵魂"，或者如亨利·科尔宾（Henry Corbin）所说的"想象的世界"（mundus imaginalis）（1969）缠绕着心灵和世界。

在我们这个时代，随着意象泛滥和集体生活过剩，创造性想象的概念似乎受到了威胁。这产生了绝望和无能为力的感觉，产生了后现代"荒原"的意象。正如理查德·卡尼（Richard Kearny）在《想象的觉醒》（*The Wake of Imagination*）中记录的那样：

当想象力被灌输到符号游戏的内部时，它就不再是意义的创造中心了。取而代之的是，它变成了一个漂浮的能指，没有参照物或理由——或者借用德里达的谚语，一张批量生产的明信片，"寄给它可能关心的人"，在一个没有"命运"或"目的地"的通讯网络中漫无目的地游荡。（Kearny，1988/1994，13）

在历史的这个时刻，重要的是要双向看待——因为一个漫无目的的"玩家"也在游戏——而游戏是一种可以操纵或交流的活动，可以使人困惑或自由。似乎主体、"媒介""信息"、分析师、艺术，甚至后现代文化的所有技巧都进入了想象的容器，而由于日益增长的"虚拟性"，这容器也消失在自身之中。这促使我们再次提出关于后现代主义和积极想象的"帕西法尔疑问"：它有什么用？这与我们对后现代生活中"意义"的理解密切相关。

对想象和意义的"神圣启发"的敏感性，及时产生了创造性主体的支配地位，转而又让位给了一个偏离中心的"玩家"的形象，这位"玩家"存在于一个没有深度且对能指进行复制的宇宙中。但是，在古老的神话仪式上，"意义"是不可能回来的。那些神和他们的意象来过了，而现在他们走了。对各种"原教旨主义"、荣格学派或其他形式的"本质"的眷恋或伤感的执著，是对这个丧失的一种防御。我们不会被"无意识"的神谕的"意象"所束缚，不会被西西弗斯式的使"无意识意识化"的错觉所束缚，也不会被想象及其创造者的崇高的主观性所束缚。甚至作为意象本身也正在失去它的后现代光彩，因为我们最终被邀请去了解的心灵是从它的意象中抽象而来的。正如在扔垃圾甚至回收垃圾的地方没有了"出口"，不再有与"被选中之人"交流的神圣内室，不再有与"你"分离的"我"，在我们的后现代时代，想象的积极使用提供了从这些意象中释放心理生活的可能性，因为"认识你自己"向彻底的互动敞开了大门。

作者简介

雪莉·萨尔曼，神经心理学博士，荣格派分析师，在纽约和莱茵贝克私人执业。她是荣格派精神分析协会（The Jungian Psychoanalytic Association）的创始成员和第一任主席。

第 12 章

论在分析中制造和使用意象

玛丽·多尔蒂

Jungian
Psychoanalysis
Working in the
Spirit of
Carl Jung

长期以来，探讨意象与情感之间的关系一直是荣格派分析学的核心特征。荣格在他的自传中写道："在某种程度上，我设法将情感转化为意象，也就是说，找到隐藏在情感中的意象，我内心平静并安宁。如果我把这些意象隐藏在情感中，我可能会被它们撕成碎片"（Jung 1961，177）。在这一章中，我将尝试向分析中的患者传达我的初始制造意象的经验，让他们找到隐藏在自己情绪中的意象。然后我将讨论当这些意象一旦形成，将如何服务于分析过程。

作为在分析中使用意象制造是我作为一个艺术家和一个艺术治疗师的实践所启发和涌现的。作为一个职业艺术家，我有一个强烈的信念，那就是当我塑造我的作品时，我的作品也在塑造我。在分析中，我意识到用梦境材料制作表演以及视频片段的过程，在我的生活中起着转化心理事件的作用。这种意识反过来又影响了我制作和教学艺术的方法。这也坚定了我成为一名艺术治疗师的决心，并最终激励我成为荣格派分析师。然而，在分析训练中，我发现艺术治疗实践的正常空间、时间和物质要求，与分析框架内公认的实践是不一致的。更复杂的是，荣格并没有提供如何将意象工作融入分析的模型，因为他假设意象制造和积极想象会发生在分析环节之外。在作为分析师的发展过程中，我最终找到了将意象制造与分析相结合的方法，这种方法可以在综合分析模型和还原分析模型之间来回切换（Cwik 1995，165，引自 Fordham 1967，51–65）。换句话说，如果意象技术的实践也基于对分析领域内移情动力学的认识，那么意象技术可以被纳入分析实践的一部分。此外，积极想象在分析中的结合可以作为超越功能的基础，以及作为与无意识内容相关的象征态度的发展基础（Cwik 1991，106）。

在将意象制造融入语言分析的过程中，我对之前的艺术治疗实践进行了一些修改，使其更容易融入分析框架。例如，我在与患者开始意象制造时，不会使用"艺术"这个词。我将这个过程描述为"在纸上做记号"，而不是"画画"，因为对许多人来说，制作视觉材料之前可能会有怀疑和焦虑，对非艺术家来说尤其如此（Edwards 1987，100）。把这个过程想象成做标记而不是艺术创作，可以减少怀疑和焦虑。类似地，作品的价值不在于它的艺术品质，而在于它在分析环境中产生意义的象征能力。在这个设置中，视觉材料让效率更高，便于使用。这种方式不同于许多艺术治疗师的工作，他们认为艺术创作过程是治疗过程的核心组成部分，而语言干预主要用于支持意象的心理整合。遵循这一观点，患者在一个作为艺术工作室的空间中使用艺术材料，并创作兼具美学和治疗目的的作品（Case and Dalley，2006）。虽然我重视艺术治疗师的工作，他们把自己的实践集中在艺术治疗上，将其作为中心模式，但我相信包括意象制造的语言分析也有某些独特的优势。

意象方法的临床实践

分析师建议在分析中使用视觉材料，以回应在患者和分析师之间涌现的感觉。这种"东西"可能会让人感到不安、悲伤、困惑，或是一种"陷入困境"。在与似乎迫切需要注意的事物保持同步的同时，分析师保护分析的双方不受任何压力，使他们能够参与意象过程（Ogden 1997，161）。为了在分析会话中留出空间参与意象过程，分析师和患者进入了一个意象空间，在这个意象空间中，他们在分析领域中呈现涌现现象的能力得到了深化。在这个空间中，分析师提供了必要的抱持，让患者能够接触并体验涌现的内容和感觉。视觉材料被引入到专注于这些感觉状态的领域。当这种对内在情感的持续关注与外部媒介融合，并在纸的表面找到形式时，一幅意象得以具体化。涌现的意象是存在于意象游戏空间中的实相，它联结着外在与内在、已知与未知。这种意象空间将积极想象的过程融入分析的容器，构成了超越功能的基础。它也是一个转换现象可能涌现的过渡空间（Cwik 1991，106–7）。

如上所述，我简化了语言分析背景下使用的视觉材料，以便在咨询室中使用。我准备了一个笔记板，上面有同样大小的纸，还有一篮随手可得的蜡笔。我把蜡笔放在患者旁边的沙发上，把笔记板和纸放在他们的膝盖上。这个过程开始于分析师邀请患者进入内在——闭上眼睛，加深呼吸。我也一样。为了与患者保持一致，我用力沉思着冲突、悲伤、困惑或陷入困境，这些似乎都在逼着我去关注。我请他们想象他们身体里的这些感觉——去感受它们在身体里的位置，去感受在那个地方的这些感觉。以这种方式继续了几分钟——我们的眼睛闭上了——我说："想象一下这些感觉的颜色。"短暂的停顿之后："睁开你的眼睛，选择一两种与你身体的这些感觉相匹配的颜色。"选好颜色后，他们再次闭上眼睛，继续观察自己的呼吸，保持与这些感觉的联结。在某个时刻，我说："让这种感觉穿过你的身体，沿着你的手臂，穿过你的手，用蜡笔在纸上作画——让这些感觉在纸上留下印记。"

这种给内在感觉以形式的方式是一种积极想象（见以上关于积极想象的章节）。它会导致清醒意识的降低，这将积极想象与其他形式的想象活动区分开来，例如儿童的自由流动游戏和创造性地参与绘画和创造物体（Cwik 1995，142，引自 Fordham 1956）。与其他形式的积极想象不同，在这种想象过程中，人们的注意力集中在一个内在的意象上，且这个意象过程的焦点是进入和同频一个人自己的内在感觉状态。当它们沿着手臂移动，并与外部媒介融合，在纸上做出具体的标记时，重点是与这些感觉状态的意象保持联结。我所描述的是一种与情感的本能体验一致的模式，因为它与蜡笔的粉状物质相融合，在纸的表面移动，将情感释放到纸上。意象制造的过程发生在白日梦和有目的或有利行动之间（Milner 1993，22）。这一过程存在于经验的过渡领域，患者将媒介作为外部世界的一部分，这种媒介具有足够的可塑性和安全性，可以作为自己的一部分来对待（Milner 1993，33）。

这个意象制造过程可以在患者闭上眼睛的情况下继续进行——聚焦于正在浮现的内在感觉状态——或者患者可以睁开眼睛工作——对最初的标记做出反应和扩展。在这一阶段，分析师避免任何预期的倾向，而是保持开放的心态，并以她与患者的情感经验作为基础。在意象制造的过程中，分析双方需要容忍退行的领域，并且要知道精神能量会激活婴儿期的残留，以及原型的潜能，这些都会通过意象的共同通道寻求有意识的表达。很明显，当一个患者在分析师面前制造出一个意象时，这对双方来说都是一种充满意义的体验。

分析师和患者一起接受新孵化的意象，小心翼翼地进行观察，在它的存在中保持沉默。意象现在作为一种外在的存在出现在他们面前，存在于它的创造者之外，同时，暂时存在于创造者居住的空间中（Schaverien 1991，19）。积极想象的内在感觉状态现在被具体化在这个外部意象中；这个意象既是一种陈述，也是对以前无形的内心状态的描绘（Edwards 1987，103）。这个意象也是荣格所强调的必要的视觉证据，它可以促进意识与无意识之间的关系。这种视觉上的证据抵消了自我欺骗的倾向，并帮助防止通过积极想象出现的无意识内容溜回无意识中去（Cwik 1991，103，引自 Jung 1955）。

从积极想象的内在感觉状态，到与新画出的意象相遇，在这个过程中出现了一种转变。分析师对意象的第一反应不是诠释性的，也不是为了分析的目的去理解意象。相反，它是与意象和构成意象的各种成分待在一起：意象的形式和概念元素、此刻体现在意象中的情感状态，以及在分析双方内部和周围涌现的过渡现象。这个对意象做出反应的过程要求分析师容忍这种漫无目的的体验，这种状态不应该匆忙结束（Ogden 1997，160–61）。分析师的工作是创造一个安全的抱持环境，让患者发现意象中正在发生的事情。与此同时，即使意象制造者内部的阻抗可能希望逃避意象的某些方面，分析师对意象的特殊性的持续关注也会使意象产生意义。

朝向意象的语言象征化的过程现在可以开始了。荣格分析中没有严格的规则来约束对意象的诠释（Schaverien 1992，3）。在实行意象的语言象征化步骤时，分析师首先要收集构成意象的形式要素的感官经验。这是一个与媒介（蜡笔）物质存在同频的过程，因为它存在于纸上，并在你的身体中共鸣。这里我们需要考虑一些基本问题。线条在纸上有一个初始点，接着它赋予意象以形状，从初始点到形成这个形状的路径的运动中，它的动态品质是什么（Klee 1953，16–18）？这条线是快速移动的还是缓慢移动的，很用力还是轻微的，笔触是精确的还是曲折的？观察构成意象的线条的动态质量，可以知道它们所描绘的感觉状态的质量。另一个需要考虑的问题是创作者最初选择的颜色，以及与这些颜色和使用它们的制作形式之间的联想。最后，需要考虑形式的大小和强度，以及这些线条和颜色构成之间的空间关系。与这些形式要素的感官体验进行同频，为视觉化和联结意象中所描绘的构想内容奠定了基础，这通常与内在感觉状态的强度和能量性质有关，也与自我调节它们的能力有关。

当分析师和患者以这种方式一起观察意象时，患者通常会对意象中发生的事情产生一种直接的感觉。即使在这个早期阶段，新形成的意象几乎总是揭示出比意识的意图或想象更多的东西。与此同时，意象中可能有一些东西或另一种看待意象的方式，对分析师来说是显而易见的，但对患者来说仍然是模糊的。在这种情况下，分析师提供了必要的抱持，以便患者既能见证意象的图像力量，又能以自己的步调使用意象而不被淹没（Edwards 1987，103；Schaverien 1991，107）。

意象过程的一个临床案例

克拉拉在她的生活中找不到一个地方或一种情况可以让她体验到自己的能力或享受她的成就。作为一名 44 岁的职业古典音乐家，她已婚且是一位母亲，经常觉得自己是一个"失败者"，因为她不能把事情做得足够完美。这种追求完美的压力作为一种竞争结构永久地根植于她的内心，也扎根在她的三个兄弟姐妹身上，因为她父亲是一个苛求和贬低的存在。作为一个青少年，她为了变得优秀开始学习音乐，这在家里没有其他人能做到。然而，与此同时，成为某方面的佼佼者也让她感到脆弱和内疚。

经过一年半的分析，克拉拉给我讲了一个她童年时代的故事，她记得自己独自待在家里的图书室里哭泣，感觉自己像个失败者。然后，为了让自己感觉好一点，她振作起来，在她父亲看电视时为他表演了体操特技。在她告诉我这个过去的故事的过程中，我们有了强烈的感受。正是为了回应这种强烈的感受，我开始了意象制造的过程。

想象过程的最初阶段专注于容纳和呈现由这段记忆带来的感受，并创造一个空间，在这个空间里，克拉拉可以从一个有利的角度来反思这些感受，而不是它们的破坏性力量。她选择了黑色的蜡笔，没有闭上眼睛，把哭泣的形象画在了纸张的右上方。然后，她匆忙地画了几条线，把那形象圈了起来，几乎把他给抹掉了。在观察这些线条的强度时，我突然想到，她可能就是这样对待自己那个感觉像是失败者的部分的。然后，克拉拉把焦点转移到自己的表演部分，她选择了一种粉色的蜡笔，并把这个形象放在纸张的左上角。然后，她仍然沉默着，拿起黑色蜡笔，迅速地在另外两个角上画下了黑色的小人，好像她想尽快完成任务。她匆忙地做了这些记号，正好与克拉拉对待自己的态度一致——忽视对自己的关心。

克拉拉把这些形象与支配她个性的两种存在模式联系起来。左边的粉色形象是她表演出的自己，右边的黑色形象是失败者。她把这两个形象说成在欺负下面的人物。该意象提供了情结的两面性的视觉证据：对表演的不懈要求和对作为失败者的自我贬低的信念。上面形象的大小和位置与下面形象的关系描绘了双相情结对这些形象背后的自我形象的影响力。另一种看待这些形象之间关系的方式是，这个意象可能启动了一个区分上方和下方的过程，上方是惩罚性的双相情结，下方是痛苦的自我形象。

这个初始意象继续作为正在进行的分析的参考点。这让克拉拉能够识别出在其他情况下压倒一切的情感，要么是"粉色"，要么是"黑色"。最初的意象中的形象也被用作制造其他意象的象征性元素。在意象制造的过程中，克拉拉对意象游戏空间的参与，使她置身于一个过渡的、中介的过程中。在这个过程中，她与情结的压迫相分离，可以体验自己和他人。通过这种方式，意象制造的过程作为一种象征性活动提供了一座桥梁，以洞察她的内心世界为基础，创造一种与外部世界相连的新态度（Goodheart 1982，12）。

然而，创造新的现实和发现自己的代价是牺牲过去的舒适（Goodheart 1982，13）。从一开始，克拉拉就希望分析能成为一颗神奇的子弹，让她从失败者的角色中解脱出来，但又不必放弃"我自己最好的部分"——那个表演部分对完美和伟大的要求。由于克拉拉在分析中对这个意象和其他意象的使用，在这个看似微不足道的意象所显示的情结的两面之间，逐渐让自己对日常进行微调。这个意象继续在分析中发挥作用，作为实现超越功能的手段。在与它所描绘的对立面达成妥协的过程中，我们每一步都小心谨慎。

作者简介

玛丽·多尔蒂，艺术硕士，ATR，NCPsyA，荣格派分析师，芝加哥私人执业艺术心理治疗师。她是芝加哥荣格学院的培训主任，以及芝加哥荣格派分析师协会前主席。作为一名版画家和行为艺术家，她在美国和世界范围内举办展览，并被芝加哥妇女艺术核心小组授予"艺术终身成就奖"。

第 13 章

沙盘游戏

伊娃·帕蒂斯·佐佳

Jungian
Psychoanalysis
Working in the
Spirit of
Carl Jung

面对一个木沙箱（57cm × 72cm × 7cm）、沙子、水以及大量的植物、动物、人、建筑等微型物体和人物，患者会问："我该怎么处理这些东西？"他们在好奇、抑制和不知道游戏规则的恐惧之间左右为难。沙盘游戏的创始人多拉·卡尔夫（Dora Kalff）通常的回答是："看看所有的形象，也许你会发现其中一个吸引你。"因此，她为无意识以三维形式表达自己铺平了道路。在沙盘游戏中，患者冒险进入一种类似神人的氛围，在这种氛围中，物体是有生命的。一棵微型的树成了"树性"的精髓。还有一种可能是，沙盘游戏不会直接将注意力引导到微型模型上，而是通过沙子的帮助来鼓励一种内在体验的意识觉察。"如果你愿意，请闭上眼睛，触摸沙子；试着有意识地体验它的感觉。你能感觉到你的手渴望什么吗？"这是达到一种心理状态的尝试，在这种心理状态中，无意识的内容不以意象的形式表达自己，而是作为一种感官体验，作为一种全身状态。

基于这两种进入沙盘游戏的不同方式，两种理论方法变得显而易见。首先，重点在于将沙盘游戏视为一种非语言手段，用来表达源自个人或集体无意识的象征性和原型意象。第二种方法是试图进入心灵的一个前象征领域，这类似于我们在童年早期体验生活的方式，一种整体的、"身心的"方式。

多拉·卡尔夫只写了一部小作品，案例研究的选择虽有限，但令人印象深刻。然而在过去的几十年里，在美国、意大利、英国、德国和日本出现了大量的书籍，对沙盘游戏的理论和实践进行了广泛的描述。特别是在其应用范围方面，沙盘游戏经历了显著的扩展。在 20 世纪 80 年代，沙盘游戏治疗师告诫人们不要使用沙盘游戏来治疗精神病，如今它在美国、意大利、德国和日本的精神病医院中不仅用于治疗情绪障碍，还用于治疗神经性厌食症、成瘾行为和精神病等临床症状。2007 年，一项针对儿童和青少年进行的沙盘游戏研究表明，接受了一年沙盘游戏治疗的儿童和青少年的问题行为显著减少（Von Gontard 2007）。沙盘游戏可以很容易地与各种理论方法相结合。有时它看起来像是精神分析理论的三维物理体现。唐纳德·卡尔希德（Donald Kalsched）在他关于创伤和"原型的自我照顾系统"的研究中写到，古老的防御机制有时看起来像巨大的、原始的哨兵，它们盲目地对每一次新的情感体验做出反应，仿佛每次都是一个新的创伤。许多沙盘游戏治疗师会回忆起在沙盘游戏中遇到过这样一个可怕的人物——一个矛盾的巨大保镖，保护自我不受新敌人的伤害，但同时又把它囚禁起来——尽管可能没有理解它的全部理论意义。

新的理论见解，特别是来自神经科学，已经帮助沙盘游戏巩固了它的直觉实践与坚实的理论基础，从而使它在更安全的基础上更有效地工作。

下面我将描述沙盘游戏中与分析不同的三个元素：首先，沙盘游戏本身就有一种物质——沙；其次，设置的三角形性质；第三，沙盘游戏中可能出现的一种特殊的退行形式。

为什么选择沙子作为材料呢？它提供了广泛的可设计性，因为这无需任何特殊的手工技能，人们就可以轻松地建造或拆除。只要在干沙上简单地画几条线，就能留下痕迹，这些痕迹看起来永远都不会显得笨拙或不熟练。沙粒对最轻微的移动或重排做出反应的精确度，创造出一种专注的氛围。沙子就像一个非常灵敏的接收装置，可以无限精确地记录最轻微的影响。这就好像一百万粒沙子在专心倾听，然后做出完美的同步反应。渐渐地，患者的动作明显地适应了这种警觉的情绪。他们更有意识地行动，倾听自己的声音、语调，甚至以一种新的方式倾听自己的话。此外，沙子在同等程度上提供了适应性和阻力。它代表了物质最基本的形式，它被风和水在一个无限缓慢的过程中打磨，形成人眼几乎看不见的微小颗粒。这些微小的沙粒不断地重新排列自己，它们努力填补每一个空隙，就像它们是液体一样。沙是固体物质，但以流体的形式存在。这种独特的一致性使它完美地适用于视觉化心理过程。

沙子可以以一种简单的方式体现出一整排的极性。根据混合不同量的水分，沙子可以是明亮的、干燥的和轻盈的，也可以是黑暗的、潮湿的和沉重的。沙子可以看起来干净、纯净，象征秩序，也可以看起来泥泞、肮脏，代表混乱。这几个相反的特质足以让我们看到在沙子中表现出的抑郁、狂躁或强迫行为等心理状况。

沙子可以坚实，适合建筑；或者，它也非常难以管理，任何新建立的东西会立即开始崩溃。令人烦恼的是，沙子仍然粘在指甲下，这似乎是一种迫害；它可以通过温柔地冷却燥热的手掌来起到治疗的作用。有时沙子的细密质地会让人联想到皮肤的感觉，激起一种想要触摸和被触摸的渴望。在其他情况下，沙子不得不忍受粗暴的挤压、敲打，甚至是殴打。它可以被彻底地搅动，所以顶端的东西最终会变成底部；这种彻底的、爆炸性的姿态可以带来一种释放和重生的感觉。只需几次移动，山脉、山谷、河流或沙漠就形成了。最重要的是，这些地方都是人们非常熟悉的，却是从来没有人去过的地方。沙的形状很容易被改变；每一次破坏几乎都会有机地导致新的创造。什么都不会失去。一个人从来不用扔掉任何东西。这是同样的沙子，随时准备被重复利用，随时愿意再次转化为自己的对立面。沙子和我们所说的心理物质，或者用炼金术术语来说，与一种具有水银性质的物质是多么地相似啊。

通常情况下，无意识聚集得如此迅速和直接，在手的一些无意识动作之后，一张脸突然出现在干燥的沙子中。患者大吃一惊，问道："这是我做的吗？"（也就是说，他不能为此负责。）自然地，这种明显的惊讶状态正是治疗师能够确定是否真的发生了更深更真实的心理过程的标准，或者患者的游戏迄今为止是否仍然被阻抗所主导。并不是说在这样一个阻抗的阶段不会有惊喜，但它们很可能是由治疗师的干预引起的，例如，治疗师指出她在沙子中描绘的东西有一个意料之外的部分。

一个基本规则是，治疗师不应该诠释或直接评论沙盘游戏本身的内容。我们假设在沙盘游戏中形成的一切不仅有原因，而且有目的，其方向还有待于时间的推移。这一过程可能会受到过早干预的严重和不可逆转的干扰。治疗师的共情思考和感受可以被称为沉默的诠释，这被认为对沙盘游戏的结果有重要的影响。对治疗师和患者之间互动场的描述更能说明这些现象（见第 19 章"反移情与主体间性"）。这自然意味着游戏行为及其结果根植于双方无意识和意识之间的主体间场。

现在，我来谈谈沙盘游戏的一个非常特别的动态，一个三角形的场景。在通常的分析设置中，两个人试图阐述第三个交流区域，即象征维度。他们一起创造了一个充满无意识元素的能量场，他们试图抓住其中的一些并将它们带入意识。如果没有成功，他们的共同意识将倾向于付诸行动。沙盘游戏开始就不一样。第三个具有潜在象征意义的空间从一开始就被预见并呈现为具体的物质。它就在那里。

这种情况通常会导致患者的一个隐藏部分突然出现聚集。沙盘是一个额外的、具体的空间，它确实比分析师更可能中立。患者有一种更孤独、更私密的感觉。任何让人痛苦或引起恐惧或愤怒等情绪的事情现在都可以展现。分析师在表达情感方面的"阻碍"要少得多。而对患者来说，所有不好的事情现在都可以出现在沙子中，而不仅仅只能在主体内部。

患者可以暂时与这种情感保持一定的距离，同时仍然保持接触并表达这种情感。对于那些心理产生了强烈移情的患者来说，这意味着他们也占据了分析师的一部分，在这里可以平静地、安静地控制它，而不必担心分析师可能会感到受伤、不知所措或太过强烈地被爱。任何事情，甚至是不可想象的事情，都可能首先发生在沙子里，然后才能冒险在关系中表达出来。

甚至在沙子中表达出任何东西之前，这种三角情景也能激活人格分裂的原始倾向。我们通常假定无意识的内容允许在沙盘游戏中被赋予三维的表征。这对于那些接近于意识，并且已经以意象的形式存在的内容来说是正确的。但也有一些无意识的元素根本没有形式，与意象没有联系；他们甚至可能还没有获得心理上的物质。在梦中，它们并不以意象的形式呈现自己。相反，它们可能位于某些梦的潜在结构中，具有高度决定性的无形力量。这些因素因突然不成比例而变得有不相称的倾向。三角沙盘游戏的情景恰恰使这种"破坏性"元素成为可能。在这种情况下，我们发现了如下场景。在一次治疗中，患者玩沙子，充满了主动性。

他觉得沙子是令人愉快的、有可塑性的、有保护作用的，他感到很自在。"如果分析师不在这里，不在笔记本上乱写乱画就好了，"他想，"她阻碍了我的创造力。她监视着我的一举一动。如果她不在这里，我可以做各种各样的东西……"下一次治疗，这位患者一开始就说沙子摸起来又冷又粗糙，甚至连它的颜色都让他感到不同——它更黑了。"发生了什么事？似乎什么都没有成形。微型形象？它们一直都是那么吸引人，但现在它们只是站在那里，看起来是那么地荒谬——纯粹的媚俗。幸运的是，分析师在这里，她只是耐心地坐在那里，至少她是你可以说话的人，她会明白的。"一旦沙子变好，分析师就变坏。还有一次，沙子变坏，而分析师就变好。患者通过他所有的感官亲身体验到，同样的沙子和同一位分析师可以反复翻转和逆转他们的品质。当无意识的分裂正在进行时，患者可以意识到这个现象。分析师允许自己作为中立的客体被使用。她可能会有相应的反移情反应，有时觉得自己可怜和无用，有时觉得自己很重要和被需要。但她意识到发生了什么，知道这两种感觉实际上是同一枚硬币的两面。

沙盘游戏的第三个区别于分析的特征来自方法本身。沙盘游戏提供了一种明显的心理退行趋势，这种退行并不局限于患者自己的童年，而是从我们作为一个物种的集体发展历史的角度来看人类意识本身的退行。

多拉·卡尔夫对荣格的思想进行了具体的运用——有时甚至是具象化的运用。她创造了无意识内容可以从物质本身中恢复的条件。就意识的发展而言，这相当于退行。一个具体的事物被赋予了心理上的物质，它就不仅是一个简单的某个事物的形象了，而实际上具有"力量"独自工作，如同"见微知著"一般，让我们回想起人类发展的一个遥远阶段。简·格布泽（Jean Gebser）对人类意识的五个阶段进行了详尽的描述，把它叫作"神奇的"阶段（Gebser 1986）。似乎沙盘游戏不仅让我们有可能像分析那样深入到个人的童年时代，而且还可以退行到人类集体童年时代的类似深度。

这是其他心理治疗方法无法比拟的优势，但它也有一些危险。这或许可以解释为什么沙盘游戏一方面在全球范围内迅速传播，另一方面又被当作一种神秘的治疗形式而被搁置。当然，沙盘游戏的一个主要且经常被引用的优势是，它能够直接收集那些无法通过语言表达的无意识或半意识内容。此外，正如我所提到的，它可以到达心灵的所谓前象征领域。根据患者是否愿意接受在"自由和受保护的空间"中退行的建议，无论治疗师的指导如何，不同程度的体验都会发生。个人记忆可能会涌现，比如："这就像我小时候在海滩上玩的时候一样；"或者象征性的意象，比如："我想把沙子堆成一座山。"也可能会出现非图画的、无形的、全身的感觉或精神状态，例如"有什么东西在拉我""我觉得又冷又憋闷"，或者"一切都死寂般安静，没有任何东西在呼吸"。这些通常是强烈的感官体验，不能与任何特定的记忆联系在一起。这些是分析性的"谈话疗法"很少能触及的领域。由此，那些被封装的、无语的、无形的创伤事件，可以被更频繁地在意识中被体验到。"前象征"这个术语描述的是存在于简单表征边界之外的东西。通常获得这些元素的唯一方法便是通过投射性认同。这意味着治疗师必须首先在自己的身体和情感上接触到患者的创伤经历。如果治疗师成功地处理了这个体验，意识到这是患者的生命的一部分，同时过滤掉自己与此相似的生活史，那么患者就可以开始描绘沙子里"无法表达的"部分，并从外部面对它。患者的内在自己可以从沙子中反射出来。虽然它是由患者形成的，但到目前为止，它还不为人知，也未被命名。

沙子里的东西刚形成，就已经在发生变化了。这就是为什么在沙盘游戏中所创造的任何东西都不只是描述"现状"，而是已经开始处理它了。

沙盘游戏可以使我们在不需要任何技术知识的前提下，就可以聚集一个创造性的过程。这可能是一条通往心理变化状态的捷径。沙盘游戏的缺点与退行有关，即有可能回到物质和精神尚未分离的状态。可能的危险是"魔幻的思考方式"，认同无意识的内容、理想化方法和夸大。正是因为沙盘游戏可以从我们发展的早期意识层面释放出如此强大的心理能量，因此，牢牢扎根于心理和分析的基本原理的坐标系统变得更加重要。当沙盘游戏是在分析的背景下进行时，它是最有效的。

儿童的沙盘游戏

沙盘游戏利用了一种与生俱来的行为，这种行为在所有文化中都是常见的，儿童在面对各种困难、创伤、恐惧或不安全感时都会自然地做出反应，也就是游戏。游戏属于儿童的健康行为方式，是儿童进入世界最内在的方式。甚至可以说，孩子们是通过游戏来体验这个世界的。它就像一个过滤器，通过它，所有新的冲动和体验都被翻译成孩子自己的语言，只有这样才能被使用。作为一个孩子和游戏是同一件事。游戏位于现实和想象的边界上，温尼科特将其描述为过渡空间。在这个特殊的领域里，心理物质是可塑造的，而心灵在一定的范围内是有能力治愈自己的。通过游戏，心理发生了某些变化，为心理成长和分化服务。例如，糟糕的体验可能会频繁地在游戏中被体验，从而削弱游戏者的情感负荷。在游戏中，新的行为策略被提炼和练习，直到更好地适应这个世界。除了体验和表达自我的纯粹乐趣外，游戏也总有其目的。无聊的游戏永远不会玩太久。玩游戏需要有风险，面临新挑战，找到自己的极限，在熟悉的事物上尝试新变化。这一切都是自发的。

如果在孩子的发展过程中给予足够的鼓励，那么孩子的游戏将自由地发展成无限的、创造性的变化，并将像一件艺术品或一只鸟的飞行一样高兴。然而，如果这一过程受到阻碍，那么游戏就会自动地完全为孩子的心理发展服务。这个游戏的主题将立即围绕着构成阻碍的事物。孩子们通过不断更新的、经常是戏剧性的变化来说明哪里出了问题，哪里有缺陷，以及如果没有阻碍，事情会变成什么样子。大量的心理能量被调动起来，从各个方面接近内在和外在的阻碍。这种冲突一次又一次地出现在游戏中。如果没有外界的帮助，那么这些表象对观察者来说就会变得更加戏剧化、混乱和神秘。如果孩子的心理发展没有进步，他的游戏就会被限制在更小的范围内。变化将变得更少，直到只剩下很少的元素不断重复。孩子周围的环境有时会变得如此具有威胁性，以至于游戏完全停止。在这些情况下，儿童的心理生活受到严重和不可逆转的威胁。但只要有一点点改变的可能，这种小小的希望火花就会不断地迸发出来。而且，在游戏过程中经常会自发地涌现象征，这使得游戏者能够达到一个新的发展水平。在这些情况下，心灵通过游戏治愈了自己。

在沙盘游戏中，提供了自由和受保护的空间，以及成年人的协助强化了这一过程，这挽救了许多处于极度危险情况下的儿童的生命。通过沙盘游戏，他们开始小心翼翼地恢复自己暂时失去的健康行为——即使这只不过是连续几周不停地揉捏沙子而已。沙盘游戏无与伦比的特别之处在这里变得显而易见。一个情绪上受到惊吓和受到创伤的孩子几乎不会想要使用彩色铅笔、交谈或参加集体活动。但是，坐在沙盘旁边——一个独立的、封闭的、受保护的区域——只是轻拍沙子，则是更可能的，仿佛沙子的存在首先要经过考验，才能回答这个问题：世界上是否真的还有什么东西可以抱持自己。沙子的适应性强，但也很坚固。它可以传达一种平静的感觉，一种很单纯的元素——不可怕，不期待任何东西，它就是它。

儿童的沙盘游戏团体——新的发展

在南非的约翰内斯堡和中国的广州，有一种被称为"表达性的沙盘工作"的简化版沙盘游戏，它被证明在各种儿童援助项目中很有帮助。约翰内斯堡的孩子们来自最贫穷的地区、简陋的城镇，他们得不到良好的照顾，情绪上受到了创伤。这些孩子从未和社会工作者谈论过他们的问题，但他们描述了沙盘上的生活情况，并毫不害羞地解释每个形象所代表的意义。在这里，我们应该直接地去理解沙盘游戏的意象。房子是真正的家，而人物是孩子们生活中的人，但同时总有寓意或象征意义的暗示。一个六岁的小男孩在沙盘上描绘了他是如何和他的两个兄弟住在一间小屋里的。代表哥哥的人物脖子上戴着一条链子。男孩解释说，这个哥哥大部分时间都喝醉了，殴打其他的孩子，而链子意味着他因为喝酒而坐牢。当被问到是否没有成年人和他们住在一起时，男孩回答说父母早已离开了。所有这些信息被证明是真实的，因此这些男孩可以得到社会工作者的帮助。让他在沙盘里工作，帮助他克服了羞耻感，比任何询问都有效。

在另一个例子中，帮助却来得太晚了。一个七岁的男孩想象着继父如何殴打他的母亲，并威胁要杀死她。在沙盘里有一所房子，母亲、继父，还有那个跑去警察局的男孩自己。在男孩玩了沙盘游戏的三天后，母亲被继父杀死了。幸运的是，这个男孩可以得到照顾，也可以继续做沙盘游戏的治疗。在接下来的几次谈话中，他以各种方式描绘了自己的哀悼。他想象着坟墓和自己与鳄鱼玩耍。有人可能会认为，在这种情况下，鳄鱼可能象征着他受到创伤的情感世界，或者也象征着这个男孩所面临的不人道、冷血的攻击性，他需要处理这种攻击性，以防止自己有朝一日成为罪犯。另一方面，像所有的象征一样，鳄鱼也有相反的含义——在这个例子中是母亲的保护。在非洲的儿童故事中，鳄鱼妈妈经常被描述为叼着她的孩子，在她锋利的牙齿背后，孩子是安全的。

这两个例子，虽然只是一个很小的样本，但却显示了表达性的沙盘工作在这些情况下所能提供的巨大潜力，在这些情况下，心理治疗通常很难有帮助。

在中国南方，私立幼儿园提供表达性沙盘工作的小团体练习。这个项目的成功使沙盘游戏得以引入三家公立孤儿院。不仅心理治疗师在那里与孩子们一起工作，教师、心理学学生和社会工作者也在那里工作。它并不是要取代心理治疗，而是在非常短的时间内，让情绪紊乱的儿童产生了行为的改变，前提是他们基本的需求（食物、最低限度的情绪关注和游戏）得到满足。在这些情况下，它与沙盘游戏的基本原则是相同的。自由和受保护的空间是由一个成年人提供的，他已经学会了不以教育的方式接近孩子，而是允许他们有表达的自由，不管那可能是多么难以理解或混乱。

我想以一个沙盘游戏的例子作为结束——以一个来自美国中产阶级家庭的三岁男孩为例——这表明即使是非常小的孩子也已经知道他们需要什么。这个男孩还没有开始说话，虽然他的听力正常，认知能力在他的年龄也是正常的。在第一次沙盘游戏中，他拿了两个塑料杯，开始把沙子从一个杯子倒到另一个杯子里。他一遍又一遍地重复了很多次，没有特别注意治疗师。治疗师要么和孩子说话，要么默默地看着。无论如何，治疗师明确表示，除了男孩已经在做的事情外，对他没有更多的期望，他的行为会被另一个人感知和反映——有时也会口头表达。在几次治疗之后，男孩开始更频繁地抬头看治疗师，随着治疗的进行，眼神接触变得越来越长。与此同时，他继续玩着沙子和杯子。三个月后，男孩开始说话了，而且再也没有退回原态。

他行动的意义是很容易理解的。这是一种极其简单的沟通表达：东西需要从一个人传递到另一个人。显然，这个原理首先要用物理方法，用手来工作，就好像这个男孩首先需要确定这种来回往复的方式是有可能的。无论这个男孩发育迟缓的原因是什么，我们都可以说，他最初是通过沙盘游戏的帮助，在前语言水平上学会并练习说话。本案例未采用以症状为导向的策略，也未积极尝试寻找症状的潜在心理原因。在沙盘游戏的过程中，治疗师真正做的就是确保这个男孩拥有自由和受保护的空间，他将自己的人格置于男孩的支配之下，也就意味着提供一段关系。在一片宁静中，以他自己的步调，这个男孩可以确信事物确实有可能从一个传递到另一个：首先是沙子从一个塑料杯传递到另一个塑料杯，然后是两个人之间的眼神交流，最后是说话。一旦他有了这种体验，他就准备好开口说话了。

在过去的几年里，沙盘游戏已经成为荣格派临床实践中固有的一部分。在一些培训机构，体验沙盘游戏是课程的一部分，但沙盘游戏也是心理治疗其他类型和学科中众多表达方式之一。它有时也仅仅用于诊断目的，类似于场景测试。然而，最后一种使用方式是有问题的，因为在沙盘游戏中，甚至在第一次治疗中，过程就已经开始了。当孩子们完成了沙盘游戏的诊断阶段，全身心投入到这项工作中时，他们常常会理所当然地感到被背叛了，因为诊断人员往往无法完全理解这一过程，并且这一过程没有继续进行下去。沙盘游戏从来不只是对当前状态的描述，而是一个过程和变化的开始。仅仅为了追求短期目标而使用沙盘游戏，就像用古董家具来加热壁炉。房间肯定会很舒适和温暖，但一个完全不同规模的潜力不仅被完全忽视，还会有失去它的危险。

作者简介

伊娃·帕蒂斯·佐佳，沙盘游戏治疗师（ISST），持有苏黎世荣格学院分析师和儿童分析师证书。她在意大利米兰私人执业，同时在欧洲、美国、中国、南非和阿根廷讲学，督导和培训沙盘治疗师。

第 14 章

分析中的身体和运动

瑟度斯·蒙特

当一个人被卷入象征的神秘世界时，什么也得不到；它不会有任何结果，除非它与土地有关，除非它发生在那个人的身体里……只有当你首先回到你的身体，回到你的土地，个体化才能发生；只有这样事情才会成真。

——荣格（*Visions Seminar*，1313–14）

二十几岁的时候，我陷入了绝境。虽然我离残废还差得很远，但我无法站立超过 15 或 20 分钟，因为我感到虚弱和疼痛。为了消除疲劳，我白天会睡几个小时。医生最后建议我做下背部脊柱融合手术。显然我不想选择它，所以我开始研究不同的治疗方式。最后，有人告诉我一个鲜为人知的方法，即罗尔夫按摩治疗法。这是一种由艾达·罗尔夫（Ida Rolf）开发的物理治疗方法（1990）。那时，世界上只有大约 30 个罗尔夫治疗师，都是由艾达·罗尔夫亲自训练的。今天，罗尔夫按摩治疗法在世界各地都有所应用。

经过一系列的治疗，我在结构上和心理上都不同了，非常不同。我经历了许多变化，我站得更直了，很自然地长高了将近半英寸 [①]；我的头可以毫不费力地以不同的姿势与我的躯干连接；我的鞋码有了很大的变化，我的脚变宽了，这样可以更好地接触地面；最重要的是，我不再感到疼痛，几十年后的今天仍旧如此。

所有用来维持结构不平衡和承受痛苦的能量现在都被释放了，可用来推动我进入生活。我前所未有地感受到脚下的土地；我可以更自如地站立。我有精力和力量去面对世界，并最终能够作为一个艺术家去发展和推广自己的作品。在荣格学派的术语中，有人可能会说，我几乎全部的力比多所围绕的负性情结，在一定程度上得到了解决，使我不再像过去那样退行性地被束缚，并且与我自己的个体化过程建设性地结合在一起，不再与我是谁，以及我如何在这个世界上生活有那么大的分歧。

在被罗尔夫按摩法治疗后不久，我进入了赖希疗法（Reichian therapy），这是威廉·赖希（Wilhelm Reich）开发的一种以身体为导向的精神分析方法。虽然赖希是弗洛伊德和荣格的同事，但他的工作在很大程度上被忽视了。在我为期两年的赖希治疗期间，通过用手直接接触身体的盔甲，以及与心理洞察相结合的方法来处理无意识，这也是赖希治疗的一部分。我能够理解这一过程中更深层次的心理意义。最重要的是，我成了这个过程的积极参与者。我对自己身体上发生的事情越来越敏感，同时也学会了理解我的情感和身体感觉的心理维度。我身体上的体验是我心理上体验的镜像。随着我身体的盔甲逐渐松动，让我保持武装和自我保护的心理创伤也逐渐消退。

随着时间的推移，作为一个患者，我对自己的身体探索开始转向身体训练，比如我继续寻找和参与其他工作方式，包括不一定需要直接动手操作的方法。这些方法包括利用身体的重量和位置，作为杠杆来松动身体的盔甲，以及增加身体的能量流动的练习。它们还包括通过运动来体现无意识中的想象的方式，如梦、清醒的意象、原型能量和心身症状。

在进行罗尔夫治疗的那一年，我接触到了荣格的作品。正如许多人的经历一样，我被深深地触动了，他的话赋予了那些在我脑海中尚未成形的东西以形状和生命。然而，直到大约 15 年后，我才开始在苏黎世接受荣格学派的训练，在那里

---

① 1 英寸 ≈ 2.54 厘米。——译者注

我开始将荣格心理学融入视觉艺术，并与身体的心理物理学领域相结合。在接受训练的过程中，我也与来自其他荣格学派的以身体为中心的分析工作相遇，包括琼·乔德罗（Joan Chodorow 1991）和马里昂·伍德曼（Marion Woodman 1996）的工作。

有人问过我，"你在治疗中是和身体一起工作，还是做分析？"从我的经验来看，这不是一个二分法，并非将其分割成两份，其中一部分是与身体工作，而另一部分是进行无意识的分析。这不仅仅是一个理论上的想法。从我所分享的个人故事中，读者可能会了解到，对于炼金术文学作品中精神物质的连续体，荣格有了深刻的感受以及体验性的认识，这对他的工作非常重要，包括他对共时性的理解。作为一个分析师，我个人的观点是，分析心理学所提供的"灵魂工作"只有通过身体－心理、精神－躯体的统一体验才能完全进入，这种统一可以理解为分析工作本身的领域。在这种情况下，任何身体和心理、躯体和精神的分离都是人为的和不必要的分裂。

在描述一个躯体的、以身体为中心的治疗之前，我想介绍两点，读者可能会发现这对理解我如何在分析心理学中看待身体很有用。先让我们来讨论移情，然后再讨论运动品质。

以身体为中心的分析中的移情

传统上，分析心理学中的移情形成于分析师与被分析者之间，形成在意识与无意识、可知与未知、原型与个人的互动维度之上。此外，移情的一个重要方面是分析师要"抱持"被分析者内在的整体发展，或他 / 她的自性 / 自体修复，将其镜映给被分析者，直到他 / 她能够更容易和更独立地获取和整合自己的整体发展过程。

以身体为中心的荣格学派的方法也是如此。然而，从我的角度来看，其中有一些显著的差异，下文将对其进行部分的描述。

如果个体愿意以身体方式进行工作，他们就有可能通过身体直接获得对无意识材料的洞察和理解。即使在工作的开始阶段，这也可以在没有分析师的诠释性干预的情况下发生。然而，只有通过分析师的个人工作，对身体所触发的洞察力进行直接体验的结果下，这才有可能发生。只有这样，分析师才能鼓励被分析者对于躯体所提供的东西，产生信任和信心。

我把这种躯体的贡献理解为身体的智慧，或者表达为包含在肉体中的自性，作为肉体本身，它的体验成为一种工具，用来重建和加强一个人的整体性体验。用身体来工作的话，疗愈者的原型——最初移情或投射到分析师身上——可以更容易地体现在被分析者身上。通过在本能、身体层面上的直接理解，被分析者可以更完全地拥有洞察力，因此从一开始就会产生更大的自主感。比起外来的诠释，一个人更容易保留内在体验的记忆。为此目的，获得身体的知识可以成为积极支持和精神支撑的直接资源。我们发现可以更容易地依赖自己。我们知道能够通过自己身体的永恒资源来获取知识。

我们知道自己的所知，是因为我们亲身经历过，而不是因为有人告诉我们这是真的。

因此，在以身体为中心的分析或其他形式的心理治疗的身体工作之中，移情现象作为一个反映智慧、自我意识和自性体验的媒介，可以很容易地从分析师与被分析者之间的交互作用，主要或最终转移成身体上的体验。换句话说，移情场可以从分析师和被分析者之间的互动，转移到一种更内在的心灵交流，即被分析者通过身体的经验和随后的自我反思之间的交流。被分析者很少依赖于来自分析师的诠释，而是被鼓励去表达躯体体验，最重要的是去表达那种体验的意义。

因此，从一种等级体系的方法，即分析师作为"全知之人"，转变为另一种方法，即培养直接的、本能的智慧–躯体的索菲亚。

运动作为一种进出无意识的媒介

在舞蹈和类似舞蹈的运动中，人们常常表达一种情感、意象或感觉；例如，当悲伤时，独自坐在河边，死气沉沉或身体僵硬。这种表达提供的意象往往是容易识别的，因为这个人给了一个适宜辨别的参照系。虽然这种方法并不能排除在以身体为中心的分析方法之外，但对我个人来说，更广泛的运动理念存在于比表达更深的层次上。

在更深层次上，身体不再使用运动来表达意象；相反，运动是由意象传达并带动，进而在身体上产生的结果。

要进入这个领域，你需要足够的信任，你需要面对进入未知的黑暗而带来的恐惧。换句话说，一个人允许让身体的冲动暂时接管自己，而不试图设计一种方式来表达或控制即将涌现之物。当能够清空关于应该如何行动的先入之见时，我们就创造了空间去接受来自无意识的影响或冲动。我们可以允许自己被引导，从而了解运动本身的意义。

进一步说，运动变成了正在被改变之物。它不是它的表征。这不是一场哑剧。我们的身体会变成无意识的意象：你梦到一扇门正在打开……作为你自己，你是如何在内心体验"一扇门正在打开"的？

当谈到梦的意象时，荣格说，"意象和意义是相同的，当前者成形时，后者就变得清晰"（Jung CW 8，para. 402）。在运动中，身体中的冲动或意象也有其自身的意义：随着运动的展开，意义变得清晰。然而，要做到这一点，你需要愿意被改变，在足够长的时间里交出自我，以便在冲动和运动中被无意识的造访穿透。

正如我所经历的，获得身体的智慧在于聆听的能力，以及让自己被比自己更伟大的事物所改变的能力。我们不再改变自我，而是被改变我们的事物所改变。只有当我们等待，不依附于结果时，渴望从无意识中诞生的东西才会出现。

为了帮助阐明这些观点，我提供了以下关于个人身体探索的日记：

几天前，朋友带我去了森林里的一个新地方。我想，这将是一个死亡的好地方，就这样放手，让我的灵魂得到释放，让我的身体融入大地。

对我来说，挑战在于让我的理性、有意识的觉察尽可能地被自然世界的冲动所包容，包括我自己的身体。然而，我已经意识到，我几乎没有足够的智慧来做这件事。我敢说，也许在 25 年前的某一时刻，我的这种智慧更强，但多年来，想要成为某种人的欲望让我变得迟钝。我变得如此愚钝，如此充满知识，思想和期望，这让自然世界很难走近我。

今早回到森林的时候，我想我应该研究一下"死亡的运动"（如图 14-1 所示）。换句话说，我有个计划。我会做这个，这个，这个，然后这个……当然，这并不是真正的死亡。幸运的是，我找到了一个摆脱这种愚蠢的方法，或者，更确切地说，这个方法找到了我。

站在树林中间，它们找到了一条路。不再有"我"试图移动。在那充满恩典的时刻，树木移动着我，用一种动态的、无言的文字说话。恩典再现，"我的计划"死去。古老的树根和长久的记忆布满了我的四肢，穿过大地，渗透进我的双脚。暴风雨肆虐。愤怒的哭声和痛苦的尖叫。这些是谁的记忆？是谁的暴风雨？是这些树在说话，还是我自己的血肉记忆被挖出来并连根拔起？

图 14-1　做"死亡的运动"

我相信这个问题的唯一答案是，是的！

这个森林在向我传达着同样的信息。

以身体为中心的分析工作实践

个体治疗中的身体探索可以采取多种形式。也许某个梦有非常强烈的意象在召唤。它也可能探索某些原型，特别是与改变者密切相关的相反极性的能量：消耗/活力、创造/破坏。对极性能量的具体化探索往往能产生"第三个"元素，它会出人意料地产生解决方案。

　　在我进行的治疗和课程中没有采用某个具体的方法，而是非常仔细地听取了目前正在出现的需要，然后我从近 30 年来收集的各种方法中汲取了经验。

　　在这篇文章中，我只能提供有限的案例。虽然用语言来表达实际的体验几乎是不可能的，但希望下面的内容至少能说明这里提出的一些观点。

　　这段日记来自与我一起工作了一段时间的人，他／她允许我在这里使用：

　　我专注于我的一个……关于我的父亲的梦。当我更深地陷入他那毫无表情的姿态（在梦中）时，我发现自己的注意力是多么强烈地被吸引到我自己和他的左臂上——当我 4 岁的时候，他的左臂被迎面而来的汽车撞断并撕裂了。然后手臂被缝上，用金属别针固定在一起度过余生。当我梦见他的身体，当我越陷越深，远离我的精神身体，进入细微的感觉，我意识到自己的左臂是完全冰冷的！而我身体的其他部分是温暖的。

　　从这个过程中重新涌现，以一种发自内心的方式感受我的父亲，不知何故打开了同情之门（为了他）。我的哥哥是他最喜欢的儿子，哥哥的死，以及他对酒精的爱／疾病，一直折磨着他。

　　我记得塞德鲁斯说过："当我们深深陷入自己的体验时，身体、心理和情感上的防御开始瓦解……让意象从头脑中滴入身体。那些倾听，是发自内心的倾听。让身体成为倾听的耳朵。如果你觉得自己要崩溃了，那很完美。如果我们保持完整，我们就永远无法敞开心扉去倾听。"

　　如上所述，我也与被分析者具体化的意象一起工作，这些意象并非来自梦境。在这个案例中，被分析者在开始分析时画了一幅画，我们与这幅画一起工作。

　　这幅特别的画描绘的是一个女性的躯干站在如尖牙般的波涛汹涌的海面上。从女性的骨盆流出了暗红色的颜料，形成了一道巨大的圆弧。她说她不知道自己画了什么，但只是"不得不把它画下来"。她非常担心骨盆区域的暗红色部分。

　　我问她是否想要通过她自己的身体来探索这幅画，因为她画的是身体的意象。虽然她表示担心接下来会发生什么事，但想了解更多的愿望占据了优势。我问她是否愿意躺在地板上，在她同意后，我把枕头放在她的头下，用毯子盖着她，让她知道自己可以随时停下来。她通过与身体的那部分进行深度联结，来探索骨盆区域的意象，也就是说，当通过将她的意识向下移动、倾听、等待任何冲动或感觉的时候，她开始哭泣。她哭了很长时间，一句话也没说。从这次内在的旅行回来后，她说她意识到这幅画是关于她多年前的一次堕胎。

由于让自己被身体的冲动和感觉所引导，被无意识的意象以自发绘画的形式所激发，她能够与自己的痛苦和悲伤联结在一起。她能够哀悼孩子的丧失，并开始释放沉重的、曾经吞没了她的羞耻和内疚感。多年来，她一直把这段经历藏在心底，从未告诉过任何人。她一直担心自己无法拥有一段成功的关系，也无法拥有一个孩子，但在分析过程中，她最终拥有了一段充满爱的婚姻和三个美丽的孩子。

尾声

我的经验是，作为一个患者和实践者，通过身体接触无意识是自我产生疗愈的最强大的场所之一。通过身体的工作，我们容纳了生命中一些已经被边缘化的方面。我们开始治愈创伤的分裂，这个分裂正是因为它被剥夺了权利才出现的，这个治疗方式的核心就是：身体的智慧，身心治疗师索菲亚。

作者简介

瑟度斯·蒙特，博士，毕业于苏黎世荣格学院。她来自旧金山湾区，现在在瑞士苏黎世生活和工作。创造性冲动的活力一直是蒙特所有工作中的重要原则。

Jungian
Psychoanalysis
Working in the
Spirit of
Carl Jung

第三部分
分析的过程

在荣格后期的作品中，他在讨论分析过程时喜欢用炼金术作品作为隐喻，在他的主要作品《移情心理学》（CW 16）中，他使用了炼金术文本《哲学家的玫瑰园》（Rosarium Philosophorum）作为证据。通过这个比喻，他想传达分析这个事业中具有多种转化的可能性。他认为，在分析过程中，无论是还原运动还是综合运动，都是一脉相承的，一种是解构一个固定且片面的意识位置和身份，另一种是建立一套新的意识的态度、意象和身份，这些都建立在意识和涌现的无意识元素的结合上。本章讨论的主题是当代荣格派分析师如何创造条件来产生这些成果。

反思始于保罗·阿什顿（Paul Ashton）发人深省且富有诗意的一章——"开始与结束"。正式的分析过程有一个开始和一个结束，尽管正如阿什顿明确指出的那样，当一个人考虑终生个体化过程中更广泛的背景时，开始和结束就不是那么清晰了。樋口和彦（Kazuhiko Higuchi）在他对日本文化分析的反思中提到了这个边界的主题，日本文化正是以其间接的交流方式而闻名。

所有当代荣格派分析师都认同在分析的实践中，建立一个紧密而坚实的分析"容器"是非常重要的。在炼金术术语中，这被称为一个"密封良好的容器"。奥古斯特·茨维克（August Cwik）在"通过抱持从框架变成容器"一章中深刻地阐述了这种基本结构的本质。这个容器是一种子宫，一种新的意识可以生长的地方，它可以从中得到滋养，最终脱颖而出，变得有活力和独立。

在分析的容器中发生的过程被弗洛伊德的一个患者称为"谈话疗愈"，这是不可磨灭的，因此在很大程度上它在荣格的工作中仍然存在，尽管在多尔蒂、帕蒂斯和蒙特的章节中有一些修改和延伸。经典的弗洛伊德式和荣格式的谈话疗法的主要区别在于，前者的谈话几乎完全由患者完成，而后者的谈话是以分析师和被分析者两人之间的积极对话的形式进行的。荣格派分析的转化工作是协作性的，类似于炼金术图片中经常展示的那样，炼金术士在实验室中与索罗神秘女神（Soror mystica）一起工作，或在浴室中与两个人物一起工作，等等。克劳斯·布劳恩（Claus Braun）和莉莲·奥切雷（Lilian Otscheret）在他们的"对话"一章中讨论了三种典型的对话模式，它们代表了不同的学派和时代，并认为荣格自己陈述的模式与当代主体间性的观点很接近。

分析过程的核心当然是分析师和被分析者之间发展出的关系。简·诺克斯（Jean Knox）在"分析关系"一章中，运用她对婴幼儿时期依恋理论的广泛研究，讨论了分析中两个主人公之间发展起来的深刻联结。琳达·卡特（Linda Carter）

在"反移情和主体间性"一章中继续了这一讨论，她从当代科学和精神分析的视角出发，对荣格学派的观点做出了进一步的洞察，即分析师的心灵在分析容器内的变化和转化过程中所扮演的角色。

对于前面几章中表达的观点，安吉拉·康诺利（Angela Connolly）提出了一些关键问题，关于如何能有效地激发被分析者的心理变化，这些问题加深了分析师对它的思考。她在"对投射、幻想和防御的分析"一章中强调了保持一定程度的客观性和分析距离的重要性，即使是在分析中产生的亲密的主体间性领域内也是如此。

分析关系的一个长期困扰是围绕着性别的感知性存在，这是乔伊·沙文（Joy Schaverien）在"性别与性：想象的情欲的邂逅"一章中反思的主题。当沙文在由分析双方组成的炼金术领域中，选择了性别的主题及其对性的影响时，比尔吉特·霍伊尔（Birgit Heuer）在"咨询室里的圣秘体验"这一章中引入了一个可能被认为是与其极端相反的主题。在这两章之间，我们可以看到历史上这些充满张力的弧线，一方面是传统的精神分析强调本能，另一方面是古典的荣格派强调精神。在后期的理论著作《论心灵的本质》（*On the Nature of the Psyche*，CW 8）中，荣格将这一弧线描述为彩虹，光谱的一端与身体融合，而另一端则消失在纯粹的精神中。这两位作者都认识到性与灵性之间的深刻联系，并展示了当代荣格派分析师是如何在这些高度活跃的能量领域工作的。

为了避免我们忘记分析和心理治疗是在特定的文化背景下发生的，樋口和彦在他的"日本文化背景下的荣格心理分析"一章中提醒我们，与个人的心理打交道也意味着他们的文化习惯和期待相遇并参与其中。他那引人入胜的一章讲述了一种源自中欧文化背景的分析方法是如何在日本非常具体和传统的东方文化背景中被采用并微妙地转化的。

第 15 章

Jungian
Psychoanalysis
Working in the
Spirit of
Carl Jung

开始与结束

保罗·阿什顿

　　"从前……"或"最初……"是关于意识形成的故事的开始。从严格的象征意义上来说，"开始"意味着某种积极、开放、新鲜、可能性、打开通往新世界的大门、诞生和成长。

　　"在'开始'的时候——实际上是在'开始'之前——神话和宗教确定了一个千变万化的意象矩阵，我们可以称之为'创造前'的象征，它拥有一切被创造的潜力。这就是深渊、虚空、混沌、异化，而黑暗将它们全部笼罩；当然，还有一个造物主。"路易斯·斯图尔特这样写道（Stewart 1995，1）。我将把所有这些意象放在"虚空"的标题下，并认为，即使是创造性的精神也是虚空的一部分（Ashton 2007）。我想说的是，充满痛苦未知的黑暗虚空，"在开始的时候"，可能会不知不觉地变成可以接受未知的白色虚空。这个状态，比昂称为"O"，代表"终极，不可知的现实"（Bion 1967，145）。在这种状态中，我们可以怀着敬畏的心情拥抱未知，而不是为自己感到羞愧。这种状态就算不是生命的目的，也可以被视为分析的目的。

　　意识有不同的层次或方面——心理的、象征的、次象征的、感觉运动的、本能的（Sylvia Perera 2006，Seminar in Cape Town）。在开始的时候，其中一个或多个领域里的一些东西消失了，而在接近结束时，某些东西被发现了，尽管所发现的东西可能不是人们所追求的。精神分析师吉尔达·德·西蒙（Gilda de Simone）认为，目标和结尾的主题是相互关联的，因此"他在结尾达到的水平不能与开始的水平分开看待"（de Simone 1997，1）。对她来说，一个满意的结论与最初冲突的解决方法相关；当然，我们需要一个初步计划来帮助评估我们得出的结论是否适当（在以"实证为基础"的治疗评估中尤其如此）。

荣格写道："最初的梦通常是惊人地清晰和明确。"（Jung 1934/1966，para. 313）然后他提出，随着工作的进行，梦可能会失去清晰性，同样地，分析师可能会觉得自己在分析开始时对患者有很好的理解，但随着时间的推移，他会变得越来越困惑。他进一步写道，"对患者来说，没有什么比一直被理解更让人难以忍受的了"（Jung 1934/1966，para. 313）。我理解这是关于知道和不知道的问题。这些方面必须以某种方式结合在一起。知道或理解的永远只是一个人的某个方面，不知道的可能是他／她的整体，而这永远不可能被完全知道。矛盾的是，即使分析师的理解在减弱时，在一种困惑和疏远的状态中开始分析的患者可能会开始越来越"感受到自己"。

我记得一个 10 岁的孩子，他的妈妈发现他很难对付。他画了一幅画，一个男孩在一个巨浪前冲浪，冲浪者后面的海浪里有一条巨大的鲨鱼。当我诠释他的焦虑时，他退缩到一种无法穿透的防御后面，而分析就再也没有恢复。对他来说，被称为无所畏惧的"硬汉"比被人了解他的完整性更重要。

艾略特（T. S. Eliot）在《四重奏》（The Four Quartets）中阐述了开始和结束的矛盾本质，他说："我们所谓的开始往往是结束／而结束就是开始。"（Eliot 1974，221）或者更简洁地来说："我的开始就是我的结束"（Eliot 1974，196）。

更有意识的结果是，自我、意识的岛屿变得更大，因此，它的海岸线或自我与自性之间的接触点——自我／自性的联结——变得更多（Murray Stein 1997，seminar in Cape Town）。无意识是无限的，当意识增加时，它并不会减少。因此，我们可能会越来越意识到我们是多么地无意识（一种痛苦的觉察），但随着自我／自性轴变得更容易接近，我们会感到与"是什么"的联系越来越紧密。

在开始时，人们渴望前意识的统一、参与的神秘感。当意识增加时，分化也会增加，而统一感也会减少。在《心理学与炼金术》（*Psychology and Alchemy*，1944）中，荣格描述了有些人因为这样或那样的原因离开了分析，而另一些人则坚持了下去。这可能看起来像是继续寻找与他人的结合，一种依赖，但它也可能最终导致一个人内部对立的结合，从而走向完整或个体化（引自 Fordham 1974，101）。

一位中年患者进入分析，因为他感到沮丧、疲惫和一种无意义的感觉。他周围的空虚开始充满了某种程度的敬畏，他开始感到与世界的联系。当我离开大约六个月时，他感觉很好，因此停止了对他的分析，但在我回来一个月后，又开始了对他的分析。我的理解是，他重视一个关注自己的人的存在，没有那个人，他就无法维持与心灵的接触，并且他需要这种接触才能感到生活是有意义的。

在"新的开始"之后不久，他做了一个梦，这个梦暗示了他的分析是完全没有意义的，只是在他的梦世界的无意义中构建意义。一个星期后，他震惊地梦见和他的母亲一起睡觉。尽管他知道她已经死了，她还是和他有联结。在与她同床共枕的同时，他还在脑海里看到她坐在高高的黑色大理石宝座上，像女神一样。后来，他在一个狭窄的黑色浴缸里洗了个澡，当想起自己所做的事情时，他感到内疚和羞耻（在接下来的几天里，这种羞耻的感觉一直伴随着他）。那天晚上，他梦见在从床上掉下来的一堆垃圾里，帮他最小的儿子找一个萨克斯风玩具。一个年轻的女孩说："太阳在照耀，这将使它更容易被找到。"果然，他们发现了一把与实际尺寸一样的金色小号，令人惊讶的是，他演奏得很好。现在是早晨，阳光灿烂，露水围绕。

由于梦到和他母亲睡觉而产生的羞耻感，实际上关闭了我的患者对他的梦境材料的反思或好奇的能力。但通过我的理解和接纳，他已经能够应对这种羞耻，并且对来自内心的转化能量敞开了大门。也许停止分析帮助了他与分析师相分离，这样他就可以做自己的事情，但是做自己的事情让他意识到，自己需要分析师的某些方面来帮助他工作。他可以重新开始，不是依赖他的分析师，而是能够利用分析师。

有些人在真正见到他们的分析师之前就开始了他们的分析，但有些人可能在他们真正开始分析之前要做很多次咨询。据说，在更深层次的过程开始之前，需要 100 小时的分析，这就是为什么与一个曾经进行过分析的患者工作往往是有益的，因为他们可以直接进入分析。

最近，我休了六个月的年假，回来后不久，就有一个人打电话给我，因为四个月前，我的一个患者把我介绍给了他。我的这位介绍人给了他一本詹姆斯·霍利斯（James Hollis）写的书，这本书对这个中年人产生了很大的影响。慢慢地，在他的脑海里，睿智的詹姆斯·霍利斯和"杰出的本地分析师"合而为一了，我说的所有的话对他都有很大帮助。我很荣幸能有一个聪明的患者，他被我的诠释中的"智慧"深深打动，但我也意识到，他早在我们见面之前就把我理想化了，而且很可能一直在和我"交谈"，而这完全是由他的投射驱动的。

我最近注意到这样一个事实：在互联网被普遍使用之后，一位分析师可能比以前更容易被患者/被分析者所"了解"。如果你已经发表了文章，患者可能已经迫不及待地阅读了作者的作品，一个有进取心的网上冲浪者所能发现的东西令人惊讶。这意味着患者对分析师的了解可能比分析师对患者的了解要多，而且分析师可能不会意识到这样一个事实，即使在第一次会面里，他也远非一个"空白屏幕"。

弗洛伊德在"开始治疗"一章的开头提到了如何选择患者，并建议在不了解某一特定患者的情况下，明智的做法是"暂时"见他/她一到两周作为评估期（Freud 1958，124ff.）。这似乎特别适用于发现精神分裂症的病例，因为这无法接受治疗。然后他建议患者被告知必要的时间长度，并给出他/她应该遵守的框架的细节。弗洛伊德过去常常把时间"出租"给患者，每周看他/她三到六次。从他的观点来看，分析的开始是一个微妙的时期，在此期间（积极的）移情应该得到发展，因为正是这种移情将让患者抱持在分析中，尽管后来不可避免地会有所变化。

即使在一个已建立的分析中，每次单独的咨询都有一个开始，并且可能是不同的问题。无论是分析师还是被分析者，你都可能感到恐惧；"我能成为他/她希望我成为的人吗：足够聪明、足够温暖，甚至足够疏远、足够成熟？"另一方面，开始可能是一种希望或改变的表达，期望可能是积极的而不是消极的。每一个新的开始都可能是一个机会，也可能是治疗双方能做得更好的一种压力。

也许是因为其内在的消极含义，"结束"（意味着封锁、关闭、完成、可能性的丧失、关闭过去和未来的门、死亡和埋葬）在心理文学中得到了比"开始"更多的关注。德·西蒙强调了"持续不断、取之不尽、用之不竭的变化可能性"。这意味着任何分析都不可能是完整的，她用"不饱和性"这个词来描述这种不完整性。我喜欢她的建议，我们可以认为分析是"被打断的"，而不是"被结束的"，在终止后，这就允许患者在必要时重新与他／她的分析师联系。她说"分析作为一种具体的经验是可终止的"，然而"它为经验提供了无限的可能性"（de Simone 1997，60–61）。

在"后分析阶段"一章中，她质疑"分析的结束是一个过程的结论，还是仅仅是一种关系的结论"（de Simone 1997，63）。这又是一种有用的区分，它允许一个人的思想在内部过程和外部过程之间有一个分离。对某些人来说，的确，只有当（外部世界的）分析关系结束时，他／她与自己最深刻的联系，即个体化才能发生。

当投射不再合适时，关系就结束了。那个结束可能是一个新的开始。每一个结束都可能是一个开始。因此，开头和结束是多重的、重复的，似乎是循环的。事实上，它们更接近螺旋形，因为每一轮的位置都略有不同。最初的开始和最终的结束都发生在虚空中。

这里有很多问题，比如什么时候结束，由谁来决定，甚至是由谁的哪一部分来决定。福德汉姆区分了"停止"和"结束"。对他来说，停止是分析师或被分析者单方面的决定，而结束"是分析师和患者都同意的分离"（Fordham 1974，100）。停止的一个原因是，当与"全部"或"整体"的联结感被视为与分析师没有关联，或至少是独立的时候。当你觉得自己无法获得或学到更多东西时，结束似乎是合适的。

分析始于某些希望、愿望或目的，而停止有时是因为分析师意识到无法满足这些期望。但是这种对分析师或过程的幻灭可能会导致一个分析的终止，或者更深入的分析的开始。

一个敏感的患者在我不工作的公共假期来见我。她确定我没有告诉她，于是她又来咨询，告诉我我有多糟糕，然后就永远消失了。当我告诉一位男性被分析者，我并没有阅读他留给我的许多梦，只与他在咨询中谈论的那些梦工作时，他对我非常失望。他是否会继续留在分析中是很不确定的，因为他对我很生气，觉得自己被背叛了，但谈论他的期望和被背叛感让我们的工作有了新的深度。

有时这种幻灭感或失败感是由患者自身所感受到的。她／他觉得她／他让分析师失望了，无法满足分析师的欲望，然后她 / 他可能会因此离开。

我们获得或享受完美结束的情况并不多见。我与一个潜伏期的孩子工作已经有两年了，由于他的母亲在他婴儿期因癌症去世，他的痛苦挥之不去。这导致他有时在学校里表现得很暴力，要求继母给予他更多的关注。我们在沙盘里玩了一段时间，他经常与我对立，故意藐视任何"道德"规则，这样他就可以摧毁我的"力量"。我可能会把这些攻击诠释为，他让我知道当他的母亲死后，那种被无情地摧毁的感觉。然后这些攻击慢慢减少了。此后不久，他说，虽然他很喜欢来见我，但他不再觉得有必要来了，并希望在不久的将来停止。在和他的父亲和继母商量后，我们确定了四个星期后的一个日子，并故意"倒计时"到那一天。他、我和他的父母都认为这个结束是完全合适的，也是契合的。

虽然我在上面已经写过，分析的过程，作为一个螺旋，开始和结束在一个虚空中，一个无意义或未知的虚空，我已经意识到我很难让它结束在那里。当我通过"积极想象"陪伴某人时，我不喜欢在没有"坚实基础"的情况下结束，尽管我是一个现实的悲观主义者，但我通常允许"积极想象"在有意义的时候结束。我鼓励你在黑暗的虚无中坚持下去，直到积极的东西涌现。相反，当有光、有感觉和有联结时，我不太可能建议积极想象"去看它走向哪里"，因为我们已经到达了我们想要到达的地方。换句话说，虽然我不会建议被分析者应该怎么想，但我确实在意义的方向上权衡这个过程。我不太可能在我的患者身陷黑洞时建议终止分析。

有些人会说，结束是永远不可能的，因为工作永远不会完成！但也许有人会说，当她 / 他能够自己维持这个过程，或者更恰当地说，当一个人能够自己维持他 / 她想要的过程时，结束就会发生。即使在分析师和被分析者停止见面后，分析仍在继续。分析师学到的东西会被吸收并被用于其他患者，由于分析师和分析过程而被患者内化的东西，会继续影响他 / 她。

从虚空状态的角度来看，可以说一个人进入分析是由于内心的空虚。他之所以留在分析中，是因为当他在分析师面前时，这种空虚感是可以忍受的。当虚空变得令人向往时，他可能会离开，他需要一个人来体验它。为了做到这一点，分析师需要保持冷静，以便这个人能够以一种不受威胁的方式，体验到在分析师面前独自在场（Winnicott 1965，29–36）。

分析师很少会对结束感到满意。他们可能会留下一种失落感，作为分析师内心的一种空虚感或虚空感，或者他们会感到放松，这个放松中可能带有内疚感（"我为他／她做的够多了吗"）或羞耻感（"我不是一个称职的分析师"）。

在我做分析师的这些年里，我只希望其中几个人可以离开。其中有一个是一位年轻的专业人士，她被允许继续接受训练的条件是参加精神分析。她不想待在那里，而且开始显露出来的东西对她来说太折磨人了，难以消化。我开始想，有一天她可能会杀了我，所以在与她会面之前，我总是把剪刀和开信刀等锋利的东西藏起来。她能蜷缩在椅子上睡着，这让我松了一口气，但尽管如此，当她结束了分析并改变了她的职业生涯时，我觉得（伴随着放松）在某种程度上我让她失望了。

分析过程没有真正的终点，人们只是更深入或更充分地体验自己的生活。但是这个过程并不一定要在原来的分析师在场的情况下进行。"试验分离"可以是评估一个患者是否能够在分析师缺席的情况下继续这个过程，而不是沮丧地注意到他／她陷入了多少情结。我曾经觉得一个人要么在分析，要么不在分析。如果你"在"，那就意味着经常和你的分析师稳定地见面；如果你"不在"，那么你根本就没有见到你的分析师。我现在更灵活了，我觉得一个人可以再次进入几次咨询，也许是为了补充能量，也许是为了恢复她／他内心的治疗观察者。这是长期的工作，分析师应该在这个"后分析阶段"中保持可联结性。但是，什么时候这种长期的联系是对分析师和他／她的患者都不健康的依赖，什么时候尽管是长期的联系，它只是一种健康的关系呢？这可以比作与父母的关系，一些人从未与父母分开，因此也从未承担起自己的生活，而另一些人则完全分离，即使这可能意味着切断了自己与一些积极的潜在资源的联系。还有一些人保持着终生的联结，这种联结随着生命阶段的循环而改变。一个人与父母的关系不会因为离开家而结束，与分析师的关系也不会因为离开分析而结束，尤其是与内在分析师的关系。

荣格说："除了作为低起点的原始材料，以及作为最高目标的石头之外，汞也是介于两者之间的过程，以及实现它的手段。它是这个工作的开始、中间和结束。"（Jung 1943/1967，para. 283）如果我们接受这一描述和艾略特的陈述，"我的开始即是结束"，那么开始与结束的分离就变得不可能了。

然而，我们不仅必须设法管理分析的开始和结束，而且还要管理分析中的过程。要做到这一点，我们应该要知道它们是如何谈判的。人们经常注意到，材料是在咨询的最后才被提出来。这是因为咨询的时间太短，还是因为被分析者对完全意识到他／她提出的问题感到矛盾？有时，以这种方式提出的东西落进了虚空，再也看不见，但有时它似乎填补了咨询之间的空白，为空虚架起了桥梁。有时，这似乎是一个诱惑，诱使分析师给予多一点的时间，或者通过唤起分析师的好奇心，一个谢赫拉扎德（Scheherazade）式的人物出现，确保她没有被"终止"。她的心理医生会想知道她的故事将如何展开。

有些人会在咨询结束后迟迟不走，而另一些人则倾向于看钟，似乎讨厌别人告诉他们"时间到了"。一次咨询的结束，即"迷你死亡"或"迷你终止"，可能是对最后结束的预演，双方可将其作为结束的进展或准备情况的指标。我的一个患者过去常常"租用"我工作周的第一个和最后一个时段，直到我去休假。我回来后，她改了时间，这样我们就在我一周的第一天结束时和最后一天开始时见面了。在我看来，她使用分析的方式已经改变了。一开始，分析只是她存在的一个容器，但现在它已经成为她一周工作的一部分。每次咨询结束不再是灾难性的事件，这表明她能够容忍在未来结束分析的可能性。

尽管比昂劝告说，要在"没有记忆或欲望"的情况下与每个患者接触，但这并不像听起来那么容易（Bion 1967，143ff.）。在一个小时的分析过程中，我意识到许多情绪，也意识到开始和结束都与这些情绪有关，有可能是它们表达的一部分，也可能是用来麻痹我对它们的意识。

但如果我们有能力，像艾略特一样，看到"终点正是我们开始的地方"，那么我们就能乐观地拥抱这个世界的可能性，我们的患者正在走向远离我们的世界……那个"美丽新世界"。

作者简介

保罗·阿什顿，医学博士，精神科医生和荣格派分析师，也是南非荣格派分析师协会的培训分析师，在南非开普敦执业。他出版有专著《在绝处》（*From the Brink*），编辑有文集《呼唤不在场》（*Evocations of Absence*）。

第 16 章

Jungian
Psychoanalysis
Working in the
Spirit of
Carl Jung

通过抱持从框架变成容器

奥古斯特·茨维克

本章将讨论在分析过程中，关于结构的三个丰富的比喻：框架、抱持和容器（Siegelman 1990）。这些比喻已经成为我们精神分析词汇的一部分，因为它们能够唤起在一个真正治愈的分析空间中的体验。它们是相互关联的，也形成了一个从具体到"精神"或治疗情况的非物质维度的连续体。这些相互交织的元素形成了一层心理膜，保护并允许发生对情结系统的分析。

每个荣格派分析师都被荣格的基本洞见所启发，即分析师与被分析者的关系在本质上是辩证的，并形成了"第三个物质"（Jung 1946a）。在分析过程中，这个无意识的第三本质和经验在任何规定的时刻，指导着这个过程，并被潜在的原型模式所塑造。两名参与者都被一种进入到某种深度的分析所转化，从而在两者之间产生更深层次的无意识的感觉联系。这反过来又使我们能够过一种更具象征意义的生活——一种充满意义和目标的生活。分析结构由框架、抱持和容器三部分组成，支撑和促进了这个系统的功能，并引起了分析师和被分析者的个体化。

框架

"框架"这个词本身指的是围绕着治疗过程，在结构中的一种坚硬感。在治疗和分析中要有一个坚实和一致的框架的原因是很多的。朗斯（Langs）广泛探讨了分析中的框架，以及倾听患者象征性沟通的意义（1979）。他列出了治疗设置的价值，以及治疗的一般基本规则：保密、费用的设置、地点和时间的设置、适当的界限和限制，以及治疗师的基本立场（1973）。他经常详细讨论办公室环境的具体方面，甚至质疑分析师是否应该提供纸巾盒。他迫使我们意识到任何事情都会对患者产生重大影响。分析师往往有一种放之四海而皆准的心态，朗斯发现他的论点在患者的无意识反应的即时性中得到了证实。基于刺激患者无意识的适应性情境或触发点，利用"衍生交流"的概念，他一次又一次地证明，患者自己会无意识地监控框架的完整性，并对基本规则的任何改变迅速做出反应。他尽力为任何"随心所欲的分析"倾向提供了一种强硬的伦理规则。当它偏离标准操作程序时，就需要受到质疑。古德哈特（Goodheart）尽最大努力将这些关于框架重要性的观点整合到荣格视角中。他的工作为维护坚固的边界提供了一个亟须的纠正。安全的框架将行动和情感转化为语言。

这种"坚实"的阴影面，可以是为了框架本身的目的，而尽力让它变得坚定不移和不可改变。温尼科特提出，他把分析框架看作也许是分析师对患者的恨的一种表达。他写道，"一小时的结束，分析的结束、习惯和规定，这些都是（分析师）对（患者）的恨的表达，正如对它们的好的诠释是爱的表达，以及美好的食物和照顾的象征"（Winnicott 1945，147）。这些话的说服力很大程度上来自这样一个事实：分析师确实在这些行动中表达了他们的恨。任何分析师都能立即识别出这一点，因为这是与几乎所有患者打交道的经验的一部分。温尼科特承认 / 诠释了分析师在"把患者赶出去"（通过准时结束每次咨询）时，并通过建立他们将为患者提供的限制，无意识和预先体验到未言明的恨的表达，通常还伴随着一种解脱的感觉。此外，分析师由于自己对患者的恨具有破坏性而产生恐惧，可能会导致他们破坏性地违反框架（Ogden 2001）。

朗斯发现无意识不仅是一个被压抑和不想要的冲动、思想和感受的容器，而且是一个"深层无意识智慧的子系统"（Langs 1994，24）。瑟尔斯（Searles）认为，即使是婴儿"也可以被视为有意图的心理治疗师……帮助他人实现他 / 她的人类心理潜能"（Searles 1979，381）。这种来自无意识的反应试图"治愈"一个无意地打破了界限的分析师，通过提供有效的无意识感知（而不是移情投射）来纠正这个情况。患者需要的是具有分析能力的分析师，而不是超出治疗规则的付诸行动。尽管有人批评朗斯在表达他的假设时过于确定（对于朗斯有力的批评，参见 Siegelman，1990），但必须指出的是，他提供了一种令人振奋的方式来倾听患者的心声，他们迫切需要一个可靠且有效在场的治疗师。

然而，分析的结构不仅仅是框架的具体参数。正如麦柯迪（McCurdy）所说："结构不是分析师使用或提供的一种先验实体，而是分析过程中几个相互关联领域的复杂物，涉及从交流气氛到分析师技术的各种问题"（McCurdy 1995，82）。尽管荣格天才地发现"第三"是在分析情境中产生的，但他没有描述这种无意识的构造是如何在临床相遇中被体验和利用的。在《移情心理学》一书中，他甚至指出："读者在这本书中找不到移情的临床现象的描述。"（Jung 1946a，para. 165）尽管如此，荣格还是第一个提出了一个交互的分析模型，在这个模型中，分析师以具体化的方式完全投入其中。这种理解可以从下列陈述中得到证明：

不可避免的是，医生会受到一定程度的影响，甚至他的神经健康也会受到影响。他真的"接管"了患者的痛苦，并与他分享痛苦。（Jung 1946a，para.358）

医生通过自愿和有意识地接管患者的精神痛苦，将自己暴露在无意识的压倒性内容中，从而也暴露在他们的感应行为中。（Jung 1946a，para.364）

患者通过将一种被激活的无意识的内容施加到医生身上，使他自己相应的无意识物质聚集在一起，从而产生一种或多或少来自投射的感应效应。（Jung 1946a，para.364）

心理感应不可避免地导致双方参与到"第三"的转化中，并在转化过程中成为自己，而医生的知识就像一盏闪烁的灯，始终在黑暗中闪着微光。（Jung 1946a，para.399）

在主体间性的学派中，奥格登（Ogden）阐释了他的"主体间性分析第三方"的概念（1997；1994；1999）。这指的是分析中的第三个主题，它是由分析师和被分析者共同创造的。它在这两者之间的人际领域中有自己的生命力。虽然两个人都参与了分析的第三方的创造，但他们是不对称的（荣格的"医生知识的闪烁

之灯"占了一点上风）。因为它基本上是一个无意识的创造，分析师经常通过"遐
思"而对它有更多的接触。奥格登认为，比昂的遐思是由头脑中自然和世俗的内
容组成的，比如每天的想法、感觉、沉思、专注、白日梦、身体感觉，等等。母
亲抱着孩子时的遐思被认为是在婴儿体内创造结构，也就是说，她们为孩子进行
心理工作，并最终创造出一个心理矩阵。奥格登的陈述强调了通过使用遐思来观
察分析的第三方的重要性："在我自己的临床工作里，当我在普遍的分析关系中努
力寻找自己的方向，特别是在分析的第三方的工作中寻找方向时，我最严重依赖
（但不能清楚地阅读）的（情感指南针）就是使用我的遐思经验。"（1999，3）奥
格登指出，他所说的是来自实际的遐思经验：它告诉他，分析师和患者之间可能
会发生什么无意识的事情。他很少直接谈论经验本身。

就算不是完全相同，这个概念也与荣格关于互动领域中无意识的第三方的概
念非常相似。荣格的观点是，第三不是由分析师 / 被分析者"共同创造"的，而是
一个互动场的自然功能；它通常是由原型所确立，然后被分析师"发现"。这是他
使用炼金术板来演示移情动态的最初意图。奥格登向我们展示了他敏锐的临床天
赋，他描述了关于第三的体验，以及他如何在众多的临床实例中运用它来进行干
预。奥格登认为，由于投射性认同的机制，分析的第三方为分析情境携带了某些
信息性材料（Ogden 1979）。患者将自己不需要的无意识放到分析师那里，然后，
分析师的无意识对这些内容做出反应并重新进行工作。分析心理学的文献讨论了
无意识的第三方的创造能力，它可以提供分析师和被分析者的某些信息，就如同
受伤的疗愈者的原型动力一样（Groesbeck 1975；Sedgwick 1994）。在这里，一个
分析师通过他无意识的受伤的自体，无意识地与患者的内在疗愈者交流。这种系
统可以很容易地组成由朗斯提出的"智慧系统"，通过患者提供的有效的无意识感
知，为分析双方提供信息和修正。这可能是自性在治疗相遇中表现的主要方式之
一，使双方参与者走向个体化。

奥格登把遐思作为分析师接触分析性第三方的唯一途径。但是分析师的心理
和身体的其他内容在联想场域之间提供了一种微妙的联系，这种联系从间接的形
式，比如遐思，转变为更直接的联想形式，即原型放大（Samuels 1985）。这些在
分析和患者之间产生的、被非我的心灵所塑造的内容，都是有效的材料，告知
分析师第三方形成的本质。荣格积极想象的技术可以在分析过程中描述分析师的
思维活动，也许这甚至比遐思更好（Cwik 2006，215–17；Schaverien 2007）。分析

师在稍微的神入状态下，允许意象、思想、情感和身体感觉的自由流动进入意识。分析师以一种积极想象的方式投入到这个善变的领域，以便提取出在这个领域中正在发生的一些感觉。沙文给出了一些临床案例，在其中描述了移情中积极想象的形式，并讨论了作为积极想象的反移情（Schaverien 2007，427）。

抱持

在世界各地的心理治疗师和分析师的头脑和心灵中，都有了提供"抱持环境"的治疗理念。这个概念既实用又富有想象力，让人联想到一位足够好的母亲抱着孩子，并能够安抚孩子。甚至朗斯也采用了这一观点，他说："不要让框架成为木讷、无生命、非人类或孤立的东西。治疗框架是一个非常人性化的框架，充满了波动的无意识交流。这是一种（抱持）患者的方式，给他一种安全感，并创造开放性交流的条件……"（Langs 1979，108）。

温尼科特（1971）观察了母亲/婴儿双方，并认为母亲在婴儿发生需求时就满足这个需求是至关重要的。在一个足够好的母亲身上有一种"对需求的神奇理解"。这种对基本需求的直接满足在婴儿中创造了一种"幻觉"，即母亲和孩子最终是亲密的一体。似乎婴儿的爱，或者对食物和舒适的需求，创造了乳房这种需求的满足者。这种幻觉对健康的成熟是必要的，会导致婴儿产生全能的感觉，这是健康自恋的一个组成部分。孩子们觉得环境会"神奇地"满足他们的需要。温尼科特认为这是出现创造性自体的必要前提。这种深刻的情感体验就是他所说的"抱持"（Cwik 1991a）。过渡阶段开始发生，当孩子能够创造一些物体，这些物体代表母亲，但不是母亲本身，这就是象征形成的开始。这表明了孩子最初的游戏能力。对温尼科特来说，心理治疗可以归结为两个人一起游戏。如果没有这种可能性，那么分析师的角色就是帮助患者找到一个地方，在那里可以进行游戏。分析师的抱持功能为这一过程提供了情感成分，以及"抱持……通常在适当的时刻使用语言的形式，表明分析师知道并理解正在经历的或等待经历的最深层的焦虑"（Winnicott 1963，240）。奥格登对此进行了进一步的阐述："在温尼科特看来，抱持是一个本体论的概念，他利用它来探索生命在不同发展阶段存在的具体性质，以及不断变化的内在人际关系方式，借此，存在的延续性得以持续。"（Ogden 2005，94）

奥格登将游戏的比喻扩展为梦，这是比昂的理论。再一次，他用了一个非常富有诗意和唤起性的意象，他说，"做梦涉及一种心理工作，在这种工作中，心理的前意识方面和令人不安的想法、感觉和幻想之间发生了一种生成性的对话，这些想法、感觉和幻想被排除在有意识的觉察之外，但却向有意识的觉察（动态的无意识）推进"（Ogden 2005，99—100）。做梦是一种进行无意识心理工作的能力——将原始感官印象转化为可联结的材料，用于思考和记忆。奥格登以隐喻的方式，利用两类睡眠干扰——夜惊和噩梦，将分析的敏感性深化为两大心理功能领域。如果一个人患有夜惊，他/她就不能睡觉，因此也就不能做梦。他/她不能用基本的感官印象来表达思想和感觉。这个人可以被认为是受苦于"梦不到的梦"，也就是未代谢的物质。这类患者不能做心理工作，所以分析师的工作就是为患者以及与他/她一起去"梦到那些梦不到的梦"。这发生在当分析师通过遐思以及与患者讨论它，创造条件去体验主体间的分析性第三方的时候。在重复做噩梦的情况下，诗性地将其称为"被打断的哭泣"，分析师会提供一个辅助性自我，在工作中去容纳患者的淹没性情感，是它阻止了患者继续做梦。

朗斯似乎暗示所有的患者都需要同样的"抱持"，温尼科特将"抱持"环境描述为一种深刻的主观现象学经验；只有患者知道他/她是否以及何时被分析师/母亲抱持着。众所周知，温尼科特会改变框架的某些方面，比如延长咨询，然后保持这种修改后的结构。我们可以想象通过预测患者的需求而创造的"融合体验"或同频，当分析师能够从分析第三方的位置上说话时，也能复制以上的情况。或者，就像奥格登一样，他抒情地说道："我们帮助患者梦到'梦不到的梦'，并且容纳他们'被打断的哭声'。"只有在这里，才能创造必要的"幻觉"，让患者觉得与他/她在一起的这个人知道，或至少理解自己最深层次的需求。随着时间的推移，患者开始内射这种抱持和容纳的能力。

容器

受到对炼金术的理解的影响，荣格认为分析的容器或器皿是一个具有深刻象征意义的意象。他把它说成忒墨诺斯（temenos）或神圣的区域，强烈地暗示了一种与之相关的圣秘和宗教的感觉。"密封良好的容器是炼金术中经常提到的一种预防措施，相当于魔法圈。在这两种情况下，其思想都是为了保护内部的东西免受外部事物的入侵和混合，以及防止它逃脱"（Jung 1944/1968，para.219）。我们的假设是，密封良好的容器拥有其内部材料转化所需的一切。分析的推论是，分析性的第三方容纳了所有必要的信息，并提供"情感指南针"来指导分析努力的方向，只为了在那一刻得到正确的理解。奥格登放大了比昂的容器——被容纳理论，并增加了对容器的标准精神分析性理解：它不仅是思考的内容，而且是我们思考它的方式。容器——被容纳的概念描述了如何处理生活经验，以及当一个人的生活经验的某些方面无法完成心理工作时，心理上会发生什么。"'容器'不是一个事物，而是一个过程。它是梦的无意识心理工作的能力，与前意识的梦式思考（退思）的能力，以及更全意识的次级过程的思维能力相协调"（Ogden 2005，101）。另一方面，它所容纳的实际上是来自生活情感经验的思想和感受。

容器本身在本质上是矛盾的。纽曼写道："因为它既是容器，也是被容纳的，因为它容纳着被工作的内容，同时，它也是被工作的内容。它容纳了过程，同时也就是过程"（Newman 1981，230）。这里强调的是独特性，而不是放之四海而皆准的心态。容器的形状符合过程本身。荣格引用了炼金术士的话，强调找到合适的容器极为重要："密闭容器的'幻象'比圣经更值得寻找"（Jung 1944/1968，para. 350）。从奥格登的陈述中，我们可以很容易地感觉到这种容器的独特性："在分析情境中被了解的感觉与其说是被理解的感觉，不如说是一种分析师知道自己是谁的感觉。这在一定程度上是通过分析师对患者所说的话来传达的，而这些话和说话的方式不可能由其他分析师或其他患者来完成"（Ogden 2004，866–67）。当分析师使用术语或通过理论来说话时，患者会感到孤立和被抛弃。

我们可以在某些类型的共时性的运行中，看到与容器相关的另一个经验。温尼科特认为分析师是在适当的时机说了正确的话或提供了正确的东西，但有时是世界本身通过共时性的经验提供了"神奇的需要"。荣格提出的共时性概念遵循非因果联系的原则，或是一种有意义的巧合（Samuels et al. 1986）。在内部事件与外部经验看似偶然的联结中，它是"神奇"的缩影。在恰当的时刻，共时性通常起到"容纳"分析师和／或患者的作用。在我进行分析的一段时间里，一个通过共时性来容纳的临床案例发生在我身上，当时一位患者正在回忆自己受到的虐待，并梦见了一只巨大的老虎。对她来说，这个意象预示着更美好的未来——它给了她希望的感觉。随着与受虐记忆相关的情感开始淹没她，奥格登描述的"噩梦"功能占据了她，她开始想要自杀。我不确定要不要让她住院。那天晚上在回家的路上，我正沉浸在对这个处境的焦虑中，注意到我正跟着一辆卡车，车后似乎有一个巨大的罗夏墨迹式的图案。我往后退了一段距离，才意识到那实际上是一只巨大的老虎的脸—— 一个我以前从未注意到的快递公司的标志。患者的老虎梦又回到了我的脑海，我的焦虑也明显地发生了变化。由此涌现的意义是我们感觉到自己走在正确的道路上。这种情绪状态的转变是容纳的标志，也表明心理工作正在完成。患者可以在不住院的情况下继续退行。与这个边缘患者的工作中还有许多其他的共时性现象。这类事件往往导致容纳（对专注于分析共时性现象存在的描述，参见 Cambray 2001）。

我们很可能会问，为什么在某些分析中会出现这样的共时性现象。它们是对分析双方和分析性第三方之间缺乏联系的补偿吗？然而，根据定义，这些事件是非因果关系的。与通过分析师的退思 / 积极想象而发生的联结不同，精神与物质世界的共时性联结，显示了分析性第三方的不同层次。"最外层的密闭容器可能很好地象征了一个圆孔容器……这让（炼金术士）与世界 – 灵魂或宇宙相联结，并且这个容器包含着来自外部的物质宇宙"（Newman 1981，231）。这可能是自性最直接引导参与者走向个体化的渠道。

由于它的原型性质，在共时性体验中释放的能量可以很容易地将关系中的"幻觉"元素膨胀到妄想，然后这种融合变得充满着一种特殊感和混合感。下面是共时性导致试图打破框架的一个案例。一名女性寻求催眠疗法以改善因事故引起的顽固性疼痛〔催眠疗法可以被看作通过有意识地创造幻觉而起作用的（Cwik 1991b）〕。她要求赔偿，审判即将来临。当被问及她为什么希望在审判前接受治疗时，她强调说，她需要尽快得到缓解。在催眠的过程中，她能够轻微地移动疼痛的位置（这是疼痛管理的通用方案——如果你能移动疼痛，你就能最终控制并减轻疼痛）。她在一种高度兴奋、轻度躁狂的状态下离开了治疗室。在回家的路上，她听了广播上关于巫师和他们的力量的演讲。她联系了我，说我们需要在森林里进行下一次治疗，以便汲取大自然的治愈力量。通过保持界限，我们可以分析她的冲突和内疚，因为她意识到自己并没有像她之前认为和谈论的那样受到伤害。在法庭听证会前寻求治疗，表明她无意识地知道自己痛苦的真相。但对这一事实的认识加上共时性，使患者陷入了近乎妄想的状态。

分析的器皿或容器的意象借鉴了精神分析的理解以及炼金术的象征主义。它比具体的参数更丰富了我们的方法，使分析结构更具精神或非物质的动态敏感性。

结论

框架、抱持和容器的三个概念对分析结构提出了不同但有重叠的观点。理性和深刻的精神分析，想象力和情感的吸引，这些概念已经成为肥沃的种子，活跃了人们对分析情境的理解。在荣格看来，精神能量本身在本能的紫外线，以及原型与精神的红外线之间摇摆（Jung 1946b），分析情境的结构通过从具体的、文字的框架到神圣的忒墨诺斯容器的连续谱中回荡。当一个分析变得过于危险地带有独特性和／或特殊性时，就应该强调框架的硬性指标。光谱的这一端将分析置于专业和伦理现实中，并为分析师对患者的"攻击性"提供了空间。在一个太"紧"的框架中，分析师可能需要适应患者的特定需求，并争取一个更个性化的容器。最后，分析师的主要功能是通过有意识地监测设置，以及微妙地意识到由分析双方创造的独特的第三方，照顾和处理框架／抱持／容器三联体，使患者能够游戏／做梦，从而成为一个整体。

作者简介

奥古斯特·茨维克，心理学博士，荣格派分析师，芝加哥荣格分析协会的培训分析师，在芝加哥地区私人执业。他是《分析心理学杂志》的助理编辑，并发表了关于炼金术、督导、梦和积极想象的文章。

第 17 章

对话

克劳斯·布劳恩

莉莲·奥切雷

Jungian
Psychoanalysis
Working in the
Spirit of
Carl Jung

精神分析代表了一个飞跃，从试图通过神入/催眠直接影响无意识来治疗，改变成通过意识的手段来治疗。从一开始，精神分析就是一种对话，一种两个人在语言层面上的治疗性相遇，目的是识别和改变神经症，以及无意识的态度和情结。

对话作为一种认识论的哲学方法，与哲学本身一样古老，它最初的顶峰反映在柏拉图的苏格拉底对话录中。我们把对话中关系功能的发现——对他者的重要性的发现、对"你"的发现、对主客体分裂的超越——归功于哲学家和黑格尔学者路德维希·费尔巴哈（Ludwig Feuerbach，1804—1872）。正是他认识到，自我认识只有通过他者，以及与他者的相遇才有可能（Jung 2005，para.228 ff.）。后来，马丁·布伯（Martin Buber，1887—1965）将物化的"我－它"关系与对话中的"我－你"关系进行了比较，随后埃曼努埃尔·莱维纳斯（Emmanuel Lévinas，1906—1995）指出了他者对于我们与自我以及世界的关系的根本意义。如今是尤尔根·哈贝马斯（Jürgen Habermas，1929—）提出了"无支配对话"的概念。这种思维模式的中心是他者的形象和他者的"他者性"，这只能从其自身内部显露出来（Lesmeister 2005，38 ff.）。

精神分析的历史既可以描述为应用于治疗的规则和程序的历史，也可以描述为涉及的行动者之间的关系或关系的历史：患者和分析师，每个人都有自己的"预期范围"。需要注意的是，精神分析的立场和精神分析治疗技术的历史在任何方面都不遵循"研究得出的逻辑结果"。事实上，所有后续发展方向的根源都是在一开始就能找到的。通过对某些人物和历史的描述，我们就会看到他们获得了强大的说服力。例如，作为当前流行的"始终存在"的主体间性观点的证据，我们可以参考费伦齐（Ferenczi）进行"相互分析"的尝试，以及荣格关于分析过程的主体间性特征的著作。

我们可以从精神分析交互作用的三种典范开始（参见 Lesmeister 2005，29 ff.），对应于心理分析对话的三种形式。

"经典"标准技术的模型是驱力心理学和自我心理学的特征，它将分析实践理解为类似于实验室中的科学"客观"情况。研究人员、精神分析师观察患者的无意识心理动力学，特别是移情，并根据患者历史进行诠释。这种对话的类型通常与收集"犯罪学证据"没有什么不同，弗洛伊德对卡塔琳娜（Katharina）的治疗就是一个例子："所以，当她完成告解后，我对她说，我现在知道你往房间里看的时候在想什么了，你在想'现在他跟她做的事，就是在那晚和其他时候他想跟我做的事'（因为你记得当你在夜里醒来时的感受，并且感觉到了他的身体）。"（Freud 1893，192）

中立和节制是经典诠释技巧的支柱。分析的立场是建立在分析师匿名的理想和分析的情境可以演变为"无关系"的幻想之上的。受客体关系理论指导的精神分析师，特别关注内化的客体关系以及它们在此时此地的移情再现，同时经典克莱因学派的精神分析师也都以这种类型的技术为导向。

另一方面，在"二人理论"模型中，分析师放弃了客观的尝试。精神分析过程中的"矫正性情感体验"概念将关系置于技术的舞台中心（Ferenzci, Balint, Kohut, Ornstein）。分析师的主观性得到了提升。英国学派认为客体关系理论（Fairbairn, Guntrip, Bowlby, Winnicott）的座右铭是："自我寻求的不是满足驱力，而是客体。"（Fairbairn 1952）在法国，由于比昂对克莱因模型的进一步阐述，以及拉康语言导向理论的兴起，新观点得以确立。现在可以确定的是，在治疗过程中，分析师利用自己的关系功能（共情、抱持、容纳）为一段关系创造了空间。到目前为止，还没有真正的互动。焦点仍然是"技术"，且仅仅由分析师来应用，但是现在在一个关系中，分析师可以成为一个理想的模型（或客体）。

这也是科胡特的自体心理学的立足之地。患者可以利用"自体客体"的镜映反应来建立一个持续的、一致的、积极的自体。该疗法的治疗原则是对自体客体的积极体验，使患者能够重新体验自己。尽管自体心理学明确不包括主体间的关系，科胡特倾向分析师的态度是中立和客观的，但是这个学派承认除了诠释之外，移情和关系对于精神分析治疗也是必要的。

新的患者 – 分析师关系，现在被称为"两个人的心理学"，在主体间性理论中发展——从根本上改变了分析过程、分析位置和与之相关的技术概念。主体间性的典范假定，分析过程体现了相互影响的连续矩阵，我们只能将这种相互影响恰当和充分地看待且理解为分析双方的主体间 – 互动现象。在这个过程中，就像他与费伦齐、巴林特（Balint）、温尼科特一样，分析师不再被视为一个新的客体，而是作为一个主观性的媒介，不可否认，分析师在其中不是完全可用和透明的，但他的个人存在被认为是合理的，并且对过程有利（Lesmeister 2005，30 ff.）。分析性相遇现在呈现出"非对称性对等"的特征（Treurniet 1996，26），其特征是更高程度的透明度、真实性和互动性。

在新的典范下，我们关注的不再是患者孤立的精神器官及其内部结构中的冲突动态，而是自体从发展之初就与环境相互作用的方式，以及心理内部过程如何与主体间性过程相结合。

从移情和反移情的角度来看治疗关系，这种典范的转变是最清晰可见的。传统的术语——移情，以前指的是患者本身感知的扭曲，是各种动态和投射的产物。从这个观点来看，分析师并没有参与互动，而仅仅是一个观察者（一面镜子或一块投影屏幕）。

另一方面，术语移情的互动性使用（Bettighofer 1998）表示分析师和患者之间的密集互动。两者都对彼此做出微妙的反应，都积极地塑造了移情和治疗关系。即使保持被动（什么也不说，什么都不做，保留意见）或试图保持节制，不参与其实是不可能的。中立和节制对患者的影响与实际行动一样大。在所有的移情中，患者的感知总是体现着"一丝真实"。

荣格在他对移情过程的理解中，描述了两人是如何在有意识和无意识的水平上强烈地相遇，以及他们的投射是如何融合的。他将这种移情描述为"化合"（coniunctio）或"圣婚"（Hierosgamos）（Jung 1946，para. 358），并将其与两种物质互相的化学反应进行类比，两种物质在这个过程中都发生了变化。他把治疗过程看作当事双方的意识和无意识方面的交换，其中无意识的内容是相互投射的（移情/反移情）。对他来说，变得有意识意味着主体收回投射/移情。在这样做的过程中，荣格努力将从原型模式中产生的思想投射里衍生出来的移情，与个人先前的生活经验中产生的移情区分开来。在关注移情的原型方面，荣格还是首先认识反移情的临床意义的人之一。为了说明神经症性的反移情，他提到了"精神感染"的临床图，即分析师倾向于认同患者，因为他们在无意识动机和性情上是相似的（Jung 1946，para. 365）。荣格相信，只有保持"内在对话"的能力，即面对自己无意识的声音，才能使任何"外在客观性"成为可能。这使得他者的论点成立，并创造了人类凝聚的基本条件。谁不能承认他者的论点，就不能给予"他者在自身"存在的权利，反之亦然（Jung 1916，para. 187）。

荣格观察到的另一个复杂之处是，情结的聚集可能会危及自我意识和意志的最高地位，从而导致对话能力的紊乱（Jung 1934，para. 199 ff.）。这就是他早期对情结及其对意识影响的研究兴趣所在。在他的时代，婴儿研究、依恋理论和心智理论的见解并不存在，而这些见解在今天却有力地提示了人类发展的主体间性观点，以及变化和个体化的分析过程。

首先是德国的柏林小组（Dieckmann 1980）和瑞士的马里奥·雅各比（Mario Jacoby，1993）解决了治疗技术上的主体间差异，也就是说，移情的问题涉及关系，而不仅仅是投射。对于雅各比来说，分析师形成真正的"我—你"（I-Thou）关系的能力，就如马丁·布伯所定义的那样，是有决定性作用的。然而，这要求可以调节亲密和距离，以至于分析师能够"一只脚在关系里，一只脚在关系外"。"在里面"表示对患者的经历感同身受。而为了从心理上反映内在现象和临床情况，"在外面"是必要的界限。

雅各比对移情与关系之间不可调和的矛盾做了评述。移情指的是"我–它"（I-It）关系，但如果投射被撤回，移情就会转变为"我–你"关系。

布伯（1923/1970）认为，存在是在"主体性领域"（我–它）和"中间领域"

（我 – 你）之间的相互作用中发展的。我 – 你的关系可以用直接性、互惠性和平等性来描述；这是一个真正关系的世界。相比之下，我 – 它领域的特征是从属和对自我的关注，表示客体的经验世界。精神分析中的对话原则是开放的，并有意识地承认正反两方都有价值。尽管有综合的需求，但是并不能消除正反两方。矛盾既不能通过妥协（综合）也不能通过压抑（极端主义）来化解。

社会哲学家戈尔德施米特（Goldschmidt）认为，对矛盾和限制的接受引发了人类的"成年状态"。这意味着放弃对全能的渴望，直面相互矛盾的事实（1964）。

患者与分析师之间关系的独特性可以看作一种特殊的相遇形式，具有有限的互惠性。这种关系仍然是不对称的。分析关系有一个明确的目标：它寻求自我和患者的无意识之间进一步的关系，并使分化成为可能，从而实现一定程度的意识进化。这既是自然的也是人为的。这种关系可以在保持专业性的同时产生亲密感。一个重要的因素是，分析师能够让他 / 她自己被患者"利用"。

考虑到主体间性的主题及其治疗结果，我们也必须将注意力转向"不对称性的倒刺"。莱斯迈斯特（Lesmeister）对治疗技术与一种可能被永久删除甚至被扭曲为"关系技术"的关系之间的对比进行了深入描述（2005），由此产生了额外的复杂性。精神分析中技术和关系的对立仍然存在。这构成了一个无法解决的困境。我们同意莱斯迈斯特（2005，55）的观点，即只有对这种困境持开放的态度，才会让对称性得以发展，从而让患者觉得以一种具有治愈性的方式被理解。

这是奥林奇（Orange 2004）引人注目的方式的一个重要前提，即"理解"治愈。关系经验和分析师的情感可用性，为自体和客体之间联结的第二次发展打开了大门。这是建立在分析师将自己融入患者情感生活的意愿和能力的基础上的："精神分析的理解意味着共同产生意义"（Orange 2004，25）。奥林奇认为所有的经验都是给定的和已经诠释的。这种复杂的经验概念要求我们有能力承受矛盾和不确定性。对精神分析的理解也需要记忆力。"情感记忆"是我们过去关系的精髓。"我们的历史根植于我们整个生命之中"（Orange 2004，156）。洞察和情感上的理解可以缓解既定的生活史的病态影响，慢慢地让那段历史变得可以管理和容忍。

事实上，荣格的作品在基调上具有强烈的主体间性："一个人是一个精神系统，它……进入与另一个心灵系统的相互反应"（Jung 1935/1966，para. 1）；"每一种治疗有效的一半的……重点在于医生的自我检查，因为只有他能治愈自己，他才有希望治愈患者（Jung 1951/1966，para. 239）；"治疗师不再是治疗的代理人，而是个体发展过程中的同伴"（Jung 1935/1966，para. 7）；"医生和患者一样'在分析中'"（Jung 1929/1966，para. 166）；"在整个实践心理学领域中，任何一种理论都会偶尔被证明根本就是错误的"（Jung 1951/1966，para. 237）；"治疗师必须放弃他所有的先入之见和技术，并将自己限制在一个纯粹的辩证过程中，采取回避所有方法的态度"（Jung 1935/1966，para. 6）。辩证的过程应该远离权威和权势的欲望的影响，它应该对相互的发现进行比较（Jung 1935/1966，para. 2）。荣格说，他假定相互移情和反移情应该被搁置一边，从而确保"辩证过程"发生在真正的关系中以及超越反移情。在辩证过程中，自我被来自集体无意识的内容淹没的危险迫在眉睫，这被来自无意识的校准过程所补偿，被一个新的人格中心——自性的出现和影响所补偿（Jung 1941/1966，para. 219）。

这一过程就是个体化过程，荣格将其描述为"内部和主观的整合过程"，同时也将其描述为"客观关系的过程"（Jung 1946/1966，para. 448）。这里的决定性因素是个体化过程中"客观关系过程"的意义或作用。根据荣格的观点，不相关的人并没有体现"整体性"，而我与你的结合作为一个超验单位的一部分："整体是我与你的结合，它们显示自己是一个超验统一的一部分，其本质只能通过象征来把握……"（Jung 1946/1966，para. 454）。然而，通过引入"整体性"，荣格看到了"你"和外部关系的相对价值，它主要是作为个人投射的媒介，被视为辅助物和"个体化的早期阶段"。重要的因素是撤回自己的投射，而并非关系的能力和可能性（Höhfeld 1997，190）。他人的参与最多作为一个"互动系统"，却缺乏实际的关系现实，并放弃了主要的"内向型个体化"的概念（Braun 2004）。

然而，从现代婴儿心理研究的发展发现，以及神经生理学对中枢神经系统网络结构发展的洞察来看，我们不可避免地将注意力都集中在自体的主体间性起源。奥尔特迈耶（Altmeyer）强调自体的主体间结构，自体学会从外部观察自己，并在相互作用的过程中以他人的视角观察自己（2000）。因此，它获得了自我反思的意识。"自体从与他人的镜映体验中发展"（Altmeyer 2000，206）。特别是，"用他人的眼睛看自己"的能力现在被认为是主体间性的先决条件，以便让认同感得以发展，甚至在神经生物学中也认为是如此。

我们可以将主体间的认识视为认同成功发展的核心（Benjamin 1995）。矛盾的是，"客体的毁灭"（Winnicott 1965）使从仅仅是心理上与他者的联系转变为他的实际使用，也就是说，建立一种与对方的关系，客观上认为对方存在于自己之外，这也是对方存在的权利。如果他者在进攻中幸存下来，没有采取报复或退缩，那么我们也知道她/他存在于我们的自体之外，而非我们想象的简单产物。这就是本杰明所看到的在否定和确认他者之间，在对全能的幻想和承认现实之间，存在着基本的张力。通过接受离开孩子的母亲并不坏，而仅仅是独立的人，孩子就获得了自己的独立。由此，一幅自体的图像得以发展，允许心灵内存在不同的声音，不对称和不一致，容忍矛盾，避免形成一个完美统一的意识。

个体化作为一种组织经验的过程，既发生在"主体"和"客体"之间，也发生在"内部"（内在主观）和"外部"之间。此外，在我们最重要的观点中，它"主体间性地"发生在一个由主观世界之间的重叠和相互作用产生的生命系统中。

当共同努力"寻找冲突和意义"时，我们将这种相遇描述为一种主体间的、对话的理解过程。对话的参与者融入了他们的主观视角，以便更好地在认知和情感上理解对方和对方的经历。

分析师的主要职责之一就是与患者进行对话，使关系的内在工作模型和期望的情感模式（Bovensiepen 2004）能够发展为成熟的关系功能，从而实现"抑郁功能"（Klein）。这一点很重要，因为人的结构特征对他们自己的定义，以及他们能够经历和克服的冲突类型有着巨大的影响。

在结构障碍的情况下，这个障碍主要是情感上的，也有调节自我及其关系所必需的区别和区分功能障碍，而这些功能只有在有限的情况下才能得到（Rudolph 2005，48ff.）。结构特征首先在心理上锚定在内隐关系记忆中。

自体是由"最初的原始自体"（Fordham）而形成的，这不仅是相对于他者而言的，而且从一开始就存在着对他者的一种实质上的不同，基本而原型的预感，因此也就是对自己的预感。早期的感知能力和"交谈"的原初兴趣使这种预感的实现成为可能。从一开始，我们就是"对话"的存在，从我们的互动和对话中获得的经验，为进一步塑造我们的"动态情感句法"（Trevarthen）、我们的"节奏情感语义"（Molino），或我们的"精神纹理"（Bollas）作为内隐关系记忆的内容奠定了基础。一方面，内隐关系记忆对大脑的进一步发育有直接影响；另一方面，它也会影响到未来所有的"交谈"和关系。

这些发现支持了"早期障碍"对一个人结构特征发展非常重要的观点。"早期障碍"是指特定的心智化受损状态，世界在很大程度上是由过去的古老而可怕的交互作用所塑造的。由于易唤起和过度消极的情感，当下的社会情境将以内在体验为特征，即荣格所描述的"内倾的力比多"，以客体关系为特征，即梅勒妮·克莱恩称之为"偏执－分裂位"：不再可能设想"良好的互动"。由此可见，"早期障碍"是人际情感协调的可能性［"情感同频"（Stern）］的长期病理性障碍，由于情结的形成，这些障碍在心理上体现在内隐关系记忆中。

综上所述，荣格在"辩证过程"中引入的对话原则，目前正通过主体间性理论及其作为主体的哲学和发展要求，得到了进一步的发展。因此，它采取了一种形式，在自体发展的本质意义上给予"未知的他者"以特殊的承认。

对话原则在精神分析的过程中产生了完全的变化。它改变了人们对移情和反移情的理解和处理，使人们有可能以新的眼光看待节制和中立。它给分析治疗过程中形成的关系带来了更大的对称性和互惠性。最后，通过将注意力放在"当下的时刻"或"相遇的时刻"，对话原则向"超越诠释的"新领域开放，从而创造了一个新的主体间性环境和一个改变了的"内隐关系认知"领域（Stern et al. 1998，909）。

作者简介

克劳斯·布劳恩，医学博士，精神病学和神经病学专家，柏林／慕尼黑荣格学院培训分析师。他目前是季刊《分析心理学》（*Analytische Psychologie*）的联合编辑。

莉莲·奥切雷，博士，心理学家和荣格派精神分析师，生活和工作在德国慕尼黑。她目前是慕尼黑荣格学院主席，也是季刊《分析心理学》的联合编辑。

第 18 章

分析关系：荣格、依恋理论与发展视角的整合

简·诺克斯

Jungian
Psychoanalysis
Working in the
Spirit of
Carl Jung

　　荣格把分析师和患者之间的关系放在分析过程的核心，并由此提供了一个与弗洛伊德发展的诠释方法完全不同的模型。在现代主义的分析观中（现在看来，相当简单），一个彻底被分析过的分析师将在恰当的时机，通过对无意识的驱力、幻想和防御进行准确的诠释来治愈患者。荣格则描述了一个更模糊的过程，在这个过程中，分析师和患者都会陷入彼此无意识的纠缠和投射中，最终会涌现个体化和理解。荣格的分析模型要求分析师进入到一个深度的无意识层次，并使用他／她的情感反应作为反移情的指南，从而来定义分析任务（Jung 1946/1966，para. 365）。

　　迈克尔·福德汉姆（Michael Fordham）扩展了荣格在这一领域的研究，并最终认为如果分析师接受"一个分析师可能会发现自己的行为方式与他对自己的了解不符，但与他对患者的了解是一致的"，那么反移情就是一种投射性认同的表达，是关于患者精神状态的有用信息来源（Fordham 1979/1996，165）。他认为"反移情幻觉中可能包含着相同性质的东西"，并得出结论，"整个分析情境是幻觉、

错觉、移置、投射和内射的集合"（172）。我认为福德汉姆在这里概述的是，本质上的关系过程是理解和诠释的必要基础。

在本章中，我将结合依恋理论、神经科学和发展心理学的最新研究，探讨荣格派分析关系的基本方法。我认为，这些研究大部分支持荣格的观点，即分析是一个过程，在这个过程中，与分析师的有意识和无意识的关系，为个体化提供了必要的基础。这些新学科正引导许多精神分析师朝着分析本质的典范转变，越来越强调促进和理解无意识的关系过程，而不那么强调准确识别特定的心理内容（BCPSG 2007）。我已经在其他地方论证过，这种变化的视角意味着精神分析最终将不得不接受荣格对分析关系的理解，它预见了当代基于依恋的精神分析中的许多见解（Knox 2007）。

我还认为，这一不断增加的研究体系有助于我们对分析过程本身采取一种真正的发展性方法，更清楚地确定分析关系在个体化中的不同使用方式。依恋理论的研究为个体化的概念提供了新的深度和精确性，阐明了心理的自体组织本质，以及促进心理和情感成熟的发展过程。它支持这样的观点，即分析关系需要比经典精神分析诠释或经典荣格原型模型所允许的更加灵活；在揭示特定的精神内容（例如，压抑的俄狄浦斯材料或集体无意识）中，一个依恋取向的分析师陪伴着患者进行发展之旅，这个分析师有时需要诠释这些材料，但也允许在分析关系中涌现新的经验。

因此，这种发展方法要求分析师对技术的使用，需要与被分析者当前无意识的发展任务相协调。约瑟夫·桑德勒（Joseph Sandler）创造了"角色反应性"这个词来描述分析师允许患者将一个特定的角色投射到他/她身上的方式（1976，44），这一观点与福德汉姆的观点产生了共鸣，福德汉姆的观点如上所述，即投射性认同不是分析师要抵抗的一种力量，因为它通过分析师的反移情反应提供了一个有用的信息来源。我想通过提出"发展性的同频"来扩展这个想法，它要求分析师使用自己的反移情反应，来识别患者带入分析的抑制发展的特殊性质，并使用适当的分析技术来进行回应。这并不意味着完全认同一个特定的投射性认同。它有时需要一种同频的情感反应，有时需要一种反移情的感觉，由此可以做出诠释。

关于导致精神成熟的过程，荣格创造了"个体化"这个术语，那么基于依恋的研究告诉了我们什么呢？在已有的大量文献中，作者们关注神经生理学、人际关系和自体发展的不同方面，但所有人似乎基本上都同意，有三个基本的发展任务涉及实现"统一状态"（Winnicott 1960，44）。它们是情感调节能力的发展、心智化能力的发展，以及自体安全感的发展。但在我看来，最后一个概念不如前两个那么精确。我认为，自我能动性的发展更准确地描述了这个特殊的发展任务。因此，我认为，分析关系可以为以下的发展提供背景：

- 情感调节；
- 心智化能力（反思功能的基础）；
- 一种自我能动性的感觉。

实际上，这些发展任务的发展轨迹是相互依赖的，因此，一个领域的进展严重依赖于其他两个领域的进展。同样，这三个领域的分析工作在分析的不同阶段都会对分析关系提出不同的要求，有时需要分析师和被分析者之间一种无意识的纠缠状态，有时需要一个日益分离和分化的过程。荣格对炼金术的详细研究探索了分析关系的这些变化，并提供了一个框架，在这个框架中我们可以检验分析关系的这三个领域。

情感调节

任何疗法的功能之一都是帮助患者在有张力的关系中发展情感调节的能力。移情是这项工作的重点。艾伦·肖勒（Allan Schore）总结了许多跨学科的研究证据，发现"治疗师－患者移情－反移情的交流，发生在觉察不到的水平，代表了右半球到右半球的快速非语言情感交流"，治疗师的面部表情、自发的手势和情绪语调在这种无意识的情绪互动中起着关键作用。这些"工作联盟内的情感交流共同创造了一个主体间情境，允许患者的眼窝－额叶系统及其皮质和皮质下连接的结构得到扩展"（Schore 2003，264）。这样的同频也提供了反移情经验，从中可以得出诠释。换句话说，治疗改变的关键在于从关系互动中逐渐发展出来的情感调节；这种关系提供的情绪调节为眶额皮质和其他区域的神经发育创造了必要的条件，而这些条件是情感调节的基础。

因此，在实践中，这种分析关系的许多方面都有助于促进情感调节的过程。

当患者的情绪失控时，意识中充满了早期的情绪和身体体验，此时，分析师试图通过诠释创造一个自我反思的过程是不太可能成功的。诠释依赖于我们使用的文字，这些文字传达了一个心灵与另一个心灵的分离，因此对于那些还不能确定是否能允许自己对分析师产生更直接的情感影响的人来说，这可能是无法忍受的。患者需要发现，分析师并不害怕患者对密切同频的需求，而且这种需求不会破坏分析师和他 / 她的分析功能。

在这些情况下，分析师的语调、肢体语言和面部表情在情感调节中起着至关重要的作用。一个同频的反应，一个科胡特式的镜映，可能会创造出一个新的客体关系体验，并通过分析师本能的对情感的向下调节提供容纳。这在很大程度上是分析师的一种直觉和无意识的反应，在分析中相当于父母对婴儿信号的同频反应（Beebe and Lachmann 2002）。依恋理论和神经科学为以下论点提供了强有力的支持：分析师的这种同频的、共情的态度是哀悼过程的必要先决条件，而哀悼过程是分析性理解的一个组成部分（Schore 2003，52–57）。正是荣格首先认识到，经验丰富的分析师的反移情可以指导他 / 她的判断，即在分析过程中的任何时刻，有多少密切的同频或诠释是恰当的（Jung 1931/1966，paras. 163–67）。分离和丧失必须按照婴儿或成年患者能够控制的速度进行。如果过早地被强迫或强加于他们，这不会导致解体和重新整合的循环，而会导致解体、解离和密封的自闭心理状态，并且这种状态会变得越来越难以理解（Fordham 1979/1996，36）。

但在分析关系中，情感调节也会在以其他方式创造的容器中发展出来。这包括分析设置的清晰结构和边界、分析师的一致性和可靠性，以及他 / 她对象征意义的关注，而不是具体的付诸行动。当患者的情感调节能力高度不稳定时，简单的命名情绪、识别触发情绪的线索、帮助被分析者预测情绪对自己和他人的影响，都有助于发展情感调节能力。当情感调节已经建立得更加牢固时，理解和诠释患者无意识的内心世界的任务，则有助于发展反思功能的发展，从而帮助情感的调节。在分析中，自我调节的能力与一致的、共情的，同时也有边界且有反思性的分析师所提供的互动调节，密不可分地联系在一起。分析师的重点还需要反映患者发挥功能的自我能动水平（见下文）。

当然，分析师必须发展自我调节的能力，管理他 / 她自己对患者的情感反应。这包括仔细注意他 / 她的反移情反应。荣格自己的案例如下，他梦见一个女患者在一座高山上的高塔里，他发现这个女患者相当令人恼火和无聊，于是向他揭示了自己对她无意识的贬低，他意识到这个梦的补偿作用，即他应该更多地"仰视"她。这证明了他高度发展的反思能力，并利用自己的情感反应来理解分析关系的无意识部分（Jung 1937/1966，para. 549）。他对炼金术的探索是最早的一个详细的研究，这个研究是关于移情反移情动力学，以及分析关系的这些方面对分析个体化的任务的帮助（Jung 1946/1966）。

心智化能力

发展情感调节的主要工具之一是分析师对其反思功能的使用，通过这种功能，他 / 她通过诠释来理解患者的意识和无意识体验。识别和命名感觉的简单行为本身就包含着一种意味，就像父母为婴儿的感觉命名一样。分析为心智化和反思功能的发展提供了一个框架，这种能力是存在于心理和情感上，而不仅仅是在行为上，是联系和理解我们自己和彼此的能力（Fonagy 1991）。这既依赖于移情经验，也依赖于对个人历史的详细探索和分析性叙述的逐步构建，这也依赖于对自己和他人的欲望、需求和信仰的理解。以一种有意义的方式将经验联系起来的能力是人类心理发展的一个关键部分，是父母在孩子早期发展过程中本能地培养出来的。故事是心智化发展的重要载体。任何睡前故事的一个重要特征是，无论故事中的这些角色是否是虚构的，都通过扮演这些角色的人的愿望和意图，以有意义的方式将其中的事件联系起来。在任何叙事中，心理都是变革的推动者，它产生的决定、选择和行动产生影响，并将事件连接成一个清晰的结构。如果没有心理媒介，就不会有故事，也就不会有将事件联系在一起的有意义的线索，那么这些事件就会显得随机且无意义。

霍尔姆斯（Holmes）创造了"叙事能力"这个术语来描述这种理解经验的能力，并将叙事能力发展的缺陷与不同的不安全依恋模式联系起来。霍尔姆斯还强调了叙事是一种对话的事实："总有一个人在向自性讲述他 / 她的故事，即使在成年人中这是以一种内在对话的形式"（Holmes 2001，85）。这种对话本身也是一个增加复杂性的建设性过程，即故事首先由一个人创造，然后由另一个人以新的水平重新讲述。

这种叙述的过程，最初属于父母，然后被孩子接受，也反映在分析对话中。

分析理论是一种叙事，我们构建它是为了提供一种分析性的遐思，通常在患者自己还不能找到意义的时候，让我们能够在患者的语言和非语言交流中找到意义。一个成功的分析叙述对患者来说是有意义的，这样他／她就可以接收它，为自己去使用它，并适应它来建立自己的心理因果联系，以及内在的精神体验和外部世界之间的联系。霍尔姆斯将心理治疗师在这方面的角色描述为"自传作家的助理"，其角色是寻找与经验相符的故事。这个角色从评估面谈开始，治疗师将"使用她的叙述能力帮助患者将故事塑造成一个更连贯的模式"（Holmes 2001，86）。他建议患者逐渐"学会建立一个'讲故事的功能'，从'下面'汲取经验，根据由治疗师提供的'上面'的整体意义（这可以看作他们自己存储的或浓缩的故事），形成一个关于他／她自己和他／她的世界的新的叙述"（Holmes 2001，85）。

在我们的理论方向的光谱中，荣格派学者对分析关系的方面非常熟悉。在荣格取向的临床实践中，通过梦、幻想、绘画、沙盘游戏和其他形式的象征性表达来表现出的无意识的积极和创造性的作用，一直受到人们的密切关注。"发展性"的荣格分析可能会导致分析师和患者共同构建出一种叙事，它不同于那种在更"经典"的荣格分析中涌现出的叙事，但在这两种方法中，我们认为患者的无意识在有意义的分析性故事的涌现中，都发挥了积极和创造性的作用。

一种自我能动性的感觉

在分析这个情境中，被抑制的自我能动性可以得到发展。一种日益复杂的和心理上的自我能动性涌现了，其中的自体感觉并不依赖于一个人对另一个人的直接的身体或情感的影响，而是依赖于自我反思的能力，以及意识到自体和他人在心理和情感上的分离。

自我能动性在一系列可预测的阶段中的发展，福纳吉等人（Fonagy et al.2002）总结如下：

- 物理的能动性（0~6个月）：意识到行为会在物理环境中产生变化（完美的偶发事件）；
- 社交的能动性（3~9个月）：行动在他人身上产生了行为和情感的镜映（不完美的偶发事件）；

- 目的性的能动性（9~24 个月）：目标感；被视为目标导向的行动；选择行动以达到预期结果的能力；意图尚未被认为是独立于行动的；
- 有意图的能动性（2 岁）：意识到意图不同于行动；行为被认为是由先前的意图和欲望引起的；行动可以改变心理状态；
- 表征的能动性（3~4 岁）：行为被认为是由意图引起的，也被认为是心理过程；心理在表征它自己，所以意图不仅仅是达到目的的手段，而是它本身的心理状态；
- 亲历的自性：作为个人经验的记忆组织，与自我表征和个人历史的意识相联结。

（Fonagy et al. 2002，204–7）

这些自我能动性的阶段是心理组织的层次，无意识内隐的内部工作模式，这些工作模式在自身保持外部意识的同时构建经验。自我能动性发展的早期阶段并没有被后来的发展阶段完全取代或抹去，而是一直隐藏在它们的后面，如果后期的自我能动性阶段——反思和亲历的自性阶段——没有稳固地建立起来或没有发展起来，当精神崩溃之时，它们就会再次占据主导地位。荣格认识到"促进退行"（reculer pour miieux sauter）这一过程的重要性，认为这是对个体化过程的重要贡献（Jung 1935/1966，para. 19）。

我认为，患者的自我能动性的水平将深刻影响分析师方法的有效性，这需要我在本文前面提到的发展性的同频。分析师需要直觉性地把注意力集中在分析技术上，这种分析技术要最适合于无意识地占主导地位的自我能动性水平，它是在多年的分析实践中发展起来的一种复杂且不断变化的技能。如果一个人的自我能动性的意识在目的性层面起作用，那么只有当他们控制着另一个人的行为或感受时，才会感到真实，那么依赖于那个人的反思功能的诠释就注定会失败。这种情况经常出现在边缘患者身上。在有意图的层面上，被禁止的欲望或愿望可能会强大到令人感到危险，它们能够在他人身上创造欲望或愿望——例如，在分析师身上。在这种情况下，例如，对乱伦愿望的诠释可能会被强烈地抵抗，因为患者的无意识信念是，如果分析师知道这些愿望，他 / 她可能会被它们诱惑。

我曾在其他地方探讨过（Knox 2005，2007），当自我能动性的发展在婴儿期受到损害时，会产生终生的影响。我在书中指出，当一个孩子在恐惧中长大，害怕对他人产生任何情感的影响都是不好的和破坏性的，那么最严重的问题就出现了。这来自一种体验，因为父母不能承受孩子有自己的情感需求，所以无法将孩子作为一个独立的人而进行联结。孩子开始害怕，去爱一个人就会把那个人赶走。

这似乎可能正是分析关系需要重新创造高度同频、近乎完美的偶然性，并且镜映那个人幼年时期所缺乏的情境。这并不是提供矫正性情感体验的简单策略。这是一种分析性容纳的形式，是允许退行到一个发展阶段，提供安全的自我能动性，这是分离和个体化过程的重要基础。神经科学和依恋理论告诉我们，自体感觉本质上是关系性的，需要对镜映他人进行内化，才能形成安全的自体感觉和自我能动性，这建立在婴儿早期的右脑对右脑交流的基础上。这支持了一种观点，当被分析者的早期经验并没有为安全的自体感觉提供基础时，"建立关系"必须是任何分析工作的基石。在荣格的炼金术模型中，这种紧密的同频可能被认为是浸泡的阶段（Jung 1946/1966，para. 453）。

自我能动性的后期阶段需要一种不同的方法，其中强调的是分离而不是紧密的同频。正是温尼科特认识到，破坏性在"主体将客体置于主体的全能控制范围之外"的关键作用（Winnicott 1971，89）。温尼科特认为，客体在破坏中持续存活，使主体能够认识到客体本身是一个独立的实体。温尼科特提出，对许多患者来说，主要的分析任务是帮助患者获得使用分析师的能力："在患者的破坏性攻击中，我们要看分析师、分析技术和分析设置是否能存活下来。这种破坏性的活动是患者试图将分析师置于全能的控制范围之外，也就是置于世界之外"（Winnicott 1971，91）。这枚硬币还有同样重要的反面。从自体发展的角度来看，客体在幻想中被反复破坏，从而逐渐认识到客体在这种攻击中幸存下来并继续存在，这不仅是客体恒常性的基础。它也是使婴儿越来越有把握地认识到他/她也独立地存在，独立于他/她对客体的影响之外。如果客体在攻击中存活下来，主体就会发现存在与行为是分开的，存在与人的物理行动是独立的。孩子继续存在并且知道他人的存在，即使自己不得不承认自己刚刚试图摧毁那个人，但是此人在身体和心理上继续独立存活。客体在破坏性攻击下的存活推动了人们从目的性和有意图性的自我能动性水平，即只能通过一个人对另一个人的身体或情感的影响来知道一个人的存在，转移到表征水平的真正的心理自治，在这种情况下，大脑可以反思自己的过程，而不是自动地将它们转化为身体或情感行为。在这个意义上，真正的心理分离和自主性，直接取决于认识到自己无力控制或强迫他人。

在婴儿时期，自恋式的夸大——对客体世界的全能和神奇控制的感觉——是一种必不可少的心理保护形式，以抵御可怕的无助感。然而，从目的论的层面来看，它的逐渐流失也是必要的，尽管随之而来的幻灭带来的痛苦会导致幼儿时期的发脾气和愤怒。对于很多接受心理分析的人来说，在成年后经历类似的暴怒也是有必要的，作为一名分析师，特别是从与有严重创伤史的患者的工作中可以了解到这一点。分析关系需要允许患者对分析师进行反复的破坏性攻击，并且分析师和患者都可以存活下来。

正是与这种负性移情的高强度工作，使患者逐渐放弃对分析师的强迫控制，并伴随着目的性和有意图的层次，允许分离和分化的体验。这反映了真正的心理和象征性的自我能动性。

分析关系与个体化过程

在所有这些分析方面的核心是关系动态，荣格称之为"超越功能"。荣格的观点是，在象征中"意识和无意识的结合是完美的"（Jung 1939/1968，para. 524）。从依恋理论的角度来看，超越功能可以理解为一个持续的动态过程，它将显性的有意识信息和记忆，与更广泛的知识进行比较和整合，我们在内隐记忆的内部工作模型中无意识地积累这些知识，而内隐记忆也是构成自体感觉的关键部分。在依恋理论中，这种"比较和对比"的过程被称为"评估"，这是一个无意识的过程，通过这个过程，经验不断被筛选和评价，以确定它们的意义和重要性。鲍尔比写道："感觉要流经许多阶段的选择、诠释和评估，才能对行为产生影响，要么立即产生，要么稍后产生。这个过程发生在连续的阶段中，除了前期的所有阶段，都要求这个流入的感觉与已经存储在长期记忆中的匹配信息相联结"（Bowlby 1980，45）。因此，新的经验不断地被无意识的内部工作模式组织起来，并且无意识的内隐模式不断地被有意识的语言识别出来。荣格关于自我调节和补偿的理论预测了当代的评估概念，他认为自我调节是一个过程，在这个过程中，无意识补偿是意识部分的平衡或补充。从关系的角度来看，詹姆斯·弗沙吉（James Fosshage）将精神分析疗法描述为一种"内隐－外显的舞蹈"，在外显和内隐记忆系统之间存在着信息的持续双向流动（Fosshage 2004）。西格尔（Siegel）为情感在这一过程中的核心作用提供了神经科学支持，他认为"这种整合过程可能是情感作用和情感本身的核心"（1998，7）。

因此，有意义的体验依赖于超越功能，这是一个比较和整合以下要素的过程：

- 内部客体（内化的"他者"）和自体；
- 一个新的事件和过去的经历；
- 显性和隐性知识；
- 认知和情感；
- 左脑和右脑；
- 眼窝 – 额叶皮层和皮层下网络。

意识的不确定性或无意识并不是这些二元中的任何一端的固定属性，而是在这两端之间以不同的程度分布，反映了心理内容的加工和存储方式的多样性。

从依恋的角度来看，自组织机制的本质是一种"比较和对比"，即不断评估新信息和现有知识之间的相似性和差异性。这个炼金术的比喻强调了这样一个事实，一些患者需要退行到一种融合的状态，一种共同沉入到无意识的状态。这种分析体验着重于退行到"完美的偶然性"的婴儿式经验，即发现和探索相似性而不是差异性，不去挑战融合的幻觉，而是允许其发展（Gergely and Watson 1996）。马库斯·韦斯特（Marcus West）利用马特·布兰科（Matte Blanco）的模型提出，情感评估机制主要是一种无意识对一致性的偏好，因此，太多的差异最初会被忽略（给人的印象是原始自恋），然后逐渐被寻求 / 允许（West 2007）。

杰尔杰伊（Gergely）和沃森（Watson）认为，随着婴儿开始对"不完美的偶然性"更感兴趣，这意味着他们的兴趣从相似性转移到相异性，这一阶段之后是越来越多的分离。其他人，比如特罗尼克（Tronick）和毕比的观点与杰尔杰伊和沃森的观点有些不同，他们认为破坏和修复对于母亲和婴儿无意识的依恋动态是至关重要的，就像规律和可预测性一样，即使是在婴儿期的最初几周，这也是无意识分类过程的一部分，是意义发展的基础。

然而，这两种模式的发展过程最终导致了"统一状态"的实现，即认识到自体与他人之间复杂且不断变化的相似性和差异性，这构成了拥有深厚情感关系的能力的基础，而不必担心自体的灾难性丧失。同样地，对相似性和差异性的无意识探索是不可分割的，也与情感调节密不可分。例如，情绪压力似乎导致了一种偏好相同和抗拒改变的状态。探索，对差异的好奇，让位于一个安全的基础——安全而熟悉的基础——因为压力意味着危险。

分析关系任务的整合观点

这表明，来自其他学科的丰富信息第一次将我们置于此地，在这里，我们将分析过程和分析关系，与患者在过程中时刻都在努力完成的发展任务进行同频的工作。我们可以构建一个表格（见表 18–1），其中包含我在本章开始时描述的三个主要分析目标：

- 激活依恋系统，以便促进安全依恋的发展；
- 发展心智化和反思功能的能力；
- 促进自我能动性的发展。

以上目标可与三种主要治疗方法相关：

- 诠释，允许意识到被压抑或解离的心理内容；
- 新的关系体验，其中分析师是患者的新客体；
- 促进退行。

表 18–1 允许我们在特定任务的情景中使用各种特定的分析技术，以及分析师认为最适合此任务的特定的广义分析方法。

表 18–1

	诠释（叙事联结）	新的体验 （分析师作为新的客体）	促进退行
发展安全依恋	移情诠释 此时此地	共情性镜映 同频 容纳	能够在当下体验来自过去的投射
发展反思性功能	移情诠释 联结过去与当下	分析师关注象征而非具象	回忆并修通痛苦的过去的体验
发展自我能动性	有意图 / 创造性地诠释梦，幻想，症状	分析师在破坏性的攻击中存活	积极想象，艺术，沙盘游戏

通过这种多向量模型，可以看出不同的分析理论反映了不同分析群体对分析

关系的不同看法。这就是为什么发展的、基于过程的模型对于提高我们对分析关系的理解至关重要，因为它可以包含一系列分析方法。它还赋予分析师一种责任，放弃"安全基础"，即他／她自己熟悉的分析模型的安全领域，并探索差异，以及其他分析方法和学科产生的想法，包括神经科学和依恋理论。我们需要能够使我们的分析方法适应每一个患者，而不是在我们的临床实践中强加一个"放之四海而皆准"的分析关系模型。就像婴儿引导父母的反应以适应他们的发展需要一样，我们受分析的患者也可以在分析关系中指导我们。

作者简介

简·诺克斯，博士，英国心理治疗师协会高级会员和培训治疗师，分析心理学会培训分析师，《分析心理学杂志》（*Journal of Analytical Psychology*）顾问编辑，肯特大学的荣誉高级讲师。她是《原型、依恋、分析：荣格心理学和涌现的心灵》（*Archetype, Attachment, Analysis : Jungian Psychology and the Emergent Mind*）的作者。她目前的研究重点是治疗关系中的自我能动性及其在语言中的表达和其他交流行为。

第 19 章

反移情与主体间性

琳达·卡特

尽管荣格重视弗洛伊德精神分析强调早期历史和因果关系的还原方法，但他自己对个体化过程的看法关注的是变化中的转化过程和心灵的前瞻性展开。他用合成或建构的方法，观察无意识的符号，因为它们预见着朝向一种新的态度逐渐发展（Jung 1943/1966，para. 159）。对荣格来说，象征的意义，即将有意识和无意识的元素持于张力之中，是通过放大的过程来阐述的（参见之前关于放大的一章），在放大的过程中，象征固有的基本原型模式与神话、童话或文化范例中的类似意象相匹配。通过使用这些放大材料，分析师和被分析者共同努力，扩展和深化象征的含义，因为它是分析性二元配对的表达和涌现，而分析二元关系又内置于更大的文化语境中。

与弗洛伊德一样，荣格敏锐地意识到移情和反移情，但他认为这是一个相互影响的过程，这一观点在《移情心理学》（Jung 1946/1966）中很突出，他使用炼金术的意象和运作来放大分析交互的多个层次，包括意识的和无意识的。从个体内部的有意识/无意识的张力和分析师与被分析者之间的张力中，涌现出了第三个新的生命，荣格称之为超越功能，即对立面的合成物（Jung 1921/1971，para.

828）。这些基本思想具有惊人的先见之明，并与当代交互 / 主体间性、涌现和复杂适应系统（Complex Adaptive Systems，CAS）的观念产生共鸣。我们几乎可以把荣格看作一个原系统理论家。

对主体间性感兴趣的精神分析学家和婴儿研究人员正在挑战移情和反移情的概念，因为移情和反移情被看成是位于分析二元中的每个单独的个体构成当中，而不是位于两者之间的那个相互共同构建的场域中。每个人的多重自我，包括过去的历史和期望，在咨询室相遇，旧的模式伴随着新的互动可能性一起出现。这个分析二元是一种涌现的现象，它依赖于给定时刻的相互作用，嵌套在一个原型场域中。毫无疑问，家庭历史的重建和生活叙事在理解和洞察方面是重要的，但在当下时刻与另一个人在一起的过程更是高度相关的。过去展现在当下，因此重复总会出现，然而现在总是独一无二的，朝着潜在的可预测但未知的将来前进。

与其狭隘地看待反移情，我更喜欢观察分析师在两个相互作用的个体间的多层分析系统（大脑、精神和文化）中对自我（或多重自我）的使用。现象学的描述通过意象、隐喻和放大来深化，使对分析交互的理解向涌现过程开放，而不是简化为理论结构。"反移情"这个词可以被历史和理论的包袱压得喘不过气来，因为它可以溯源到一个人的心理学的精神分析概念。荣格对移情 / 反移情动力的炼金术解释，从根本上说，是一种两人的心理系统，包含了心理内和心理间的方面。分析师并不"具有"或"拥有"一个反移情；他是"处在"一个与他人共同创造的现象学经验中。分析二元中的两个人结合在一起，象征性地被通过精神分析关系构建的炼金术容器所抱持。反移情不能被完全分析，因为它本身不是一个事物或实体，而是在特定的时刻和特定的关系中涌现出来的。当然，理解患者历史的叙述内容是分析师实践的中心，但仅仅使无意识意识化并不足以产生改变和个体化。理解一个人如何"与另一个人在一起"是至关重要的，同时也需要具备反思功能和运用隐喻和类比的能力。

更广泛地理解分析师对"关系中的自我"的使用，而不是狭隘地专注于反移情，是通过考虑二元关系的多形态、多层面的交流过程而不仅仅是个人来实现的。隐喻、神话和梦的使用一直是荣格派分析师交流的主要方法，但我们必须更仔细地考虑非言语交流（通过面部表情、声音、身体运动）和非言语过程，如节奏和分析时间内时时刻刻的交互流动。似乎分析师在二元关系中对思想、感受、知觉和意象的即时、内在的反思是一个复杂的过程，需要一个良好的分析态度和意识。

归根结底，没有被分析者就没有分析师，没有移情就没有反移情。这两者形成了一个主体间矩阵，正如奥格登所描述的："我不认为移情和反移情是独立于彼此或相互回应产生的可分离的心理实体，而是作为一个合一的主体间整体的各方面"（Ogden 1997，78）。

尽管奥格登继续使用移情和反移情的传统语言，但在我看来，一个更普通的术语，如主体间相互作用，更好地描述了在嵌套的二元系统中，分析师和被分析者之间出现的复杂的、相互建构的、不断变化的和无定式的关系。当代精神分析学家、婴儿研究人员和神经科学家正在努力理解和描述在咨询室这一阈限中呈现出的这种互动交流的本质和治疗价值。有一些事情发生在"两人之间"，在"外在生命和内在生命之间，在"无意识和有意识之间"，它是被共同创造的，有着潜在的治疗意义甚至能够赋予生命。

沿着这些思路，奥格登把分析性的第三方说成由分析师和被分析者无意识的相互作用所产生的第三个主体。他把这个分析第三方看作一个不断变化的过程，而不是一个实体。每个人格系统对它的体验并不完全相同，换言之，对它的体验是不对称的（Ogden 1997，30）。约瑟夫·坎布里将奥格登的一些想法与荣格联系起来，认为梦可以被看作从分析的第三方发出的，并相信荣格在一些场合提出了这种主体间的结构，如下面的例子：

（荣格）在 1934 年对詹姆斯·基尔希评论了基尔希的一个患者所做的一系列明显的移情梦："关于你的患者，她的梦是由你引起的，这个观点非常正确。在最深层的意义上，我们的梦都不是来自我们自己，而是来自我们与他人之间的东西。"（Cambray 2002，427）

主体间性与系统理论

荣格早期对分析中动态交互作用的考虑似乎是当代主体间视角和系统理论的先驱者，这些视角和系统理论证实了这些早期观点中的一部分，并提供了更精细的方法来考虑和替代旧的分析观念，如移情和反移情的概念。在讨论荣格的炼金术模型作为主体间场的诗意、意象化描述之前，我想提供一些关于主体间思维和复杂适应系统（CAS）理论基本方面的介绍。

主体间性没有一个明确的定义，但可以说"所有的主体间性理论都是相互作用的理论"（Beebe et al. 2005，4）。简单地说，"主体间性"指的是两个心灵之间发生的事情，它涵盖了两个心灵如何相互联系的全部复杂性，如何协调、协调失败或中断并修复协调"（Beebe et al. 2005，73）。根据毕比及其同事的研究，精神分析主要在言语／外显模式下阐述了主体间性的概念，而婴儿研究则侧重于非言语／内隐模式下的动作序列或过程认识中的主体间性概念。此外，婴儿研究调查了前象征思维，而精神分析研究了象征思维（Beebe et al. 2005，1–2）。由此，有人认为"主体间性理论中的显性／语言和内隐／非言语的整合对于今天精神分析工作中更深刻地理解治疗作用是必不可少的"（Beebe et al. 2005，2）。这些主体间性的方法将多条线编织成网络和系统，它们与荣格共享着建构主义和整体观。交互作用是联结各种元素的关键因子，这些元素会组合并涌现出更加复杂的系统，比如大脑中的神经元形成网络，而心灵从网络中涌现，并与其他心灵进行交互，从而形成社会系统。分析二元是从一个以交互／主体间性为引擎的复杂适应系统的多层关系矩阵中产生的。

在荣格派文献中，有多位学者讨论了复杂适应系统（Complex Adaptive System，CAS）的观念（Tresan 1996；Knox 2003，2004；Hogenson 2004，2007；Cambray 2002，2004）。我特别关注了毕比和拉赫曼（Beebe and Lachmann 2002）、毕比等人（Beebe et al. 2005）、斯特恩（Stern 1998，2004）和特罗尼克（Tronick 2007）关于将婴儿研究运用于成人精神分析的文献，他们对路易斯·桑德尔（Louis Sander，1982，2002）的开创性工作表示感谢。所有这些研究者和理论家都认为 CAS 理论是基础性的。

复杂适应系统的理论对于理解人类互动，尤其是移情／反移情的构成有很大的帮助。坎布雷对 CAS 的描述如下：

这些系统具有所谓的涌现特性，即响应环境、竞争压力而产生的自组织特征……CAS 形成格式塔，其中整体确实大于其部分的总和。用史蒂文·约翰逊（Steven Johnson）的话来说，在这些系统中，坐落在一个尺度上的动因会产生比它们高一个尺度的行为。由低级规则运作出高级层面的复杂性就是我们所说的涌现。

（Cambray 2002，45）

　　我们在一个由相互作用的部分组成的网络中运作，这些组成部分导向越来越复杂的系统的涌现，从微观的、局部的联结开始，向更大的、宏观的组织模式发展。想想神经元之间的相互作用，它们"联结合并，共同激发"（赫布定律）。神经元组成神经网络，继而形成大脑，精神从头脑中涌现出来，因此大脑和精神必然是自组织和复杂的系统，就如同作为相互影响的人类有机体元素都与环境关联一般。这种自下而上的发展不是阶层化的，也不是以显化的觉识或大设计师的概览来规划的；相反，自然模式是隐性形成的，只能以大宗的数量或一定距离的视角来理解，可以想象一下俯视蚁群或鸟瞰城区的情景。

　　对复杂系统的理解可以通过计算机模拟来促进，它让大规模的涌现成为可能。造成连续性的重复模式和导致变化的意外中断都会影响我们。例如，母亲和婴儿通过重复形成彼此"在一起"的期望，这是我们所需要的连续性。随后，忽然有一天，一个新的行为序列出现在二元体中，系统于是移动到一个新的水平。对这一事件的记忆，如果是持续的，就会融入互动的期待之中。这种相互作用将母婴系统推向新的复杂性水平，同时也改变着参与者的大脑功能（Schore 2003，97）。在讨论桑德尔（Sander）的工作时，毕比和拉赫曼写道："一个互动的系统总是处在进程中，在可预测性和转化之间存在着一种辩证关系"（2002，30）。这一看法似乎与荣格关于分析中辩证关系的观点相当和谐。

二元系统与婴儿研究

　　在毕比和拉赫曼的工作中，他们将二元系统模型定义为那些整合了个体及二元体对行为和经验组织的贡献的方法。它们使用诸如协同建造和共同创造等术语来表达两个合作伙伴在自我调节和互动调节的持续协调中的相互贡献。他们说：

　　互动理论必须明确每个人是如何被自己的行为所影响，即自我调节；以及如何被同伴行为所影响，即互动调节。每个人都必须调控同伴（影响和被影响），同时也要调节自己的状态。自我调节和互动调节是并行和互利的过程（Gianino and Tronick，1988）。它们影响着彼此的成功，并以最佳的动态平衡来回移动。（Beebe and Lachmann 2002，26）

特罗尼克在谈到意识的二元状态时进一步阐述了这些观点：

在二元系统建立的那一刻，双方都经历了自己意识状态（大脑组织）的扩展。他们的意识状态成为二元的，并扩展至以一种新的和更连贯的形式包含另一个人的意识元素。在这个形成二元意识状态的时刻，在它存续的时间里，当一个人矛盾地变得比自己更大时，一定有类似于完满的某种强大体验。（Tronick 2007，408）

这种二元扩展的基本涌现的观点似乎与奥格登对于移情和反移情是"一个主体间整体的不同方面"的定义相当一致（Ogden 1997，78）。在我看来，荣格试图在他的炼金术研究中处理同样的关系现象，他将对立面的结合描述为相互影响的场域中的融合。通过《移情心理学》中的炼金术图像，他试图在个人和原型层面上处理可见的、有意识的、言语的参与以及不可见的、无意识的（也许是非意识的）力量。

外显记忆与内隐记忆

为了进一步了解分析事务中发生了什么，讨论什么是内隐记忆和外显记忆是有帮助的。为此，我将转向神经科学，并考虑这些发现是如何被整合到当代主体间观点的。

外显记忆，也被称为陈述性记忆（Siegel 1999，33），倾向于言语性，需要有意识的觉知和集中注意力编码。它包括语义（事实的）记忆和情景自传体记忆，这两种记忆在两岁左右开始运作。内隐或非陈述性程序记忆（Siegel 1999，33）在出生时就存在，缺乏回忆感。这包括行为记忆、情感记忆、知觉记忆和体感记忆。这些记忆在很大程度上从来都不是"有意识的"，因此不能被遗忘（也有例外，当学习一项新技能，比如骑自行车时，就需要有聚焦、有意识的关注。然而，一旦掌握了这项技能，程序性记忆就会接管，骑自行车就会自动发生）。内隐性记忆通常通过声音节奏、语调、节奏、时间，以及通常位于意识识别之外的身体运动和感觉来传达。这两个领域的协调和整合受到早期依恋经验的影响（Beebe and Lachmann 2002；Stern et al. 1998；Tronick，2007），并深刻影响自我和互动调节。一个人如何与他人和自己的内心世界联系，不仅源于客体的内在化，而且源于"相互调节过程"的出现（Stern et al. 1998，907）。这不同于客体的内在化；像斯特恩和毕比这样的婴儿研究者／精神分析师发现，通过人际关系互动模式形成了持续的关系"预期"。这些都植根于个人历史，它们影响和塑造了我们之前所说的移情和反移情。

内隐记忆也被称为无意识记忆，它与荣格提出的解离分析模型产生共鸣。弗洛伊德建立的基于压抑的动力性无意识模型并不能解释内隐记忆。根据雷吉娜·帕里（Regina Pally）的说法，"神经学家使用'非意识'一词而不是'无意识'。精神分析术语'无意识'意味着经验被压抑或出于防御目的被分裂出去"（Pally，2005，193）。这些内隐记忆和外显记忆的新区分证实了荣格的观点，即无意识不仅仅是历史创伤被压抑的方面。传统精神分析对于治疗过程的观念是基于防御，如动态无意识中的阻抗和压抑，它不能解释这里所描述的非意识的强大影响。

丹尼尔·斯特恩和他的同事们（1998）明确尊重移情的重要性，但他们也对正在出现的"新"关系感兴趣，这种关系是在分析二元中被双方共同创造的，它通过外显和内隐领域的相互作用而产生。斯特恩等人（1998，908）指出解释会重塑外显关系，而相遇时刻会重塑内隐的关系认知。斯特恩等人所说的"相遇时刻"是指主体间的"匹配时刻……双方分享着一段经历，而且他们都心知肚明"（Stern 2004，168）。治疗师的反应必须是真实的和自发的，切合当下的情况，并超越了中立的、技术性的反应（Stern 2004，168）。这种由互动时刻推动新关系向未来发展的观点与荣格关于分析的前瞻性功能的观点非常吻合。这些共同创造的时刻促进了两个人之间和个体内部的联系。通过每个合作伙伴的历史预期来理解过去的影响，对于分析至关重要，同时，未来的可能性和新的存在方式也一样重要。尽管斯特恩及其同事、毕比、拉赫曼和特罗尼克的模型是建立在多层系统理论的基础上的，但他们缺少了原型理解所提供的超个人联结，原型理解将分析二元结构与跨文化、跨时间的普遍模式联系起来。

荣格与系统模型

《哲学家的玫瑰园》（1550）中著名的日神和月神（太阳和月亮，国王和王后）的意象，作为荣格在《移情心理学》（Jung 1946/1966）中所关注的焦点，完美地阐释了一个互动的复杂性和涌现的系统。他沿着几个轴检验个体（以日神和月神为原型表征）之间的交流：意识的／意识的、意识的／无意识的，无意识的／无意识的。当我们考虑以下引语时能看出荣格是可以被当作一个原系统理论家的：

两种人格的相遇就像两种不同的化学物质的混合：若有结合，两者都会发生变化。在任何有效的心理治疗中，医生必然会影响患者；但这种影响只有在患者也对医生产生交互影响的情况下才能发生。如果你不受到影响，就不能施加任何影响。（Jung 1946/1966，para. 163）

荣格在这里描述的是一个双向影响的系统，与前面提到的主体间性方法是一致的。医生和患者在多个层面上进行着交互的（但正如奥格登所说，也是不对称的）对话。婴儿研究人员已经绘制了非言语的、多模式的主体间无意识领域图，该领域通过面部表情、凝视、空间定向、触觉、姿势以及发声的韵律和节奏维度深刻影响着互动（Beebe 2005，23）。特热沃森（Trevarthen 1989）描绘了一张母亲／婴儿面对面的交流图，图中的双向箭头连接着母亲的眼睛、手、嘴、耳朵和婴儿的对应方面，试图说明非语言、无意识关联的复杂交互。这种图示与荣格的炼金术图式都尝试探索两个相互影响的系统的互动过程。重要的是，荣格通过炼金术意象和隐喻的放大，能够捕捉分析（主体间）互动的动力性过程。在下文中，他谈到了两个心理系统在心理治疗辩证中的相互作用过程：

心理治疗是…… 一种辩证的过程，两个人之间的对话或讨论。辩证法最初是古代哲学家之间的对话艺术，但很早就成为代表创造新的合成过程的术语。一个人是一个心理系统，当它影响到另一个人时，它会与另一个心理系统发生相互作用。（Jung 1946/1966，para. 1）

新的合成出现会创造出越来越复杂的系统。用荣格的术语来说，我们可以认为它是一种超越功能，它保持着对立面的张力，呈现为一种象征、一种合成、第三种创造。荣格在这里指的当然是成人的心理系统，与母婴二元体不同，它具有象征性思维和语言的能力。成人有两种交流方式，而婴儿在非语言交流和象征前思维方面的发展有限。理解这两种模式的复杂交织对于充分理解分析过程和内容以及实现整体观至关重要。我们可以从婴儿研究者那里学到很多东西，他们认为"在整个生命周期中，大部分的非语言交流保持着相似的组织结构"（Beebe and Lachmann 2002，26）。

关于主体间性和移情 / 反移情等术语的价值，荣格学者需要提供什么样的分析论述呢？神话、故事和意象为隐喻、非线性、模棱两可的"中间"地带提供了可能。从个人到集体的移动是在交互影响系统中向另一个层次的转移。当主体间的匹配在共同构建的二元结构中被激活，并且有一种真正的情感共鸣（这是至关重要的），振动抵达原型水平并在此被感觉到。在"中间"地带进化出的意象代表了两个头脑、两个身体、两个心理在"意识的二元状态"中有意识地、无意识地和非意识地相遇的互动结合，"相遇时刻"成为"超越功能"。我们极力找寻描述这种体验的语言。也许这就是隐喻的间接性如此有价值的原因。隐喻呈现在图片、可能性、未定义的图像中，允许未知的神秘存在。

盘踞在这些炼金术操作之上的是墨丘利这个形象（Samuels 1984），一个具有双重属性的沟通之神，他用有翼的脚移动，戴着隐形的帽子穿越边界，作为一个"送魂者"将引导灵魂入阴间。对我而言，他是流动性、灵活性和可能性之神，他占据了"中间"地带。隐喻地说，他的存在创造了一种流动的氛围，促进了身体、头脑和灵魂各个层面的对话、联系与结合。若遵从于他流动和灵活的本性，处于秩序和自由两极之间的分析二元就会朝着转化的方向发展。他是不可见的、不可触摸的精神关系和转化过程。荣格说，"除了作为低起点的原材料以及作为最高目标的宝石之外，墨丘利也是介于两者之间的过程，同时也是实现它的手段。他是'工作的起始、中间和结束'，因此他被称为调解人、服务者和拯救者"（Jung 1948/67，para. 283）。

放大如果用得好是一门艺术。它未必需要带着明确的意向性来使用，而是作为一种抓住心理构成本质的涌现现象存在。它把个人和原型联系起来，应该作为一种实验性的选择呈现出来，一种被接受的可能性，一种用来游戏的东西。通过仔细观察被分析者的外显式和内隐式反应，隐喻性语言和意象的参与有可能在抱持性关系中联结身心。阿诺德·莫德尔（Arnold Modell）写道："隐喻是人类理解的一个基本的和不可或缺的结构"（Modell 1997，219）。另外，"隐喻不仅在不同的领域之间传递意义，而且通过新颖的重组，隐喻还可以转化意义，产生新的认知。想象离不开这种重组的隐喻过程"（Modell 2003，27）。

临床时刻

一个 50 多岁的男人正在离婚，这是他开始接受治疗的主要原因。起初，他在与婚姻结束有关的痛苦、悲伤和羞耻中挣扎。我和他比较快地达成了一种轻松的交流方式，即有节奏的来往回合、良好的眼神接触以及我们之间的情感系列。他有不错的教育背景，很轻易地引用诗歌或提及小说中的人物，从而形成有趣的交谈。他为近期的人生决定和事件感到羞耻，似乎在为自己的人品遭到贬低而伤感，这导致他失去了朋友，也失去了他以前在社会上的良好声誉。

他的生活变得一团糟，这让他不知所措。在一次谈话中，他讲述了最近发生的一幕：他坐在和妻子合住的房子与他们三间车库之间的门槛上。他边抽着雪茄，边喝着啤酒，眺望着那三个堆满了 25 年财产的车库，觉得整理这些东西是不可能的。他瘫坐在椅子上讲述着这个故事，脸上带着极度悲伤的表情。他看上去很沉重。

我回应道，有那么多东西要整理真是让人伤感和不知所措。在这个特定的临床时刻，我看到患者（在我的脑海中）坐在门槛上，有堆积如山的东西有待整理，同时，另一个未经意识邀请的意象也出现了。我脑海中浮现的是一幅美丽而又令人心酸的神话人物普赛克的画面，她遭到遗弃，孤苦伶仃，面临着艰巨的挑战，为了重建和她的情人厄洛斯的关系，必须在沙漠中整理堆积成山的微小种子。我一直觉得这幅画面很感人。

我只简短地对我的患者说："也许你觉得自己就像普赛克和种子。"（未经意识思考，我知道他对神话有很好的理解，会与故事建立情感联结。）他哭了起来，我也哭了。有一种感觉产生了，那便是发生了某种超越性的事情。一个出现在我们之间的隐喻意象，从个人和原型两个层面捕捉到了生活体验的深刻精髓。这两幅画面／故事——坐在门槛上的我的患者和哭泣的普赛克——是一种凝视体验，即我们在一种"匹配"的状态下同步协调，就像母亲／婴儿的情形那样。

特罗尼克关于意识二元状态的概念与此相关。他和波士顿变化过程小组的其他人认为，在治疗中，有"更多的东西"比解释更有疗效。他说，"这些意识状态产生于患者和治疗师之间情感的相互调节"（Tronick 2007，410），是"治疗师和患者创造的新的和独特的二元状态"（411）。

普赛克的美丽故事，是关于爱、失去，以及在关系中找寻自己和他人的隐喻性的故事，是关于展开、创造和涌现的故事。作为灵魂的普赛克和作为爱的厄洛斯传达了关系中的痛苦和快乐，以及他们结合的产物婴儿沃卢帕斯，或快乐，所代表的新生命的潜在诞生。对于这对神话中的伴侣，希尔曼形成过这样的思考："在我们的心理世界内出现的东西并不属于我们的心灵；爱与灵魂自始至终都属于原型现实的领域……无论我们如何个人地感受到它们是我们的，爱欲（厄洛斯）和心灵（普赛克）都是原型力量，当它们被置于自己所属的地方时，它们会找到自己最终极和最原初的"家"。就如同超个人事件，会矛盾地形成个人人格的基础那样"（Hillman 1972，104–5）。

对我而言，包含了原型维度的荣格分析心理学，带来了其他心理学所没有的意义深度。精神的文化和集体层面一直存在，并影响着心理内和人际间交往。在个人层面上，上述分析中的涌现时刻可以被视为"相遇时刻"，或"超越功能"的构成。在此种情形下，荣格心理学为通过这些互动时刻产生的灵性、神秘或圣秘体验提供了语言，这些时刻真正超越了个人心理和二元关系的互动，抵达了超个人的集体心理，深入到联系和交流的网络之中。

作者简介

琳达·卡特，在罗得岛普罗维登斯和波士顿执业，纽约荣格派精神分析协会培训分析师。琳达是《分析学会杂志》（*Journal of Analytical Society*）的编辑，也是《荣格杂志》（*The Jung Journal*）的助理编辑。

第 20 章

Jungian
Psychoanalysis
Working in the
Spirit of
Carl Jung

对投射、幻想和防御的分析

安吉拉·康诺利

简·维纳说过："很难在世界上找到一位荣格派分析师，会对将移情投射彰显在分析关系中的必然性提出质疑"（Wiener 2004，149）。如果此言确凿，那么目前荣格主义者所面临的风险，在某种意义上，是古典荣格主义的特殊性临床方法的丧失，此方法强调心理内维度和分析师想象过程的重要性。这或许很矛盾，因为弗洛伊德的领域似乎更意识到过分聚焦在人际或关系因素分析的风险。根据伦巴第（Lombardi）的说法，我们的分析师越来越显示出他们在象征层面上整合感官体验的能力严重不足。在这种情形下，过分强调"对移情的解释可能会加强原始的融合/混淆机制，或加强模仿机制，从而对个人真正参与分析经验造成阻碍"（Lombardi 2000，693）。在这篇关于我如何分析投射、幻想和防御的讨论中，我将涉及这些分析中典型的原始精神状态，因为经典的荣格方法正是与此相关的。

但首先，我想非常简短地讨论关于心理功能的精神分析模型，这些模型与荣格的观点有着有趣的相似之处，并为我们提供了潜在的理论工具，用于整合经典方法和发展方法。如果我们要创建一套荣格体系的具体临床概念，如幻想，投射和防御，那么以上的方面将是最基本的。荣格的心理模型本质上是一个以不同意识层次为前提的分层模型。这些层次从最清晰的，以抽象思维为主的层面，到最无意识的心理层面，在这里时间和空间不再相关。这一模型与马特·布兰科的模型有着诸多共同点。基于临床相关性的考虑，我想提及的模型，是意大利精神分析学家阿曼多·费拉里（Armando Ferrari）创建的模型，他强调，当我们做分析时，我们不仅要考虑客体关系和移情，还要考虑精神和身体之间的关系。

费拉里假设身体是具体的原始客体，它"代表每个人的原始方面……它与内射过程无关，也不是由外部注入形成的"（Ferrari 2004，48）。心理功能以感觉的第一次被登记为开始，因此感觉的接收和登记是具有不同的意义的两种操作，从而创建了一个从身体的统一性走向具有表征及象征活动的身心二元性的通道。随着身体中心性的消失，感官世界所占据的区域逐渐缩小，从而产生了心理空间的构成和投射－内射动力学的可能。母亲的角色是支持这个关系，母亲镜映和遐想能力的任何失败都会导致这一关系的混乱。因此，有两种不同类型的基本关系：一种是精神和身体之间纵向的基础关系，另一种是母亲和孩子之间的横向关系。心－身关系的不和谐的运作会导致感官现象占主导地位，这会损害反思功能，如精神病中出现的那样；或者也可能导致智力抽象的主宰，从而部分或全部地拒绝身体。费拉里认为，当无法建立垂直轴时，分析师的任务就变成了促进原始感觉世界中的表征和维度，而不是更普通地探索移情。

在某些分析中的此种对纵轴重要性的强调与荣格主义者，如坎布里和卡特的观点（Cambray and Carter 2004）非常相似，他们认为心理发展是一个自组织的涌现过程，在这个过程中，为了应对环境的压力，心理沿着纵轴发展，从更简单的层次过渡到更复杂的层次。他们也认为在分析这一涌现过程中，分析者师的情感和想象反应在从一个阶段到另一个阶段的转变中起着重要的催化作用。

这提示我们，在对如何分析投射、幻想和防御的任何讨论中，核心问题是能够在分析过程中的任何特定时刻确定这些现象的水平，并准确跟踪我们的所作所为，以便实现从一个水平到另一个水平的转变。这么做的一个方法是反思分析师不同的想象反应，例如乔伊·沙文（Schaverien 2007）关于反移情的工作。为了更进一步，我建议回溯荣格对幻想和想象的定义，以便在不同层次的无意识所特有的想象活动，投射和防御所能采取的不同形式，以及它们可能引发的分析师的不同反应之间建立联系。然后，我将通过重新审视我自己在经典荣格主义设置下进行的两个非常不同的分析来说明这一点，这两个分析在多年前成功地结束，期间发生的一些事情改变了分析的进程，而我当时无法完全理解这些转变是如何发生的。

幻想

荣格用"幻想"一词指代两种不同的概念：幻觉和想象活动（Jung 1921/1971，paras. 711–22）。幻觉是指在外在现实中没有客观参照物，但直接来自心灵的思想复合体。相对而言，想象活动被认为是心灵的一种创造性行为，它是心灵的最高形式之一，其功能是创造联结，把有意识和无意识的人格、内在世界和外在世界结合并统一起来（Jung 1921/1971，paras. 77–78）。因此，我们看到荣格关于幻想的思想有几个方面。一方面，幻想是一种创造意象的功能，正如卡瓦洛（Carvahlo）所指出的那样，它的目的之一是揭示："呈现我们称之为'心灵'的任何东西，就好像它以类似的形式对自己可见一样，以便主体可以对它进行象征性的操作和审视"（Carvahlo 1991，331–32）。然而，如果我们以费拉里的模型来思考，我们会发现，在心灵呈现给自己之前，首先必须将身体呈现给心灵。在创造意象的意义上，幻想是心理的一种主要的、生物上的适应性活动，其功能是呈现或表征未处理的感觉和情绪。另一方面，幻想作为一种想象活动，通过联结意象来建立更为复杂的表征图式，并通过创造象征将意识和无意识结合起来，也就是荣格后来称之为超越或象征性的功能。这里值得注意的是，福德汉姆区分了为自我服务的想象活动（如游戏）和强化自我–自性轴的积极想象（Fordham 1956，207）。

荣格对幻想、想象和梦的概念化存在着问题。尽管他把幻想和想象看作心灵的固有和自发的活动，但他对意象的品质或幻想的病理却不感兴趣。此外，他也没有考虑到不能做梦的情况，或者在某些病理状态如创伤中不能表征的问题。相反，他更愿意把注意力集中在幻想的内容上，而不是过程本身或负责产生意象和做梦的机制上。经典荣格方法都是旨在增加霍根森（Hogenson 2004，161）所说的意象的象征性密度的工具。但在自我功能存在严重缺陷的地方，分析师的想象力活动，即他／她提供意象或赋予匮乏的意象以隐喻深度的能力，则显得异常重要。

投射

在心理类型中，荣格将投射定义为"将主观内容驱逐到客体中"（Jung 1921/1971，para. 783）。荣格认为，这样的内容通常是无意识的，投射是"主体与客体的古老同一性"的结果，换句话说，是一种神秘参与的状态。投射是一种普遍的现象，它既是正常的又是病理的，是共情和移情的基础（Jung 1921/1971，para. 486）。

戈登（Gordon）指出，荣格关于投射的观点实际上指涉了相当不同的心理体验，其中一些可以用梅兰妮·克莱因的投射性认同来更有效地思考。对于戈登来说，神秘参与等术语表明，荣格实际上在思考一些与投射性认同非常相似的东西（Gordon 1965，129），在荣格学派的文献中，对投射性认同的引用也的确非常频繁。然而，投射性认同的概念也存在问题，主要是因为对于这个术语的含义没有普遍的共识。它是指纯粹的内心幻想，还是人际机制呢？它是一种纯粹的病态防御，还是一种普遍的原始的交流方式呢？它是从出生就存在的遗传物质，还是遵循一条发展的道路呢？它是通过诱发来生效，还是有着无意识内容的实际转移，或某种思想的转移呢？科恩伯格（Kernberg）在一个复杂的分析中，追溯了一条发展的路径："从投射性认同，也就是基于一个以分裂为核心防御的自我结构，到投射，也就是基于一个以压抑为核心防御的自我结构"（Kernberg 1987，797）。然而，奥格登强调，进行投射性认同，必须已经有了"某种内在空间感，一个人才可以投射自己的某个方面，或者可以接收来自投射对象的某个方面"（Ogden 1989，135）。福德汉姆在谈到"投射到"和"投射入"（Fordham 1963，7）时，似乎也对这种差异有一些直觉。比克（Bick）也是如此，她描述了一种原始类型的自恋认同，她将之命名为粘着认同，在这种认同中，进入的想法被接触的想法所取代，于是表面粘在一起没有空隙。所有这一切说明，除了投射和投射性认同之外，还有其他更原始的方式将内容从被分析者的心理转移到分析师的心理，我想做的正是描述这类投射，它们传递什么，使用的防御机制，以及对分析师精神的影响。

分析原始投射、幻想和防御

虽然婴儿观察和认知研究对初级融合或一体性的概念提出质疑，并认为客观上在婴儿的任何阶段自我与他人之间都没有混淆，但分析经验强调，从主观上讲，婴儿似乎很可能有着某种合一的体验或与照顾者的融合。在婴儿期，这种合一的主观体验是通过母性镜映创造的。如果通过母亲的模仿、情感调适和遐想能力产生的母性镜映失败或不充分，那么我认为有可能回归到两种不同的病理状态中的一种：在第一种当中，主体通过模仿机制在他者身上塑造自己，使自我沦为他者的镜像；在第二种当中，存在着对他者的全能控制，使他者沦为自我的映照。我将第一种称之为自闭投射，其中没有内在和外在的区别，没有自我和他者之间的界限，因此没有内在空间，也没有将感觉和情感转化为意象的表征能力。正是在这里，分析师可能会发现自己退回到卡瓦洛的一篇论文中所描述的那种状态，即分析师和患者之间的混淆使得任何探索移情的尝试都变得徒劳。在这种情况下，分析师的任务是登记身体的感觉和感情，以便"将它们转化为心灵的货币"（Carvahlo 2007，234）。在自闭投射中，母亲镜映的失败导致内射一个具有涵容性皮肤功能的失败，这是创造内在空间的基础。缺乏表征所需的内在空间意味着感觉将成为混乱解体的根源，其结果要么退化为精神病性的混淆，要么是心灵与身体、思想与情感及感官之间的深刻解离。在这种情形下，模拟和仿照成为主要的防御机制，个体将他/她自己等同于客体的表面品质，以便创造一个"第二层皮肤"或涵容性表面，以防止解体的感觉，并在"没有体验到拥有一个内在空间的情况下，保持物体的"属性"。在这个空间中，另一个人的质量或部分可以在幻觉中被存储"（Ogden 1989，136）。我把第二种情况称为连续投射，母亲有一定的镜映能力，但她传回给婴儿的意象完全是孩子传递给母亲的东西的纯粹反射。换言之，它未经遐想的加工。这里有一个关于内部空间的初步体验，但它是一个平面空间，只能包含二维表征。婴儿有一定的心智化和表征感觉的能力，但这些表现仅仅是索引性的或标志性的，也就是说，它们只是在相似性或连续性的基础上形成的具体意象，没有任何隐喻的力量。在连续投射中，个体生活在一个感觉主导的世界里，身体的感觉在一个纯粹具体的层面上被体验，用来填补第二层皮肤上的洞，例如在某些关于性的或施受虐的仪式中那样。感觉的表征的情感之间有着深刻的解离，情感只能被释放，永远不能被表征。于是，他者被认为是一个平面，只能反射投射到它上面的东西。由于无法在内心空间建立起他人的情感意象，无法容忍缺席，这就丧失了将象征意义赋予身体感觉和情感的能力。

在每一种现象中，被传递的体验都是非常不同的，并且会在分析者身上产生不同的想象反应：在第一种情形中，产生意象的功能已经失效，被转移的是一种创伤性的、纯粹的身体体验，一种对非事件的感知的记忆痕迹，一些本该发生但并没发生的事情，而不是一种表征。在第二种情形下，被转移的是一种剥蚀的平面意象，缺乏情感深度和隐喻意义。我现在将用两个临床事例来说明这些过程。

麦琪

麦琪在一位朋友的建议下开始进行分析，这位朋友告诉她她其实很抑郁，可以从分析中获益。显而易见的是麦琪只是作为一个无实体的心灵而存在，她的身体被体验成一个无用的、无生命的"东西"，她拖着她到处走。她的一生都在试图通过模仿过程来适应别人的愿望和需要，以此掩盖自己的无身份感，她希望从我这里得到的只是一个新的、但愿更好的意象来认同。几次会面后，她做了一个梦：

> 我在镜子前用卸妆液和棉絮卸妆，但我似乎无法卸干净，棉絮总是很脏，我感到恐慌，因为那层妆似乎永远不会减少。然后我想我一定是忘记卸妆很久了，我不再那么害怕了，我继续卸妆，直到棉絮很干净为止。与此同时我在和一个我认不出来的人说话。

当时，我只意识到这个梦的第二部分明显的积极移情方面，也就是说，另一个人的存在让她认为有可能卸除面具，但我没有充分考虑到她的恐惧——也许妆容下什么都没有。事实上，正是这一意象表明，她没有活着的感觉与她并未拥有对自己的脸和身体的表征这一事实有关。

过了几个月，最初的积极情绪已经让位于她通常的沮丧和毫无生气的状态，越来越明显地看出，一切都只是对良好分析的模仿，现实中什么都没有发生。就在这时，戏剧性的事情出现了。麦琪前来会面时对我说，她觉得没有希望，很无能，但这一次她描述了一个不同寻常的身体感觉：胃部沉甸甸的重量。当我让她想象这个重量时，她回答说它让她想到了一个棕色的东西——土，一堆土，但她停了下来。然后我突然有了一个几乎像幻觉般强烈的潮湿泥土气味的嗅觉意象，随后转化为泥土压在脸上的触觉意象，然后转化为一个新挖坟墓的视觉意象。我发现自己没有像平常那样抱持着这个意象，而是对她说，也许这个土是一个坏女孩的坟墓，她从来没有活过。麦琪变得非常激动，呈现出剧烈的去人格化的痛苦感觉，并说，想到这个意象，使她觉得她像是一分为二，好像变成了原来的两倍。通过逐渐的冷静，她才能够离开咨询室。然而，这个死去婴儿的意象一直伴随着她，并成了分析中以及她梦中的核心。在她梦里，有一个从无数死去的婴儿到一个死去的婴儿，最后到生下一个活婴儿的意象的演进过程。这一系列的梦使她开始表征她的感觉，她的身体从来没有为她真正存在过，它允许我们逐渐帮助她把她的身体，连同她的感觉和情绪，融入到她的自我意象中。

西尔维娅

我将要描述的下一个人与麦琪非常不同，在某种意义上，西尔维娅对她的身体有一种表征，但这个身体意象是二维的表面，而不是三维的容器。她的身体感觉与情感分离，并降低到具体事件的水平，她在自残的受虐仪式中操纵这些事件，以支撑她脆弱的自我意识，而解离的情感则被疏散到没有转化可能性的虚无空间。西尔维娅之所以被介绍给我，是因为她与情人的分离带来了抑郁，她与情人有着极端的施受虐关系，且这一因素在移情－反移情的动力中迅速地呈现出来。她坚持要我根据她的具体需要来调整设置，不断贬低我和我的解释，让我没有反思的空间，同时把我当作一个极端施虐的人。

西尔维娅有许多充满迷人意象的梦，但我逐渐意识到这些意象的特点是一种奇特的平面质感，更像是漫画中的意象。在她的梦里从来没有发生过什么事情，她也没有对梦中的意象表现出任何情感反应，无论是在梦中，还是在叙述梦的时候。因此，她无法以任何有意义的方式使用梦来获得洞察力或丰富她贫乏的心理现实。随着分析的进行，很明显我们哪儿也没有抵达，这在梦里得以清晰的呈现：

> 我和你在一个房间里，但你坐在书桌后面，我绕到桌子的你这边靠近你，但你让我回到桌子的另一边。我再次试图靠近你，但你把我赶走了，让我明白我必须坐下。但那里没有椅子，所以我假装坐着，却很不舒服，我不能保持平衡。你让我做一些毫无意义和没用的事，我很难过。

当时，我用投射性认同来思考，并确实做出了很多无用的努力来解释这些线索，结果西尔维娅感到越来越受迫害，开始谈论离开分析。当我现在回顾当时的情况，可以看出西尔维娅在贬低我，用刘易斯·卡罗尔（Lewis Carroll）的话来说，我只是"她梦中的一个东西"，但这并不意味着她对我有任何感情或能够以任何方式使用我。这只是她表达作为西尔维娅是什么感觉的方式。和麦琪一样，一些事情的发生改变了分析的进程。西尔维娅带来了一个她参加婚礼的梦。婚礼服的意象时不时地出现。有一件礼服很怪异，她想，因为礼服的裙子部分实际上是两条裤腿用白色拉链拉在了一起。我被这个意象触动了，我用一种平常对她来说不可能的、俏皮的、相当轻率的方式说："如果你不知道你究竟想当新娘还是新郎的话，结婚是很困难的。"像往常一样，她对这种解释没有反应，但那天晚上她惊慌失措地打电话给我，说她一直无法给她母亲打针，因为她的手颤抖得厉害。当她听到我的声音，开始平静下来。从这里开始分析发生了巨大的变化。西尔维娅开始把我当作一个容器来体验，她可以把自己的情感投射到我之中，我们可以从她下一次带来的梦中看到这一点。梦里，我们舒适地坐在她的卧室里，我告诉西尔维娅一个相当混乱的故事，在梦里，我的父母说我对他们感到愤慨。

当时我无法理解的是，在诸多令人充耳不闻的解释中，这个看似平庸的解释是如何起效的。

讨论

如果我们看看在和麦琪的面谈中发生的事，似乎在那一刻，麦琪和我发现自己处于一种内外不分的状态，就像空气中的某种东西，一种未被心智化的感觉。这就是我之前所说的自闭投射。重要的是，这里所传递的既不是图像，也不是情感，而是一种感知，正是分析者的想象工作，把麦琪的感觉、她胃部的重量和她部分的视觉化尝试，与土的气味联结起来，然后以一种不同的感觉模式结合在一起，盖在脸上的土又产生了另一个意象——死去的小女孩。只有通过这种意象的传达，麦琪对不存在的恐惧才变得可以想象，这种恐惧是由于她作为母亲的复制而体验到的。

我转化她的感觉的能力为麦琪提供了一个关于她身体的体验的意象，一个将她的身体呈现在她脑海中的意象，从而开启了她想象她的身体的能力，于是她断裂的垂直轴得以重建。这就是博泰拉（Botella）所说的分析师的"可塑性"工作，只有当分析师能够接受他／她倒退至最无意识的心理层面，成为被分析者的"复制品"时，这项工作才能产生（Botella and Botella 2005，71）。

另一方面，在西尔维娅的例子中，所传递的是一个没有隐喻意义的二维意象，正是通过分析师的想象活动，与意象嬉戏的能力，赋予意象一种"仿佛"的品质，使其在西尔维娅内部回响，从而释放无意识中她对父母施虐式的暴怒。然而，与此同时，分析师的想象活动也给了西尔维娅一种感觉，觉得精神分析师不只是一个表面，而是一个潜在的容器，她可以在其中投射她未代谢的情感（一种真正的投射性认同），相信分析师能够使这些情感变得可思考，以一个冷静的分析师的形象表达出来，尽管她和父亲之间是有问题的。

结论

荣格的大部分工作主要是针对人类主体性构成的内在心理维度的研究，他的方法，就我们所能谈论的荣格方法而言，是为了发展这个维度而设计的。从这个意义上讲，福德汉姆坚持人类发展的关系维度的重要性，坚持一种能够促进移情－反移情动力性展开的方法的必要性，构成了一种有用的平衡。但同等重要的是，正如我在本篇中关于原始心理状态中的投射、幻想和防御的分析的简短叙述中所展示的那样，在一些分析中，对移情的系统解释是毫无意义的——如果不是起反作用的话。在所描述的案例中，是精神分析师的想象力活动带来了转变：在麦琪的案例中，是我的意象生成功能为她体验为死亡的身体提供了一个意象，没有情感或感觉；在西尔维娅的例子中，也正是我的想象力赋予了她贫乏的身体意象以隐喻的深度。正如柯勒律治所说，想象力是一种"合成的神奇力量"（Coleridge 1983，12），它允许我们进入和离开呈现在我们面前的客体。没有它就没有分析。

作者简介

安吉拉·康诺利，医学博士，精神病学家和荣格派精神分析师，意大利心理分析中心（CIPA）的培训和督导分析师。她目前是 IAAP 的执行委员会成员。在意大利语和英语领域都有大量著作发表。

第 21 章

性别与性：想象的情欲的邂逅

乔伊·沙文

Jungian
Psychoanalysis
Working in the
Spirit of
Carl Jung

　　本章旨在将咨询室中的性别和性欲既视为真实的也视为想象的经验。有的时候，在移情／反移情动态中的情欲因素会将分析者和被分析者都强有力地卷入。荣格（1946）曾形象地指出，情欲性移情在分析中处于核心地位，有时甚至会挑战分析关系的界限。继荣格之后，我对这种类型的分析性卷入进行了深入的探索（Schaverien 2002，1995）。然而，这种强烈的亲密联结只是涉及性议题的分析性接触中的一种类型。有很多时候，尤其是在分析的早期阶段，所呈现的性材料远非情欲，但这往往揭示了被分析者在生活中被困扰的问题。我认为，这个困难在于性、性别和想象力之间的心理联系。

　　当荣格（1946）将炼金术与移情联系起来时，他将物质现实与想象联系起来。塞缪尔斯（Samuels 1985）提醒人们注意，这是一个隐喻，因而是治疗关系的象征。治疗关系作为一种具有情欲性的事业的同时，也是象征性的、想象性的。然而，在某些时候，仿佛在相遇中并没有什么想象的炼金术，想象力远没有活跃起来。有三个因素在起作用：缺乏情欲、缺乏或害怕想象力，以及不能以象征性的方式进行联系。对于性别或性观念僵化固着的被分析者来说，分析的任务是将心理态度从具体的转变为象征性的。这就开辟了通过幻想和想象来进入关系的深度取向。

我们从非常真实的情况切入——从分析最初的会见开始。电话通常是首选的方法。在最初的接触中，有许多关于电话那头的人是谁的线索。分析师首先听到的往往是他 / 她的性别，不管是否意识到这一点。在大多数情况下，分析师从声音中立即知道这个潜在的被分析者是男性还是女性。这可能会影响到电话交谈，有时甚至会影响到来电者是否被接受进入初次会谈。在大多数情况下，性别在这一早期阶段几乎不造成影响，但无论觉察与否，对性别的认识是在最初的接触中形成的印象的一部分。

在打电话之前，潜在的被分析者可能已经考虑过性别问题，会根据性别选择分析师。他们可能因为有意识的偏好而主动寻找男性或女性分析师。例如，在妇女治疗中心，通常存在一种基于假设的方法，即女性体验的某些方面可以被另一个女性最好地理解。威廉姆斯（Williams 2006）讨论了这种选择可能是基于无意识的理想化、贬损或回避。同样，一个同性恋被分析者可能会寻找一个同性恋分析师，认为他们的性欲 / 性行为更有可能被理解。问题是，这些通常是被晕染了的现实情况，一个接近分析旅程的人必然被他带有的期待、希望和恐惧所晕染。

我对"性""性别""性欲"等术语的使用，在此需要加以界定和阐述。我在这里追随斯托勒（Stoller 1968，9）对性和性别进行的区分。他认为"性"是生物的，是生理特征的集合，适用于这一现实的术语是男性（male）和女性（female）。与之区别的是，"性别"是指向心理的和文化的，与此对应的术语是男性气质（masculinity）和女性气质（femininity）。因此，这种区分对于鉴别生物现实和与之相关的生活经验具有重要意义。男性气质和女性气质并不是僵硬地固着在男性和女性身上："在许多人身上都有两者的因素，但男性以男性气质为主，女性以女性气质为主"（Stoller 1968，9）。我们可以看到这与荣格关于反－性心理的工作有一些相似之处，即心理中的男性和女性原则所呈现出的相反状态（Jung 1928/1969，1946/1966）。斯托勒认为，生活经验受到生物因素和文化因素的制约，从而形成"性别认同"和"性别角色"（Stoller 1968，29–30）。在 20 世纪 60 年代末和 70 年代，这种区分成为女权主义的议题。继斯托勒之后，社会学家奥克利（Oakley）认为，"性别没有生物起源……性与性别之间的联系根本不是'自然的'"

（Oakley 1972，188）。她的观点是，我们需要研究这些概念的心理和社会结构，以了解男人和女人如何以不同的方式体验世界。

这些反对以本质主义或固定的观点看待性与性别之间的关系的论点对荣格派来说是很重要的，因为人们过去曾倾向利用荣格的对立面观点，认为男女两性由于生物差异而导致心理上的不同。由此，女性被赋予了女性气质，并随之赋予了女性相对于男性不同的角色，而男性则相反。可见性别与生物学的关联过于密切。对更现代的观点的了解对于 21 世纪的荣格派精神分析学家来说是至关重要的。虽然这里没有篇幅来充分列出参考文献，但必须指出，在性别和性领域的一些工作是由荣格派完成的（Colman 2005；Hopcke 1989；Young-Eisendrath 1987，1999；Samuels 1995，2001；Schwartz-Salant and Stein 1992）。性可以理解为生物学和文化结合的产物，虽然性是固定在生物学上的，但性别（男性和女性）可以不同程度地配比到性当中。它是性关系的形式，无论是生理的还是心理的。在这方面值得注意的是塞缪尔斯（Samuels 2001，38-39）的提议，即对性别和性的健康态度应是流动的而不是固定的，以及霍普克（Hopcke）的观察，即"个体的"性有可能在一生中发生变化（Hopcke 1989，187）。

女权主义精神分析学家乔多罗（Chodorow）很好地表达了这一观点，她写道："要理解女性气质和男性气质以及各种形式的性，就要求我们理解任何一个女人或男人是如何创造出她或他自己的文化及个人的性别和性的"（Chodorow 1994，92）。虽然生理上的差异是一个因素，但性别可以有多种方式在想象层面上流动，从而满足性关系。然而，这是一个复杂的关系层次，需要象征性的态度。

移情与重复

分析栖息在记忆和想象的世界里，也唤醒记忆和想象。被分析者在当前的困扰下，进入前不久的往事记忆。随着分析的进展，对遥远的过去的记忆可能会出现。随着移情当中的重复唤起早期的关系和联想，想象力也投入运作。这种心理上的互动是象征性的，充满了幻想和想象，并被过去亲密关系的记忆所掩盖。

这可以通过被分析者在会面中的表现方式观察到。有些人进入咨询室时表现出自信，认为他们会受到赞赏，甚至受到爱戴；有些人进入咨询室时则表现出羞愧和害怕被拒绝。每个人都有着重复父母的喜悦或贬损的核心预期，有着与第一个照顾者接触的无意识身体记忆。有时，性和性别在形成这种态度的过程中起到了重要作用。被无条件欢迎进入世界的被分析者，对自己呈现的状态会感到自信。童年时有着性或性别议题的人，可能预期冲突、被虐待或拒绝。这些早期的发展经历可能会被青春期的经历所改善或加重。这种童年经历将在整个生命过程中产生情感上的反响，影响到获得想象力以及建立爱的关系的能力。性别和性别角色以及性行为的困惑可能导致丰富的生命潜能无法发挥。这可能是由于害怕精神崩溃，而导致的心理不自觉地僵化。

临床片段

X女士的分析进程中几乎没有明显的情欲意味，跟性有关的象征的或想象的思维空间很小。她是一位40多岁的职业音乐人，是在迷茫的状态下被介绍给我的。X女士是个小个子女人，一头金色的长发扎在脑后，风格相当严谨。她生长在一个东欧国家，她的家庭表面上看是很正常的中产阶级家庭。她的父亲是一位有名的政客，经常不在家。母亲留在家里带孩子。她有一个哥哥、一个弟弟。在她被介绍给我做分析时，X女士已得出结论：她和母亲看似理想的关系其实是假的。这种认识是在她搬到现在生活的国家后不久出现的，当时她惊恐地开始回忆起充满了心理虐待的童年岁月。她试图与父亲谈及此事，但此时父亲已经年迈，他似乎对她的苦恼视而不见。在X女士看来，他似乎并不想知道她母亲残酷的本性，所以他是沉默的共犯。

她的两个兄弟似乎都没有经历过X女士所遭受的那种微妙的虐待；因此，这种虐待似乎是有性别针对性的。母亲虐待女儿的方式非常奇特，她一边装出与女儿关系亲密的样子，一边对女儿耳语，告诉她，她和她的兄弟们一样，其实也是个男孩。

因此，X女士在成长中对自己的性别没有安全感，这影响了她的性别认同。她担心自己的生殖器不正常。她想知道是否可以找医生检查一下，但又太过担心而不敢问。在她找到我之前，她一直不敢发生性关系，尽管曾有过几次机会。每次面对这样的可能，她都会断开接触，关系因而没有发展起来。同时，虽然她是一名训练有素的音乐家，但她的职业生涯一直未能发展到令人满意的程度。在我看来，这两种未能正常发展的情况，都是由于无法进入想象、象征和隐喻的世界。

正因恐怖支配着她的内心世界，她在心理上无法前进。她生活在一个僵化的、冻结的、固着的具象世界里。

她在我的咨询室里呈现出一种非常偏执的状态，花了几个月的时间才讲出上述故事。母亲不断的心理虐待已经影响到她存在的核心，对她的心理健康和显现出的性别认同都造成了严重的障碍。当她走在大街上或和认识的人在一起时，会觉得听到了人们的评论，暗示他们知道她其实是个男人。虽然从表面上看，她是一个女性，但她对别人如何看待她没有什么概念。最后，经过深思熟虑，并与同事进行了一些咨询，我得出结论，这种非常具体的恐惧不能仅靠心理学手段来解决。象征性的解释与她并不相关，所以我建议她去约见一位专门从事性医学的女性咨询师。在那里，她被告知，她完全就是她本应该有的样子，她在生物学上彻底是个女性。这样做的效果立竿见影，她马上解除了担忧，问题再也没有出现。X女士相信了这位咨询师。

这里的重点是，X女士在生物学上虽是女性，但她的性别认同被家庭环境破坏了。她在身体上没有任何问题，但她把自己想象成女性的能力被打断了。她需要的是能够在心理上把自己想象成女性，从而让自己成为女性。这将使她能够承担与其性别相称的性别认同和性别角色。X女士因无意识的恐惧而僵滞了。在向她证明其性别的合法性之前，几乎没有什么象征性的工作可以进行。只有到那时，她才能开始对她作为一个有性别的存在的自我有一种感觉。

X女士的母亲诋毁她女儿的女性性取向，不断暗示她其实是个男孩，这实际上伤害了这个女孩，因为这破坏了她与自己身体的联系。在治疗关系中，有必要在相当具体的层面上与X女士合作，因为她脆弱的自我意识有可能丧失，从而使她陷入全面的精神病状态。她的想象力是不稳定的，可能会变得偏执和失控，她需要通过保持非常具体的思维来弥补。

移情中的象征

考虑到X女士的情况，我现在要描述治疗关系中导向象征化的各个方面。格林森（Greenson 1967）对于远非线性的过程给出的相当线性的讨论，有助于考虑治疗关系的象征性方面和真实方面的差异。继弗洛伊德之后，格林森从三个要素来讨论治疗关系：真实关系、治疗联盟和移情。真实关系是指最初相遇并同意合作的两个人之间的真实关系。治疗联盟是建立在信任和非性欲的喜欢基础上的，所以可能要求心理上的分裂，因为被分析者是在和分析者一起观察自己的移情。在考虑性和性别时，这种人为的划分是有帮助的。分析配对中的性、性别和性取向是真实关系的一部分。然而，虽然我们的存在受限于我们所栖居的身体，但在幻想中，我们可以是流动的。在移情中，过去的和未曾经历的潜在关联模式在治疗关系中浮现出来，从而通过意识态度的发展而被意识到并转化。移情的特点是无意识、重复、不适合当前的情形。这一点在分析中和分析外的行为以及梦中都有体现。治疗关系提供了一个独立的空间，在这个空间里，通过被分析者和分析者之间真实及想象的互动，移情被激活。分析相遇的这一方面是象征性的。

在 X 女士身上，我们看到，治疗联盟的工作中有时需要关注实际情况。在这个分析中，我们必须认真对待她的物质现实。X 女士不能允许自己完全体验到移情，因为在潜意识里，她害怕消极和批判的母亲再度活跃起来。由于我意识到了这种潜在移情，所以我们在治疗联盟中并没有太深入到想象的领域和消极母亲意象的领域。在此情境中，关于性的现实问题在她的恐惧中起了作用。她能允许自己的最强烈的移情形式是一种姐妹式的移情，让我陪着她，见证她的痛苦，以一个女人的身份认同这种痛苦。

移情：乱伦和情欲

移情，就像梦一样，可以唤起想象力，也可能暂时看起来非常真实。然而，将其与现实相混淆，会带来不真实的期望，在某些情况下，还会导致对感觉付诸行动的强大冲动。特别是当存在乱伦的动力，且相遇充满情欲时，更是如此。荣格的观点（CW 16 and CW 5）是，在移情中体验到的乱伦幻想具有"某种意义和目的"。它们唤起了过去的情感模式，试图解决家庭中没有充分解决的问题。因此，移情代表着在未来具有强大发展潜力的未完成的心理事务。虽然情欲移情是将被分析者与分析任务联系在一起的粘合剂，但它也唤起了恐惧和害怕。这些情感模式产生了一些最个人化、最亲密的人类体验。荣格在谈到移情中的乱伦因素时写道，它"是所有最隐秘、最痛苦、最强烈、最微妙、最羞耻、最胆怯、最怪诞、最不道德的感情的藏身之所，这些感情构成了人类关系中不可描述和无法解释的财富，并赋予它们激荡人心的力量"（Jung 1946/1966，15）。

　　因此，被分析者让自己回避意识到这种强大的材料也就不足为奇了。我在其他地方写过，当情欲移情开始变得活跃时，许多与女性分析者一起工作的男性被分析者会突然终止分析（Schaverien 1995，2006）。这是避免意识到情欲移情的一种方式，另一种方式是通过性欲化行动。

作者简介

　　乔伊·沙文，博士，SAP 的专业会员，英国心理治疗师协会荣格分会的培训治疗师和督导，谢菲尔德大学艺术心理治疗方向的客座教授。

第 22 章

Jungian
Psychoanalysis
Working in the
Spirit of
Carl Jung

咨询室里的圣秘体验

比尔吉特·霍伊尔

引言

近日我开始思考专业成熟这一课题。我想知道，专业成熟是否会刺激我们开放自己的能力，使我们多年学习和实践的核心分析方法发生变化。这也许意味着一个人工作的基础，即核心临床范式的改变。随时间的推移，此类改变可能会促进在更广泛的专业背景下的范式流变。对个别分析师来说，这或许要求他考虑不同的临床观点，容许它们进入自己的视野。这些观点可能源于专业内的其他取向，也可能源自专业外的领域。在我看来，临床时段中的圣秘（numinosum）体验，特别是治疗关系中的圣秘议题就是一个很好的例子，因为荣格的临床话语——出于各种原因并取决于方法——倾向于限制圣秘的临床范围。圣秘大多被限制在患者梦中的象征性内容或移情的原型方面。在本文中，我想提出"神圣"（Holy）以更基本的方式成为临床时间的一部分，进入移情/反移情的关系，并化身/成为患者和分析师的体验。作为神圣领地（temenos）的"神圣"也可以包含我们咨询室的物理现实。

目前关于灵性和分析的书籍与文章越来越多，这表明了这个议题的重要性。当我在 2001 年的 IAAP 会议上发表一篇文章，提到将为患者祈祷作为分析工作的一部分这个可能性时（Heuer 2003），我被同事们强烈的反应所震惊。他们表现了一种神秘密感和需要得到临床许可才能考虑祈祷的倾向，我自己在写这篇文章时也遇到过这种感觉。从灵性的角度来看，让我觉得非常痛苦的是，对我们许多人的生活如此重要的东西，在我们的工作中竟然不被接受，好像它是可耻的，或者必须对圣秘做严格的限制使其只能作为感觉到的现实而非象征性的实体。这就突出了临床上对范式流变的创新性需求，即要求我们能够对改变自己的临床方法的核心持开放的态度。在这个专业内，我们也可以身先士卒。当我们促进改变患者的核心信念和体验时，我们也将有力地加大改变我们自己的临床核心信念的可能性。

在本章中，我将试着从多个角度阐述我的论点。由于我的其中一个目的是促进临床论述的范式流变，因此我需要提供认识论背景，要使我关于现实的观点变得可理解，为咨询室中的灵性主题提供最有说服力的语境。目前，来自当代量子物理学的认识论资讯，提供了悖论式而非亚里士多德式的逻辑，影响并转化了关于什么被视为真实的观点，它被称为量子现实。这一点是重要的，因为量子现实的各种特征在概念上与最广义的神秘现实交相辉映，指向神性（Divine）和神圣恩典（Divine grace）的直接的、全然的体验。当以量子－神秘现实作为标准语境的时候，临床中的神圣主题因得到更充分的孕育和更恰当的安置而被加强。

我也会试着描述发生在我自己的咨询室中的圣秘体验。我将从治疗态度、移情／反移情－关系、咨询室的物理方面以及工作的边界和协议方面来考虑"神圣"。总之，在对待"神圣"方面，我会以强调其被感受到的和具象化的现实这种方式。

另外，我也将考虑自我和自性的概念，试着重新评估它们的临床地位。自我和自性在临床上往往是从线性的角度来区分的，因而依照不同的方法，一个通常被抬高到另一个之上。要么是从时间的角度，其中一个被认为在临床上比另一个到来得晚，或者是从评价的角度，其中一个被视为高于或低于另一个。我的建议是应从量子现实的角度考虑自我与自性的同步性，并探讨这种范式意象的临床意义。

本章的最后一节将考虑我所定义的恩典心理学，采用被修订的自我和自性概念，将当代实证量子研究和神秘体验在日常的临床时间内巧妙地交织在一起。这使得一个精巧而又具有潜在深刻性的范式流变成为可能，从而使临床话语中的一个核心焦点改变形态。当神圣或恩典的临床范式在我们的治疗现实中逐渐凸显，对病理学及其表现的概念上的强调也会慢慢消失。

方法论和认识论

本章的写作要旨倾向于呈现我们自己的大胆设想，而非学术性。所以我不会进行任何具体的论辩，也不会试图对诸如神圣和圣秘等核心概念进行定义或追溯其源头。让核心术语保持流动性，允许它们的意义通过语境和传导的媒介不断演进，会更契合本章的目的。因此，本章更多的是以探究和反思的精神而非通过论辩写就。有时，意义通过共鸣来传达，相应地，另一些时候以道理来传达。

然而，我的主题终究需要一些认识论上的澄清，因为它部分地是通过神秘主义来阐述的。神秘经验常常被认为与语言的逻辑不相容，这可能是因为它伴随着某种不同的世界观。神秘主义体验与所谓的量子现实有着共同的世界观范式（Heuer 2008）。这其中一个关键的认识论特征是持有悖论的能力，允许两个逻辑上对立的事实同时为真。另一个方面是因果律的消退——神秘的或量子的"事实"彼此生成，以及非局域性（nonlocality）的出现，即"事物"的运动速度超过了光速，绕过了空间。由此而来的是一种更深层次的关联。看似矛盾的是，这种联系既是象征性的，又是具体的。同样，神秘主义也沉浸在对神性的体验中，这种体验是既是内在的和个人的，同时也是全然超越的。因此，神秘主义的核心是持有悖论的能力。不过，悖论需要一种特殊类型的理性，具有一定的特征，而不是把理性悬置一旁。这就是为什么神秘主义既是对圣秘的接近，也涉及认识论。

悖论这一概念上的承载力也是荣格许多思想的核心特征。尤其是神秘合体（Mysterium Coniuctionis）和"移情心理学"，二者可以说是运用了悖论－神秘过程和炼金术隐喻作为认识论背景，旨在达到临床变革的目的。由于篇幅所限，这些考虑超出了本文的范畴，对荣格和其他许多人的引用虽然丰富，但必须尽量精简。

咨询室中的神圣

对我而言，无论从字面上还是象征性的角度来看，心理治疗都需要一个神圣的处所作为它的地点，即荣格的"神圣领地"。一个圣地需要被界定，以保持其独特性和完整性。那么，这就突出了心理治疗的边界方面，并将其放在神圣的背景之下，而不是治疗行为需要遵照的物化的"规则"，就像它们有时成为的那样。治疗边界变得有意义，因为它使工作的神圣性得以实现和被包涵。边界包括了合同、患者的时间、保密性、分析师持续的伦理态度和物理空间。承认心理治疗边界的"神圣领地"的意义，也意味着围绕着我的方法的灵性方面有一个严格的边界，所以我从来不会主动地把灵性层面的内容带入工作中。然而，我当然容纳我的患者这样做。我其实意识到，我个人的取向必然会通过我与患者相处的品质传达给对方。

我把我的实际咨询室看作一座庙宇，而我是它的看守人。我了解咨询室的能量：在物理层面上，我会定期给它注入新鲜空气。有些同事会用燃火达到同样的效果。我每天在开始工作之前，会为房间和自己做能量上的准备。我站在房间中央，深呼吸，变得安静。然后，我把自己和所有光的宇宙源头联结起来，我请求在我的存在周围形成保护。我祈请我的咨询室成为神的治疗圣庙，祈求它被圣化，让治疗的奇迹在里面展开。我也请求房间被神的物质、本质和存在所充满。与此同时，我觉察到房间里的能量变化，我的话语于是成了能量现实。然后，我感觉到 / 看到我的咨询室微妙地变成了笼罩着一座光的殿堂，而我自己则被一个保护性的金色圆球所包围。如果我草草完成这个仪式，效果可能很微弱，如果我花了时间去做，仪式效果就会增强。在一天工作的结尾，我会请求神庙得以净化，通过在精神上注入光，让它的能量重组。我也会净化自己的能量，短暂地感受到光从内在涌现，净化圆球。第二天，当我回归工作时，我感觉到房间里有一种清新、洁净、闪亮的氛围。当我的患者进屋时，我可能会默默地为他们祝福，在他们离开后，我通常会在关闭的门后伫立片刻，祈祷圣光环绕、保护和治疗他们。由于这些仪式是从冥想的状态中流淌出来的，因此它们毫不费力，也毫不费时。

诊所里的圣秘也包含了治疗态度。当患者进入我的咨询室时，我意识到他们的独特性、他们的美和超个人品质，这在每个患者身上既是相似的，也是不同的。我同等地把他们看成上天所爱的，在神眼中是完美的，因而也是神圣的，尽管他们正在与他们带到治疗中的各种东西作斗争。这种态度转化为我与患者相处的品质，转化为我看他们的方式，以及我对他们说话的方式和语气。最近，一位同事向我描述了她是如何向她的患者"提供"了一个有点挑战性的解释，"就像一个人向女神献祭一样"（Dickinson 2007）。这种态度描述了一种临床立场，它结合了对神圣的觉知和临床活力（clinical vigor）。我更喜欢"临床活力"这个词，而不是更常见的"临床严谨"（clinical rigor），因为它的内涵更友好。因此，在咨询室里的圣秘不再像曾经那样局限于"特殊情境"，而是像所罗门（Solomon 2001）的持续伦理方法一样——它成为分析态度的一个重要组成部分，延伸到临床工作的所有方面。至此，分析师在任何时候都对神圣的现实敞开心扉，无论内在还是外在。

自性和自我

传统上，圣秘的临床方面被包裹在"自性"的概念之中，而"自性"最近又重新受到关注。然而，在后荣格时代的临床话语中，自性是如何发挥作用的呢？目前，临床上往往对自我和自性及其各自的功能有一种二元论的看法，即要么关注一个，要么关注另一个。由于这种概念上的划分，可能会有一种隐约的观念，认为临床活力和对神圣的重视往往是相互排斥的，或者说是一个先于另一个，即先有心理整合或个体化，然后才有神圣。此外，在给予神圣临床地位时，可能隐含着对膨胀的担忧，仿佛神圣是一种秘密的腐败力量。再者，灵性可能被视为主要是关于提升的状态，这在临床上是可疑的。将神圣作为对患者的爱——可能会被潜在地视为引诱。一种以移情/反移情为中心的临床方法，可能会把神圣看作对它的污染。于是，一种区分被预置了。据此，自我被分配了处理日常现实（即情感现实、个人自身的病理、自己和他人的现实）的任务，而自性则负责超个人现实的所有方面。自我和自性之间的这种概念的分裂建立在线性的排他性基础上，这种排他性在历史上表现为社会分裂，或分析方法的分裂，如原型与发展取向之间的分裂。

在我看来，这种排他性是没有必要的，将这些临床立场整合在一起将会是有益的。当临床实践既充满活力，又充满了灵性，并以为神圣基础时，它会是什么样的？自我和自性的关系能否被归入新的范式？在这一点上，神秘主义的观点增加了一个重要的新视角。在最广泛的意义上，神秘主义的方法与直接的内在和/或外在的神性体验有关，也与一种同时包含所有四种功能的接收知识的方式有关，从而使知识和体验相吻合。荣格的回答就是一个典型的例子，当被问及他是否相信上帝时（McGuire and Hull 1977，414），他说"我不相信，我知道"。我们有必要区分这种在认识论上获得的没有体验框架的神秘知识和原教旨主义。荣格的"我知道"描述了一种知识的获得方法，并不一定涉及价值判断或排斥其他看法。

若从神秘的观点重新考虑自我与自性的关系，那么——透过神圣的爱之眼——自我与自性本是一致的。这是因为神秘体验在认识论上需要带着悖论的现实，逻辑的矛盾在其中是可以共存和 / 或解决的。从神秘主义的角度看，极端的力量统合了爱之神性的极端温顺的柔和，很容易也很自然地涵盖了超个人的以及个人的体验。此外，神圣恩典的神秘流动带来了全方位的接纳，从而意味着持续的宽恕和转化。然而，神的非时间性的爱之眼只看到完美，因而所有可能需要的转化过程都已发生。更根本的是，神同时铭记着我们完美的钻石自性和个人的自我体验，将两者都包含在共同的神之爱中。这种爱是如此强大包容，如此无限地包罗万象，以至于自我和自性之间的所有区别都变得微不足道和 / 或消失了。我知道，无论从灵性上还是临床上来讲，这都是一个有点激进的观点，即使基督的原话"我和父是一体的"表达了类似的宗旨。矛盾的是，神秘现实允许分化与身份共存，所以两个元素——自我和自性——虽然本质上是一体的，但也可以透过它们各自的身份互相起作用，就像一贯的那样，并影响到以时间的方式展开的变化。从这个角度看，自我不需要灵性上的克服，自性也不需要在后半生的心理激活。

这种认识论的神秘主义如何在临床上转译呢？它表明，例如当一个新患者到来时，工作其实已经完成，但同时又在展开，而从另一个角度看，我们总是处于开始。它还意味着，与我们坐在一起的患者带着他们的钻石自我、他们的神圣和上天赐予的美好，但同时他们也在挣扎。所以当患者在与自己或我的关系中挣扎时，我常常把他 / 她想象成上天所爱的人。在这样的时刻，我可能会在心里低声说："看哪，你深爱的人"，并感到有神圣的热流涌向患者。我有时也会想象一个心的形状围绕着患者。当我自己的深层部分以祈祷和冥想的方式参与时，我感觉到自己同时也可以在关系上和移情上卷入。当房间里有一种难以忍受的痛苦或愤怒的情绪时，我重复地默念"基督降怜爱"，直到转变发生。这种情形出现在平时分析工作的沉默中，于是我在超个人和个人层面上大约同时参与着，这已成为我在咨询室中的常态。我知道我使用的是基督教的语言和提法，因为这是我的传统。

然而这并不是要表达一种感知偏爱，因为在我看来，无论如何构想或称呼，神明都能同样流利地运用任何语言，并做出同等回应。

恩典心理学

对我而言，神圣恩典位于临床时刻的中心，我总是立足于它，等待它的绽放。仿佛在临床时间的中心有一个静止的地方，我总是在这个地方等待上帝。在这个地方，好的结果总是确定的，也是未知的。恩典就像一种微妙的物质，弥漫在物理空间、时间空间和治疗关系中。在我看来，它就像一种无限的温和或柔软，但它也同样具有任何必要的坚定性。从恩典中涌现出接受的需要和能力。通常分析工作在顺利时，可以增强面对和容忍现实的能力，而恩典则是促进接受现实的必要条件，这样深层的接受就可以使现实发生转换和变化。神圣的爱和恩典的神秘流动激发了这个过程，在这一过程中，自我和自性既协同又一致。一切被深深接受的东西既会获得更多的结构和质地，又同样会消褪。在这种非等级的自我和自性的概念之中，没有较低等的方面，也没有什么会被延迟。这反映在现实和永恒神秘地交相辉映于转化过程中。甚至，它们深刻地、矛盾地相吻合。

在之前的一篇文章中，我提出了恩典的概念，将其作为积极临床变化的基础原则（Heuer 2008）。我探讨了神秘而直接的神恩体验与当代量子研究的意义的融会。量子研究揭示了一个微妙的宇宙维度，它以极其强大的和谐原理为特征，激发了一种整体性和全息性的秩序，这种秩序也具有响应性。这些动态原理是随机过程和表面混沌的基础。在宇宙学中，这可以被想象成一个响应性的宇宙，它使我们所创造的一切变得更加优雅、完整和神圣。这些都是非常微妙的、非线性的、无因果的过程，荣格将它们作为客观性的使用，然而它们不能被强迫。在神秘想象中，它们让人联想到微妙的但又是万能的，恒存的却又反应灵敏的神恩流动。由于量子定律被发现在活细胞中运作（McTaggart 2001）——而非局限于亚原子物质——这暗示了一种巧合，以及量子与普通现实的创造性互动，这与上文所探讨的自我与自性的神秘概念化非常相似。尤其重要的是，基于热力学第二定律的世界观——从认识论上讲，它是以牛顿范式为基础的——通过与本质上更强大的量子定律的交织而成为叠加式。在热力学第二定律所隐含的对瓦解和破坏性的强调之外，产生了一种绝对强大的但又绝对顺服的、回应性的但又非强制性的力量。

这种力量是通过当代量子物理学的经验性研究而被认识的，然而它的本质却切合于神秘术语的描述——恩典。对神圣恩典的神秘领悟在概念上完全等同于一种强于想象却又弱于想象的变革力量的复杂性，这种力量既是超越的又是内在的。在临床上，这意味着，"圣秘"并不局限于无意识的内在、原型世界，还延伸到肉体和人际领域。神圣于是巧妙地将临床时刻的方方面面交织起来，成为恩典。由于其包罗万象的概念性质，恩典的临床范式可以与大多数临床方法结合，同时温和地改变临床话语中的核心范式信念。当内在的自性忆起患者的善良、爱、创造力和完美时，与患者的病理和痛苦的接触就不再是临床关注的核心问题。然而我们并不需要对临床时刻做激进的改变，微小的意识转变就提供了所需的开放，使恩典轻易地流入，使神圣变得微妙可见。

同时，量子研究的整体性和全息性的预置模式或非凡的神性将会看到，我们挣扎于其中的任何东西都会最终显现，从而加强我们的现实能力。在卸除自身负担的过程中，灵魂需要全部裸露出来。这个过程可以由恩典来把控。从神秘主义的角度来看，患者在任何时候都是深刻地被上天所爱的，不管临床焦点是否被患者的恨或爱渲染。矛盾的是，随着时间的流逝，神性的热忱只会增加，因此，即使患者无法理解上天之爱，也会变得更加热忱。相反，非凡的神性不可能对任何痛苦及仇恨袖手旁观，必定拥抱它，共同承受。而作为神秘恩典的圣秘则以比光速更迅捷的速度关注所有痛苦。在科学上，镜像神经元的发现（Bauer 2001）增益了这一维度，因为它强调了人类深度共情能力的神经学基础。那么，临床时刻中的神圣包括了分析师对患者感觉根深蒂固的不可触及的一切的共情能力。当分析师卷入这种精神时，奋斗的品质——无论是在患者的动力中，还是在分析师的反移情中——都会发生微小而深刻的潜在变化。同样，在量子实验中，微小的运动就像众所周知的蝴蝶扇翅，具有剧烈的效果。随着临床思想和实践被量子和神秘学知识渗透，藏在许多伪装下的神圣在临床时刻的方方面面都将获得明确的承认。

结论

在这一章中，我以当代量子研究和神秘的神性体验的结合为范式背景，探讨了临床时刻中的圣秘体验。在其中，对神圣的体验被唤起，变得更为清晰。在此背景下，我运用神圣恩典的神秘概念作为临床治疗原则，对自我和自性的概念进行了重构。在我自己的咨询室里探索圣秘的过程中，我意识到需要培养一种神圣的临床语言。对于许多同事来说，圣秘是一个深刻的临床关注点，尽管由于前面提到的禁忌和临床术语的缺乏，它在临床讨论中还没有被充分载入。当然，对于圣秘在临床时刻的活现，我的论述只代表了许多可能方式中的一种。最后，我想引述荣格镌刻在门上的出自德尔斐神谕的一句话，即"无论召唤与否，上帝永在"（Vocatus atque non vocatus deus aderit）。

作者简介

比尔吉特·霍伊尔是英国心理治疗师协会的荣格派分析师。她之前接受过身体导向心理治疗的培训，已私人执业 30 年。她还曾是金斯顿大学健康中心的临床督导，并曾在英国心理治疗师协会荣格培训委员会任职。

第 23 章

日本文化背景下的荣格心理分析

樋口和彦

Jungian
Psychoanalysis
Working in the
Spirit of
Carl Jung

在我开始分析工作之初，特别是开始梦的分析工作以来，我心中一直默默地想着一个问题，它后来成了我的课题。这个问题关乎分析工作的过程和目标在东西方的基本差异。从我回到日本从事分析心理学的工作，并在我们的大学里教学开始，到现在已经 40 年了，我一直认为我的工作一定是不成熟的，因为我不能将与我的被分析者的工作过程充分概念化，也不能确凿地知道我所做的工作到底是什么。我曾觉得，这种不成熟可能导致我的工作无法抵达荣格的深刻分析洞见的核心。

每当我听一位西方人介绍案例时，我总是很佩服他对过程的清晰认识和对分析者心理的洞察力。很多时候，我的头脑都同意他对他所介绍的案例的解释，但同时我发现我的心在说："感觉有些不一样。"我现在已经 80 岁了，在我们这个领域有了一些经验，我想尝试反思一下我所感受到的差异。

首先，我邀请大家来关注日本著名的能剧。我是偶然了解到它们的。我不是能剧专家，也不是能剧演员。我没有努力去理解能剧的古典意义。我只是一个感兴趣的学生，从我的工作与梦的分析角度观察能剧。在观察过程中，我惊异于一些相似之处，无论是在过程还是目标上，它都与我作为一个荣格派精神分析师的工作相类似。我相信，这些相似之处提供了一个反思的切入点，帮我们看到分析的实践方式在东方——我的情况是在日本——与西方之间的差异。

当一出能剧开始时，一个角色会出现，通过他的精神和心理感受力，从无形的世界中召唤出剧中的主角。这个最初的角色（配角）——胁（waki）从不戴面具。在许多戏剧中，胁是一个行走的僧侣。他在朝圣之旅中停在某个地方，在那里感觉到精神能量，或某些难以捉摸的东西，并开始祈祷。他持续祈祷，呈现他的慈悲之心，为他感受到的每个人和每个事物的福祉而祈祷。出于对这种富有同情的关切的回应，主角仕手（shite）从无形的世界中慢慢浮现出来。主角可以是任一性别，但总是带着面具。她或他在朗诵故事的过程中，可能会多次更换面具，而这些故事往往是以前世背负的悔恨或愤怨开始的。戴着不同的面具，讲述着一个个故事，面具代表了影响和激发这个主角的核心人格的不同心灵特征的面孔。当故事被听到并见证后，仕手又会隐退于无形的世界。

在能剧中演绎出的故事生发，就好比叙事的创作，它借助于有意识和无意识的材料，这正是分析工作极其重要的组成部分。在诱导中，人物的多重特征（面孔、人格面具）和最终的真实面目逐一出现。胁的接受力、感知力和同情心使幽灵的出现成为可能。仕手的故事于是可以完整、真实地讲述出来。

在能剧中，胁是一个配角。他从不主导剧情。他的服装与其他角色相比很朴素。他象征着普通的生活。他是真实世界的人，或者说是现实世界。分析师也是现实世界的人。分析师是要收费的。钱代表着工作的现实性。如果他否认工作的现实性——或许是出于精神上的感性——拒绝收费，他就很容易从现实世界的立场上滑脱。分析师必须有一个既在普通现实中又在普通现实之外的立足点。

由此可见，胁并非主角。而是全心全意投注在幕后自己的位置上。当真正的主角仕手被引入后，胁通常就只是坐在舞台旁静静聆听和观看剧情的展开。虽然主角是仕手，但胁有特权坐在仕手的身边观看。分析师的处境也是类似的。我们坐着，用我们的能力、我们的训练和同情心来诱导仕手的各种面具形式的浮出，每个比它之前的一个都更为深刻。就像胁一样，当我们在工作中四处游走时，我们有时会感觉到在某个特定的地方我们必须停下来。在能剧中，这个地方可能留下了某首著名诗作，也可能是发生过某个悲惨事件。对它的感知就仿佛动物用嗅觉去寻找重要的东西一样。当我们带着被分析者来到这样一个地方时，我们会觉得不能仅仅是路过。有某种灵魂的重力会使我们无法继续前进。当我们做出选择与某一位被分析者工作时，情况也是如此。我们可以称它为移情或反移情，或者我们也可以简单地称它为神秘。

在我自己的生活中，也有一些让我感受到强烈的精神引力的重要的地方，它们是维也纳、苏黎世、阿斯科纳和京都。像胁一样，我们是外在世界和内在世界的旅者，是灵魂的朝圣者，是走在没有目的地和终点的路上的男女。就像中世纪的医学家帕拉塞尔苏斯一样，我们在这里和那里徘徊。像胁一样，我们永远在路上，寻求作为人类的全部。

能剧舞台

能剧的唯一布景是一个光秃秃的舞台，后面画着一棵松树。地板由普通的抛光木头制成，将对声音和动作的感知提到了极致。这种简单的设计，让演员和观众的想象力得到最大限度的发挥。几个安静的脚步，象征着千里之行。面具微微上移象征着快乐，下移则表示悲伤。

在由免疫学家多田富雄博士创作的现代能剧中，一个游僧出现在舞台上（像通常那样）。他接近一口井，并在那里遇到了一个年轻渔夫的鬼魂，一次意外事故导致他脑死亡，随后他的心脏在被摘除并移植给了一个年轻的女人。他的心脏的接受者——这个女人也出现在井边。渔夫开始诉说他多么不舍得把心脏给这个年轻女子。多田富雄医生以此揭示了现代医学的一个问题。器官被简单地认为是身体的一部分，而没有考虑灵魂的超验性存在。它们被当作身体的部分被收割，完全没有顾及这个年轻的渔夫在失去心脏后会遭受怎样的痛苦。在这部剧中，年轻的女人是仕手，而井是那个所有可能相遇的特殊地点。

声音在能剧中扮演着重要的角色。它甚至比语言更重要。一个从古老的日本笛子传出的尖锐音符，或鼓的声音，是比对话更有效的对人物情感或严重的情况的传达。这样的声音能激发我们的情致，让我们思考现代的医学方法和生活方式到底是什么。

能剧舞台和旁白的简朴，让我想到这和西方受训的分析师咨询室的场景是多么地不同。墙壁上一般都是画作、凭证、书籍。房间里摆满了家具、地毯和艺术品。没有负性空间。在文字上也是如此，简洁往往是最好的。与其无休止地重复被分析者的故事或分析师对来访者的解释，不如用简单的"哦"来打动分析者和被分析者的心，后者也许更有效。这样一句到位的"哦"，可以焕发患者的精神，迎来他们更真实的灵魂。

分析的开始和结束

在现代西方戏剧中，剧情从幕布升起时开始，在幕布落下时结束。在分析中，我们的工作也常常有相当明确的开始和结束。我们可以说，这种有始有终的特殊治疗关系，实际上构成了对分析的定义。但是，在东方，特别是在日本，这种关系会持续一生，到死才结束。这是一种师徒关系。在死亡之前，没有结束的可能。然而，在关系的旅程中，会有一些里程碑，就像能剧中一样。

在能剧中，有一个舞台外的特殊房间称为镜间（Kagaminoma），字面意思是一个用于信步的房间。那有一座桥，被称为桥廊（Hashigakari），它位于镜间，即等候室和正台之间。无论在舞台上还是在舞台下，这都是一个很特别的地方。当演员走近并穿过桥时，观众会预感到即将发生的戏剧性事件。当他们从这同一座桥上退回来时，观众就会回味舞台上所发生的戏剧。通常，在这些过渡性时间里，观众保持沉默，但却能感受到巨大的情感波澜。

当我们认识到这一点时，我们可以说，在分析者和被分析者之间的实际的第一次会面之前，分析就已经开始了。在日本，分析前的那段时期是非常重要的。我们的社会是一个联系密切的社会。即便在患者出现在我的诊室之前，收集他们的信息也是非常容易的。只是从他们的名字或从同事那里，通过传言或从他们在电话中的声音，就能了解他们。我们的关系在见面之前就已经开始了。因此，东方分析师必须接受，与分析者的关系不仅仅是他们两人之间的关系，还包括家庭、社会团体、国内区域等层面。如果你接受一个人，你也就接受了他的整个家庭和社会。对于这种延伸的情形，是很难说不的。在我们这个社会里，拒绝真的很难。患者的需求可能是如此执拗，如此强烈，所以我们需要一个桥梁，就像能剧中的桥廊一样，它既不是开始，也不是结束，而是一个中间的地方。如果这个中间的时空—— 这个进和出—— 处理得巧妙，一切都会进展顺利。如果处理不好，就会以痛苦告终。

在日本，我们时常会说，太阳升起的那一刻就是一天的开始。但我们不能说看到月亮的那一刻就是一天的结束。月亮出现的时候往往天还亮着。在太阳出来之前，月亮也仍有亮光。在东方，许多事情的开始和结束都是在暮色中进行的，而不是在完全被太阳照亮的明晰中。

徘徊的灵魂

在日本，人们常常觉得死者的灵魂对这个世界和他们生前的环境怀有一种怨恨。他们往往是愤怒的鬼魂。即使是现代人也仍然暗暗地抱有这种想法。也许这就是我们日本人至今仍深受萨满教影响的原因。就连佛教也有这种倾向，和我们本土的神道联合起来，认为每一种造物都具有佛陀的灵。动物、植物、河流、山川、瀑布等自然现象都有灵性。所有的事物都有能力被拯救，通过祈祷和诵经、咒语和密语的帮助，他们会自觉地经历这一过渡，与他们固有的佛性合而为一。若非这样，他们的灵魂就会在这个尘世中漫无目的地游荡。对事物的这种感受，在能剧中也有所体现。

中世纪时期，大约在能剧的第一次出现的时候，曾有很多僧侣在日本游走，为那些死去的人和被亲人抛弃的灵魂诵经。他们也为一切自然事物诵经。既然一切众生皆有佛性，那么就应该把他们当作佛来供奉。

否则的话，他们的灵魂将永远流浪。为此，中世纪的许多能剧都集中表现了伤、老、病、死等人生的不幸境遇。剧中的僧侣们游走于全国各地，倾听这些痛苦恩怨之事。他们亲闻了父母与子女之间的紧张关系、丈夫与妻子、不幸的恋人等悲惨故事。

今天的情况并没有什么不同。分析面对的也是这些问题。分析时段的材料是关于未解决的紧张关系、不合理的要求和灵魂的各种痛苦的故事。我们处理的是生活中的未解之事。能剧中的僧人走在乡间的道路上，为那些生命未解的游魂祈祷。他希望唤起那个灵魂中最深层的人物，让它出现并讲述它的故事。我们荣格派精神分析师与日本能剧中的那个僧人胁有什么区别呢？

能剧中的女人

女性所戴的各种面具是令我惊叹的！ 它们有着不凡的差异性和丰富的表现力。它们当中，有一种令人震撼的面具，代表"疯女人"。它表现的是女人消极的一面。这张面具刻画的是一个怒气冲天的女人，她承受着难以忍受的嫉妒之苦，干裂的舌头分了叉，就像蛇在怒火中挣扎。还有一张面具表现的是一个美丽的女孩，她已经变成了一条大蛇。

也许当武士道传统在中世纪的日本盛行时，女性受到了极大的伤害。在那之前，日本贵族妇女非常独立，享有极大的主权。她们创造了自己的文学风格，在皇宫里写散文和诗歌。在爱情方面，她们自由而不受评判。当武士传统成为主导后，女性在社会中被贬抑到更低级、更受支配的地位。女性角色所戴的愤怒的面具，很好地表达了她们的盛怒。能剧常在室外的神社或其他具有浓重气氛的地方演出。在深夜里，在篝火和火把的映衬下，面具显现出更加神秘的容貌，生动地描绘出女性心理的消极面。

能剧中常有在寻找自己失踪的孩子的女性角色，强烈希望与被绑架或以其他方式被带走的儿子或女儿再次见面。有时般若剧涉及男女之间的浪漫爱情。它或许讲述一个社会底层的街头女子遇到了一个贵族男子，无法忘怀。她无止境地渴念着他，最终变得疯狂。她拿着他送给她的扇子，在下鸭神社前跳舞。在日本，扇子是联结或融合的象征。多年后，贵族男子恰好路过神社前，看到了那个疯狂跳舞的女人。若不是她手中的扇子，他不会认出她来。他们在现实世界中是不可能在一起的，但他们可以找到以融合为象征的扇子代表他们的结合。那个因渴望贵族男子而疯狂的女子，代表了对于相反面的结合的剧烈愿望和对完全性的追求。

在我作为一名分析师的工作中，我通常在我的咨询室会见访客。然而，我并不确定我实际见到的是谁。有时，要经过很长时间才能看到这个人的真实形象，即核心人物。有时，在该人格的真正本质出现之前，我会看到许多浅薄的面具。当本质出现时，它可能以积极或消极的形式出现。不管是哪种形式，我都很高兴看到那个人的真面目。我乐于见到那个生命的仕手。在能剧中，有前（mae）仕手，也有真仕手。真正的仕手是人格的深层表现，它以不同于前仕手的形式和装束出现。它从更深的心理层面中浮现出来。

这种可见的意象上的差异也有助于理解被分析者的梦、故事和艺术创作。

单调与兴致

当我第一次看一场往往持续几小时的能剧时，我会有种单调的感觉，因为动作是如此缓慢。我在咨询室里也经历过这种单调的感觉，事情通常进展得非常缓慢。在分析的开始，被分析者很可能是兴奋的。接着，这个过程中就会放慢速度，这很像游僧的隐约婉转的漫步。这种慢节奏对我们的工作非常重要，因为在当今这个飞速运转的世界，人们总希望迅速解决生活中的问题，并得到一个简单的答案。疗愈本应是个缓慢的过程，它不在普通的时间中进行。在能剧中，一个演员可能在舞台上只移动数步，而这个移动就代表了千里之行。能剧中的一切都发生在普通时间之外。梦也是在这种改变了的时间里运作的，往往有着过去岁月的气息。梦中的故事让梦者自己，或许让"自性"都饶有兴致，它唤起我们对灵魂活动的兴趣和享受。

破碎的梦

在众多的能剧中，有一种叫作"梦幻能"（Mugen Noh）。它是一出最古老的剧目。让我觉得特别有意思的是，在剧的最终，会有一个人物说："梦已破，天亮了。"这表明整部剧都是一场梦，现在梦已经结束了。

这个故事始于秋天。一位游走的僧人出现，来到那多寺的一口著名的井边。这口井之所以出名，是因为曾经有一位英俊的男子爱上了尊贵的国王有恒的女儿，他们的婚礼就在井边举行。当僧人站在那里时，一个女孩出现了，并给了他一杯井水。僧人问她是谁，她说她是附近村子里的一个女孩，但实际上，她是国王女儿的前仕手。她开始讲述她悔恨的故事，然后消失在井里。随后，真正的仕手出现在舞台上。

她跳着舞，拿着一件曾属于那位贵族美男子的衣服。这是整部戏剧的核心部分。她继续跳舞，看向井里。起初，她看到的是自己的倒影。后来，她通过她手中的衣服的力量看到了那个男人的倒影。在中世纪，贵族男子和女子的衣服都是用特定的组合香料熏制成的，因而都带有自己特别的香味。她把他的香衣拿在脸上，就可以呼吸到他的气味，让他的形象愈发栩栩如生。就这样，他们的分离性减少了，生与死、男和女、过去同现在的世界在能剧舞台上走到了一起。这场能剧本是一个梦，融合在其中发生。早晨，或意识，会到来。

能剧中的死亡与重生

能剧起源于古代在神社或佛寺的庭院中进行的舞蹈。后来，它开始在封建领主的城堡里表演。在早期阶段，它的目的是仪式。

它为人们和庄稼祈福，净化邪恶，祈祷长寿。有一个中心人物，他的作用是驱邪邀福。这个角色所戴的是一个老人的面具（如图 23–1 所示）。这个形象很重要，因为它给我们提供了一种将旧的东西重置为新的东西的方法。这个老人的角色挨家挨户地拜访，用他那苍老而快乐的面孔给每家每户带来新的生命。

你可能知道"hängenbleiben"这个词，意思是被挂起或固定。与这种固定或缺乏运动相反，能剧中的僧侣角色会带来变化，然后从场景中消失。在中世纪，贵族阶层的哲学接近虚无主义。死亡及其临近渗透在他们的思想中。这种虚无及其无解，也延伸到武士阶层的思想，这个阶层是与能心有戚戚的。也许正因为这个原因，可以注意到能剧的结局往往并不解决戏剧的中心问题。而是把恩怨或悲剧的故事彻底讲述，然后人物就从世界上消失了。这是相当强烈的表达——所有的事物都会因死亡而被重置，然后在重生中焕然一新。

能面

我的咨询室里有很多能面（能剧所使用的面具称为"能面"）。我想给大家看一些我认为最有趣的面具。其中一个是京都地区生产的"小瘦见"（Hishimen，如图 23–2 所示）。它扭曲着，象征着一个有严重问题的人。

很多种类的面具都代表着人类日常生活中积极和消极的面相。有些面具十分古老，有自己独特的名字。

图 23-1　老人面

图 23-2　小癋见

图 23-3　般若面

有趣的是，很多面具都代表了女人生活中的老朽方面。

图 23-4　年轻女子 / 小面

图 23-5　天国少女

能剧演员的训练

正如我前面提到的，无论一个演员的角色是仕手还是胁，传统上由他出生的家庭决定。这个传统依然存在，但在当代已经不再那么坚守了。今天，一个人即使没有出生在能剧世家，也可能成为一个伟大的能剧演员。演员的训练是尤为受重视的。

1433 年，著名能剧演员世阿弥（Zeami）在 70 岁时写下了关于能剧演员的专业训练的秘记——《花伝书》（*Kadensho*）。他写道，演员要从 7 岁开始训练，还必须有相当好的嗓音。

当学徒十二三岁的时候，伴随嗓音的变化，他必须能唱准曲调。17 岁或 18 岁时，他可以有首次预备绽放（flowering）。到了 23 岁或 24 岁，他达到了训练的临界点，可以有初步的绽放。到了 34 岁或 35 岁，他达到了巅峰。当他 44 岁或 45 岁时，他不能再模仿任何其他演员。当他到了 50 岁的时候，他已经开出了真正的花，并一直绽放到老。

我不确定 shin no hana（真正的花或"真理之花"）的本质含义到底是什么。但它显然被视作演员生涯中的巅峰成就。能剧的目的不仅仅是传统意义上的优美表演，而是在各个发展阶段中表现出美的一种路径，在最终的顶点触及自性的最深处。这种自性的实现是以真理之花的绽放阶段为表征的。如果我们把这些阶段与分析师职业生涯中的训练和成熟过程做类比，我们就认为有必要在发展阶段上增加一些年限。然而，在能剧和分析中，目标都是与整体性更深的融合。

最后，我引用一个所有日本人都耳熟能详的著名能剧—— 幸若舞《敦盛》。幸若舞是一种很古老的能剧。剧中的敦盛热衷于在面临生死战斗的前夕载歌载舞。织田信长（历史人物）在战死前曾吟咏该曲："人生 50 年，与天比，如梦似幻。一度得生者，岂有不灭乎。"我们的生命之舞，就像一出戏、一首诗，或一首歌。作为分析者或被分析者，我们都要选择自己的角色，并以一颗赤诚的心去扮演。也许到那时，无论是西方的玫瑰还是东方的莲花，都能一直盛开到老，甚至更久远。

作者简介

樋口和彦，京都文教大学和日本荣格派分析师协会、日本荣格俱乐部和日本沙盘游戏治疗师协会的前主席，并继续担任日本预防自杀生命线电话服务的主席。他在日本享有盛誉，是将分析心理学带入日本的先驱之一。他是《荣格心理学世界》（*Jung shinrigakuno Sekai*）的作者。

Jungian
Psychoanalysis
Working in the
Spirit of
Carl Jung

第四部分
特殊议题

荣格 1909 年在克拉克大学的演讲并不广为人知，当时他和西格蒙德·弗洛伊德一起前往那里，演讲中包括一份关于一位患有神经官能症的三四岁儿童的心理治疗的案例报告。这是精神分析文献中最早的儿童分析报告之一。后来荣格说他个人对早期发展并没有什么兴趣，并将其留给了弗洛伊德主义者，然而他的一些追随者其实是著名的儿童分析家，其中最重要的是迈克尔·福德汉姆。埃里希·诺伊曼也写了一部关于儿童早期发展的重要著作《儿童》（*The Child*）。在本部分中，布里吉特·阿兰－杜普雷（Brigitte Allain-Dupré）在"儿童的一面"一章中介绍了历史上和当代荣格派精神分析学家中儿童分析的地位。古斯塔夫·博文西彭（Gustav Bovensiepen）是一位发表过很多文章的作家和国际讲师，他为我们提供了一个从荣格的角度对广大青少年进行分析工作的视野。

唐纳德·卡尔希德在他的"在分析中处理创伤"一章中，继续讨论在成人的分析中出现的未解决的早期发展问题和冲突。卡特林·阿斯佩尔（Katrin Asper）在随后的章节"心理治疗与先天肢体残疾"中描述了先天生理残疾的被分析者怎样面对痛苦的早期心理创伤根源。这两章都阐述了当代荣格派分析师在面对源于早期的创伤、缺陷以及对自尊心和功能的损害引发的心理问题和痛苦时的工作方法。

玛格丽特·威尔金森（Margaret Wilkinson）在"心灵和大脑"一章中进一步阐述了心理和身体之间的关系。而阿克塞尔·卡普里莱斯（Axel Capriles）在"激情：灵魂的战术"一章中则专注于心身和激情的目的论。这些章节呈现了魅力无穷和引人入胜的人类心灵的两面性。

说到激情，马上会涉及伦理问题：分析常会变得充满激情，一个人该如何在与另一个人的激情接触中实施自己的行为？对荣格派分析师来说这会是一种持续的关注，因为这项工作在情感领域进行，因此判断、评估和控制都不容易做到。海丝特·所罗门（Hester Solomon）在伦理与自性方面的工作在荣格学界引起了广泛的关注，她在"分析实践中的伦理态度"一章中提出了分析中的伦理考虑。约翰·杜利（John Dourley）的著作颇有煽动性，他通过对一神论做出深度心理学的理解找到了广大的读者群，并在他的"宗教与荣格分析心理学"一章中继续反思宗教和心理成熟。

像所有其他形式的心理治疗和精神分析一样，荣格的心理分析一直被要求在当今世界证明其作为一种治疗模式的价值。荣格早期对心理的实验研究，生成了"情结"这一备受欢迎和有临床价值的概念，为他后来对各种课题的研究奠定了基础，也包括最近的治疗结果研究。维蕾娜·卡斯特（Verena Kast），一位呼吁在分析心理学领域进行更多研究的荣格派重要倡导者，提供了分析心理学研究的历史背景，以及有说服力的论点，说明有必要在这些方面做出更多和持续的努力。

最后，海伦·摩根在她的阐述中提出了梦工作的新应用——社会梦境矩阵。在 W. 戈登·劳伦斯（W. Gordon Lawrence）于伦敦塔维斯托克诊所的工作基础上，摩根等人将社会梦境矩阵汇入到荣格对可渗透的心灵和社会互联性的理解中。本章构成了特别议题的部分，考虑了心灵在更广泛的社会环境和背景中的回应。

Jungian
Psychoanalysis
Working in the
Spirit of
Carl Jung

儿童的一面：自性的族谱

布里吉特·阿兰－杜普雷

荣格问弗洛伊德：你对这种小孩子有经验吗？

弗洛伊德答：我们对这种心灵工作还没有一点头绪！

儿童分析与荣格的世界

人们可能会认为，对儿童分析的重视应追溯到 1958 年的第一次国际分析心理学（IAAP）大会，当时 20 个报告中有五个专门讨论这个主题（Adler 1958）。儿童分析似乎已经完全融入了荣格的世界。

然而，事实并非如此简单：虽然荣格组织在出版物和大会上不断地为儿童分析领域提供明确的合法性，但荣格派尚未将儿童分析纳入他们的表述和身份中。例如，儿童分析者的工作很少被从事成人工作的分析者引用。在我看来，这是由于在其基本理论概念的认同方面存在差异。

今天，我们有可能填补这些空白，因为在过去 50 年中积累了大量的研究和连贯的思想。我建议我们回到儿童分析的起源，在荣格所描述的基本假设中，回溯荣格儿童分析家自那时以来所覆盖的领域。这就需要我们描述历史上荣格概念的拓宽，指明那些随着持续的实践而逐渐出现的概念，以及那些为今天的实践者提供理论基础的概念。

弗洛伊德与荣格讨论儿童和婴儿的问题

为了充分理解以儿童分析合法化为代表的荣格世界的演变（如果不是革命的话），我们需要回到弗洛伊德和荣格二人的通信中找起源。当时，童年和婴儿是他们热烈讨论的主题。

弗洛伊德和荣格对他们所接触的儿童的心理和情感生活的观察（Allain-Dupré 1996）促使他们交换了元心理学的假说。第一批英雄包括小汉斯（Little Hans），他是弗洛伊德在维也纳的朋友的儿子，以及荣格的大女儿阿加思利（Agathli）。小汉斯的案例使弗洛伊德建构出他的俄狄浦斯情结（McGuire 1974，186–87）。荣格在家里即将迎来新生儿时对女儿的观察，使他写出了《儿童的心理冲突》一文（Psychic Conflicts in a Child，Jung 1910/1916/1946）。

1910 年发表的《儿童的心理冲突》是对一个孩子努力应对迸发的心理成长的观察报告，描述了她将在符号生活中达到一个新的阶段的过程。与强调阉割焦虑是小汉斯恐惧症根源的弗洛伊德不同，荣格表明，在孩子试图揭穿生育的奥秘的过程中，他女儿的困难恰是符号工作的自然活动的迹象。

加上《谣言》（The Rumor，Jung 1910）和《父亲的意义》（The Significance of the Father，Jung 1909/1949）两篇文章，以及在福德汉姆大学（Fordham University）的一次演讲（下文将讨论），这些囊括了荣格对童年世界这一特殊领域的探究。

卡尔·古斯塔夫·荣格与童年的紧张关系

在《回忆、梦、思考》的前两章，我们可以注意到荣格与人类心理底层的生动关系。尤其是他认识到儿童身上存在一种"成为"的强烈欲望。今天，这种欲望可以被解释为自性的压力，力图开放自我，在向一致性和他者性的世界中寻求整合。然而，有趣的是，年迈的荣格在反思自己的童年时，却无法将其与儿童心理学的一般方法联系起来，他未曾想过儿童作为一个主体，可以像成人一样从治疗空间中获益。与此相反，荣格童年的显著特征恰是他与患抑郁症的母亲的关系中的孤独处境（Bair 2004，18）。

当荣格 33 岁时，这种补偿的需要仍然存在。回到童年的家时，他回忆说，"我刚刚沉浸的童年世界是永恒的，而我却被从这个世界中扭送出来，陷入了一个不断向前滚动的时代，越走越远。而那另一个世界的拉扯力是如此之强，以至于我不得不猛烈地将自己从原地撕扯出来，才不至于失去对未来的把握"（Jung 1961，20）。

这些原型幻想为我们提供了年轻的卡尔·古斯塔夫对与自己的最初关系的理解，这显然构成了一个理论假说的基础，即自性的影响是组织和引导主体"无意识的实现"的原则（Jung 1961，v）。

荣格与弗洛伊德不同，弗洛伊德曾有过被母亲疼爱的美好回忆，荣格可能有必要与童年保持距离，以免旧伤复发。然而，他通过一种更广阔的途径，即原型的途径来了解儿童的无意识方面。

成人分析家世界里的儿童分析

荣格在《儿童发展与教育》（Child Development and Education）一文中断言："首要的心理条件是与父母的心理融合，个人心理只是潜在的存在。因此，儿童直到学龄前的神经和心理障碍，在很大程度上取决于父母心理世界的干扰。父母的一切困难都会毫无例外地反映在儿童的心理上，有时还会产生病态的结果。"（Jung 1923/1946，para. 106）虽然这条道路对儿童来说是限制性的，但许多成人荣格派分析师长期以来一直遵循这条道路。

尽管荣格似乎回避了儿童分析，但荣格的世界是足够开放的，允许新的立场出现。儿童的心理治疗的需要引发了开拓性的立场，以此弥补曾经对儿童心理的元心理学方法的缺失。

荣格之后：儿童的个体化

早在 1944 年出版的《童年生活》中，迈克尔·福德汉姆就宣布："对儿童无意识的探究好比往正在建造中的房子的地基里添加石头……无论本书具有怎样的独创性，它都是从 C.G. 荣格教授的天才中汲取活力的。"（Fordham 1944，vi）福德汉姆在导言中写道："对分析心理学的一种可能比较公正的指责是它的对儿童心理学的忽视。"（Fordham 1944，4）

在第二次世界大战期间，福德汉姆在治疗旅馆照顾那些已经成为孤儿的儿童的经历，使他能够看到。"他们是我的论文的证据，自性，在荣格的意义上，在儿童发展中是个积极的因素，荣格认为它只在后半生成为重要的……我是在否定神经质和精神病儿童只能通过间接治疗，即通过对父母来治疗的观点。被疏散的儿童的案例证实了我的想法：反正几乎没有父母可以利用，所以在目前的情况下，父母的影响已经完全停止了。"（Fordham 1993，62，85）

正如荣格在他之前所做的那样，福德汉姆采取了一种经验主义的态度，用临床经验来验证他的理论直觉。这些直觉对于受他的思想启发的几代儿童分析家来说是显而易见的，然而，它们的创新性质还是值得强调。它们意味着，尽管荣格在 1912 年以前关于儿童的最初著作很重要，但它们不一定是当代荣格儿童分析的理论基础。后面我们清楚看到，荣格为后半生所阐述的思想使我们能够接近儿童无意识的产物以及成人的产物。

这种对荣格概念"从儿童方面"的放大，也是推进荣格工作的一种手段，冒昧地说，也是将其与当代许多关于儿童心理学的发现联系起来的一种手段，无论这些发现来自精神分析学各流派的研究，还是来自人类学、社会学甚至教育学领域（Allain-Dupré，2006）。

在制度层面上，1983 年在耶路撒冷举行的 IAAP 大会承认儿童分析是一个完全合法的研究领域（执行委员会报告[①]）。然而，这种合法性还只是暂时的。例如，

---

① 执行委员会会议记录，苏黎世，1983 年 10 月，第 9 节："第一届儿童和青少年分析心理学国际研讨会。"来自伦敦的儿童分析家马雅·西多里（Mara Sidoli）在耶路撒冷大会上提议，IAAP 应更多地关注儿童和青少年的分析工作。大会期间安排了一次会议，来自不同国家的许多感兴趣的儿童分析员参加了会议。这个想法逐渐发展为成立一个国际小组（但不是 IAAP 的一个部门），该小组将交流有关儿童和青少年分析工作和培训事项的想法（IAAP 档案）。

我认为，托马斯·基尔希的书（Kirsch 2000）对儿童分析的特殊性介绍得不够充分，因为考虑到儿童分析所涉及的从业人员和国家数量众多。

自性：心灵成长之轴

在简要介绍了福德汉姆对出生时就开始出现的个体化概念的见解之后，我们现在将研究荣格派分析师如何将这些见解纳入他们的工作中。如果要探讨"个体化"一词对于写儿童分析的荣格作者的意义，以及他们对"自性"一词所附加的定义，就需要比一篇文章多得多的篇幅。然而，让我们还是来概述一下这个问题。

自性，被荣格理论经典地定义为"整个人格的原型中心，包括有意识的和无意识的"（Agnel 2005），是"心灵成长的真正轴心"，正如埃利·亨伯特（Elie Humbert）所说，是带来人格出现的要素（Humbert 1977），只要人活着，就会展开一个成长的过程。

现在的问题是，用同样的自性概念来描述童年时期的成长和适应是否合适。让我们来总结一下荣格所说的"适应"的含义，认为它是由人在出生时不是白板这一事实直接产生的结果。"没有人能够从纯粹的理性中把自己改变成任何东西；他只能把自己改变成他潜在所是的东西"（Jung 1912/1952，para. 351）。

荣格希望探索形成关系的先天能力：按照丹尼尔·斯特恩（Stern 1985）的说法，这个当代的术语是同调（attunement）。换句话说，荣格认为童年适应的概念，可以延伸到生命的前半部分，是由自我原型驱动的成熟历程。对他来说，主体的心理生活是在自我由自性中生发这一背景下展开的。这个自我是通过与他人和与自己形成关系而发展起来的，因为只有在与他人的关系中被唤醒时，原型才是积极的和有生命力的（Agnel 2004，30）。

在荣格关于童年的著作中（1906—1912），正如在《回忆、梦、思考》（Jung 1961）的前两章中对自己童年的描述一样，由自我中的自性驱动着，心灵试图企及意识，这在象征性的表述中可以被识别。荣格描述了一个假定的主体能够在他的青年时代出现的条件，特别是在获得他自己的阴影方面的意识的可能性，包括集体和个人层面（Allain-Dupré 2007）。

如果我们同意"客观的自性只有在主体自我的完成中才具有完整的意义"

（Agnel 2005）的观点，我们就必须把婴儿时期视为这种完成的开始。我们需要考虑荣格所说的"适应"，其行为主义的呼应所能引起的更有创造性的意义。还必须考察推动这种适应性成熟的原型过程的进展。

荣格的工作迫使他不断加深对心理内容的理解，心灵在出生时并不是一张白板。因此，正如福德汉姆所指出的，根据人类原型计划，允许儿童获得主体性的自我的出现是理所当然的。"然而，童年时期原型存在的事实被忽视了，可是它们在历史中呈现的背景却被研究了。如此迷人的研究被证明是不可抗拒的，这并不奇怪，但儿童不应因此而受到忽视"（Fordham 1944，4）。

先锋母亲：玛丽·莫尔泽和弗朗西斯·威克斯

尽管我们已经指出了元心理学上的差距，但儿童分析家很早就与思想家荣格和弗洛伊德一起出现了，她们都是女性。在艾玛·弗斯特（Emma Fürst）陪伴荣格进行他的第一次儿童研究（Fürst 1907）之后，儿童分析师玛丽·莫尔泽（Marie Moltzer）为荣格提供了临床案例，他于 1912 年在福德汉姆大学所做的题为"儿童神经症案例"精神分析理论讲座之一上展示了这些案例（Jung 1912/1949，para. 458）。

下一个值得注意的荣格儿童分析家是弗朗西斯·威克斯（Frances Wickes）。1927 年，她出版了《童年的内心世界》（*The Inner World of Childhood*），荣格为其作序。从一开始，她就强调任何与童年有关的课题所采取的教育或康复的方法。自性概念在 1927 年版中没有出现，而是出现在 1988 年修订的序言中。它是在原型的人格化方面提到的。"自性——那个从一开始就生活在儿童心理中的圣人，在危险时期说出了决定性的话语……正是在那时，早已被遗忘但仍然是神圣的体验前来帮助困惑的旅行者，并告诉他，如果他要继续上路，他现在必须做什么。于是，自性就给灵魂的大实相作了见证"（Wickes 1927/1988，xv）。在这里，自性的概念在被提到时没有伴随临床实践，威克斯对它完全是在其积极的、甚至是道德的影响方面进行研究的。

荣格在给她的书所写的序言中引用了一些概念，这些概念后来在很大程度上被精神分析作家们用来探讨母婴关系。根据我们今天所掌握的知识，它们似乎还不够，但在当时它们是相当进步的。我们可以特别注意到，母亲与胚胎之间以及后来母亲与婴儿之间的心灵共享，是基于神秘参与的思想。母亲和婴儿之间的这种参与已经从附体的角度和关系中伙伴之间的法力人格（mana personality）汇聚的角度进行了研究（Allain-Dupré et al. 2005）。

弗朗西斯·威克斯的著作很有价值，因为它们对于荣格儿童分析师从一开始到构建作为他们今天实践基础的元心理学语料库所走过的路程，提供了一种洞察。

第二代奠基人：迈克尔·福德汉姆和埃里希·诺伊曼

迈克尔·福德汉姆（1905—1995）

1944 年，当他出版《童年生活：对分析心理学的贡献》（*The Life of Childhood: A Contribution to Analytical Psychology*）时，福德汉姆已经在儿童指导诊所和私人诊所工作了 10 年（Fordham 1944）。该书在战时出版的事实特别能说明问题。在福德汉姆看来，发展需要意识的成长，这是个体辨别是非能力的基础。福德汉姆根据他与成年患者的经验建立了与原型世界的关系，在这些患者身上，他可以识别出原型的能量影响，无论有没有来自父母的有意识或无意识的影响（Fordham 1944，26）。过去几十年的研究，比如简·诺克斯（Knox 2003）和玛格丽特·威尔金森（Wilkinson 2006）与神经科学相关联的研究，都证明了福德汉姆的正确性。

福德汉姆对个体化概念的考察使他有了突破性的发现，即儿童心理可以依靠心理的客观性。"儿童在生命开始时，其心理并不为他所知，但通过它，他成长并变得有意识。看来，他很可能通过原型的体验越来越意识到自己的内在本质，而我们作为成年人，将这些原型看作他自己的一部分，尽管最初并没有被儿童意识到是这样的"（Fordham 1944，7）。

虽然这些理论在今天看来可能是不言自明的，但童年心理的自主性和客观性是荣格思想中一直缺失的奠基理论。然而，福德汉姆还没有将荣格的自我理论的应用完全明确化。1957 年，福德汉姆继续探索这一领域，出版了《分析心理学的新发展》（*New Developments in Analytical Psychology*，Fordham 1957）。正如序言所宣称的那样，"这个标题被一系列的观察所印证……使我得出了一些接近于儿童分析和自我发展的一般观点：一个结果是强调荣格的经典概念的正确性，即把个体化作为后半生的显现"（Fordham 1957，ix）。福德汉姆已经开始在荣格身上找到了"自我发展的纲要理论，尽管确实需要仔细阅读才能揭示它，而且它从来没有被完整地阐述过"（Fordham 1957，104）。

福德汉姆终于找到了荣格思想与理论之间缺失的连接，而这些理论将成为他自己对儿童可分析性问题的观点的基础。

1951 年，福德汉姆写了一篇具有开创性的文章《关于儿童时期自性和自我的一些观察》（Fordham 1957，131），在这篇文章中，他使荣格理论中自性的整合能力适用于儿童心理。福德汉姆观察到一个一岁的孩子总在盲目地涂鸦，直到她产生了"我"，这证明了他的假设，即自性的整合功能就如同曼陀罗所表征的那样。他评论说"从发现圆圈到发现'我'之间的时间关系表明，圆圈代表的是自性的矩阵，自我从其中产生"（Fordham 1957，134）。

1955 年，福德汉姆写了一篇相关的文章《儿童时期自我的起源》。在这篇文章中，他定义了两个新的概念，即整合和去整合，以此来描述对儿童心自性的干预结果。"在将童年中的自性与个体化中的自性进行比较时，我们也是在将整合过程与另一过程进行比较，为此我提出了去整合这个术语。这个术语用于描述自性自发地分成几个部分——如果意识要产生的话，这显然是个必要条件"（Fordham 1957，117）。去整合可以进一步被描述为"为体验做好准备，为感知和行动做好准备，但尚且没有感知和行动。两者都进入意识，但没有主客体之分"（Fordham 1957，120）。在去整合的基础上，自性启动了一个过程，即自我的碎片围绕一个中心自我进行整合和组织。根据埃丝特·比克（Esther Bick）的方法进行的婴儿观察，使福德汉姆能够证实儿童在自我的逐渐出现中，在去整合和重整合之间来回摆动。

所有这些发现促使福德汉姆在题为"儿童分析"的一章中，对他所认为的儿童分析的结构起草了一个更精确的定义（Fordham 1957，155）。1969 年，他对《童年生活》进行了新的修订，新版题为《作为个体的儿童》（*Children as Individuals*）。它与先前的版本有很大的不同。"我极为突出地将自性定义为有组织的意识和无意识系统的整体。这个概念把儿童当作存在于自身的一个实体，成熟的过程可以由此生发。它并不包括母亲或家庭"（Fordham 1976，11）。

最后，我觉得必须承认福德汉姆的早期工作对荣格儿童分析家群体产生了深远的影响。后来，梅兰妮·克莱因的影响将给英国荣格儿童分析师及其追随者染上特殊的气息。克莱因的影响带有英国文化的特殊性，其他国家的荣格儿童分析家不一定认同这种影响，尽管他们也不否认这种影响。马雅·西多里（Sidoli 1989，2000）、米兰达·戴维斯（Davies and Sidoli 1988）、古斯塔夫·博文西彭（Sidoli and Bovensiepen 1995），以及巴里·普罗纳（Barry Proner）和简·邦斯特（Jane Bunster）的著作都印证了伦敦学派在儿童分析领域的特殊性。同样，法国的儿童分析学家也受到拉康派的弗朗索瓦丝·多尔多（Françoise Dolto）和弗洛伊德派的塞尔吉·勒波维西（Serge Lebovici）的影响。他们的方法在法国荣格儿童分析家的认识论基础上留下了可感知的印记（Vandenbroucke 2006）。

埃里希·诺伊曼（1905—1960）

诺伊曼的方法（Vitolo 1990）与福德汉姆的方法有根本性的不同，它"把人类心理学中的意识－无意识辩证法描绘成一幅集大成的神话与象征性的壁画"（Lyard 1979）。他的思想比元心理学更具有创造性，因为它把原型的观念放大成一种极其精确和复杂的视觉。他的原型理论反映了《转化的象征》（*Symbols of Transformation*）中的原型，将其作为一种行为模式。

《意识的起源与历史》（*The Origins and the History of Consciousness*，Neumann 1950）是诺伊曼为他对人格起源的理解奠定了理论基础的著作。荣格同意为它写导言，他在导言中指出"这部作品把分析心理学建立在坚实的进化论基础上"（Young-Eisendrath 1997）。诺伊曼的系统发生学方法引发了许多讨论（Fordham 1981；Shamdasani 2003；Hillman 1975；Vannoy-Adams 1997），我们在此不再赘述。

然而，诺伊曼对儿童心理学的贡献值得重视，即使我们注意到他的思想并不是建立在对儿童的临床实践之上。和福德汉姆一样，他也相信，从生命开始的那一刻起，一个个体化的过程就在发挥作用。这个过程是由他所谓的自我－自性轴心的早期存在所驱动的。"自我的谱系意味着自我－自性轴心的建立，以及自我与自性的'远离'，这种远离在生命的前半段达到了最高点，此时系统分化，自我显然是自主的"（Neumann 1966）。因此，意识的最初时刻从无意识中产生，它们的种子由孩子与母亲的原始关系所滋养。这就是诺伊曼在死后出版的《儿童，新生人格的结构和动力》（*The Child Structure and Dynamics of the Nascent Personality*，

Neumann 1973）的核心概念。

子女与母亲的关系是人类发展所特有的，是"神话般的现实，因为它是经验所不能及的，而经验又取决于某种程度的意识……诺伊曼选择了'未分化'（ouroboric）这个词来描述这种心理现实的无张力的统一性"（Lyard 1979，15）。诺伊曼对所假设的这种未分化的统一性的放大，使得他将母亲和孩子看作在一个单一的、共同的现实中发展的，即双方都未分化：心理与身体和世界紧密相连，以至于身体和世界之间没有区隔。

在儿童方面，这种母子合一的原型组织者是诺伊曼（也见 Fordham 1969，100–101）所说的初级自性。随着人类胚胎的发育，初级自性包含了他个性中的个体自主方面。然而，它的发育是"来自母亲的外来现实的一部分，母亲对胚胎有超强的影响。只有当子宫后胚胎阶段结束时，我们才能用分析心理学来论证这个被称为个体自性的权威的完全建立"（Lyard 1979，9）。

孩子的个体自性和他的母亲之间的动态创造了一种特殊性，诺伊曼称之为身体 – 自性。的确，"在胚胎阶段，母亲的身体是孩子生活的世界，还没有被赋予控制和感知的意识，还没有以自我为中心；此外，我们用身体 – 自性的象征来指称的孩子机体的整体性 – 调节，就像被母亲的自性覆盖了一样"（Neumann 1988，10）。

诺伊曼创造了中心化和自动形态这两个术语，来描述心理生命发展中的工作机制："在生命的第一部分，中心化首先导致意识中心的形成，意识中心的使用逐渐由自我情结承担。自动形态是指每个人发挥自己潜能的具体而独特的倾向，在社会中实现其特殊和原发的天性，甚至在必要时对立或独立于社会……自动形态和与他人的关系是密不可分的，这似乎是人类发展的特点。"（Lyard 1969，10）

福德汉姆获得了如此广泛的追随者，他被视为伦敦学派的创始人，相比之下，诺伊曼显得孤立。然而，这并不意味着荣格学界对他的思想无动于衷。他可能不太为人所知，因为他的工作是作为一个理论家，而不是一个临床医生，这在某种程度上阻隔了他与正在接受培训的年轻分析师的接触。法国儿童精神病学家和荣格派分析师德尼斯·利亚德（Denyse Lyard）对诺伊曼的理论发展出深刻的认识（1998），她用她的临床经验卓越地说明了这一点，这是诺伊曼著作中所缺少的基础。

是否存在荣格儿童分析这种东西

这是德尼斯·利亚德提出的问题，它与这里呈现的思考相呼应。她着手建立认识论的资源宝库，将初级自性理论置于前台。无论这个概念是否已经在福德汉姆或诺伊曼的意义上被理解，根据德尼斯·利亚德的说法，自性的功能"就像个人的记忆，记录了无意识体验的痕迹，尤其能够在梦中，或是在投射到分析性转移的具体情境中的内容中恢复它们"（Lyard 1998，79）。

因此，诺伊曼和福德汉姆的方法都证实，在自我和无意识之间的分化动态中，通过识别自性对个体化过程的扶植效应，认识儿童人格构建的源头，以此来分析儿童是可能的。值得注意的是，当依据这两种方法来研究同一个临床案例时（Bosio Blotto and Nagliero 2005），其结果并不是矛盾的，而是互补的。

尽管如此，受荣格启发的儿童分析家的探索和创造领域并不限于这两位思想家。在 1983 年由马雅·西多里和古斯塔夫·博文西彭创办的一年一度的儿童和青少年分析心理学国际研讨会这样的聚会上，他们交流的深度证明了这一领域是充满活力且蓬勃发展的。

现在，先驱们已经用他们对荣格自性概念的审视开辟了道路，等待新一代儿童分析家的挑战是通过寻求对这些方面更精确的理解来进一步探索：（1）原型动态；（2）基于阿尼玛和阿尼姆斯来预测儿童性别身份的心理事件；（3）在脱离父母的超我和区分对错之间，一种伦理意识是如何组织起来的，让每个人根据自己的背景，采取自己的风格。认真思考的临床实践将产生一致性，且都将为荣格开始的这个巨大的、永无止境的项目做出贡献：努力将人类心理的奥秘揭示出来。

作者简介

布里吉特·阿兰-杜普雷，法国精神分析协会培训分析师和督导师。法国荣格学院的联合主任，在那里她更多专注于负责培训儿童和青少年心理治疗师。她与来自意大利、德国和法国的荣格派精神分析师一起，以法语和意大利语出版了《玛利亚和治疗师：多元倾听》（*Maria et le thérapeute, une écoute plurielle*）。她在巴黎私人执业。

第 25 章

青春期：一个发展的视角

古斯塔夫·博文西彭

Jungian
Psychoanalysis
Working in the
Spirit of
Carl Jung

我是另一个人。

——A. 兰波（A. Rimbaud）

就自我发展和社会适应方面而言，青春期往往被描述为从童年和家庭生活到成人和集体世界的过渡阶段。然而，个体化，即自性的发展和展开，是作为一个内在过程同时进行的。

为了概括青少年思想状态的一些方面，我总结出以下特点。

青春期的情绪经常在斗志昂扬和彻底绝望之间交替；一种典型情况是突然从焦虑和不胜任的感觉转变为一种无所不能的浮夸的确定感。无头无脑状态也是常见的，有时会导致狂躁行为，这可能会被父母（他们认同了青少年投射出的超我）看作青少年完全拒绝为自己的行为负责。有时，青少年还因幻想自己身体的病态、丑陋和不足而产生强烈的羞耻感；他们也第一次有意识地认识到自己的死亡。

当青少年既谴责父母又崇拜父母，同时又抱着被父母完全理解和接受的微弱希望时，良心的刺痛是很常见的。用心理动力学的术语来说，这些复杂而又常常令人困惑的心态揭示了青少年的任务，那就是与父母分离，摆脱婴儿的关系。

绝大多数青少年能够应付这些内在和外在的冲突，而不会有任何严重的精神崩溃迹象。分析心理学将此归结为自性的力量将青少年的内心世界凝聚在一起，尽管这个世界受到分裂的威胁。自性能否发展出足够的力量和效力来维持凝聚力，取决于一个人的早期童年经历。青少年必须在人生的这个阶段成功地保持内在统一性（inner continuity），在这个阶段，许多内在和外在的变化都在发生。

根据荣格的观点，存在着退化和进化能量的相互作用，这是追求内在完整的过程中进行的原型活动，即自性的动态功能。这一过程创造了源自儿童原型的意象，在心理上体验为一种重生。儿童作为一个原型意象，包含了过去、现在和未来的潜能：心理的统一性和多重性。

在我看来，有两个方面对理解青少年的发展和对青少年进行治疗具有根本的重要性：（1）退行；（2）身体在其心理体验中的角色。

在《转化的象征》中，荣格修改了弗洛伊德对恋母情结的理解。他把退行不仅理解为对生殖器倾向的防御，也理解为对无意识中的先天父母形象的回归。这是一种对整体性、统一性和重生的寻求。荣格认为乱伦是象征这种力比多的退行性转化的隐喻。虽然他强调退行的创造性和再生性，但他相当清楚力比多倒退所固有的危险，下面的引文说明了这一点：

> 剥去乱伦的外衣，尼采的"冒渎的反向把握"只是一个隐喻，用来形容一种心理上的倒退，退回原来力比多被禁锢于童年时期对象之中时的消极状态。这种惯性，正如拉罗什弗科（La Rochefoucauld）所说，也是一种激情……这种危险的激情就是隐藏在乱伦的危险面具之下的东西。它以"可怕的母亲"的面目出现在我们面前。（Jung 1911/12/1970，para. 253）

为论证他的观点，荣格引用了一块牌子，上面有个萨满的护身符，描绘着一个吞噬性的母亲。荣格将乱伦幻想看作一种回归到婴儿期与母亲合二为一的状态的特殊情形。这种倒退的倾向在青春期不自觉地重复着，这期间，婴儿期的焦虑、性焦虑及无意识的乱伦幻想都混杂在一起。前俄狄浦斯的父母意象被性欲化。为了避免这种心理状态的情感体验，一些青少年表现出强烈的防御（荣格的"力比多的惯性"——Jung 1911/12/1970，para. 253），不能从婴儿时期的联结中分离出来。如果无意识的合并愿望太过强烈，只能通过病理性防御（如病理性分裂、否认、投射性认同）来挽救青春期的紧缩自我。结果是症状的形成，如精神病、饮食障碍、边缘结构、成瘾等。处于退行期的青少年不能形成足够稳定的自我表征以促成发展。在青春期重新激活的陈旧的父母形象——例如吞噬的母亲，或渗透、强奸的父亲（作为部分客体）——不能被整合到自我情结中。因此，自我的边界没有扩大，自我仍然处于脆弱的婴儿依赖状态。

对于理解和分析治疗青少年来说，第二个至关重要的方面是身体在其心理体验中的功能（关于这一概念的详细介绍，包括案例研究，见 Sidoli and Bovensiepen 1995）。这是由青春期退行的特殊意义所决定的。青春期的青少年将他们与内心父母关系的无意识幻想投射到自己的身体上，并经常不自觉地在身体上演绎这种关系。身体的特殊心理意义与身体在青春期心理病理中的重要性相对应。青春期经常发生的心理苦恼基本上都与身体体验有关：饮食失调、毒品、精神病、自伤、自杀以及性虐待的后果。

除了身体作为与内在父母关系的舞台之外，身体还被用来作为一种容器，一种帮助青少年应对其压倒性冲动、情感、焦虑和破坏性幻想的容器客体（Bovensiepen 1991，2008）。

所有这些都帮助我们理解了为什么青春期是如此极度自恋性地贯注于身体，这是在任何青少年的精神分析工作中都非常需要纳入考虑的事实。

青春期的亚阶段及相关的治疗技术

在青少年个体化过程结束时，应实现以下一些发展目标：

- 能够接受和爱护自己成年的和性成熟的身体；
- 非乱伦的客体关系的能力和与童年内在父母的分离；
- 自我–自性关系的稳定和分化（身份）；
- 放弃双性的全能幻想（成人性欲）；
- 涵容内部对立面的能力（自性的去整合和再整合能力）；

- 进入社会后对自己的行为负责的能力（人格面具、自我 / 自我理想的发展）；

我想，不同学派的精神分析学家都会同意以上这些条目（甚至可以补充更多）。其中第三点和第五点是分析心理学的核心观点。

青春期一般认为发生在 10 岁至 25 岁之间，在这一人生阶段，内部和外部的生理、心理和社会的变化在急剧发生。心理领域也是一个极度的成长阶段。在这一时期，青少年在行为和体验上会经历多个亚阶段，需要采取特别的技术方法。我按照五项不同的标准划分出了五个亚阶段：（1）本能发展；（2）焦虑水平；（3）防御；（4）情结动态 / 移情；（5）自我 – 自性关系。

当然，在这一章中，我只能对这些亚阶段作一个粗略的描述，不仅仅是根据青少年时期的临床或"病理"表现，更多的是根据作为正常发展过程的个体化进程。在这一发展概况中对年龄的解读不应过于死板，它们只是作为一个大概的参照。

前青春期（10~ 11/12 岁）

这个时期的主旋律可以被识别为退行的本能激活与自我控制相拮抗，婴儿的自我必须发展出英雄的品质，以对抗来自前俄狄浦斯期的部分客体的"怪物们"。在神话层面，我们会想到大力士或超人 / 女超人这样的人物，或者像《古墓丽影》中的劳拉这样的虚拟女英雄。处于前青春期的儿童往往认同那些植根于原型意象的人物角色，如女孩会认同吸血鬼 / 亚马逊女战士，男孩会认同警察 / 黑帮。

本能发展：这个亚阶段的本能发展的特点是一种仍然非常不具体的、泛化的、非特定的性本能激活和古老的（肛欲 – 口欲）本能退行，比如，增强了的活动的欲望或朝向运动项目的野心。许多女孩在这个年龄段发现自己爱上了马（"戴安娜"情结）。男孩倾向用游戏站或电脑游戏来体验"刺激"。他们挑逗女孩或讲下流笑话的癖好，仅次于对动作片的喜爱。电脑游戏尤其让他们产生了完全驾驭那些潜意识中的幻想，控制通常被游戏激发的攻击性和虐待性冲动的体验。

焦虑水平：这一阶段的焦虑水平对应着仍不具体的本能激活。这种情况被相当弥散的本能主导——前俄狄浦斯水平的焦虑也可能威胁到这个孩子的自我完整性。男孩的性冲动在某种程度上是通过增强的运动来抵制的，而女孩则比男孩更早地开始关注自己的整个身体及其外貌，并花很多时间照镜子。

防御：这个阶段的防御包括分裂、外化和否认等，它们阻碍着分析性治疗。内心冲突被严重否认，儿童采用极度僵化的分裂，如潜伏期那样。原始焦虑很快被狂躁的过度活跃、反恐惧行为、多动或精神分裂攻击行为所抵御。治疗中的防御行为也可能通过严密地恪守规则或棋牌游戏（超我阻抗）表现出来。儿童的幻想生活很难被接触到，尤其男孩对言语化有明显的厌恶。

情结动态/移情：尽管前恋俄狄浦斯焦虑逐渐复出，但在移情中的情结动态大多受俄狄浦斯情结的影响，超我部分被共同投射。也就是说，治疗师很容易变成一个严格的教师或权威，其规则一方面需要被反抗，但另一方面又不自觉地被渴望，从而制止倒退的冲动。与同龄人群体的关系非常重要，它能加强与异性的对立性认同和分化，对两性来说，群体的形成经常带有帮派的色彩。

自我－自性关系：如同潜伏期一样，自我相对于无意识而言仍然感觉较强大。因为自我－自性轴线是相当坚硬和牢固的，因此，本能激活所引发的自性去整合还不至于对儿童造成很大程度的撼动。然而，在更加不安的儿童中，自我的防御（Fordham 1985）（如分裂、投射性认同和否认）成为主导。这是分析性治疗中经常出现强烈阻抗的原因之一，因为在那里促成了对无意识的渗透性。

案例：一个男孩正处于从前青春期到青春期早期（青春期开始）的门槛上，可以非常清楚地看到，他经历了多么大的威胁，他的自我多么害怕失去对无意识的控制（关于这个治疗的详细介绍，见 Bovensiepen 1986）。这个男孩是一个很有想象力和聪明的小伙子，他患有各种恐惧症和焦虑症。在治疗之初，他把自己的焦虑和无意识的攻击性幻想完全硬生生地割裂出来，并把它们投射到外部的人身上，于是他害怕这些人。治疗进程中，当他进入青春期后，性成熟引发的退行冲动再也无法被他婴儿的自我所控制。晚间在床上，他经常出现大幅度的惊恐发作。在这种情况下，他制定了一种恐惧症的应对策略：他坐在电脑前写小广告，就像为报纸所写一样，标题是"通缉"和"出售"。这项活动使他从焦虑中得到了缓释。这些滑稽的小广告充满了攻击性的暗示和脏话。

青春期早期（12~13/14 岁）

这个阶段的主旋律是双重倒退：自我的倒退和身体－自性的倒退。像关于母女或母子二人的神话故事——得墨忒耳/科莱（连续性）或西布莉/阿提斯（非连续性）这样的原型形象构成了这一阶段特有的复杂背景。 这个阶段的分析治疗似乎是最困难的，往往以中断告终 。在这个亚阶段，女孩和男孩之间的差异越来越明显。

本能发展：这个阶段的本能发展主要以性为主导，但也会出现强烈的俄狄浦斯和前俄狄浦斯幻想和欲望的混合。自慰幻想可能带有同性恋色彩，也可能带有异性恋色彩。它们经常与前俄狄浦斯的，甚或是相当怪异的幻想有关。

案例：我在一个男孩身上看到一个极端的形式，他几乎沉迷于所谓的"溅射电影"，在疯狂的动作序列中，身体的部位在空中纷飞。这是一种现代形式的肢解幻想。对他来说，分裂和碎片化的自性在对自己身体的专注中"复原"，因此产生了惊人的接近意识的体验。

焦虑水平：这个阶段的焦虑程度很高。本能焦虑、阉割焦虑和前俄狄浦斯的分离焦虑会非常突出。 身体的惊人变化在不自觉中呼唤出早期的分离和丧失焦虑（与早期母亲身体分离）。上学恐惧症和其他恐惧症以及进食障碍更多地出现在女孩身上，而强迫症和疑病症焦虑则经常在这个年龄段的男孩身上首次出现。男孩对同性恋关系的恐惧比女孩强烈得多。男孩的焦虑更多集中在对自己阴茎的完整性和功能的担心，而女孩对自己身体的体验更加全面和综合。虽然女孩对发展中的第二性征的兴趣也极其浓厚，但她们更强烈地将整个身体纳入其中。在这个年龄段，男孩的自性分裂过程和将自性的部分投射到特定的身体部位，比女孩要显著得多。即使到了成年以后，女性仍然更多地将自己的身体作为一个整体来看待。

防御：至于防御，男孩现在更多通过宏大的思维和无所不能的幻想来对抗自己的焦虑。对早期童年母亲身体的防御性贯注可以表现为躯体化和心身症状。此时的自我相对于无意识来说处于相对弱势的地位。因此，防御的目的是至少维持受威胁的婴儿期自我的最低统一性。男孩对女孩的直接性兴趣还不是核心，因为在这方面焦虑占了上风。然而，女孩更早地意识到自己的性别身份和对男性的情欲影响。女孩之间谈论男孩比男孩之间谈论女孩要频繁得多。

这个年龄段的男孩对与女孩发生性关系的态度比较矛盾，似乎觉得这件事更可怕。

情结动态/移情：分离和丧失的问题也变得重要，因为现在的力比多贯注已从童年的内在父母身上撤回。但是，青少年与他们的父母的情结单独留在一起，像这样，这些"无对象"的空虚状态，可能会引发抑郁症或大量的行动化。父母可能会以一种极度矛盾的方式被体验到，就像在学步儿童极尽所能争取自主性的时期一样。加入同龄人群体是青少年避免潜在冲突的一种方式。在治疗中，工作联盟、规则和协议被体验为对自主性的限制。然而，在无意识中，治疗师对自我控制有强烈的需求。在正性的父母移情的情况下，移情阻抗会增大，因为它会诱发乱伦焦虑。

自我－自性关系：青少年的身体变化所引发的自性去整合将她／他与早期的客体联系起来。荣格所说的"与自我的分裂"（Jung 1931/1969，para.757）过程在这里达到了第一个高潮。对碎片化的恐惧也许会激发自我和自性的强烈分裂或合并的倾向。可能出现自我意识的极端摇摆和自我－自性关系的不稳定，并导致相当多的临床症状。

青春期中期（15~17 岁）

这个阶段可以看作青少年个体化过程的高峰。在这里，一个灵活的自我－自性关系的重组（在象征性重生的意义上）是否实现，这一点变得很明显。如果没能实现，则可能出现精神病性的发展（自我与自我的融合），或者启动神经症性的流程（切断自我与自性的联系）。在原型意象的言语中，这种情形可以通过英雄的"对决"来象征：男英雄／女英雄（自我）的决定性战役最终导致死亡或重生。

本能发展：本能的发展这时显然已经到了生殖器的层面，它具有一种—— 它时而会显现出，但必定潜伏着——双性色彩。自慰可以承担性实验的功能。自慰活动和幻想为自性的发展（去整合）和内心凝聚力的维持（再整合）服务。一般来说，这个年龄段的青少年在性方面已经成熟，并试图将自己的性行为融入个人关系和朋友关系中。自我形象主要是以自己所谓的性吸引力为标准度量，并极力朝向媒体宣扬的模式。

焦虑水平：就无意识的乱伦幻想而言，退行焦虑仍然很强烈，因为毁灭和解体仍然是一种威胁（英雄／鲸龙腹中的自我），自我和自性之间的关系有可能迷失。但现在退行焦虑在非象征层面也构成了真正的危险，因为青少年无意识的乱伦幻想现在必须面对他们的成人性能力。如果从父母对象那里的力比多撤回已经发生，丧失和分离的焦虑可能成为重点，想象中会遭到来自被遗弃的父母报复而导致的内疚和恐惧也会伴随。

防御：核心防御斗争旨在对抗退行－乱伦的趋势（从而对抗威胁性的早期情结的部分），并且大多具有原型防御的特点（Kalsched，1996）和福德汉姆（1985）所设想的"自性的防御"。病理性分裂、否认、内摄和投射性认同等防御，可以暂时决定青少年的整体体验。 从诊断上看，对一个有严重身份危机的青少年往往很难确定是精神病的发展已然逼近，还是仅为一时的动荡。自然地，典型的青春期自我防御，如合理化、禁欲主义、理智化等也会在这一阶段得到发展。治疗中的移情阻抗可以表现为永久的贬低和傲慢（例如，人们可以见证希腊神话中的英雄／女英雄经常性的且相当无意识的"傲慢"），也可以表现为对治疗师的完全不在意。在无意识的层面上，这是对自主性的肯定。 在一个治疗小节内快速的情绪波动，以及在不信任和无界限之间的永久振荡，都会使治疗师暴露在持续的刺激、幻想和感受的火力之下。在这样强大的移情压力下，治疗师往往发现很难意识到青少年真正想交流的内容，也很难保持一种涵容的态度和思考的能力。

在这个年龄段，女孩最常见的是饮食失调的初现，对自己成年的、性成熟的身体的保护，会表现为厌食症的发展。

情结动态／移情：力比多从内在父母撤离和对男性和女性朋友的投注是非常显见的。现在，同龄人群体有一个非常重要的功能（并非在前青春期和青春期早期），就是吸收这种释放的性欲，并尝试各种形式的两性关系。同龄人群体也可以作为一个容器，接替母亲的"关怀"和"抱持"功能，这种功能在个人母亲身上受到强烈的攻击，但在潜意识中仍被热烈地渴望。在分析性治疗中，重要的是理想化的同性恋移情（自我表征的）得以快速发展，以创造一个内部空间，使自我与自性的关系得到重组。这往往意味着对个人父母的彻底贬损或诋毁，如果治疗师不能在移情中加以解释或否认负性的移情表现，这就会成为治疗师的陷阱。我认为在这个阶段易被忽视的一点是，青少年的内心世界其实很需要一个积极的母亲／父亲，尽管青少年可能表现得好像根本不需要父母了。

从这个角度看，这个年龄段的青少年抵触把父母想象成一对仍在进行性生活的夫妻也就不足为奇了。对立面的融会，"结合"的原型幻想，可以从中演化出新的东西——"孩子"，是这个发展阶段的青少年难以承受的无意识幻想。另一方面，儿童主题可能浮现，特别是在巨大的变化时期，这在青春期特别活跃。对于青春期的自我来说，它意味着双重威胁：一方面是对实际再次成为孩子的退行性恐惧，另一方面是对能够成为父亲或母亲并有一个孩子的恐惧。

自我 – 自性关系：在这一阶段，自我 – 自性轴仍然相当脆弱，而且有巨大的自恋性过度敏感。如果不出问题，就会实现自我与自性的分化，无意识的幻想、全能幻想、宏大的想法在治疗中可以比青春期早期更好地言说。

当这个年龄段的青春期发展导致严重的发展危机时，往往表现在个人如何处理和体验身体和性行为。身体作为无意识的乱伦幻想的心理场所（根据我前面对身体作为容器 – 对象的心理功能的解释），可能会在多大程度上受到对待和虐待，可体现于下面这个浓缩的案例（关于这一治疗，详见 Sidoli and Bovensiepen 1995）。

A 起初有严重的厌食症、抑郁症，并经常有自杀倾向，但在长期治疗过程中出现了贪食症，并伴有泛滥的催吐。当这种症状变化发生时，A 对我产生了一种非常理想化的、越来越强烈的情欲性移情。在分析工作中，我们发现她对哥哥有强烈的不伦欲望。在暴食症爆发前，她偶尔会在父母卧室门口偷听，这让她感到焦虑和内疚。

青春期后期（17~20 岁）

这个阶段的主旨是完成性心理的内在同一性。迷人的双性恋观念（作为一种无意识的幻想，它代表了自我的完整性）被放弃，转而选择明确的性取向。双性恋的幻想必须被牺牲，因为在这个年龄段，它是一种防御性的浮夸幻想（自我与自性的认同）。这种冲突的原型背景可以用雌雄同体的意象来描述。这部分解释了为什么许多青少年会认同媒体和流行文化中那些长相和服装往往是双性化的人物。

本能发展：性行为现在主要是为异性通婚关系服务，生殖器前期的满足形式不再是最重要的。

焦虑水平：对将自己交托于某种明确的性心理认同的担心会阻碍放弃双性恋的幻想。与这个年龄段典型的心理机能和兴趣的增长相对应的，是对自己的创造力和力量的恐惧也会萌生。

防御：防御现在具有自我防御的特征，而不再是自性防御（Fordham 1985）。梅尔策（Meltzer 1973）指出，潜伏期的刚性分裂现在应该被一种更加"弹性的分裂"所取代，从而生成新的适合个人身份的"引力中心"。分裂（作为一个正常的、非病态的过程）应该是有弹性的，以便尝试各种不断变化的认同（通过投射性和内射性认同）。

治疗中的阻抗常常指的是抵抗为离开父母、为牺牲孩子的"乐园"、为撤销全能的想法而进行的哀悼。这一点在一个 18 岁的青春期少年身上表现得淋漓尽致——他拖着脚走进咨询室，趴在椅子上说："现在，我明白了，我不是世界的中心！"治疗技术和阻抗与成人治疗越来越相似。

情结动态 / 移情：随着与童年时期内在父母分离的稳定化，青少年设法将他 / 她的内在父母区分为男人和女人以及一对成年夫妇，从而也能够与外部父母分离。在移情中，这个过程伴随着现实扭曲的减少，这有助于青少年自我与外部现实建立较少的扭曲关系。身体失去了它作为投射与童年父母关系的首选场所这一重要性。在梦中，具有典型特征的阿尼姆斯和阿尼玛的人物越来越多地出现。积极的、但不是那么强烈的理想化的移情能力促进了这个年龄段的分析工作，并允许在自我层面上建立工作联盟。

自我 – 自性关系：自性的去整合阶段被自我视为威胁不大。在有利的发展当中，自我与无意识之间形成了一种相对无焦虑和可渗透的关系，并可在青少年的创造力和活动方面发挥作用。

后青春期（20~25 岁）

大体上看，可以说这个年龄段的主要特点是社会心理身份（人格面具）的稳定和与父母的和解。性欲开始致力于生育。当青春期不能"结束"，而是作为人格的神经质部分被拖着走时，代表永恒少年（von Franz 1981）或永恒少女原型的消极面的人格特征可能会被锁定：僵化而非自我更新，过分强调头脑、不相关性、浮躁以及性滥交。最近，这一发展阶段被称为"成年初显期"（Arnett 2000，2007），而且很明显，在这一发展阶段也会出现相当大的身份认同障碍和发展断裂（Bovensiepen 2009），甚至在没有出现重大问题的年轻人中也是如此。社会心理数据提供的证据表明，如今这个年龄段的人（20~28 岁）比之前或之后的任何一个时期都拥有更多的自由和发展机会（Seiffge-Krenke 2007，70）。也许恰恰是这些外在的"无限机会"，对于一个似乎已经顺利度过青春期的自我 – 自性关系来说是危险的，因为它可能只是达到假成熟，之后面临崩溃风险。

结论

从发展分析心理学的角度来看，青春期成功分离的前提是婴儿与母亲，特别是与母亲身体的早期关系在情感和情绪上的复苏。青春期作为个体化过程的一个阶段，为那些在早期发展中未能整合的婴儿部分（幻想、情绪和感觉）提供了第二次整合的机会。这个整合过程不能脱离自性的发展。这个概念是区分分析心理学与经典精神分析的重要领域之一。在精神分析学中，概念上强调的是自我及其整合，而分析心理学强调的是自性作为意识和无意识人格的整体，自我就包含在其中。在后一种理论中，自性保障了心理的凝聚力，而这种凝聚力在青春期受到了严重的威胁。如果个体化的过程是成功的，那么自我就会从自性中分化出来。然而，青春期强烈的心理动荡激发了自性的去整合，这一阶段自性的去整合/再整合又促进了自我与自性的分化。分析心理学将身份（青春期的主要发展目标）定义为自我与自性之间的平衡关系。

作者简介

古斯塔夫·博文西彭，医学博士，是《分析心理学》（*Analytische Psychologie*）的联合编辑。他是德国分析心理学协会的培训和督导分析师，并在德国科隆私人执业（接受成人、青少年和儿童来访者）。他是许多临床论文的作者，并在欧洲和美国讲课。

第 26 章

Jungian
Psychoanalysis
Working in the
Spirit of
Carl Jung

在分析中处理创伤

唐纳德·卡尔希德

有一种痛苦如此彻底

它能吞噬物质

然后用恍惚覆盖深渊——

从而记忆可以

漫步—穿越—踏行其上

作为一个昏迷之人

得以安全前往——那只睁开的眼睛

将他丢出来—— 一根根骨头

——艾米莉·狄金森（Emily Dickinson）

创伤是关于痛苦的，它如此"彻底"，以至于吞噬了正常的发展过程，在对外的自我与世界、对内的自我与自性之间留下了一个"深渊"或"基本缺陷"（Balint 1979，18；Edinger 1972，40）。所幸，故事并没有因为这种裂痕而结束，因为人类的心理具有巨大的自我修复能力。它"用恍惚覆盖深渊"，使生命得以继续。

在接下来的内容中，我将探讨这种"恍惚"，以及它是如何以一种复杂精细的防御系统的形式在无意识中出现的，这种防御系统采用解离和分裂的方式，将体验中无法容忍的方面进行区隔化。我把这种防御情结称为自我关怀系统（self-care system，SCS）。它由一套相互交错的自我和对象表征组成——通常是一个内在的"孩子"和它的保护性或迫害性的"监护人"（Kalsched，1996）。当早期的创伤被患者生活中或治疗关系中的某些东西"触发"时，这些内在的人格化常常出现在梦中。下面是两个案例。

SCS 给分析治疗创伤带来了很大的困难，因为它阻抗着改变。重要的是，分析师有必要理解这种阻抗及其在患者历史中挽救生命 / 限制生命的矛盾作用。如果患者没有感到隐藏在他 / 她内心世界中的迷失的"孩子"被接触和帮助，SCS 就不会放弃它的控制。反过来，如果不特别注意治疗师和患者之间的感受 – 关系（feeling-relationship），特别是患者在分析情境中的情感安全（affective safety），这种情况就不会发生。

对于那些熟悉依恋理论的人来说，SCS 可以被认为是一套内部工作模型或图式，反映了已经被概括和内化的关系模式（Stern 1985，Knox 2003，104–37）。这些模式提供了一套关于外部关系的评价和期望，决定了人际世界如何被解释和体验。然而，从荣格的角度来看，SCS 远不止是外在关系模式的内化。它的意象和情感通过心理的神话诗意、原型动态，以及它产生意义的明显"智慧"，从内部被放大。为"孩子"创造富有想象力的故事，并提供治疗性的梦境，它似乎超越了通常描述的婴儿的幻觉或防御性的幻想。不止一位临床医生被这种不可思议的内在智慧深深打动，这种智慧似乎在创伤性压力的条件下被调动起来。他们甚至暗示在治愈创伤的努力中，精神似乎可以获得"更高的"、预知的或跨理性的力量。（Ferenczi 1988，81；Jung 1912，330；Bernstein，2005）。

无论我们如何看待，SCS 都完成了创伤的部分治愈，足以使生活继续，尽管解离及其影响限制了一个人的全部潜力。当人们来接受精神分析的时候，他们往往不知道这个部分的治愈已然发生，他们也不期望多年来被 SCS 的"解释"所告知的那些身份，会在治疗的过程中被"瓦解"。正如马苏德汗（Masud Khan）提醒我们的，对于这些受到创伤的个人……一开始，我们很少处理患者的真实疾病。（而是）……最难解决和治愈的是患者的自我治疗实践。对治疗的治疗是我们在这

些患者身上所面临的矛盾……"（1974，97）

自我分裂的属性

想象一下，一个很小的孩子（比如说一个3岁的小女孩）向一个父母人物（比如说她的父亲）伸出爱的手。想象一下，当这个酗酒的父亲喝醉了的时候，他利用小女孩的感情来侵犯她的身体，并进一步威胁她不要说出来。在这样的创伤性时刻，孩子面临着潜在的人格湮灭——她个人精神的毁灭，正如列昂纳多·申戈尔德（Leonard Shengold，1989）所描述的"灵魂谋杀"。这种灾难性的可能性必须不惜一切代价避免，于是，一些很不寻常的事情发生了。而我们倾向于把这种非同寻常的事情视为理所当然。

突然间，"她"跑到在天花板上，俯视着"她"已撤离的身体所发生的一切。我们把这叫作解离。如果你身处难以忍受的境地，而你又无法离开，你就会部分地离开，而要做到这一点，整个自我就必须一分为二，以防止不可思议的焦虑被充分体验。这种几乎普遍存在的创伤性分裂体验的非凡之处在于，"目击意识"似乎仍然"在场"，但却来自独立于身体之外的另一个位置！

我们有理由认为，这种分裂的存在是普遍的。在我们的例子中，小女孩的一部分会"倒退"到创伤前相对纯真和安全的胚胎阶段。这个倒退的部分会被深埋在身体里（躯体无意识），并被SCS（恍惚）迅速炮制的失忆屏障所保护。另一方面，我们这个例子中的小女孩的一个独立的部分会"前进"，换句话说，她成长得非常快，她会认同侵略者和成人的思想，以一种早熟的哲学、理性，有时甚至是"超然"的理解来超越眼前难以忍受的痛苦。进步的部分就会"监护"退步的部分。在保护角色中，它像守护天使一样提供抚慰。另一些时候，为了让退步的部分"待在里面"，进步的自我可能会变得消极和迫害。在极少数情况下，如果外在的创伤有增无减，而人的基本核心有湮灭的危险，SCS的任务就成了策划儿童的自杀（Ferenczi 1988，10）。

因此，SCS的一个主要目的是维持和保护神圣的人格核心，使其免受内在的侵犯和破坏。这个"神圣的人格核心"，经常在梦中以"孩子"的形象出现，它被温尼科特（1963，187）称为人格的"神圣的与世隔绝的中心"（sacred incommunicado center），或被哈里·冈特里普（Harry Guntrip，1971，172）称为

"个人自性迷失的心"，或被灵性导向的心理治疗师 T.H. 阿尔玛斯（T. H. Almaas，1998，76–82）称为本体的存在，简单地描述为"本质"，或者在我的前一本书中，被称为"不灭的个人精神"或"灵魂"（Kalsched，1996）。人的这一神圣中心并不等同于系统中的"孩子"，而是代表着它的神圣天性、生发性的纯真和生命潜能。因此，当这个"孩子"进入意识时（见下面第二个案例），它有时会带着一种圣秘的光环出现，即作为一个"神圣"或原型的孩子。

自我关怀系统的原理和功能

总而言之，SCS 是从与他人，特别是与早期依恋人物的创伤性体验领域中产生的，并记录了孩子难以忍受的体验所造成的心理分裂。这种分裂被记忆为一种原型的防御—— 一种包含了前进的自我（保护性或迫害性监护人）和倒退的对应部分（孩子）的两极化情结。SCS 执行以下功能。

- 诠释功能。为孩子的痛苦生活提供"意义"，面对混乱和无意义的威胁。根据孩子的"故事"解释随后的经历，这种故事往往解释为是孩子造成了创伤，因此孩子是"坏的"，且必须不断努力成为"好的"。

- 人际交往功能。控制焦虑，调节情感，通过抑制自我表达和阻止依恋来避免再度受创，从而调节与照顾者的距离。其最喜欢的座右铭是"全靠自己"。否定依赖性、脆弱性或"弱点"（见下文第一个案例）。塑造对人际世界的评价和期望，并通过投射性认同来完成其"计划"。

- 自我调节功能。监视难以忍受的创伤经历中的解离，分离感觉、情感和形象，从而抹去那不可能的意义。通过解离控制攻击性和"坏"的或充满羞耻感的自我状态。控制解离性身份障碍的切换序列。

- 自我存续功能。让"无辜的"创伤前的儿童部分与它神圣的灵魂火花一起远离痛苦，确保它永远不会受到侵害。必要时提供自我催眠（恍惚），包括成瘾。征用心理的神话诗性资源，为被摧残的内在孩子提供"故事"，通过自然之美、对动物的爱、宗教仪式、音乐等帮助孩子疗伤。在内心世界里陪伴孩子，有时会在它惩戒性的条律中变得僵化无情。当一切都失败时，它会组织自杀。

不同类型的创伤

在荣格的自传（Jung 1965）中，他把创伤描述为一个"不为人知的故事"：

在精神科的许多病例中，来找我们的患者有一个没有说出来的故事，而且通常没人知道。在我看来，治疗只有在调查了这个完全属于个人的故事之后才真正开始。它是患者的秘密，是击碎他的岩石。（117）

当我们使用"创伤"这个词时，我们指的是一些"击碎"我们的急性或累积性的经历。这种破碎既是一种冲击我们的外在事件，也是一种叫作解离的内在事件。荣格所说的创伤性破碎，在帮助下，最终可以作为一个连贯的故事被记起。这通常是成人创伤的情况，其中解离仅限于创伤事件，导致创伤后应激障碍及其特征性症状。然而，并不是所有的创伤都可以作为一个连贯的故事被记起。儿童时期的创伤事件可能发生得太早，无法在明确的记忆中恢复。在粉碎性事件发生时，儿童的自我还未成熟或大部分还未形成，或许儿童还深深地认同了其所依赖的环境中的虐待者。对于早期的创伤，解离的影响更为深远和系统，实际上影响到出生后头 18 个月最为活跃的右脑，有时会留下持久的情感调节障碍（Schore 2003，272）。

早期的儿童创伤涉及"破碎"，而荣格在描述未曾说过的秘密故事时并没有考虑到这一点。这样的早期创伤甚至对当事人自己来说也是一个秘密，因此当进入精神分析时，往往不会被报告。这种早期的、未被记起的创伤，对于有心理分析取向的治疗师来说，呈现出一幅更为复杂的图景，并要求治疗方法超越通常的解释技术，即揭开幻想、修改防御，或依靠荣格所描述的个体化精神的自发自愈过程。

早期创伤如何在治疗中被"记起"

幼儿期解离的系统性影响使生活得以继续，但代价是内心世界的极大割裂。受过创伤的幼儿不会理解发生在自己身上的事情，也往往不能向父母或他人报告。创伤经历的元素，如感觉、情感和图像，可能被"编码"在右脑皮层下区域的"依赖性状态"偶发记忆中，且无法用于语言过程，包括叙事记忆（Van der Kolk and Fisler 1995)。原始体验的整个片段也可能被"存储"在身体里，创造出躯体症状，而不被意识所利用（ Van der Kolk 1994)。这是 SCS 所设计的"恍惚"的一部分。

当这种难以言说的童年事件的碎片后来在分析治疗中开始浮现时，它们可能会威胁到整个人格的稳定。有这种经历的人，不仅会因为闪回的侵入而感到"不安"，就像创伤后应激障碍那样，而且可能会感到"疯狂"，或者"附体"。一个人的整个身份意识可能会被动摇。

有一位刚开始接受治疗的创伤幸存者，每当她停止用她惯常的一连串迷人话语展示自己时，就会出现侵入性的闪回。在一个寂静的时刻，她突然听到纱门砰地关上！每当这种情况发生，都让她惊慌失措，并确信自己正在"崩溃"。慢慢地，在细心关注她当下安全感的情况下，我们拼凑出了一段连贯的记忆。她当时3 岁。她家住在一个拖车公园里。那是个冬天。她的母亲和附近拖车里的一个酒鬼有染，母亲把她推出门外，告诉她一个小时内不要回来。我的患者一个人在雪地里徘徊，失落而孤独。显然，这种情况已经反复发生，而且"记得"的只是一种突发的感觉，没有情感，没有视觉形象，带来严重的不稳定后果。这种"点燃"反应（ Wilkinson 2006，79–81)，即原始创伤中的高度唤起状态在其后的治疗情景中爆发，治疗师必须对此小心翼翼地应对，他的主要关注点应是情感调节和恢复安全与稳态平衡。

除了闪回外，未被记起的童年创伤中的原始情景也可能在与他人的关系模式中重复性地被活现，并被构成 SCS 的那些内部工作模式放大。创伤受害者发现自己总是不断地再受创伤，就像陷入了一个自我实现的预言。在精神分析的早期，这种看似自我毁灭的现象被称为强迫性重复。今天，人们明白，这种重复也会不可避免地发生在治疗关系里，虽然这往往是作为一种关系危机来体验的，但它为患者提供了一个机会，让他在移情中度过原来的创伤性"依恋崩溃"，希望这一次，能走向不同的结果。

最后，早期创伤可能会以"原型记忆"而不是个人记忆的形式重现。早期创伤的幸存者往往会讲述关于前世生活经历、外星人绑架、撒旦仪式虐待等生动的故事（参见 Hedges 2000)。在不质疑这种"记忆"的有效性的前提下，治疗师必须意识到存在着一个原型过滤器，即 SCS，早期创伤通过它抵达自我。就这样，原型意义代替了个人意义。这样的故事可以提供一个神话创造的"另一种生活"的意义脚手架，维系住那个人的存在，直到他今生经历的人与人之间的背叛、忽视和遗弃所带来的更痛苦的影响可以被接近。

关系在创伤修复中的重要性

在过去的 20 年里，从事早期创伤患者工作的临床医生有了一个痛苦的发现，即通常的分析情景，即强调言语，强调患者和分析者之间的权力差异，并通过解释将患者"物化"的倾向，常常使本来要得到帮助的人再次受到创伤。很明确的是，与创伤幸存者一起工作，需要在分析伙伴关系中注入更多相互性、透明度和情感调和，类似于早期的母子互动。这一发现随后引发了对婴儿观察（Beebe and Lachman 1994）和依恋理论（Bowlby 1988）的再度关注，其中清楚地表明，婴儿和母亲之间最早的、基于身体的二元情感交流对于艾伦·肖勒（Schore，2003，270）所定义的"隐性自我系统"和无意识心智的形成至关重要。鲍尔比和他的追随者们能够表明，人际创伤是多么容易使这种早期的依恋关系破裂，导致僵化的、过时的、不适应的"图式"的内化或内部工作模式的形成，从而取代了轻松流动的与客体协商的过程。这些又会进而导致各种形式的不安全或无组织的依恋，深刻影响创伤幸存者在以后的生活和分析中的人际关系（Knox 2003，115）。

分析师们已经开始意识到，关系中破裂的东西必须在关系中进行修复。早期的关系性创伤不可避免地进入精神分析关系，虽然这带来了许多潜在的陷阱，但也为创伤的修复提供了独特的机会。然而，如果要做到这一点，就需要以情感为中心的治疗，肖勒（Schore，2003，49）将它称之为右脑到右脑的沟通。分析师在情感层面上"同调"到那些解离性的"空隙"或脱轨的地方，在那里，与患者的亲密感觉——联系有可能破裂。菲利普·布朗伯格（Philip Bromberg，2006）的工作提供了许多关于这种微妙协商的案例，以及分析师有必要如何成为情感的"对偶调节"和共同创造一个全新的主体间现实的投入伙伴。幸运的是，在这一过程中，分析者说什么或做什么将不那么重要，"怎样开放地与被分析者一起处理所发生的事情"则更为重要（Mitchell 1988，x）。

除了在"关系"取向中对内部情绪状态增强调控外，情感神经科学、依恋理论和婴儿观察激发了各种处理身体创伤的新方法。这些方法理解到，过去的创伤及其防御将体现在当下的生理状态中，如呼吸、手势、肌肉张力、运动等，并试图直接参与这些工作，帮助患者更加意识到他 / 她的内部感觉和感知。在荣格派对这项工作的具体贡献中，值得一提的有马里昂·伍德曼（Marion Woodman 1984）的身体敏感工作，琼·乔多罗（Joan Chodorow 1978，1984）关于"动作中的积极想象"的长期工作，以及蒂娜·斯特罗姆斯泰德（Tina Stromsted 2001）的"真实动作"工作。在荣格领域之外，帕特·奥格登（Pat Ogden 2006）对心理治疗的"感觉运动法"的阐述，为将身体敏感技术纳入传统的精神分析中提供了许多有用的方法。

其他形式的"表现性艺术治疗"，包括各种形式的艺术疗法和沙盘疗法（见本书第 13 章）在治疗创伤方面也特别有效，因为它们绕过了左半脑，直接触及心理的神话资源，打开了身体中原本被分离的情感。罗伯特·博斯纳克（Robert Bosnak，2007）以情感为中心的梦境工作也是如此。以下两个案例就结合了一些这样的新理解。

临床案例：执行中的自我关怀系统

下面的案例属于这样一种罕见的情况：在一节心理治疗中，一个突发的时刻，加上随后的梦境，非常清楚地揭示了患者 SCS 的结构和功能。我想报告的事件发生在一位 38 岁的成功房地产经纪人接受分析治疗的几个月后，她在危机中向我咨询，因为她和一个新的男性约会对象进行得很不顺利，她希望最终能和他结婚。他抱怨说，他真的不是很了解她，觉得她正对他"隐藏自己"。这句话致使我的患者不安到前来接受治疗。

我的患者是独生子女，迷人，有魅力，外表上完全统一，作为一名女商人和运动员，生活非常活跃，但却很少接触过她的内在生活或她的女性感觉 – 自我。她声称，她的童年是平淡无奇的——她没有真正的问题要解决，只是这个与她认为（在互联网上查寻后）"自恋"和难于下承诺的男友之间的外在问题。

有一天她来的时候，显然被她最好的朋友对自己的一些批评言论伤害到了，她的朋友说她"浅薄和表面"。我的患者似乎被击垮了，虽然一开始她回避了我对她情感的温柔询问，并试图用黑色幽默来掩饰，但最后她还是能够（在我的帮助下）与她的伤痛和悲伤待上片刻。我问她这种悲伤在她身体的什么地方，她指了指自己的心脏。这时，她的眼睛里开始泛起泪光。利用这个新发现的情感，我们能够将她朋友的痛苦批评与她心爱的父亲对她不断羞辱的模式联系起来，原来，父亲在小学和初中时曾无情地嘲笑她身体太"胖"（她小时候略微超重），并更轻蔑地嘲讽她在学校的"愚笨"。

当这些经历中充满羞耻的细节在这次面谈中出现时，她开始恐慌，呼吸困难。随之而来的是一种对她的感受的接近/回避模式。她的眼睛会充满泪水，然后是一种限制性的、痉挛式的哭泣。恢复之后，她会开一个玩笑，说自己是一个多么不堪一击的人——然后紧张地坐在那里咬着指关节，直到眼泪再次涌出。每次我都鼓励她让感情不经控制地流露出来；充分融入它们，并告诉我更多关于脑海中出现的东西。但每次她都会不由自主地把它们掐掉，为用了我的纸巾而道歉，开一些暗讽的玩笑，最后结束的时候，她终于松了口气。

我被这个困难的疗程所感动，但当她从候诊室走下楼梯时，我的患者讽刺地评论，我"不应该担心"……如果可以的话，她再也不会把那个"呕吐的、喵喵叫的小家伙带到这里来了"！听到我患者的这句话，我很震惊，我以为她会和我一样，为她能够开放感情而高兴。

在下一次咨询中，她带来了以下的梦。

> 我和一群年轻女孩被囚禁在某个运河系统的船屋里。这是一个漆黑的夜晚，非常可怕。穿着黑衣的船长一直想把我们一个个杀死。他阴险而邪恶，就像《沉默的羔羊》中的汉尼拔·莱克特。我试图和一个年轻女孩一起逃跑，我和她的脚踝被锁住了，但她很虚弱，跟不上我的脚步。她滑入水中，我们无法继续前进，所以最后我们被抓获。小姑娘躺在浅水里。我一直想用铁链把她拉上来，让她能呼吸，但她一直掉回水里。船长正得意地看着这一切。他走过来，给了我一个幸灾乐祸的眼神，用靴子踩住她的喉咙，把女孩推到水底。我被悲伤和愤怒淹没，我看着她溺水。我很无助。

我的患者知道这个梦与前一天的治疗有某种关系，但在她看来，这个梦证实了她对自己最严重的恐惧，换句话说，有一些根本性的东西错了。"还有谁，"她坚持说，"做过这样的虐待狂的梦？"

我的患者没有意识到（我也没有意识到）的是，她的一个未知的部分（船长）

显然是多么痛恨她新发掘出的脆弱的感觉（她被锁住的弱小女孩），并试图"杀死"她们，把她们推回无意识状态。现在回想起来，我意识到，她在离开前一次治疗时的讽刺话语，直接来自这位"船长"，来自她的自我在那一刻完全认同的SCS 的迫害面。船长一定也是作为那个无意识的内在因素存在于治疗中，一直试图切断她的感觉，把她从身体移到脑袋里。

在我的患者的梦中，她的创伤前天真无邪的童年自我，是由被锁链锁住的弱小少女代表的。梦的自我一直想把她拉出水面，"好让她能呼吸"，就像在前一个疗程中，她在身体里挣扎着表达那些浮现出的解离的情感，却又反复遭到"杀害"。

这个梦和我们对它的相互理解，帮助我的患者对她依赖性很强的内在童年自我变得更加宽容，随着我们工作的进展，她能够冒更多体现情感的风险，软化了她那个以警惕性、破坏性的"船长"为代表的防御结构的盔甲。

最后的个案：原型儿童与海豚

一位 20 多岁的华尔街股票经纪人在他的未婚妻为了另一个男人而离开他并解除了和他的婚约之后，因抑郁症向我咨询。对于她的背叛，我的患者不仅感到通常的悲痛、伤感和愤怒，而且开始感到荒凉、不真实、"脱节"和"内心死亡"。这些人格解体和不真实的感受，他依稀觉得熟悉。我一边听他的故事，一边想，现在被女友抛弃这件事，会不会引发什么早期的创伤呢？我们很快就发现了这个早期的创伤是什么。

在最初一段聚焦于他目前丧失的关系的治疗后，我们开始探讨他的个人历史。他对自己"枯燥无味的正常、典型的中产阶级"的童年已经记不清楚，除了一件事，那便是他从来没有真正属于自己的家庭，他一直幻想自己一定是被收养的，他觉得自己的过去有着什么秘密……他一定过着某种黑暗的"另一番生活"。他甚至查过自己的出生记录，并向父母提出这些质疑，但一无所获。

在进入分析几个月后，我的患者对他失去的爱情关系感到特别沮丧，他想起了他小时候重复做过的一个噩梦。在梦中，他不知怎么就到了厨房的垃圾桶里，而这个垃圾桶是放在地下室的一个上锁的柜子里的，当他"坏"的时候，他就被母亲流放到这个地方。这个地方对他来说总是非常恐怖。他说他有时会在里面哭得很厉害，以至于进入"一片空白"。

　　我希望这个早期的梦境能让我们进入他的内心世界，于是我让患者闭上眼睛，重新进入梦境，告诉我他的所见所感。一开始他很抵触，但我开着玩笑安慰他，最后他终于让自己进入了画面。他发现自己所处的地方变成了一个恐怖的厅堂——半人半鬼的扭曲形象和食尸鬼的混合体。我请他和这些形象待在一起，告诉我他想到的任何事情……尤其是他在身体上的感觉。他说他觉得自己很小，很害怕 —— 然后，我补充说他在家庭中一定觉得自己是多么的被抛弃的和多么地不受欢迎——他哭了起来。在我的帮助下，他允许自己向这些眼泪投降，而不是把它们捏掉。那次当他离开时，他感到震撼，又奇怪地感动。那天晚上，他做了以下的梦。

> 　　我走在荒凉的沙滩上。我比现在年轻，我不知道有多年轻。远处是一个我曾见过的女人。她穿着一件白色的毛巾长袍，带着兜帽。她看起来很飘逸，隐约的有种超脱尘世的感觉。我连她的脸都看不清。一场风暴正在酝酿。我们看到沙地上有一个鼓包。她指着它，表示要我把它挖出来。我照做了，并发现了一个小男孩的活的身体。首先我挖开他躯干上的沙子，让他能坐起来。他也穿着一件白色的长袍并戴着兜帽。他的脸还盖在沙子下面。我试着清理，但沙子一直掉下来，盖住了他的眼睛。只有他的额头和下巴露在外面。最后我把他弄了出来，我们三个人一起走在沙滩上。突然，我们注意到一只光滑的海豚在水中跳跃。很快，海豚的数量就增加了一倍，变成了两只，然后是四只，再然后是八只……直到海洋里充满了这些活的动物。当我们在救生塔上观看这一景象时，一阵强风吹来，把我们吹得东倒西歪。

　　这个异常生动的梦在我的患者看来非常奇怪，然而他知道这与之前的那节分析有关，他说，这次分析让他"大吃一惊"。他觉得挖出那个男孩的尸体，一定和挖出他的过去有关。

　　不久后，我的患者从一位阿姨那里得知，他现已去世的母亲在他出生后患了产后抑郁症，并住院治疗了六个星期。他被送到这位阿姨家生活，阿姨报告说，由于他的母亲一直处于抑郁状态，无法应对，所以在一年的时间里，姑姑断断续续将他送回母亲身边。这个信息给我们提供了一个线索，那就是伴随他未婚妻的离开，早期的创伤正在我的患者生活中重演。他很早就被抛弃了，在这个过程中，他内心的一些东西被埋葬了，盖在帽子下面，无法被看到，变成"无脸的"。我们可以把这个被埋葬的男孩看成患者的一个更年轻的版本，那个活泼的、创伤前的"孩子"，他的能量已在那所谓的"惩戒壁橱"里反复体验的恐怖中（通过解离）离开了他。因此，这个戴帽的孩子代表着患者失去的、现在又重新回归的、完整而富有生机的自性的一部分。

当我思考这些可能性时，我偶然看到荣格（1959，177）关于儿童原型的文章中的一段话，他讨论了"神圣的孩子"。荣格对"戴帽者"的形象进行了评论：

> 浮士德在死后，作为一个男孩被"受祝福的青年合唱团"所接受。我不知道歌德的这个奇特的想法，是不是指的是古代墓碑上的丘比特。这并非不可想象。库卡勒图斯的形象指向蒙面的，也就是看不见的，逝去的天才，他在孩子般的嬉戏中再度出现在新生活里，周围是海豚和三头龙的海洋形态。

这个意象与我的患者的梦境的意象几乎完全对应。他的一部分，直到现在还看不见——他的"天才"或"达蒙"——通过他对"看护者自我"（蒙面女人）的具有中介性的关注，再次被人所知，这是"另一个世界"的防御，具有不可思议的智慧，联结着与他埋葬的灵魂的孪生关系。

如果我们把海豚的形象放大，就会进一步支持我们对这个梦的解释。海豚与垂死和重生的"儿子"的神话关联是非常古老的。帕萨尼亚斯①（Pausanias）报告说，有一个部分是神、部分是人的孩子，名叫塔拉斯（Taras），是波塞冬和萨提亚的儿子，是塔伦图姆的多伦城（Dorian city of Tarentum）那骑着海豚的新年之子。从帕萨尼亚斯的其他证据来看，格雷夫斯（Graves，1955，291-92）认为，在科林斯，很可能是在借助被太阳神父驯服的海豚，戏剧性地呈现新年之子的仪式性降临。

这个原型意象让我们看到了 SCS 的救生功能。它保存了自性丢失的心脏，看不见，蒙着面，曾一直被挡在生命的苦难之外，直到这个天真无邪的部分与它

---

① 公元 2 世纪（罗马时代）的希腊史地理学家，旅行家，著有《希腊志》。——译者注

"神圣"的载体再度进入生命流，在他的梦中，被跳跃和嬉戏的动物所包围，这些动物总是与生命力、活力和光明回归世界有关。

我的患者对这些神话的类比并不怎么感兴趣。然而，他被一种感觉深深地打动了，那就是通过对他个人生活史的分析探索，他正以某种方式与自己失去的一部分重逢。他的生活不再让他感到十分荒凉，而是在某种程度上充满意义的波澜壮阔。他很快就找到了一个新的女朋友，离开了治疗，开始了新的生活。

没有心灵的心理学

在前面的讨论中，我强调了 SCS 的神话、心理和"精神"功能，这样做是有原因的。一方面，最近神经科学和大脑研究的革命性发展（Schore 2003a，2003b），加上研究发现连同大脑的发育也取决于孩子和母亲之间的早期关系（Gerhardt 2004），导致了这个领域令人激动的融合。这两股思潮汇聚在一起，强调了创伤及其治疗的两个以前被忽视的方面，即创伤如何在大脑／身体中编码，并通过关注身体及其情感来治愈；另一方面，治疗师和患者之间的关系对于修复早期创伤极其重要（Bromberg 1998，2006）。

我个人对这些新思潮深有感触，并对关注这些现实的男性和女性表示钦佩和感谢。我和他们一样感到兴奋。毫无疑问，过去我们在精神分析中过于注重语言／解释形式的治疗，而忽视了感觉、身体和治疗关系。在荣格的创伤疗法中，我们也一直专注于梅兰妮·克莱因就原型幻想的特殊版本，以及这些意象本身是如何造成创伤的。这导致我们相对忽视了创伤的外在现实，它在我们生活中的普遍性，以及它塑造和扭曲内心世界的力量。

然而，所有这些聚焦于对大脑和人际关系的热情的阴影面是荣格多年前就警告过的，即我们最终可能会得到一个"没有心灵的心理学"（Jung 1933，178）。我所读到的很多东西都有一种倾向，即远离荣格的核心贡献——他发现了内在世界中那被他称为"自性"的圣秘火花。对荣格的思想与新发现的相容性，他对情感的关注、他的关系性，甚至他对自性而非自我的强调，都已经有了很多论述。但仍有一种还原论让我担忧。在创伤及其治疗领域的杰出人物彼得·莱文（Peter Levine 1997），甚至声称"创伤是生理性的，而不是心理性的"（引自 Taki-Reece 2004，65）。玛格丽特·威尔金森（Wilkinson 2006）的书在整合荣格心理学与神经科学的新发现方面做出了巨大的贡献，她介绍了被心灵的神话创造所拯救的两位创伤幸存者的美妙案例——在一个案例中幸存者通过书籍和电影被拯救，而在另一个案例中则是通过绘画、对动物的热爱，以及一个维持希望的想象中的内心人物被拯救。然而她在总结自己的工作时说，这些案例表明孩子们"需要从外面的危险世界退到与创伤有关的假象世界中去"（Wilkinson 2006，51）。

在我看来，这将想象力的重要性降到最低，似乎"外在"世界才是我们"应该"生活的地方，没有"假装"的内心世界。相反，正如詹姆斯·希尔曼（Hillman 1975）提醒我们的那样，我们生活在心灵中，就像鱼儿在水里一样，创伤幸存者有时比其他人更多生活在那里。他们往往对那"另一个"世界有一种更高明的看法，那个世界在我们的梦中和那些伟大的沉默时刻出现，甚至会通向解离。

客体关系理论和人际间理论为创伤的发展提供了最好的理解，但是，由于缺乏对心灵内在世界的自我修复能力的把握，它们没有充分设想通过个人资源以外的其他资源来治愈创伤。自我关怀系统的产生是由于关系环境急性或慢性失败，无法为成长中的婴儿提供"足够好"的调适和共情反应能力。当这种"失败"落在温尼科特所说的"全能区域"之外时，创伤就发生了，他说的"全能区域"指的是婴儿在自己的容忍限度或自己的新生符号能力范围内可以理解或"代谢"的体验。落在这个区域之外的事件是"无法忍受"或"无法言说"的，简直就是"疯狂"，即温尼科特所谓的不能被婴儿记得的"崩溃"，围绕着它，成长中的孩子（借助于原始防御）必须建立一个虚假的自我，就像一棵树围绕着一个被雷击掏空的不存在的中心生长。

这个关于早期创伤影响的清醒而令人信服的故事代表了部分真相，但它不是故事的全部。在温尼科特彻底的人际间元心理学中，有一些必不可少的东西被遗漏了，即外在的"非人类环境"（Searles 1960）和内在的"前人类环境"，换句话说，就是心理的原型层（Jung）。孩子不仅仅处在与母亲的关系中，也身处与外在的"世界"和内在"世界"的关系中，就像在两个伟大的、美丽的和可怕的谜团之间徘徊。母亲的工作就是帮助协调这些宏大的现实。如果没有母亲"足够好"的调解，孩子就会暴露在这些内在和外在的美丽/恐怖中，这将不可避免地导致关系中的创伤性症状，例如，未解决的全能和自大，不安全/无组织的依恋，等等。

但孩子不一定会"疯狂"。SCS 会前来拯救，这个系统会招募内在和外在属性的原型力量来"努力"拯救孩子的精神——它的健康核心。许多重述儿童被遗弃和暴露，但被超能力或野生动物拯救的神话故事，都记录了 SCS 的这种"拯救"奇迹（Otto Rank）。诚然，如果没有足够的人际关系来调解"心灵与世界"，受创伤的孩子将终生难以与他人亲密接触。生于断裂的依恋纽带，它的 SCS 将因为害怕再次受到创伤，而不允许它相信与他人重新建立联系的过程。但围绕着这些限制而成长起来的自体，并不一定是一个"虚假"的自体，事实上可能比疯狂更有创造力，也许它拥有丰富的内心世界，拥有进入"不平常现实"的特权，拥有深厚的文化生活，和对生命的巨大热情和能力。用杰罗姆·伯恩斯坦（Jerome Bernstein）的语言来说，这些人将占据世界之间的"边界地带"，而不是"边缘型"人格障碍（Bernstein 2005）。

作者简介

唐纳德·卡尔希德，博士，是一名临床心理学家和荣格派精神分析学家，在新墨西哥州的阿尔布开克市执业和教学。他是荣格分析师区域间协会的培训分析师，对于早期创伤及其治疗这一主题进行了广泛的演讲。

第 27 章

心理治疗与先天肢体残疾

卡特林·阿斯佩尔

　　心理治疗和残疾在心理学、医学和社会教育学领域形成了一个空白。关于这一主题的出版物很少，即使这一主题出现在一般的专业文献中，通常也只是在脚注中。同时，在过去的 20 年里，这方面研究有所增加，尽管其影响还没有普及。此外，研究大多是定量的，只报告一般的趋势，而我们作为分析者看到的是个人，这就需要采取个别的方法。尽管如此，研究还是很重要的，因为研究有助于临床医生完善自己的概念和移情。

　　我在这里的评论仅限于先天性的身体残疾。这些残疾影响到依恋的质量，需要医学照顾和各种治疗。从长远来看，它们可能会产生创伤性后果。因此，在本文中，我不涉及心理和精神障碍，也不涉及感官障碍和后期发生的障碍。

　　这个问题很复杂，因为残疾影响到家庭生活，涉及医学、物理治疗和心理治疗领域，并引起了社会、政治和人生观方面的关注，更不用说保险问题了。此外，残疾问题还与文化和人种学及其宗教和神话基础紧密相连。从原型的角度看，残疾是无所不在的无能之神的主题之一（Sas 1964）。例如，想想那残疾的希腊神赫菲斯托斯，再想想长着羊蹄的恶魔。阿道夫·古根布尔（Adolf Guggenbühl）是第一个写出残疾者原型的人（Guggenbühl 1979），他把这个主题归入了"他者"这个总的命题。

残疾人在家庭和社会中经历了一种不同的社会化，这就要求他们在参与正常世界时，必须生活在"两个世界"中。这意味着他们的生活经历与非残疾人不同。作为一个残疾人生活在另一个所谓的正常世界，并在社会工作中与这个世界相联系，意味着重大的挑战和努力。要想在其中生活和存在而不受到他者的干扰，就要面临持续的压力，并需要持久的心理努力。

这两个世界之间的道路充满了危险和陷阱。它始于家庭，根据我的经验，家庭中几乎不讨论残疾问题。这种沉默和怀疑一直持续到成年生活。谈论和对话对双方来说都很困难。

考虑这些先天性残疾，如内脏反向、颅面部畸形、脑瘫、足弓脚等。先天性肢体残疾人在以后的生活中所遇到的困难，与其他人在出现严重问题或生活过渡需要重新定位时遇到的困难是一样的。我们不能说身体残疾本身一定会引起心理上的困难，但治疗师必须意识到所涉及的不同类型的发展，以及每种残疾可能造成的特殊情况。密集的医疗和社会性及社会心理障碍可能会留下伤疤，这些伤疤会裂开，并需要资源和特殊的方法来帮助，而这些资源和方法必须在有关特定残疾的背景下加以理解。如果不理解这一点，残疾人就得不到公正的对待，就会受到损害。由于残疾的身体、它的待遇和可见性，对心理有深刻的影响，因此相比那些心理源头引起的情绪困难，在残疾的情况下，我们勘察的视野必须扩大。因此，我们有必要从"身心"的角度思考，也就是从身体出发（Frank 1997，40）。

先天性缺陷通常需要早期医疗、理疗和语言治疗。这些措施干扰了儿童与母亲照顾者的关系。这些具有潜在创伤性影响的治疗往往始于亲子关系的敏感联结阶段，它们对婴儿前语言期的心理和生理发育有重大影响。因此，它们在心理生物学上给婴儿打上了烙印，并形成了被遗弃、焦虑和生存威胁感的基础。从神经生物学的角度来说，这些早期的经历——除了遗传基因之外，还调节了被存储在隐性记忆中的神经元联合。它们不能被调用，也不能用语言表达，但它们影响着未来的体验和心理整合的性质。

某些事件（例如，医疗干预）可能在以后的生活中成为触发因素，以"急性创伤后应激障碍"（PTSD）的形式回忆起早期的经历。在危机中，许多早期的位置可能会被恢复，造成心理压力，并有必要对早期发展进行重新处理。长期的创伤性后果可能以"复杂的创伤后应激障碍"（Herman 1993）的形式出现，必须以敏感和谨慎的态度来认识和治疗。多年来沉默的情绪体验随着混乱情绪的泛滥而越过门槛进入意识。基本信念摇摆不定，未来的观点消失。受影响的人不再理解自己，有自杀的危险，并出现心理和躯体的主诉。当事人及其家人和照顾者的迷茫和无助感是如此深刻，因为他们的个人历史线已经断裂。此外，还有可能产生错误的联想。

遗憾的是，先天性肢体残疾的后遗症在教育、研究和心理治疗中受到的关注太少。这一事实与心理治疗和理论建设中对身体残疾的普遍忽视相结合（Olkin 1999）。另外，受先天性肢体残疾影响的人对心理治疗的需求也很小。这是因为，除其他原因外，从与非肢体残疾者合作中得出的理论和方法被简单地移植到有这种特殊问题的人身上。由此产生的解释和干预，很容易使残疾人感到不适和误解，被吓退。得益于"残障研究"所推动的模式变革，残障人士获得了越来越多的话语权。过去，他们是各种专家档案中的一个对象，他们的经验和知识在很大程度上被忽视了（Frank 1997）。

此外，还有歧视和污名化（Goffman 1963），以及残疾作为一个永久的压力因素存在。分离和自主性是往往会被推迟的发展阶段。残疾人较少独立生活，结婚较少或较晚，职业受到限制，一般被排除在兵役之外。

本章余下的部分将专门讨论对有先天性残疾的处于危机中的成年人进行心理治疗时必须考虑到的一些关键因素和问题。

依恋与创伤

创伤具有威胁性，引起威胁感和无助感，超出受影响者的处理能力。对自己和世界的体验受到冲击（Van der Kolk et al. 1996）。由于依恋阶段是结构性成长的基质，如果二元情绪调节机制被创伤事件破坏，那么这一时期的创伤会产生特别严重的后果（Lieberman/Amaya-Jackson 2005）。在这一阶段，适应性和非适应性系统逐渐被标记，影响了随后与自己、世界和跨个人的所有关系。这一阶段的障碍影响了情绪调节机制，而它构成了以后生活中控制和处理情绪所需的成长结构的基础（Schore 2003，ch.4）。

在创伤研究中，对医疗创伤的重要性的认识是缓慢的。一方面，我们现在知道，对疾病／残疾的治疗会产生严重的创伤性后果。特别是对癌症、心脏病和艾滋病患者的研究已经显示（Mundy/Baum 2004，123–24）。对于在婴儿期联结阶段的手术操作如何影响依恋的质量或标志神经元的发育及其以后的发展，我们仍然没有什么精确的知识（Landolt 2004，68）。另一方面，目前关于损害依恋的因素的知识（Brisch 1999，77；Brisch/Hellbrügge 2003，105ff）和神经科学的发现（Schore 2005，ch.2）、案例研究（Diepold，1996）以及心理治疗师的临床经验已经使我们认识到，先天性残疾的治疗与其他不利因素结合在一起，具有潜在的创伤性影响，可能会产生长期的后果（Bürgin 2007）。

母亲／主要照料者和儿童在幼年时期的关系经历被称为依恋，对以后的发展起着决定性的作用。小孩子引入了一个关系范围，在最有利的情况下，这个范围与母亲的关系有内在的啮合，于是母亲会寻求人际和心内在问题的共情性的解决方案。如果依恋关系相对完好，就会形成安全感、信任感、归属感、连续性以及安慰和被需要的体验基础。一个"内在工作模式"的得以建立，其中包含了对未来信任性的关系怀抱期待（Bretherton 2001，52）。联结阶段的中断可能会造成"不安全"或"混乱"的依恋。对生活的总体态度变成了不确定和缺乏信任，关系期望的特点是焦虑、不信任和矛盾。

运动器官的损伤和颅面畸形影响了依恋的质量。行动或摄取营养受到阻碍，需要采取特殊措施，如物理治疗和语言治疗。这些措施干扰和中断了眼睛的接触、连续性、母亲的存在、声音、语言和触摸（Egger 2006；Oster 2005，276）。

依恋的性质在生命过程中不会发生本质的变化，但其质量能够通过新的体验发生一定的变化（参见 Gloger-Tippelt 2001）。联结阶段的紊乱是造成后期相对严重的焦虑和抑郁的原因（Brisch 1999，234；参见 Brisch/Hellbrügge 2003）。

共同创伤过程

残疾儿童给父母带来了不确定性，要求他们适应通常不熟悉的情景（Stern/Bruschweiler 1998，ch.9）。父母参与了儿童的压力和创伤，而儿童又反过来诱发父母的类似状态，所以我们会称之为共同创伤过程（co-traumatic processes，Pleyer 2004）。

怀孕让准父母对孩子和未来的家庭生活产生了理想化的幻想。在父母的脑海里和心里，想象中的宝宝是先于现实中的宝宝出生的。这将是一个幸福的孩子，因为他们想要给他一切！想象中的孩子被纳入了神圣儿童的原型表征中，他要让一切都焕然一新（Asper 1992；Jung/Kerényi 1969）。这个正常的过程使父母能够带着喜悦和信心向往快乐生活。然而，积极的幻想也伴随着更多的焦虑，可以归纳为："如果一切都好的话，如果宝宝真的健康并正常发育！"那些对未来的信任没有受到影响的父母确实是幸运的，他们的积极品质得到了加强，对未来的孩子也有正面影响。在真正的宝宝出生后，父母就不可避免地要克服想象中的宝宝和真正的有血有肉的宝宝之间的差异。当存在出生缺陷时，要跨越的沟壑就更大了。

有缺陷的婴儿对父母的影响主要表现为与孩子同在的喜悦，以及给予孩子额外的照顾，并有一种想尽一切可能为孩子的正常生活提供便利的感觉。此外，惊恐、焦虑、恐惧、内疚和羞耻感，偶尔还有自责的情绪也不少见。还有一些实际问题，如婴儿活动困难、食物摄取困难、关于治疗形式和地点的各种问题，以及对保险范围的澄清。

鲜为人知但对母子关系双方都有严重后果的是，母亲早期遭受的损害和创伤会再次出现。怀孕、分娩和婴儿期对年轻母亲来说是一个脆弱的时期，因为它们构成了她生命中的一个过渡。这激活了早期有压力的无意识动力和内容（Fraiberg 2003，466）。例如，一个在童年时遭到很多歧视的母亲将不得不与这些感觉保持距离，从而使自己对残疾孩子遇到的歧视不敏感。当孩子接受手术、治疗、遭受痛苦时，母亲或许会通过情绪上的麻木来避开自己曾经的医疗创伤。不幸的是，这些防御性措施导致了孩子受到情感忽视（Asper 1993，147），因为对孩子需求的共鸣和同调变得严重受限和被抑制。

腭裂儿童的官能性语言障碍，使得他们必须每天和母亲一起反复锻炼，并持续关注语言及其矫正。接踵而至的是言语矫正法和言语治疗幼儿园。母亲因此成为言语指导者的联合治疗师。她专注于孩子的正确发音，这就打断了孩子自发的交流。这意味着随着时间的推移，注意力被放在了孩子的单词语音形成上，而较少关注其情感和意图的交流。这就影响了情感和认知层面的交流和联想的性质。信息被中断，破坏了孩子对语言表征的信任，也破坏了孩子的交流能力。在最初的前语言期，不安全的依恋仍然继续。对于孩子来说，这在最广泛的意义上意味着不被听到或看到。孩子可能会对自己的表达能力失去信心，开始变得沉默寡言。对母亲和孩子来说，这意味着压力以及双方不确定感的无意识增强。运动官能障碍，如发育不良、脑部运动障碍或畸形足等，需要进行手术和强化的持续理疗。这意味着对自发运动的持续矫正，并很可能伴随着疼痛。身体极限被突破，身体被从外部侵入性的、陌生的运动干预所占据（Egger 2006）。过去，发育不良导致下半身和四肢被包裹在塑料薄膜中，每隔几周就需要根据身体的生长情况进行更换。这就要求住院治疗。类似程序一直持续到出生后的第三年。不仅小孩子的行为受到阻碍，而且孩子也失去了与母亲的视觉和听觉接触，重量过大导致母亲无法带着一个穿着石膏的孩子在家里走动。鉴于此，在联结阶段开始的治疗和共同创伤过程中，母亲和婴儿形成安全的二元关系的尝试都受到了阻碍。对孩子来说，这是对其生活确定性和信任的侵犯，但对母亲来说也意味着一种损失，她无法与婴儿过一种无压力的二元生活，有时会形成一种过于专注的依恋态度（Gomille 2001，201），并可能倾向于抑郁（Oster 2005，276；Riecher-Rössler/Steiner 2005）。

治疗方法

身体残疾不是一种疾病。它也不一定意味着有心理问题或发展出这些问题的倾向。肢体残疾的人如同其他人一样可能罹患抑郁症、焦虑症状、神经症和精神病等。然而，就治疗方法而言，我们有必要记住，残疾人有不同的心理社会经历，和以手术史和长期的治疗措施为特征的个人历史，这些都可能是创伤性的体验。这就意味着，治疗师必须具备有关残疾及其治疗的知识，并在设计治疗策略和方法时考虑到这一因素。非残疾人治疗师的共情往往是局限的，他们必须通过阅读或其他来源，如叙事、关于残疾的文献、访谈和电影，来扩大他们的想象力，熟悉残疾人的经历。先天性残疾者的前言语经验存储在隐性记忆中，但无法忆起。然而，它们有其影响，重要的是要把这些有时涌入意识的情绪整理好。受影响的人往往对他们的早期治疗了解得出奇地少，只有通过治疗师费尽心机的发现，才可能在细致的治疗处理中涉及它。然而，不能将所有的心理问题都归结为残疾问题，首先因为人不单是残疾，其次是因为在某些情况下，历史会因此而重演。尤其是在残疾儿童的历史中，通常由于已经在家庭内部参与实施康复项目，她或他的整个人都被归入这方面。如果这种情况重演，受害者的位置就会加深和加强。由此减少了自主性和作为个体的发展机会，促发了退行。从诊断的角度看，认识医疗创伤的长期影响是极其重要的。必须识别出复杂性创伤后应激障碍（C-PTSD），并据此治疗患者。这种诊断使得并发症的诊断在很大程度上成为不必要的，①解除了患者的负担，并通过适当的干预使病情趋于稳定。这就为残疾儿童及其成年后将常态性居住的"两个世界"之间的联系创造了前提条件。通常无声无息的残疾世界和早期的依恋经验，现在可以更好地接近另一个所谓的正常世界。自我逐渐被置于代表经验性和实践性的两个世界的位置。正确认识与残疾相关的经验是异常重要的，这样才能避免错误的推论。当医疗创伤存在，而儿童的个性又与围绕这些创伤的情绪联系在一起时，就会出现不容易归位的情绪泛滥。这些情绪——通常与身体绑在一起，并在此得以表达——需要很长的时间和密集的工作，才能在梦中被描绘出来，或者用语言表达出来。简而言之，这种情况有时是相当难以控制的，会引起患者和治疗师的无奈，这就为有剧烈破坏性的幻想创造了基础。

例如，一位患有复杂的创伤后应激障碍的患者情绪低落、焦虑、情绪泛滥，他说不出来由。他有一只畸形脚，曾接受过适当的医疗和强化的物理治疗。他身体上的局限性终于被克服了，但治疗的结果是，他个人感觉受到了外在的控制，成为父母照顾的对象，成为与他接触过的医生和治疗师档案中的个案。这导致他在实现预期目标、设置边界和拒绝的能力方面发展不足。他表现出虐待的症状，他的治疗师在不了解个人史的情况下，不顾患者的躯体病例史，将其归结为母亲的性虐待。治疗师认为这种解释符合临床情况，并让她摆脱了无奈感。患者本人对自己的病史知之太少，所以他接受了这个说法，以为对他无可名状的淹没性情绪终于有了一个解释，然而最后发现，真正的解释是他在青春期初期和与父母分离的过程中与父母之间有极大的困难和压力。没有人考虑到，残疾人与父母分离是相当困难的。毕竟，母亲——通常是多年的生命支撑系统，因此松绑对双方来说都是非常困难的。始于从童年的早期情感和人际地位在这里被误认为是性虐待，这些经历表现出与医学创伤相似的症状。这种对症状的曲解所造成的后果是极具破坏性的，使父母和患者都产生了巨大的负罪感，联结的破坏，内心的孤独和巨大的痛苦。如果治疗师费心去了解治疗的历史和有残疾儿童的家庭的特殊动力，了解患者的历史实情，并严格地抛开通常的先入为主的观念，所有这一切本来是可以避免的。然而恰恰在这个领域，很少有文献提及。

---

① "复杂的创伤后应激障碍"的诊断取代了一长串其他的诊断，如抑郁症、焦虑症、解离症、边缘性方面、人格障碍等。这些服务对象往往得到的是一种共病的诊断，这是非常有害的，并没有指出他们困难的创伤性根源。

我们必须记住，对于身体残疾，患者是其苦难的专家，他们是那个有经验，知道这种感觉是什么，以及影响是什么的人。专业人士是不可或缺的，但他们决不能忘记，他们并没有这种体验，因此必须放弃先入为主的观念和假设，甚至比没有身体残疾的人更要放弃。

事实证明，对来访者经历和医治履历的精确了解，对梦的工作也是极为有利的。一个颅面残疾的男子梦见另一个驾车者在停车场对他大发雷霆，因为他的目标是同一个车位，而且正准备对他进行人身攻击。梦者感到自己的怒气上升，同时想举起手臂进行防卫。在做到一半的时候，他的手臂突然变得麻木了。从这里不难看出，这个患者是有攻击性抑制的。然而，对于这个患者的抑制，我们需要了解其历史。他的抑制产生于一种深深的恐惧，他害怕自己的脸会受到伤害。这将产生严重的后果，已花费了他几十年生命的复杂的骨骼和牙齿康复，可能会毁于一旦。这又将意味着复杂、艰辛的治疗，而结果又完全不确定是否能像第一次那样好。因此，他的手臂变得麻木也就不足为奇了，他想到了自己的身体，想要保护它！

不成熟的解释也会涉及家庭动力这一主题。喜欢回溯神话的荣格派精神分析学家往往对残疾匆促定性，说母亲不想要这个残疾的孩子，并关联到赫菲斯托斯作为婴儿被母亲赫拉赶出奥林匹斯山的神话。事实是，如果孩子有残疾，母子关系就会很困难。造成这种困难的因素很多——母子之间的共同创伤过程、早期的分离、联结的中断，以及残障在当事人身上的整合方式。当事人往往被灌输了原发性的内疚感、自我欣赏能力下降、焦虑，以及在这个问题上缺乏沟通。治疗者不应忘记，残疾对孩子和母亲都有影响。在某些情况下，不仅孩子会产生负性母亲情结，母亲也会受到这种负性情结的影响，而她却没有因为自己的拒绝而造成这种情结。工作中的消极母亲是有原型的，正如神话中所表达的那样。把责任归结在个体母亲身上是不成熟的，也是破坏性的。在人际关系和具体情景中更为复杂。没有身体残疾的人往往对孩子的残疾感到震惊，并把拒绝投射到母亲身上，认为母亲难以接受孩子。然而，母亲并不是这样的，恰恰在婴儿早期——温尼科特将其称为"正常的疾病"（Winnicott 1975，305），因为母性情结接管了人格的指导——人格中具有远见的、养育性母亲的特征占据了中心地位，母亲将自己的孩子视为特别需要母亲的孩子，一个有特殊需求的孩子。投射到她身上的排斥是不存在的，相反，她对孩子的未来充满了忧虑。

关于荣格治疗方法，还必须强烈指出的是时有发生的对象征的错误强调。残疾被过快地认为是象征性的。对一个不能走路的人，说他不能承担自己的立场；对于盲人，说他们必须激活他们的内在感知。这些例子不是我编造的，而是在执业中听到或被当事人提到。这种说法是极度不恰当且令人反感的。

在诊断出依恋问题和因医疗创伤而导致的二元关系破坏时，工作中需要考虑以下几个要点。

- 学习了解一个人的历史。
- 获得新的情感调节体验，从而改变不安全的联结，发展情感控制的结构。
- 利用现有资源开展工作，用健康本源法（salutogenetic approach）取代病因法（Antonovsky 1987）。然而，这样做并不是以不观察或不理解痛苦的情感状况为代价，而是要适当考虑到这两者。
- 在消极的内射物上下功夫（陈旧的超我、内心的破坏者、保护者—迫害者、创伤性内射物）。
- 利用现有资源，努力发展特殊技能、见解和智慧。
- 在部分人格—自我—状态上工作，区分自我和情结。
- 在内部意象上下功夫，通过想象力表征的能力。

所有这类工作都必须以心理动力学的方式进行，并要适应创伤（Reddemann 2001）。随着洞察力谨慎地、耐心地、充满爱意地向内转，一个人所成为的样子被欣赏，并逐渐与他的资源和伤痛结合在一起（Asper 1993）—— 遵循保罗·迪立克鼓励的"接受被接受"（"acceptance of being accepted"，Tillich 1962，177），一个患者可以在治疗过程中扎下新的根基，并向未来的生活打开新的可能。

作者简介

卡特林·阿斯佩尔，博士，苏黎世国际分析心理学学校的培训和监督分析师。她是许多文章和多部专著的作者，在世界多地进行演讲。她在苏黎世附近的迈伦私人执业。

Jungian
Psychoanalysis
Working in the
Spirit of
Carl Jung

心灵与大脑

玛格丽特·威尔金森

　　心灵涵盖"所有心理过程的整体，包括有意识的和无意识的"（Jung 1921，para. 797）。心灵本身的发展可以被看作生发性的和关系性的，因为它是在与另一个人（即主要照顾者）的关系中形成的。我们可以把个体的人类看作一个从最早的、最基本的关系经验中产生的独特的心－脑－身的存在。孩子首先在母亲的眼中看到那个独特的自我，通过与母亲的关系中的情感调节，孩子最终能够达成情感的自我调节。当父亲的到来搭起通往外界的桥梁，带来经验，使孩子获得完全的能动性时，于是孩子更全面的发展得以实现。在荣格看来，超越功能使一个人在成年后能够施行心灵的自我调节功能，克服意识与无意识的界限，使这个人能最充分地体验到心灵的整体性。荣格将这一旅程命名为个体化。

　　在对早期关系性创伤进行精神分析工作时，早期的发展往往反映在移情关系的品质上，然后在分析过程中一再地工作。越来越多的临床实践者意识到，治疗的关系才是首要的。研究都一致表明，与治疗师关系的质量比治疗师的理论取向更为重要。然而，就像孩子长大后需要父亲作为与外界沟通的桥梁一样，我们的患者也需要解释来促进心灵的充分成长。对分析师来说，问题必须始终是找到两者之间的微妙平衡，以及在与个别患者工作的每个阶段的适当时机。平衡和时机是关键。在反移情中，分析师能够对特定患者的关系问题形成丰富的理解，并通过解释促进以联结的自主性为特点的能力，以达到的成人的分离依恋（Orbach 2007，9），这将使个体化的过程成为可能。

意识、主观性、心灵之谜，是神经科学领域许多人关注的问题。埃德尔曼（Edelman）和托诺尼（Tononi）评论道：

> 无论对其背后的物理过程的描述多么准确，都很难想象主观经验的世界（例如看到蓝色和感受到温暖）是如何从单纯的物理事件中产生的。然而，在一个大脑成像、全身麻醉和神经外科手术已变得司空见惯的时代，我们觉察到，意识经验的世界太依赖于大脑的微妙运作了。（Edelman and Tononi 2000，2）

心灵的最早期发展

荣格本人在自己的回忆中给出了关于心灵最早期发展的线索。80 多岁的荣格这样回溯了他最早的记忆：

> 我躺在婴儿车里，在树影之中。这是一个美好而温暖的夏日，天空湛蓝，金色的阳光在绿叶间飞舞。婴儿车的车盖已经被拉了起来。刚睡醒的我被这灿烂的美景所吸引，有一种说不出的幸福感。我看到阳光透过树叶和花丛闪闪发光。一切是五彩缤纷、奇妙美好的。（Jung 1963，21）

荣格还讲述了"坐在高脚椅上，用勺子舀起带有碎面包的牛奶的记忆。牛奶有一种令人愉悦的味道和一种特别的气味"（Jung 1963，21）。在这两段话中，我们看到了感官体验与身体感觉和情感幸福的联系，这与他最早的被照顾体验有关。

当充分认识到心理的发展视角的重要性时，就会产生对母亲情感忽视的重要性的认识。布朗伯格评论说，发展性创伤之所以如此重要，是因为"它塑造了依恋模式，建立了将要成为稳定或不稳定的核心自我的东西"（Bromberg 2006，6）。有时，现代理论把家庭创伤的责任过多地归咎于父亲，而没有足够仔细地审视与母体关系中的早期创伤和漠视。也许这是因为父母任何一方对婴儿的背叛似乎都是不可想象的，而其中母亲的背弃是我们最难以理解的。伍德海德（Woodhead）将神经科学作为她与受创伤的母亲和婴儿一起工作的思想基础（2004，2005）。她塑造出一种态度，婴儿的母亲有机会将这种态度充分内化，以便"开始能够追踪婴儿的线索，并以更多的共情满足她的需要"（Wilkinson 2006，41–42）。

心灵的具象化

心灵本质上是具象的，只有通过具象的方式才能被认识。但心灵是如何从身体体验中发展出来的呢？心灵如何被体验和认识到？大脑在这一切中的角色又是什么？

近期我做了一个完整的膝关节置换手术，我以一种极其个人化的方式强烈地感受到了精神－大脑－身体的整体性。手术后的第二天，我几乎无法按照理疗师的要求，将脚后跟抬离床面或将脚侧移一寸。无论我如何努力，都无法做到将我的脚移动哪怕一毫米。忽然，我想到了诺克斯关于最早的图像模式的言论。诺克斯把这些描述为"可能是人类大脑自我组织中出现的最早产物，这个过程始于出生，甚至可能在子宫里就开始了"（Knox 2004，69）。这种图式的发展与最早对母亲身体的体验直接相关。诺克斯评论说，"在这里必须强调意象图式是以身体为基础的——它是从身体经验中发展出来的精神格式塔，无论是在物理的世界，还是想象及隐喻的世界中，它都形成抽象意义的基础"（Knox 2004，69）。她评论说，"抽象模式本身从来没有被直接体验过"，而是"为一系列可以在意识意象中表达的隐喻延伸提供了无形的脚手架"（Knox 2003，62）。诺克斯探讨了约翰逊（Johnson）的工作与特定的意象模式"出来"的关系，以及这种意象图式如何以隐喻的方式从物理领域延伸到非物理领域（Knox 2004，69–70，引自 Johnson 1987，34）。当我将我的脚移向床的边缘时，我试图征用这个早期的意象图式来帮助我解决当前困境。我对自己说"出来"，果然，以前看似不可能的事情发生了，因为我的大脑能够借助于一些已经深深植根其中的东西，为建立新的神经通路服务。接着"进入"使我的脚又能稍微往回挪动。从那时起，当我试图恢复完整的动作时，我就能利用我所掌握的每一点关于神经通路的知识，不仅建立在最早的图式上，而且还能呼应身体另一侧的动作，从而在运动的过程中强化信息。

诺克斯提请我们注意意象图式或内部工作模式在想象能力和反思功能发展中的重要性，包括心灵感知和自我感知。在对最早的主要照顾者做出回应的关系体验里，从发展中的大脑中产生了发展中的心灵。这又反过来影响到大脑的发育，因为贯穿一生与重要他人的互动都会产生新的神经连接。强健的心灵可以被认为是一种发展成就，因为它发源于与最早的照顾者有足够好的关系。莫瑞·斯坦强调，"在这一涵容阶段，基质的丰富性在很大程度上取决于成年照顾者拥有的态度和资源"，也"关键取决于他们的情绪稳定性和成熟度"（Stein 2006，201）。在不太有利的情况下，由于照料者未能彰显出新生婴儿心理的可爱之处，心灵可能在最深层次上受到伤害。

心灵、自性和神经科学

无论是依恋理论还是神经科学，都赋予了心灵、自性以根本的重要性，就像荣格所做的那样，而与弗洛伊德早期对自我和自我功能的强调相反。肖勒评论说："心灵生活的中心从弗洛伊德所说的自我—— 他将其定位在'左半边的言语区域'（Freud 1923）和言语性左半脑的后部，转移到了右半脑的最高端，即基于身体的自性系统的所在地。"（Schore 2001，77）荣格认为，"自性是一个超乎意识自我的量。它不仅包括有意识的，而且包括无意识的心灵，因此，可以说，它是我们也是的一种人格"（Jung 1953，para. 274）。

全面探讨荣格思想中自性、心灵和精神之间关系的复杂性的丰富性，远远超出了本章的范围。我只想说，在对于心灵概念的理解这一领域，荣格的视角或许是与最近的神经科学实证研究最为符合的。荣格的心灵概念体现在一生中不断发展至充分的个体化过程中，这与安东尼奥·达马西奥（Antonio Damasio）的研究是一致的。达马西奥提出了一个完全在意识之外的"前意识的生物先例"，他称之为"原我"（1999，153）。他的意思是指一个本质上无意识的基于身体的心灵基础，从这个基础上可以发展出我们每个人都可以从内在感知到的核心自我。斯坦解释说，荣格的个体化概念可以理解为"一个人逐渐成为那个生命之初就已具备的先天潜在人格的过程"（Stein 2006，198）。

神经科学家强调接收和整合来自许多不同脑区所输入信息的汇合区域的重要性。上脑干的特定区域接收的所有感觉形态的输入产生了骨骼肌体的"虚拟地图"。这些区域与内脏状态的映射发生的区域相邻。下丘（母亲声音的印记被认为存储在那里）也靠近这些区域，所以我们对自己是谁的感觉很可能是由我们最早对母亲声音的体验所塑造的。正是从这些区域，最终可能会出现一个连贯的自我意识。潘克斯普（Panksepp）认为，"基本的情感状态，最初产生于自体表征（SELF-representation）机制的神经动力学变化，可能为所有其他形式的意识提供一个基本的心理架构"（Panksepp 1998，309）。

肖勒综合了大量的研究（脑电图和功能性磁共振神经影像，以及正电子发射测绘图数据），证明对情绪的无意识处理与右半脑有关，而非左半脑，早期发育中的右半脑与边缘系统紧密相连，并且包含了情绪调节的主要回路。研究表明，"婴儿对创伤的心理生物学反应包括了两种不同的应对模式——过度警觉和解离。在第一阶段，本应是安全之源的母亲变成了威胁之源，导致了惊惧－恐怖的身体表达；在第二阶段，无望和无助占据了上风，婴儿退缩到被切断、解离的状态，其整个系统进入假死作为最后的防御。肖勒的结论是，这种依恋创伤的大规模心理生物学错乱"为右脑病理性解离在所有后续发展阶段的特征性使用埋下了伏笔"（Schore 2007，759）。

疗愈过程

人格在自己身上的诞生具有治疗作用。这就像一条在迟缓的侧流和沼泽中荒废了的河流突然找回到它恰当的河床，或者像一块躺在发芽种子上的石头被掀开，使嫩芽可以开始自然生长。内在的声音是更加充实的生命之音，是更广大、更全面的意识之音。（Jung 1934，para.317–18）

心灵可以征集各种各样的体验，为整体性服务。有一位患者，我称其为艾莉，她的早年经历非常糟糕。她在一次治疗中描述了一个与朋友们共同度过的神奇夜晚，她的经历有助于治愈她的心灵。艾莉那时在国外度假，和朋友住在一起。一天晚上，她感觉自己被病毒感染了，精神欠佳，于是在起居室里安顿下来。她的朋友珍妮在家带着 12 岁的女儿玛丽，而珍妮的丈夫出差了。珍妮开始做晚饭的时候，发生了长时间的停电，这在那个国家是很常见的。艾莉的朋友用煤气做饭，而玛丽则用柔和的烛光照亮了每个房间。母女二人和住客一起野餐，食物摆放在瑰丽的印度地毯上，地毯的颜色在烛光的闪耀下美轮美奂。这对艾莉来说是一次很不错的体验。她看到母女俩享受着对方的陪伴，这是艾莉与自己的母亲从未有过的。晚饭后，艾莉去就寝。她住在其中的一间儿童房里，在烛光中，这房间有一种魔幻的特质，尤其对于在截然不同的环境中习惯了童年疾病的艾莉来说。她喜欢房间里柔和的丁香粉色和闭合的窗帘上的银月。在孩子的书桌上方，摆放着孩子多年来拍摄的幸福家庭的合影。当珍妮去接那个在外参加活动的大孩子时，玛丽走进房间，坦言自己很怕黑，她坐在扶手椅上说："你想让我为你读书吗？"艾莉意识到玛丽正在共情地模仿她母亲，就像在她身体不舒服的时候母亲会对她做的那样，同时也找到一种方法来控制对黑暗的恐惧。两人都很享受着朗读，先是应艾莉的要求朗读诗歌，然后是玛丽选的毕翠克丝·波特（Beatrix Potter）写的广受喜爱的迪基·温克尔（Tiggy Winkle）太太的故事。对艾莉来说，整个夜晚都充满一种神奇的、舒缓的、治愈的感觉，她知道这是以一种特别的方式在向她内心受伤的孩子诉说。

这段简短的摘录表明了我们所有人在不同时期可能经历的非常不同的自我状态。在某个时刻，我们可能是成年的朋友，就像这些女人对彼此通常表现的那样；在另一个时刻，我们成了有能力想象魔法或神奇地毯的梦想家；或者，我们成了那刚刚绽放出女性特质的模仿母亲的前青春期的女孩；又或者像艾莉，在短暂的片刻中允许自己再度成为孩子。在健康状态下，我们能够在保持"我"的感觉，以及一个连贯身份的同时，在不同的自我状态之间平稳地转换。而对于一些经历过早期关系创伤的患者来说，这种转换肯定不会顺利。在一些时刻，治疗师可能会体验到与一个非常自控的成年人的关系，适应性的自我使患者能够很好地管理现实生活，但忽然间，患者非常脆弱的一面可能会出现，患者和治疗师可能都会因为突然切换到这种截然不同的自我状态而不知所措。

荣格亲历的挣扎表明，他在很早时候就非常了解这些过程。在《回忆、梦、思考》中，他向我们讲述了他 12 岁时在一个日常的自我和一个为他承载最深层情感真相的内在自我之间的孤独挣扎。荣格评论说"在强烈的困惑中，我发现我其实是两个不同的人……我感到困惑，满脑子都是沉重的思考"（Jung 1963，50–51）。荣格在 12 岁初有过一次创伤性的经历——被另一个男孩欺负，结果摔了一跤，使他短暂地失去了知觉，之后又出现了晕厥。荣格甚至在那个年纪就明白，这种遭受攻击的次级获益是有机会远离学校，在那里他越来越感到不适应。伴随着青春期到来的日益增长的自我意识，向他明确地彰显了他与学校同学的差异。他最初的那个结论——第二个人格"一定是无稽之谈"，是他一直无法释怀的东西，直到生命的后期，作为一个痛苦的个体化旅程的结果，他终于能和他的自性平和相处了。

布朗伯格警告说，来自精神创伤的未整合的情感"有可能会扰乱一个人的内在模板，而一个人的自我一致性，自我凝聚力和自我连续性的经验取决于此……一个解离的自我状态所持有的未处理的'非我'经验，作为一种情感记忆，而没有关于其起源的自传性记忆，始终'萦绕'着自我"（Bromberg 2003，689）。

范德哈特（Van der Hart）等人强调了在面对巨大的创伤时，解离可能被用来维持一个有效的防御系统。他们强调了表面上的正常人格和人格中其他情绪化方面的划分。"表面上正常的人格"可以等同于适应性的、应付性的、"虚假自我"，在咨询室和分析文献中都为人熟知的管理日常生活的那部分人格。情绪化的人格让人联想到荣格的创伤情结。作者们把"情绪化的人格"理解为停滞在创伤性经验中，始终无法成为连贯的叙事记忆。情绪化人格的特点可能是激烈的情绪，它被看作是压倒性的、非适应性的。这就是情绪化人格生活的领域，也是治疗师在咨询室中会际遇的。我想起荣格关于创伤情结的评论——它强行"暴虐地把自己强加在意识头脑上，情感的爆发是对个人的彻底入侵，它像敌人或野兽一样扑向他"（Jung 1928，para. 267）。作者们将表面上正常的人格理解为"固执地试图继续正常的生活……同时避免创伤性记忆"（Van der Hart et al. 2006，5）。他们认为，每个人对创伤记忆都表现出不同的心理生物反应，其中包括了不同的自我意识。

在荣格开始与他的人格分裂感作斗争的时候，他也几乎被一种梦境般的体验所淹没，这种体验始于他被同学击倒的那个大教堂广场（Jung 1963，52–59）。长期以来，以梦的形式出现的隐喻是心理可能实现更大整合的最有力的载体之一。曼西亚（Mancia）提出，梦的功能是创造出意象，以"填补非表征的空白，象征性地表征那些原本先于表征的经验"（2005，93）。梦可以理解为可以造就新的神经通路的隐喻，从而丰富心–脑。荣格的梦令他恐惧，但也令他感动，特别是在他对父亲的最广义的理解方面。

试图处理未整合的情感分析需要像双螺旋一样，使左脑和右脑的过程能够互动。泰彻（Teicher）对创伤后遗症的研究发现，左右半脑之间的连接受损，特别是被称为两个半脑之间主要高速公路的胼胝体的纤维束，其有效功能可能会因创伤的影响而降低（2000）。当前研究者们在追寻着整合那些未被整合的情感的可能途径，调节不必要的恐惧的方式的确切性质，很清楚的一点是，它将涉及右半脑的回路。同样清楚的是，对咨询室中所经历的积极情感的处理，对其体验的理解将涉及左半脑。

结论

由于心理从根本上说是关联性的，其发展基于心理认同，因此，移情和反移情等机制植根于最早的精神体验。我与许多经历过早期关系创伤的患者工作过。在初始阶段，这些患者的咨询室体验需要借助早期的滋养性。然而，正如斯坦所指出的那样，从长远来看，除非治疗师转变为"另一种人，一个象征性的父亲"（Stein 2006，209），充当通往外部世界的桥梁，否则这种工作将是无效的。这样的分析反映了促进充分获取和表达心理的发展步骤，从而实现了"走入精神"这一过程（Wilkinson 2006）。

作者简介

玛格丽特·威尔金森是 SAP 的专业会员，也是《分析心理学杂志》的编辑委员会成员。她在世界范围内讲授当代神经科学与临床实践的关系。她也在英国北德比郡私人执业。

第 29 章

激情：灵魂的战术

阿克塞尔·卡普里莱斯

波多黎各作家路易斯·拉斐尔·桑切斯（Luis Rafael Sánchez）在他的小说《成为丹尼尔·桑托斯的重要性》（*The Importance of Being Daniel Santos*）一书的开篇，介绍了这位拉丁美洲著名歌手的风流史。他评论说，这位风靡加勒比的作曲家，既是位严谨的理性批判者又是位杰出的感性学徒，只要提及他的名字，就会掀起一阵混乱。毋庸置疑，丹尼尔·桑托斯的情色生活是丰富多彩的。除了不计其数的短暂的偶然邂逅，他还结了 10 次婚，并与 12 个不同的女人生了 12 个孩子。然而，丹尼尔·桑托斯不仅仅是拉美大男子主义的代表，他动荡的生活、他的歌曲和错位的嗓音，已然成为神话，成了一个更广泛意义上的激情的象征。叛逆而独立的他在 1957 年创作了献给菲德尔·卡斯特罗的歌曲《马埃斯特腊山》（*Sierra Maestra*），后来成为古巴革命的赞歌。他是个酒鬼，完全沉浸于放荡而激烈的夜生活中，多次锒铛入狱。他最擅长的是波莱罗舞曲，他是这一音乐体裁最非凡的表现者，波莱罗舞曲是一种激情的伦理和美学，在词源学意义上它代表了一种磨难和痛苦。法国哲学家克劳德-阿德里安·赫尔维蒂乌斯（Claude-Adrian Helvétius）认为波莱罗舞曲如同赞歌之于灵魂，就像运动之于物理学一样，是对强烈情感的崇拜，将我们引向生命的奥秘和意义。丹尼尔·桑托斯与赫尔维蒂乌斯有着一个共同的观点，他们都认为激情的人优于智慧和谨慎的人，我想他大概也认为缺乏激情会使我们变得愚蠢（Helvétius 2007）。在西方思想史上，持同样观点的心理学家和思想家并不多。相反，西方的思想传统大多来自讨论激情给理性带来的问题。

乍看之下，C.G. 荣格似乎与这一传统并无不同。如果草率地、不留心地回顾他的文集和他最杰出的追随者的著作，注意到激情一词的出现和最常用的方式，肯定会使我们误入歧途，过早地得出错误的结论，认为荣格心理学对于理解复杂的情感、感觉和情绪世界有局限。这个领域不仅缺乏差异化的专有名词，各种术语与其他术语互换使用，而且关于情感理论也没有产生综合的、一致性的表述。总的来说，荣格派精神分析内部的主流观点似乎有失偏颇，大多遵循罗伯特·所罗门（Robert Solomon，1993）所说的"激情神话"，即理性和情感作为对立面出现的知识方法，不接地气地习惯于将广泛的感情状态视为与本能相关的、植根于无意识的非自愿的、内在的身体反应。有很多原因导致这种缺乏思想的概述前来误导人们。

荣格在文集中第一次提到激情一词是在《转化的象征》（1911–12/1970）中引用的一个比喻，之前伊曼纽尔·康德（Immanuel Kant）曾用过这个比喻来区分激情和情感。康德说，情感"就像水冲破大坝一样"，猛烈而不经思考，而"激情则需要时间和反思"（1974，120），然而荣格并没有赋予激情任何反思能力，他只用了康德比喻的第一部分，以指出激情的突发性和扰动性影响——"像大海冲破它的堤坝"（Jung 1911–12/1970，170）。这种观点是很凸显的。在更晚的著作如《共时性：一个非因果关系的法则》（Synchronicity: An Acausal Connecting Principle）中，这位瑞士精神病学家仍然认为，"每一种情绪状态都会产生意识的改变，珍妮特称之为心理水平降低（abaissement du niveau mental）；也就是说，存在着一定程度的意识缩小，以及相应的无意识加强"（Jung 1952/1969，para. 856）。他甚至把激情与原始人的心理、"没有道德判断能力"等弱点联系起来，我们在《永恒纪元》中看到，荣格断言"情感通常发生在适应性最弱的地方，同时它们也揭示了其弱点的原因，即一定程度的自卑和低层次人格的存在"（Jung 1951/1968，para.15）。不同分析心理学流派的许多其他作者也采取了同样的方法。玛丽–路易丝·冯·弗兰兹（Marie-Louise von Franz）和乔兰德·雅各比（Jolande Jacobi）都是古典荣格派，他们认为人格中的阴影和不发达、低级的部分表现为愤怒、懦弱、嫉妒、贪婪和各种类型的不充分的情感情绪的爆发。进化论者埃里希·诺伊曼写道："情绪和情感与心理的最低端，即那些最接近本能的地方联系在一起。"（Erich Neumann 1973，330）原型论者拉斐尔·洛佩斯－佩德拉萨（Rafael López-Pedraza）认为情绪是非理性的、非认知的、嵌入身体的（2008）。

用这种观点很难理解像大仲马的小说《基督山伯爵》中的主人公埃德蒙·唐泰斯这样的人的心理，他在 15 年多的时间里精心而冷酷地计划着复仇。这也限制了我们对具有文化印记的情感的理解，比如日本的宠溺（Amae），这种复杂的行为不仅与依赖的需求和希望被爱或希望让权威人物照顾我们有关，而且还可以有预谋地靠在一个人身上，利用他的善意。在这个意义上，荣格派精神分析是 18 世纪和 19 世纪欧洲和北美思想中发生的心理学理论化的智性过程的继承者，它用一个包罗万象的、总括性的世俗概念 "情感"（emotion），取代了广泛的有区别的划分，如食欲、激情、感情、不安、动荡、道德情感、感觉或情绪（Dixon 2003）。即使情感一词与其他类别的术语如感情（affect）或激情可以互换，但它与之前希腊语中的热情、悲情或激情（pathë、pathos/páschein），拉丁语中的激情、情感性、感情或情绪（passio、affectus、affections 或 cocitatio animi）等术语并不是同义词。它失去了在许多世纪的西方思想中所形成的精致而独特的含义。与人们普遍认为的相反，即使在古典基督教关于灵魂的教义中，某些类型的情感也是活跃和自愿的意志的运动。在遥远的时代，如上帝之城时代，奥古斯丁批评斯多葛派对激情的消极看法，写下了灵魂的良性、理性和自愿的情感（Augustine 2003）。

对激情是理性的和有目的的行为这种当代解释，在荣格团体中并没有得到广泛接受。大多数经典的荣格派习惯于把激情看作非理性的、动荡的、模糊我们对现实评估的驱动力的占据的状态。我们通常像古人一样，把它们描述为不经我们同意就能控制我们意志的晦暗力量，是强大的神灵或神明的作用，我们屈服于他们——就像阿弗洛狄忒女神一样，在欲望的驱使下，她 "被宙斯蛊惑，爱上了牧人安奇塞斯"（Kerenyi 1961，77），在愉悦的片刻过后，她恢复了真身，并为与一个凡人同床而感到羞愧。自最遥远的古代至今，这种解释激情体验的观念和方式几乎没有改变，并在荣格心理学中找到了它的现代释义。它是我们当今科学解释背后的隐性模式，即症状和情感反应是部分人格或情感性情结的结果。当我们谈论原型控制自我时产生的圣秘的顿悟时，或谈论某人被阴影或阿尼玛占据时，我们使用的也是同样的叙述，唯一的区别是，外在的因果关系被内在的决定所取代，神被重新命名为无意识的内容、原型或情结。如此看来，太阳底下并无多少新意。然而，如果我们仔细观察荣格的著作，抛开这位瑞士医生带有文化偏见的观点，我们就会发现，情结理论和原型心理学为当代人对激情和情绪的理解提供了独创性的非凡贡献。它们不仅有助于区分情感的种类，整合构成情感的不同方面（认知、判断、价值观、动机、食欲、行为、目的），而且还使我们与激情的奥秘和悖论有了更密切的关系。

与我们上面引用的段落不一致的是，荣格将感觉定义为一种理性功能，是"发生在自我与特定内容之间的过程，而且这个过程赋予内容以接受或拒绝的明确价值"，而情感则是感觉强度增加的结果，"伴随着明显的生理神经支配"（Jung 1921/1971，paras.724–25）。这个看似矛盾的说法，将一个理性的功能（感觉）置于一个非理性现象（情感）的中心，可能是荣格最卓越的直觉性成果之一。就像帕斯卡尔的"心的逻辑"（logique du coeur），或者马克斯·舍勒（Max Scheler）的伦理价值形式论一样，荣格的感觉功能揭开了不合理现象背后的原因，并提供了密码，以解开激情作为认知、判断、感觉和有目的性行动的综合形式的隐秘语言，我们用它来评估、评价和应对内在和外在的世界。具有感觉调性的情结的情感冲动有其自身的逻辑，它为人类最本质的东西提供了意义和色彩。此外，无意识作为多重意识的假说，以及存在着多重光度和准意识的无意识内容，也是情感的分化的有力思想。情感充盈的表征，依附在我们激情上的意象，揭示了意识的不同风格，以及生活在我们内心的、需要表达的各种倾向的目的。

目前，大多数情感领域的思想家和研究者认为，情感是重要的适应机制。例如，安东尼奥·达马西奥指出，"情绪是古怪的适应，是生物体调节生存的机制的一部分"（Damasio 1999，54）。心理学的教科书将情绪定义为协调有机体和心理功能不同方面的连贯的组织模式或同步系统，它允许对环境做出适应性反应。然而，共同的经验告诉我们，多数激情可能具有巨大的破坏性，不足以适应环境。这样的例子比比皆是：不受控制的愤怒使我们失去了一份工作；在谈判过程中，坏脾气使我们错失了目标；疯狂的情欲使我们的婚姻破裂，政治生涯被毁；嫉妒抑制了我们的成就，使精力偏离至对他人的破坏。以奥赛罗为例，他的嫉妒导致他刺杀了他的最高价值和爱情——苔丝狄蒙娜，当他意识到他的所作所为，他便自杀了。又如莫里哀的《悭吝人》一剧中阿巴贡的生活，他对失去宝藏的迫切的焦虑，使他过着悲惨而孤立的生活，他连自己的孩子都害怕。就拿神话和文学形象来说，在禁令和障碍中诞生的激情和不可能的爱情，最终被激越的行为所吞噬，酿成悲剧和死亡。我们是否可以说，致使某人采取报复行为，并最终使其身陷囹圄的充满怨恨的激情，是起到了适应的作用，或者说是"我们为生存而配备的生物调节装置的一部分"（Damasio 1999，53）呢？这样说真的合理吗？

当代作者批评了詹姆斯的认为情感是基于生理过程的感受或感觉的情感理论，并将情感理解为与世界的交往，是涉及概念和评价的智能和复杂的过程。他们通常认为情感是对世界的反应，是人们评价人、关系、情境、事物的意识行为。他们描述的原理是一种使我们的福祉最大化的适应性。对情绪的判断要考虑到环境、社会状况和相关的人。这些强调情绪的意向性和理性及其适应功能的情感理论的主要局限性在于，它们只考虑了情绪针对外物和外部世界的逻辑和目的。然而，面对复杂的、具有破坏性的激情，他们的解释就显得不足了。它们只能考虑服务于生命原则或支持意识系统的积极影响。但是，正如德尼斯·德·罗格蒙特（Denis de Rougemont，1940）在他对西方世界爱情的研究中非常清楚地说明，激情和死亡是紧密相连的。为了弄清食欲、动力、感觉、情绪等诸多定义和概念，一些研究者建立了情感生活的心理组织的尺度或层次，从非常简单的原情感或有机体内部状态的感觉到形成非常复杂的象征过程的第三层次的情感。正是在这个更高的、更复杂的层面上，我们才能适当地谈论激情。然而也正是在这个复杂的阶段，我们发现激情很少与有机体的生存和适应功能相关，恰恰相反，很多时候它们会与之相悖。出于对绿蒂的单相思，维特自杀了。歌德的小说《少年维特的烦恼》的文化影响是如此强烈，以至于产生了模仿效应，这种效应被称为"维特热"，约有两千名读者自杀。激情和死亡的奇怪吸引力让德国当局和社会非常担心，以至于一些作家认为有必要写出另一个版本，让其结局更具有建设性和圆满性。性爱具有繁衍和保存物种的功能，但永不企及的柏拉图式的爱情和宫廷式的爱情却没有。阿拉伯和普罗旺斯情色主义的精髓在于，不满足的爱情只能以对死亡的渴望来表达。对希腊人来说，暴怒（orgé）的情感是英雄气质的核心，它可以导致在战场上迅速死亡。事实上，古典英雄更愿意在战争中度过短暂而激烈的生活，而不是在妻子、儿女、子孙的簇拥下过平衡、漫长、有爱意的家庭生活。此外，人们通常将激情定义为一种情感对整个人格的支配，这往往导致过于片面，在社会生活中失去必要的灵活性，难以进行有效的安排。我们已经见证了一些极端贪婪的案例，这种贪婪不仅冻结了人的爱情生活，甚至与商人的经济成功背道而驰，因为它诱使他做出腐败的行为，导致他败落的下场。如果激情可以如此消极，而且不一定有适应的功能，那为什么经历了这么多世纪对激情的批判，激情却被进化过程保留了下来？达尔文进化论的主要原则难道不是阐明了只有那些有助于物种生存的行为才会被保留下来吗？如果大多数激情不能通过与外在世界的关联来理解，那么我们应该从另一个角度来审视它们，审视它们与灵魂相关的目的和意义。荣格心理学关于存在一个内在世界，即一个和外部世界一样真实而强大的原型宇宙的命题，成为一个重要的贡献和邀请，让我们从另一个更丰富的角度来解读激情的语言。如果说激情是对世界的参与、理性评价和判断的形式，那么，激情就主要成了灵魂的认知和评估的状态，是通过外部世界的人物和情景，与内部心理世界发生的互动。

我有一位非常聪明的女性朋友，她没有读完大学，很早就结婚了，尽管她非常有好奇心和不安分，但她的大部分生命都用来造福于她丈夫和孩子以及培养传统的社会关系。她被国际大都市知识界的气息、机智和口才所吸引，但她还是只得甘于过相当肤浅和普通的生活。她在分析中度过了几十年，却始终没有找到解决苦恼的办法。42 岁时，她陷入了一段盲目而热烈的情欲关系中。一天晚上，在一个鸡尾酒会上，她认识了一个比自己小 10 岁的迷人的年轻人，并疯狂地爱上了他。她并没有和他聊多久，也不需要了解他更多的情况。她只是觉得有一种强烈的冲动，想要和他在一起。此后，她便开始和他秘密会面，几周后，她决定和他私奔，逃离家庭，就这样她结束了 20 年的婚姻。她经历了地狱般的煎熬，忍受着矛盾的折磨，积蓄着能量来做决定，然后有一天，她给丈夫和孩子们写了一封告别信，说出了自己的秘密，离开了。除了给她的家庭带来痛苦和破坏外，这件事还成了加拉加斯上流社会圈子里的丑闻，引发了各种流言蜚语。然而，激情并没有持续多久，一个多月后，奇迹消失了，她被迫回来，再次面对她那普通的、世俗的现实。

这对我的朋友如此重要和具有特别意义的故事，其实是在很多人的生活中都是发生过的常见事件。此类的经历在神话中不乏体现，也成为众多小说和电影的灵感来源。这类事件往往会留下伤感、不信任的痕迹，造成破裂的家庭、经济压力，甚至酿成惨剧。从对外在生活的影响来看，激情似乎并不太高明，事实上它的破坏性大于建设性。然而，如果我们遵循古典基督教作家的观点，把令人不安的情绪（perturbatio animi）理解为灵魂的改变或情感，也就是理解为心理的自主运动和转变，我们就可以把激情理解为无意识神灵和人格的仪式和舞蹈，理解为个体化过程的象征性表达。这种方法与将情感解释为具有特定形式和条理的目标导向行为并不矛盾。我们不该把注意力集中在外部对象上，用激发它们的情景或它们具体影响的人来解释情感，而必须关注它们的象征意义，寻找内部对象，即无意识的部分人格。这不同于古老而典型的过度心理学化，它并非把整个世界看成内在需求的简单投射，或者是内在事件的外化，而是将情绪看作并不限于我们内心的一个领域。它们不仅仅是一件私事。它们进入了外部空间，进入了社会氛围，它们在内在和外在之间创造了一个互动的场域，在这个场域中，意义从内外两方面产生。它们是多维度的判断，是一种既包括客体、也包括主体的意识状态，通过它，我们依据自己的心理状况重构世界。

我朋友的经历远非原创，而是遵循了小说、电影、神话中得到很好描述的原型模式。突如其来的吸引、禁忌、障碍、越轨、秘密相会、逆境，都属于这种模式。激情的对象，即这个有吸引力的年轻人，在这个故事中是不可缺少的，但他基本上是一个载体，作为整个模式构成，以及作为灵魂表达的必要工具。当痴情消褪，我的朋友便想不明白，她怎么可能为这个男人失去理智。际遇是由内心的需求决定的，由无意识的运动与社会现状的交汇形成的。2002 年王家卫导演的电影《花样年华》的英文名是"In the Mood for Love"（在爱的心境中），其灵感来源于布莱恩·费里（Bryan Ferry）创作的歌曲名，我的朋友也是"在爱的心境中"。几个月后，她再也没有那种心境了。模式的每个部分都是一个心灵的隐喻，形象地描绘了灵魂的状况和意向。突如其来的吸引——被激活和投射的阿尼姆斯；禁忌和障碍——使她停留在普通生活中的惯性和习惯，使她无法改变；越轨行为——人格面具的打破，跳入另一层次的存在；破坏性的后果——为了重新定义更忠实于她的原型本性的生活所需要的浩劫。所有这些都是自性的部分，是在不同的时间和文化中反复讲述的故事的。很多时候，原型模式在现实生活中的具体表现会产生卓越的洞察力，并点燃内心的转化过程，但有时也并不是这样的。在经历了一段高强度的内在发现之后，人因注意到自己身上的突变感到恐惧，他就会进行荣格所说的"人格面具的倒退性恢复"（Jung 1916/1953）。然而，模式的呈现，却留下了个体化过程的裂隙。在某种意义上，激情是对心理调整的呼唤。我的朋友最终开始了她向往已久的作家生涯。

让－保罗·萨特（Jean-Paul Sartre）认为情绪是我们用来逃避责任和避免面对自己的策略（Sartre 1999），与此相反，我们认为激情是表达我们生存状况的最一致的系统。然而，它们的语言是象征性的。在这个意义上，我们可以把嫉妒看作一种警报，它作为一种信号，唤起了我们身上所缺失的东西，指出我们无法发展自己个性的某些方面，而被嫉妒的人则成为失败的证据。仅仅将自己与他人进行比较，或者在某人身上察觉到一些我们希望得到却无法得到的东西是不够的。欲望如果要变成嫉妒，别人的品质或拥有物必须成为我们自己无能和自卑的象征。这就是为什么怀有恶意的嫉妒的目标更多的是破坏对方的创造能力，而不是获得他的优秀和美德的原因。然而，如果我们关照了这个呼求，我们就可以在模仿或竞争中解决嫉妒并将其转化，或者它至少可以帮助我们接受和理解我们的缺陷和失败的本质。如果仅仅从外在的对象、金钱或成功者的角度来分析这种情绪，那将是一种误导。莫瑞·斯坦认为，嫉妒是一种"对自性的渴望"（Stein 1996，201），是一种"对直接进入价值源泉的渴望"（Stein 1996，200），它属于"创造性能量的源泉"（Stein 1996，203）。这种方法为我们打开了一扇门，让我们对情感进行更积极的评价。它允许我们看到激情的目的论，那些隐藏的意义和目标。正如莫瑞·斯坦所说"在荣格的嫉妒理论中，我们会认为它是一种心理症状，而不是一种原始破坏性的表现……是一种出现问题的信号，但它是从对圆满自性的良性渴望中产生的"（Stein 1996，204）。

为了超越基本情绪的欺骗性说法，理查德·施韦德（Richard Shweder）提出，"情绪术语是特定的解释方案（如"悔恨""内疚""愤怒""羞耻"）的名称，具有一定的故事性、剧本性或叙事性的特点"，人们"利用这些解释方案来赋予他们的"经验以意义和形状（Shweder 1994，32）。荣格派精神分析和原型心理学深化了这一隐喻，提出神话创造是心理的主要活动。塑造我们生活的原型模式的基本语言是神话，是激情的神和英雄的故事，它揭示了人类经验的支配者。它是亨利－科尔宾所描述的"想象的世界"（mundus imaginalis），"一个独特的想象现实领域"（Hillman 1988，3），它为感受调性的情结的核心脚本提供了价值和形式。情感可以通过所讲故事的意象来区分并揭示其意义。对情感做过最为明确阐述的荣格分析学家詹姆斯·希尔曼说："一种情绪降临，一种激情袭来，一种冲动升起。"但我们对每一种情感状况要问的主要问题是："情感想要什么？它的特点和特性是什么？……它如何在我身体中移动，它的舞蹈是怎样的？"（Hillman 1992，11）。这就是分析的工作。如果说激情是灵魂与外界同步的不可消减的运动，因而也是心理的策略，那么我们就必须理解它们的隐秘意图，领会它们的计划。如果它们看起来不恰当，如果它们与我们的意志和自我格格不入，那也没有关系。作为心灵仪式，它们揭示了我们的原型本性，我们表面非理性行为背后的神圣意象，以及我们个体化过程的节奏。

作者简介

阿克塞尔·卡普里莱斯，博士，委内瑞拉加拉加斯天主教大学副教授，在那里他创立了经济心理学会。他是加拉加斯 C.G. 荣格基金会的主任和委内瑞拉荣格分析师协会（SVAJ）的前任主席。他同时也是委内瑞拉主要报纸《环球报》（*El Universal*）的专栏作家。

第 30 章

分析实践中的伦理态度

海丝特·所罗门

Jungian
Psychoanalysis
Working in the
Spirit of
Carl Jung

在培训期间和在取得资格后的持续督导，有助于确保在分析实践中可靠地获得伦理思考，这本身就是分析态度中核心的伦理行为。我认为，施行定期督导是专业分析态度的基石。这一立场是建立在理论和实践原理的基础上，同时也来自发展和原型的观点。

对我的论点至关重要的是这样一种观点，即分析态度在本质上是一种伦理态度，而伦理态度的实现等于实现了一种来自原型素材的发展性立场。这种发展性立场超出了克莱因和比昂将偏执－分裂位和抑郁位称为发展过程阶段的想法。伦理态度与偏执－分裂位和抑郁位一样，并不是一劳永逸的成就，而是人类内部动态斗争的一部分，这种斗争是与更原始、有时更危险的精神状态并存的。因此，就像抑郁位一样，伦理态度的实现也需要精神上的努力，特别是有意识的努力来维持。它的根源在于原型素材，而不是简单的一套规则，只要不违反伦理禁令，就可以忘记。这种观点表明，在从业者的临床工作中，持续的督导关系是非常重要的，它是这种有意识的努力得到分享、探索和强化的空间。

在本章中，我从发展和原型的角度阐述了"第三空间"或三角关系的作用，认为它对分析态度和分析实践的卫生至关重要，正如同它对个人的成长和发展的重要性一样。三角关系的原型属性——在这里以从业者／督导师／患者三方关系为代表，支撑着成就道德思考和行为的心理能力的发展。这对专业和个人层面都是至关重要的。

实现道德态度：一种来自原型的发展模型

不言而喻的是，在真空中不可能有道德。伦理功能是一种关系功能，涉及对主体和主体间状态的评估。荣格在他的许多著作中都强调道德和伦理价值在分析性治疗中的中心地位。他指出（1936/1964），这种价值无处不在，因此具有集体的、原型的基础，同时它们在个人层面的体验最为生动。约翰·毕比在其重要著作《深度里的正直》（*Integrity in Depth*）中也强调了正直的目的论方面：伦理立场位于完整性的源头，是人的生命组织原则（Beebe 1992，75）。但伦理思维和伦理行动的能力是怎样产生的呢？这种能力从何而来，它又是以什么为依据从原型潜能走上发展过程的呢？

为了开始解决这样的基本问题，有必要牢记来自我们原始基因构成的对称性和非对称性原则，包括作为基本基质的内源性欲和外源性欲的概念。这是荣格一生工作的核心，也是他不同于弗洛伊德的重要领域之一。荣格对心理能量（"性欲"）的看法比弗洛伊德更宽泛，构成了他的心理对立面图式的一个方面：一方面是回到原始融合状态的冲动，特别是与伟大母亲原型有关的冲动；另一方面是离开原始基质，在第三个空间或第三个位置，在基质之外寻找性欲表达资源的能力。这种能力是建立在节制原则（乱伦禁忌）的工作基础上的，它尊重代际和性别的差异。如果早期提供了足够好的培养环境，心理就有足够的力量来承担在外源情境中寻找其性欲满足的任务。这一点取决于基因库的健康、家庭卫生和心理卫生。这是分析工作中节制规则的来源，也是我们分析机构卫生的最终来源。那么这种早期的供给及其来源形成了我们以后的职业生活的哪些成分呢？

当从发展的角度思考培养伦理能力的条件时，我认为这些条件在于婴儿或儿童对于奉献和反思的最早期体验，父母夫妇对婴儿或儿童保持的一种伦理态度，最终被儿童内化，随着自性和自我的动态关系发展而被激活，促使心理中内在父母的形成（Solomon 2000）。当婴儿面对自己的各种痛苦体验，包括焦虑、抑郁、愤怒和恐惧时，接收到来自父母的非报复性反应时，就会出现新生伦理能力的第一次悸动。

在适当的条件下，婴儿对父母的非报复性反应的体验最终会被内化和认同，成为感恩的基础。通常，忠于职守的父母双方或一方，在他们对另一个人，即他们的婴儿的奉献和体贴中，代表了一种深刻的伦理。克服他们的报复冲动、自恋的需要、挫败的愤怒，以及自己的阴影投射，并抵制阻碍婴儿发展的过度的默许。

思考和奉献这两个相辅相成的原则的存在，唤起了一个在精神分析和荣格分析文献中以各种名义出现的概念，即第三人的创造潜能，无论是第三人、第三位置，还是第三维度。这种原型潜力的激活将促使最终的伦理行为的形成，这些行为通过一系列能够对婴儿进行深思熟虑的奉献行为和共情思考的照顾者提供的足够好的情境被引入。这与咨询室里发生的事情有明显的相似之处，在咨询室里，分析者愿意牺牲自恋的需要，通过对患者持续的深思熟虑的奉献活动，即我们所说的分析态度，来保护患者按照自我的需求发展。

从二元到三元：超越抑郁位，实现最终的三元成就

我猜想，对父母人物在其共情性的涵容和思考中所传达的灵性之爱（agapaic function）这一功能的内化和认同，可以触发或催化幼小心灵中新生的道德能力。第一步包括那些构成分裂和投射基础的分辨好坏的原始行为，塞缪尔斯（Samuels 1989，199）称之为原始道德：将不想要的和感觉到不好的东西从自我中驱逐到他者身上。这是一个二维的内在世界，在这个世界里，原始的心理行为将好的经验和坏的经验区分开来，并将坏的经验从心理中分裂出去，投射到照顾者身上——这是最初的、原始的或原型的道德辨别力，它出现在有足够的自我力量让任何类似于成熟的道德或伦理反思产生之前。这就构成了个人阴影产生的条件，当一个人达到一定道德和伦理能力的内在位置时，将需要进一步的伦理行动将其整合。

与他人的实质的主体性建立真正的关联，意味着对自恋式关联方式的超越。在自恋式关联中，他人被自己的内部世界据为己有，他人的主观现实被否认。生活在这种可以认识和关联他人真相的能力的影响下，是心理发展中超越抑郁位的下一步。抑郁位置通常被认为包含了基于内疚感和因对象可能受到损害而无法继续关怀自我（Hinshelwood 1989）的恐惧的补偿行为。因此，补偿行为仍然是出于为了自我的利益而保存他人。这里所设想的伦理态度超越了这种有偿性，涉及了一种无偿性的伦理行为领域。

　　这代表了从二元到三元的两阶段进程，反映了婴儿发展的两个阶段，这个过程是基于广泛的神经生理学依据，特别是心理神经生物学家艾伦·肖勒（1994）的工作，以及荣格派分析师玛格丽特·威尔金森（2006）近期的阐述。在这一进程中，婴儿大脑的神经发育必须有一个平行的培育供给来配合，即一开始婴儿和母亲有密切的同调（"我/我"的关系），随后是辅助性和补偿性的辨别（"自我/他人"的关系），从而形成"心灵理论"的能力（Fonagy 1989）。这些研究表明，产后婴儿大脑神经回路和结构的发展，调节着人类高级能力（认知和社会情感）的发展，这一过程非常依赖于婴儿和照顾者之间早期互动的质量。当婴儿本能地要求参与激活相互交流的类型、数量和时间的达成时，婴儿作为一个主动的伙伴，直接参与了自身神经回路的发展和神经成长。这些神经网络是实现包括伦理思维和行为能力在内的高级心理能力的基础。这让我们有理由认为，伦理能力至少有一部分是先天的，来源于最早的、基于本能的与主要照顾者的交流，另外至少有一部分是受环境因素影响的。换言之，原型因素和发展因素是共存和互动的。

　　在这一发展框架中，自我和他人之间逐渐形成了界限。这是三角关系能力的开始。正如哲学家和精神分析学家玛西娅·卡维尔（Marcia Cavell）所描述的那样，"儿童需要的不仅仅是另一个人，而是另外两个人，其中的一个，至少在理论上，可能只是儿童对第三个人的想法。儿童必须从与母亲的互动转变为掌握这个想法，即他对世界的观点和她的观点都是相对的；存在着一种可能的第三种观点，比他们的观点更具包容性，从这种观点可以看到他母亲和他自己的观点，从这种观点可以理解他们之间的互动"（Cavell 1998，459-60）。荣格派分析师会通过完成撤回负性投射（即阴影投射）这一困难而又必要的工作来扩大这一观点，逐步形成一种将自我与他人一起视为独立而又相互关联的主体的能力，看到主体具有多重动机，包括阴影的动机。撤回阴影投射的前提是认识到他者是真正的他者，而不是被假定为自我的一个功能或方面，这是伦理态度的基础和前提。因此，它是一种始于先天的潜力的发展成就，它在出生时就被激活，并由道德环境中持续"足够好"的生活经验所促进。这些都是违背自然的行为，放弃了对自我有限视角的坚持，以包含更广阔的视野，其中包括对自我内部不符合伦理的东西的认识。用荣格的术语来说，这种承认代表了对阴影的整合，是自我向更大的整合和完整状态迈进的一步。这就是个体化的过程，它的前提是对自我的前瞻性看法，在这种看法中，自我的变化、成长和发展能力被理解和体验为充满了目的和意义感。

三元化：原型的第三人

1916 年，荣格写下了两部在内容和形式上看似截然相反的里程碑式作品《对死者的七次布道》（*Seven Sermons to the Dead*）和《超越功能》（*The Transcendent Function*）。前者当时私下出版并流传，而后者则被束之高阁，直到 1958 年才出版问世，距离荣格 1961 年去世只有几年。两者皆以不同的方式反映了荣格在与弗洛伊德产生分歧的困难时期以及在他们后来痛苦不安的分裂之后，所产生的痛苦和威胁性的心灵体验的紧迫性。如果说《对死者的七次布道》的基调是他当时"与无意识的对抗"所产生的鲜活的心灵体验的类诺斯替宗教诗（Jung 1961，194ff.），那么《超越功能》的基调则是对分析理论建立的有节制的、科学的贡献。荣格把后者比作"数学公式"（1916/1969，para.131），它可以被解释为他当时高度情绪化的内心状态的冷静外化，是一种自我监督。在《超越功能》中，荣格提出了一个三角结构模式的原型，他证明了心理变化是通过从冲突性的内部或外部情景中出现第三位置而发生的。这个第三位置的特征不能仅仅由原来的对偶关系的特征来预测。

不管他是否有意识地借鉴其哲学渊源，荣格的超越功能概念是基于黑格尔在其伟大的著作《精神现象学》（*The Phenomenology of the Spirit*）中所阐述的生活世界的一切变化的辩证性和深层结构性的思想。黑格尔提出了一个三方图式，认为它是包括精神变化在内的一切变化的根本。在这种情况下，原来对立的一对，即对偶，他称之为论题和反论，共同斗争，直到在适当的条件下出现第三个位置，即合成。这个第三位置预示着对偶中的对立元素转变为具有新的属性的位置，而这些新的属性在它们相遇之前是无法被预见的，也就是荣格所说的"不确定的第三项"（tertium quid non datur）。黑格尔把这种无处不在的斗争称为辩证的，因为它表明了自然界的变革如何从对立斗争中产生，而这个过程是可以被看作具有象征意义和目的性的。这是一种动态变化的深层结构图式，它具有原型的属性，在时间的动态中呈现出发展性。

这种原型图式也可以被认为是三元式恋母情景的基础，在这种情景中，原始的一对母子，可以通过父性功能所提供的第三种位置来实现转变，无论这个位置上是一个真正的父亲，还是母亲或儿童的一种心灵能力，或两者兼有。正是在这个意义上，我们可以说，通过提供第三视角，儿童的心智得以浮现，儿童的身份与母亲的身份得以分离。对于荣格来说，这意味在基于超越功能的连续转化状态和个体化状态中，自性的出现。在督导功能的语境中，我们可以说，正是通过督导提供的第三视角，患者和分析师都被帮助从分析性二元配对的集体困惑（massa confusa）中走出来。随着个体化的进展，两者都会发生改变。

在精神分析理论中，俄狄浦斯三人组的协商，即那个卓越的三元式原型的重要性，构成了精神分析对发展成就的大部分理解。精神分析学家罗恩·布里顿（Ron Britton）唤起了内部三角关系的概念，他提出要解决家庭中活生生的俄狄浦斯情境，就要容忍一个内部版本的俄狄浦斯情境。他将"三角心理空间"描述为"心理空间中有第三个位置……从这个位置可以观察到主观自我与一个观念建立了关系"（Britton 1998, 13）。他的结论是："在所有的分析中，只要分析师独立于患者和分析师的主体间关系而行使自己的思想，基本的俄狄浦斯情境就存在。"（Britton 1998, 44）荣格坚持认为力比多体验的通道从内源转为外源具有重要性，我们可以说，正是家庭中俄狄浦斯三角关系的运作，预示着通道从内源向外源位置的转化，这对个人、家庭、群体乃至整个基因库的心理和身体健康都是至关重要的。

布里顿的俄狄浦三角的思想的发展也体现在分析师大脑中发生的内部事件和关系上，它们作为与内部对象或精神分析理论的联系存在，我想重申，这种内部三角状态的外在表达和促进在督导或咨询关系中是典型存在着的。在这里，分析师和督导师这两个人都与第三个人，即患者相关联。罗斯（Rose）将哲学家和精神分析家玛西娅·卡维尔的第三人概念简明扼要地总结了出来："为了解我们自己的思想，我们需要与另一个思想进行互动，从而与所谓的客观现实相关联。"（Rose 2000, 454）我认为，提供督导，包括当分析师思考患者和分析关系的各个方面时发生的内在督导，是"渐进式三角形成"的一个重要实例（Cavell 1998, 461）。这些心理行为可以抵消对融合状态的本能渴望。在这种状态下，自我与另一个人迷失在一个镜子的走廊里，投射、内射和投射性认同成为至高无上的，并且作为想象性地认同另一个人的必不可少的方式。内部和外部提供的督导空间允许与代表第三个人的另一个心灵，即患者的关系进行持续的互动，患者因为从与分析师的对偶关系中被分化出来而成为可被思考的。

三角空间与分析实践中的督导

对个人、儿童、伴侣或家庭的分析和心理治疗工作进行督导，其功能创造了一个必要的三角空间，这对于照顾和维持、持续保持对偶关系的卫生至关重要。我使用"卫生"一词的意思是，通过提供督导，对于包涵伦理成分的分析态度的意识不断被激活，当分析态度和伦理态度有可能在临床实践的漩涡中迷失时，第三人（督导师）或第三空间（督导空间）起到了帮助恢复这些态度的作用。督导本身通过提供第三个反思领域成为这种态度的代表。对痛苦中的心灵的治疗，在深层次上，总是涉及一种退行和／或自恋性的撤回，回退到内源性的、部分客体相关的、那些原始的非此即彼的、二元对立的心理状态，这些状态是由与心理生存有关的各种投射和认同过程所主导的。通过内部或外部的督导，或两者兼而有之，提供外源性的三角空间，对于在分析情境中面对多种力量和压力，保持分析态度是至关重要的，这些力量和压力来自患者和分析者内部和之间的有意识和无意识的动力。

由于督导所创造的这种三角空间对分析性配对的卫生是必要的（正如父亲的反思原则对母婴配对的卫生是必要的，为心理成长提供了空间），督导在所有的分析和治疗工作中既要发挥伦理作用，又要发挥临床和教学作用，无论从业者有多少年的经验。选择像培训期间一样，与资深执业者进行每周一对一的例行会面，还是经商议每隔一段时间与资深执业者进行督导，还是选择小团体中的同辈督导作为提供三角空间的手段，这都取决于临床实践者本人的需求和倾向。

在对培训中的候选人进行分析和督导的情况中，存在着特殊的持续的边界问题和其他固有的压力，例如需要在培训项目规定的时段以一定的强度在定期督导下与患者会面，而这些问题和压力通常在对于非受训者的患者的工作中并不存在。这将反过来促进受训者自己的伦理态度，因为他们内化了这样一种期待，即所有的分析工作，包括自己的分析师和督导师的工作，所有这些都要反过来接受督导。这样，受训者就会从培训一开始就知道，总有一个第三空间的产生和存在，在其中他／她作为患者或被督导者，会被另一对督导者－受训者所思考。

培养伦理性督导期望，很可能在培训机构内催生代际间的对分析态度的承诺，因为良好的临床实践传统在分析和治疗培训中会世代承传递。长期以来都存在一种假设，即应根据候选人是否被判断为可以"独立工作"，来评估他（她）在培训中的进步是否成功。当然，在评估一个人是否为分析师的执业资格做好准备的过程中，对受训者的独立判断能力和可行的自主意识的评估是一个重要且关键的因素。我在这里主张的是，在这种评估中，也应包括对候选人是否意识到为讨论正在进行的临床实践提供一个三角空间的必要性，以便最大程度地确保避免在如此亲密和深入的心理工作中存在的固有风险，包括相互认同状态或滥用权力的危险。

我的观点是，从业人员充分接受对其临床实践进行持续的督导或咨询，以此评估自己和他人的临床能力，是从业人员和培训机构成熟的标志。这是评估过程的一部分，其结果是授权作为培训机构的成员执业。此外，还有一个附加的方面，就是一些成员继续成为培训分析师、督导师、临床和理论研讨会的领导者，肩负着培训下一代分析师的责任。受训者对于持续接受督导和咨询的期望是由培训者亲自示范的，培养候选人对创造和维持分析和伦理态度的条件的尊重和理解。这包括关注在分析和治疗关系中因主体间动力的强度而可能产生的边界问题。加伯德和莱斯特（Gabbard and Lester，1995）对分析实践中的边界问题进行了详细的讨论。这些主体间的动力不可避免地被移情和反移情中的相互渗透、投射、内射和认同的交流所释放。

建议分析培训机构的成员设法建立一种持续督导的风气，以讨论他们的工作，即使这种规定没有得到系统的维持，机构的所有培训分析师和督导师也应就他们的培训案例（包括患者、被督导者或受训患者）进行定期的咨询，这是对那些普遍存在的培训情境所形成的三角关系（受训者－培训分析师－督导师；受训者－受训患者－督导师；受训者－督导师－培训委员会）的进一步发展。期待与另一个人提供一个反思的空间，这对相关的各方都有好处，同时也能提高临床意识。若非得益于此，我们就有可能认同自恋性和其他的病理性的过程及压力，这在分析实践中是不可避免的，因为我们都可能需要去治疗患者中与我们自己的内部问题和个人历史相对应和产生共鸣的那些方面。因此，我强调临床"卫生"的重要性，强调创造督导的第三空间的重要性，它可以帮助我们保持与真正的客体相关的联结，并对张力巨大的对偶关系中的陷阱保持警惕。

作者简介

海丝特·所罗门，英国心理治疗师协会荣格派分析分会的培训分析师和督导分析师，曾担任英国心理治疗师协会理事会、荣格派分析培训委员会和伦理委员会的主席，也是该协会的会士。她目前是 IAAP 的主席，著述广泛，也是几部专著的作者和共同编辑。

第 31 章

宗教与荣格分析心理学

约翰·杜利

Jungian
Psychoanalysis
Working in the
Spirit of
Carl Jung

荣格关于宗教的讨论

荣格宣布他所发现的"宗教现象的精神起源"是具有普适性的，没有例外（Jung 1968，9）。所有的宗教经验和这类经验所产生的宗教都是这种共同起源的表现。那么这个起源是什么呢？它并不是一种个人的或超个人的客观的实体。对荣格来说，自性及其原型动能对意识的影响才是所有宗教经验以及被这些经验所创造的宗教的共同和普遍起源的有效精神动力。这种精神动力学成为荣格"无意识中真实的宗教功能"的基础（Jung 1969，6）。与自性及其主要表现形式维系一种持续的有意识的接触，尤其但不限于当它们获得了圣秘的力量时，构成了主要的宗教行为，对荣格而言，这其实就是宗教实践的主旨本身。对自性的表征进行"仔细而严格的观察"，并优先考虑梦境，无疑是荣格心理分析的核心（Jung 1969，7，8）。从荣格更广义的视角来看，每一次分析都是一次持续进行中的宗教事件。

这种对宗教的理解大大扩展了宗教的界限。这将意味着，个人每晚的梦境和历史上众多的神灵、女神及其启示都来自同一个来源，即原型无意识以及将其带入意识的中介——自性。这也意味着，对自己梦境以及其他可能的无意识表征的"细致考察"，将成为一个人个人化的示现和这个人独特的、始终发展着的神话的基础（Jung 1969，8）。在这种根本意义上的宗教中，圣典永远不会关闭。事实上，它会随着个人的梦书中每一页新的内容而重新打开。宗教，从这个意义上讲，禁止非宗教性的人类，或没有宗教纽带的文化，因为在创造神灵及其社会的过程中为宗教冲动提供依据的力量是心理本身所固有的，任何求助于它的人都可以获得。

这样理解宗教的诸多重要的结果之一是，通过在分析过程中不断发现最能说明问题的个人神话真理，个人与包裹自己出生的集体神话之间会产生距离，对这一距离的获得往往是痛苦的，但却有极大的好处。当自性在意识中具体化时，它提供了唯一的终极基础，以肯定一个人最深层的宗教真理与一个人的本土文化所承载的神话负担的关系。这种肯定提供了一个心灵上的位置，例如，与宗教、民族、政治、家庭或任何一个从一开始就影响个人深层自我理解和行为的原型决定因素的关系。这样的位置使得宗教航行者具有了某种反应模式，模式范围可从加深对起源文化的符号系统的欣赏到对其完全拒绝。这种批判性的观点特别能够衡量统治中的神话如何影响其持有者独有的更深层的个人真理的出现或压抑，并使其持有者能够与万物存有（All）建立更真实的关系。

通过对宗教普遍来源的体验来培养这种原始意义上的宗教，这个过程总是个人化的，但绝不是没有社会后果。对荣格来说，无意识总是在寻求一种对个人和集体意识的更具渗透性的进入。从集体上来看，这种迫切性被记录在不同时代、时期和宗教的演替中，它们都是致力于让无意识通过这种显化在历史中更充分地实现。那些培养无意识的自然宗教性的人，往往是新神话的带来者，新神话满足了无意识的要求，克服了在位神话可能带来的任何限制。

荣格的神话从细节上看，敦促通过恢复女性的神性、世俗的神性和基本上被基督教和一神教的神圣领域所排斥的恶魔的神性，来实现更具包容性的神圣化。但荣格的神话也坚持认为，这种恢复，至少在第一种情况下，将来自个人对目前主导的神话的局限性和当前无意识中对更广泛的、更包容的、真正反映整体心理的迫切需求具有敏感性的内在世界的培育，同情心的迫切性的内在性的培育。荣格强调内在生命在改造社会和抵制反对它的社会力量中的优先地位，其背后是他的这句话："对有组织的群众的抵制，只有那些在个体性上一样有组织的个人，才能实现"（Jung 1964，278）。这句话引出了一个问题，即一个人的个体性中的这种组织会带来什么。

涵容与超越

荣格所说的个体组织性指涉了一种当代的宗教态度，它要求的是彻底修正人与神或超越者之间的关系。荣格将无意识的丰饶性称为"无限的没有可分配范围的"（Jung 1969b，258）。荣格这么做的时候，其实在呼唤着将无限的来源视觉化所获得的无限多的意象，它们永远在意识中寻求一个总体的表达，而这个总体表达在个人、集体和历史上都只能是有限的。在建构这样的范式的同时，荣格有效地将超越性包含在意识和无意识能量的总体，即总体心理之中。以他的视角必然得出这样的结论：无意识无限地超越了意识，但没有任何东西超越心理本身。超越完全成为一种心理内部的体验，它描述了意识与其创造者——原型无意识之间的互换。所谓各种不同的启示，包括三种一神论变体，其所指的并不是心理之外的某一个或另一个神，而是原型心理相对于人类意识的运动，唯独这二者才是神 / 人戏剧的两个最终参与者。

这种对人性与神性关系的修正所产生的影响是深远的。荣格将人类宗教意识的演进描述为达到了一个千年的高潮，即当代人越来越认识到什么是神圣的（Jung 1969c，402）。在这种情况下，他自然而然地将神性扩展到每个人身上。荣格对宗教史的总结是：众神成一，一神成人，进而成为"普通人"（Jung 1969，84）。在更大胆的一段话中，他把基督教的学说中的两性联合（hypostatic union），即在基督一个人身上有神性和人性两种本性共存，扩展到每一个人身上——或至少作为一种发展的潜能和要求存在（Jung 1969，61）。成熟要求自觉恢复个人的神性。这就是荣格的原型理论所提供的精神民主。

这些见解的背后是他的断言，即无意识创造了神灵作为其运动的投射，而宗教意识的进化现在已经达到了这些投射被识别和撤回的状态（Jung 1969，85）。这种撤回绝不是赞同无神论或怀疑论，因为神在被召回源头时并不会死亡。相反，荣格会设想在安全的心理涵容中与它们直接对话，他们不太可能造成致命的公共分裂（Jung 1968b，23，24）。而当它们脱离这种涵容时，则有可能。

这些立场，是荣格关于宗教性心理的思想基础，构成了他的心理学与其他心理学的具体区别。显然，它们提出了心理之外的神或若干神的存在问题。神学术语在这里很能派上用场，它们用圣经或超自然神论来描述这些神。这种有神论捍卫了一个个人的、总是男性的神性的本体论客观性，他创造了自然界和人类心理，可以从超越两者的超然位置任意处理和干预它们，并且由于一种永恒实现的自足性而对世间事件的结果及其对他的影响保持漠不关心。三个一神论的神的地理根源都位于地中海东端，这一事实似乎并没有妨碍它们的信众的相互冲突的信仰，即使面对一种基于荣格原型理论的怀疑，即它们是同一原型力量的三个变体，其主要区别只在于它们的个人名称。马丁·布伯和维克多·怀特（Victor White）持有这种超自然神论的变体，荣格与他们激烈而漫长的对话，尤其是与怀特的对话，证明了这种宗教想象与他对心理的理解及其所支持的神／人关系根本不相容（Dourley 1994，2007）。那么，什么才是相容的？

神的相对性与荣格的神话

荣格对心灵的理解当中所特有的神话，就像所有的宇宙论神话一样，包含了一个完整的本体论、认识论和历史展开的哲学。它描述了什么是存在、如何知道存在，以及历史因回答存在和认识问题而采取的方向。荣格在前述意义上的神话，最清楚地体现在他在处理埃克哈特大师的经验时对"上帝概念的相对性"的延伸讨论中（Jung 1971，241–58），以及在他晚期关于约伯的著作里对其后果的阐述中（Jung 1969c）。如果把支持荣格"神的相对性"概念的神话用宗教成语来描述，它将生成如下的戏剧：造物主无法在永恒的生命中统一自己的对立面，被迫创造了人类意识，作为宇宙中唯一能够辨别神性自我矛盾的现存力量，并与神性的要求合作，在历史中统一"先在"的神性生命本身无法解决的活生生的对立面。

在这些段落中，荣格认为，对神的原始经验完全来自"一个人自己的内在存在"，因此排除了与心理之外的神性的直接往来（Jung 1971，243）。依据这种宇宙观，人对神性的认识显然是完全基于原型无意识的经验。完全是他者的神，即完全是异类的神。除非被内化，否则它们会阻碍而不是增强心灵原生的神性体验。荣格将自我和无意识共同纳入一个包罗万象的有机统一体，即心灵，其背后是荣格将神和人描述为彼此的"功能"，这可追溯到意识本身诞生时心灵就已具有的辩证交换的属性（Jung 1971，243）。

荣格根据埃克哈特布道中的关键引文，对埃克哈特的神秘主义进行了准确的描述，使这一辩证法的性质变得明确。实际上，荣格对埃克哈特的借鉴构成了他的语料库中对个体化动态的最为令人印象深刻的描述之一。在第一个运动中，投射到个人之外的对象上的原型力量——这将包括神灵本身，被撤回（Jung 1971，245-46）。在这些段落中，荣格对所有形式的偶像崇拜进行了可以想象的最有效的心理反击，当神灵逃离其心灵本源时，偶像崇拜是不可避免的。但当这种能量回到心灵时，它将灵魂拉入荣格所说的"潜能"（dynamis）或无意识的潜在消耗力量之中（Jung 1971，251，255）。这是一个充斥着没有回头路的风险的时刻。在其中，"上帝作为一个对象消失了，并萎缩于一个不再能与自我区分的主体"（Jung 1971，255）。这种激进的倒退为灵魂找回了"与上帝认同的原始状态"（Jung 1971，255）。当灵魂从这个与它的本源认同的时刻返回时，它把象征所承载的能量带回意识，这些象征在那时起到了复兴生命的作用（Jung 1971，251）。荣格在这些段落中暗示，这种周期性的更新描述了个体化心灵本身的节奏，对它来说，就像血液在身体中的舒张期和收缩期流动一样自然（Jung 1971，253）。他写道："个体化就是上帝之中的生命"（Jung 1976，719），这几乎是他对此周期的宗教性质最明确的阐述了。

显然，典型的分析不会延伸到自我在大母神的深渊或虚无中完全消融，或在与神性认同的瞬间消融的程度。然而荣格并不认为埃克哈特的经验在任何意义上超越了宇宙心理的自然运动。在某种程度上，它是呈现于每个人身上的。埃克哈特可能在心理学和宗教上有特殊的天赋，荣格暗示他的经验比 19 世纪发现的无意识早了大约 600 年（Jung 1968c，302），但埃克哈特的经验根本上是人性的，因此人人都可以获得。近年来对否定式（apophatic）神秘主义的赞赏，即沉浸在"无"中的神秘主义，在神学和荣格学界都很凸显（McGinn1998，2001；Ashton 2007，2007b；Marlan 2005）。在荣格这里，这个与宗教成熟密切相关的周期，也是个体化的周期，在每一次分析或与无意识的持续接触中，当用它的母语——象征性的语言表述时，都会有不同程度的生效。就这样，宗教和心理上的成熟就这样毫无保留地彼此认同了。

"养育父亲"：荣格论历史上的神的教育

荣格在个体化的分析进程中把宗教与心理成熟等同起来，这延伸到他对宗教术语中所谓"拯救"或"救赎"的理解，由于这种力量进入并决定了历史本身的运动，当他在关于约伯的著作中阐释"上帝的相对性"这一概念时，他在神与人之间建立了亲密的对等关系，使双方都参与了对彼此的救赎。约伯作为自我的象征，开始意识到他站在一个两极的神性面前，原始的无意识在耶和华那里被人格化，其病态的不稳定性最终驱使他创造了人类作为其获得解脱的唯一剧场（Jung 1969c，456）。这一思路在神与人的关系中发展出共同救赎的意味。当神性对立面的冲突在人类历史的意识中，在基于神性的敦促、坚持和帮助下得到解决时，人类就救赎了神性（Jung 1969c，461）。反过来说，神性通过在人性中将其对立面综合在一起，使人性因其结合而丰富，从而使人性得到救赎。

这个过程远不是远离苦难的纯智力或精神活动可带来的。荣格将神性与人性的相互救赎看作历史本身的基础运动，其中最气势磅礴的形象是在无情的原型对立面之间绝望地死去的基督（Jung 1969c，408）。对荣格来说，这个场景构成了对约伯关于人类痛苦意义的实质回答。这个形象意味着，人类通过苦难至死来救赎自己和它的源头，使这个源头的自我矛盾走向一种新兴意识的出现，在这种意识中，扼杀了冲突意识的对立面被统合在第三种意识，即更包容的人类同情心中。对立面之间的十字架意象朝向一种更具涵容性的同情心，这也对应了荣格所说的"超越功能"的含义。他的作品中对于"超越"的唯一定义，也是完全停留在心理内部范畴的（Jung 1969d，73，87，90）。

需要注意的是，荣格不仅把基督形象在对立面之间的死亡描绘成对约伯的回答，他还把这个形象描述为"心理学的"和"末世论的"（Jung 1969c，408）。之所以两者兼备，是因为耶稣受难的象征所描绘的心理运动是神性与人性的相互救赎。人因神性的对立面而受苦，神性通过苦难来"渗透"人，并生成一个越来越有意识的神，同时化身于由此产生的人的意识中（Jung 1976，734）。但这一过程同样是"末世论"的，因为在心理推动下的历史的意义，就是要在人类的历史意识中把神带到越来越大的意识中去，这一过程现在被理解为历史本身的基本目的或走向。

在荣格对宗教维度的分析理解中，对这些宇宙主题的强调，似乎使它脱离了那些更个人化和世俗化的领域。但它们真的是这样吗？荣格后来的大部分工作是源于他努力为他从父亲的宗教所继承的业力及其对他父亲、他自己和他的文化的可疑影响找到心理上的解决方案（Jung 1965，215）。他早年梦见阳具在地下被册封，这是一个天职之梦，呼唤他把遗落在地下的基督教思想和文化与它割断的根重新联系起来（Jung 1965，11–14）。在每一次分析中，都很可能找到这样一种与无意识所提供和要求的平衡与整体性之间的断裂。梦境几乎完美无误地导向了这种痛苦在个人身上的独特形式。荣格会认为，上帝在被截断的生命的痛苦中受苦。这种痛苦无论在什么程度上使一个人为了解决它而变得有意识，都是个人对历史和对上帝在历史中的意识成长的最大贡献。

个人和集体生活中神圣的自我矛盾的痛苦和缓解，是神秘主义者雅各布·波姆（Jacob Boehm，1575—1624）的经验的核心，他是荣格语料库中唯一一个比埃克哈特更多被引用的人。波姆的神秘体验与荣格对心理的理解有着惊人的关联性。与埃克哈特一样，他也经历了与"一"或"根源"（Urgrund）认同的时刻，但当他回到意识世界时，他发现，神圣的对立面并不是以永恒的和谐为基础而结合在一起的，精神并非将受造意识（created consciousness）引向和谐。相反，神圣对立面的统一只能发生在历史上的人类意识中（Dourley 2004，60–64）。荣格写道，人类长期以来的"预感"（premonition）是"以微小但决定性的因素超越其创造者的观念"（Jung 1965，220）。可能荣格想到的是约伯的经验，但这种预感同样也在波姆那里得到更现代的表达。在波姆这里，荣格心理学中的基础性宗教预设获得了一种诗意而有影响力的表达。神性创造了意识，以其对立面的结合形式成为有意识的。波姆的宗教经验之所以有影响，是因为它被黑格尔所采纳，黑格尔试图赋予它更理性的表达（Hegel 1825/1990，119–25）。通过黑格尔，它成为马克思的思想基础。两者的基本主旨都是神性在人类历史的创造中解决其在人性中的问题。荣格将这个过程的优先地位置于个人层面，黑格尔和马克思则将其放在集体层面。对三者所设想的这一过程的描述，没有什么比早期马克思所说的"历史本身走向个人与物种的统一"（Marx 1843/1972，44–45）更引人注目的了。个人就会自发地代表整体行动起来。这是一种被马克思和黑格尔外化为历史的微观／宏观神秘主义的形式，在荣格这里被包含在心理中。

今天，人类在生存和发展的斗争中所面临的最具挑战性的对立面，是以宗教或政治信仰的形式或以两者结合的形式，在原型式地集结兴建起的社群之间孕育的冲突。荣格显著的天才在于，他证明了在启蒙运动、法国大革命和民主制度之后，那些曾为特定宗教社群提供信息和纽带的能量蜕变输入政治社群（Dourley 2003，135–36，143–44）。他把这种信仰团体称为"主义"（isms），并把它们与"大规模精神病"和"精神流行病"联系在一起，在宗教战争之后，它们的尸体数量一直居高不下，而宗教战争对理性的统治有很大的贡献，因而对启蒙运动本身也有很大的贡献（Jung 1969e，175）。荣格并不是无条件地反对让理性从宗教和政治的约束中获得必要的解放，一旦理性获得解放，就要在超越它自身的深度中寻找其根基，而西方宗教已经无法提供这样的根基。在这一前提下，他发起了一种个人道德和宗教性，其关键要求是一种与自身深度重新联结的意识。这种意识致力于将个人从新形式的集体无意识中解放出来，其中不乏对被拔除的理性的神化。实际上，对许多人来说，这种解放意味着失去或节制目前对理性或宗教的信仰承诺，走向对原型机制和操纵的更尖锐的批判性敏感，这些操纵在相互冲突的宗教和"理性"政治社群中最为明显。

矛盾的是，正是在其失去或减少集体信仰的道德要求中，荣格心理学的价值才会受到质疑。在晚期与联合国教科文组织的一个机构就促进和平进程进行的通信中，荣格坦言他的心理学首先是对个人起作用的。他一再以"先进的少数人"的形成为基础提出社会希望，期许最终可以在所有层面上对权威施加影响（Jung 1976b，610，611，612）。瓦解下一次大屠杀的最好办法显然是一次劝退一个纳粹。在当前由其原型信仰所粘合的无意识群体之间冲突大大加剧的气氛中，人们不得不怀疑，荣格的事业是否还有足够的时间将人类从其特定的信仰中拯救出来，转而致力于更全球化的同情心。

荣格本人似乎也不太确定。他在晚年写道："如果我们不能通过一种象征性的死亡来找出救赎之道，我们就会受到普遍的种族灭绝的威胁。"（Jung 1976，735）。在这种情况下，"象征性的死亡"将意味着象征的死亡，这些象征即使是世俗的形式，也总是具有宗教的影响，它们使当前的种族灭绝成为可能，且似乎不可避免。西班牙宗教裁判所曾经把杀死异教徒的行为描述为"auto da fe"，即"信仰的行为"。信仰冲突终止自我意识的进化层，将是最后的、全球性的信仰行为，是一些人已经期待的狂喜。

荣格在信中的某些关键段落中，将自己与 12 世纪末的僧侣约阿希姆·迪·菲奥雷（Joachim di Fiore）相提并论，他预见了精神生活将在 13 世纪取得非常重大的进步。在这些相同的段落中，荣格写道，曾凝聚起基督教的盛世的同一种精神现在也在努力使其失效（Jung 1975，138）。这里的精神将是自性的精神，它正在创造一个新的社会神话，它可能包括、但在深度和同情心上超越了当前的威胁人类未来的冲突神话。荣格感觉到，一个新的神话正在形成，而对当前无意识的神话制造的力量做出敏感回应，是促使这个新神话形成的最有效的途径之一。

总结

总之，荣格对于宗教的思想可以归纳为三个命题。

人性无法摆脱其宗教冲动，因为这是心灵本身所固有的。培养无宗教信仰的人性的努力没有意识到这一事实，所以失败了。在致力于此的人们的手中，宗教已经蜕变成其他同样值得怀疑的价值形式。

宗教普遍是基于原型力量对意识的影响，所以可以使它所控制的意识变为无意识。就集体和个人而言，原型对心灵或社会控制得越紧，个人或社会的自由度就越低，他们失去道德责任的程度与他们被控制的程度成正比。

宗教，无论是集体的还是个人的，都有一个集体或个人补偿的历史。这种补偿总是朝向伴随着更广博的慈悲心的更深层次的个人整合。这种对立面的统一，在荣格所认定的炼金过程的高潮中，明显地体现为一种与"一切经验存在的永恒之地"共鸣的意识（Jung 1970，534）。同时荣格认为，这种意识将成为一个当下正在出现的神话中的基础元素，但将要求广泛地恢复一个早已因上述历史进程而脱离了这个共同基础的人类内在性。

这些命题描述了宗教的本体论和认识论的普遍性，以及至少在西方社会的当前紧迫性。终极的知识仍然是对存在的体验，即无意识成为意识、神成为人的不可抗拒的紧迫性。在如此清楚地说明了这一切之后，荣格提出的挑战在今天仍然真实，他写道："现在一切都取决于人。"（Jung 1969c，459）

作者简介

约翰·杜利博士是一位荣格派分析师，也是加拿大渥太华大学宗教学系的名誉教授。他也是一位天主教牧师，对荣格心理学的宗教含义有着长期的兴趣。

第 32 章

Jungian
Psychoanalysis
Working in the
Spirit of
Carl Jung

研究

维蕾娜·卡斯特

　　荣格在苏黎世著名的布尔赫兹利精神病院进行字词联想实验时，发现了"受情绪左右的情结"。我们知道，这是他的第一个重大科学发现。他极为自豪地用"经验实验"，即用科学的方法展示了弗洛伊德在其早期关于歇斯底里症和解梦的著作中所描述的压抑过程。

　　荣格之所以能得到国际上的认可，是因为他与将实验从德国带到布尔赫兹利的弗朗茨·里克林（Franz Riklin）一起进行的联想实验。重要的情结理论和情绪对梦的影响都与这项心理联想的研究有关。因此，荣格是以经验心理学家的身份开始他的职业生涯的，如果他继续沿着这条路线走下去，而不是对"精神"的世界如此着迷的话，他很可能会成为一个杰出的研究者，正如德国著名神经科学家曼弗雷德·斯皮策（Manfred Spitze）所指出的那样。因为虽然荣格以"联想实验"开始了他的科学生涯，但大致在同一时间，他也完成了"关于所谓的神秘现象的心理学和病理学"的博士论文。我们应该记住，当时很多人，包括荣格的精神病学导师尤金·布鲁埃尔（Eugen Bleuler），也对"神秘现象"充满兴趣。

　　通过指出这些事实——一方面是联想实验，另一方面是对神秘学和无意识的玄秘方面的研究，我们抓住了荣格的现实。这是我们作为荣格派精神分析学家的遗产。荣格一方面希望被接受为一个科学研究者，另一方面他又希望研究无意识，即使这会损害他作为科学家的声誉，导致人们称他为神秘主义者。这就是我们今天也要面对的遗产。我们希望成为主流心理治疗的一部分，今天这意味着要立足于科学成果和研究，同时我们也希望与无意识的神秘保持联系。

联想实验与梦

联想实验一直延续使用到今天，成为一些领域进行科学研究的工具：在语言学研究中，探索社会偏见，以及其他研究领域。目前，它在荣格学界也越来越受到重视。澳大利亚荣格派精神分析学家利昂·佩奇科夫斯基（Leon Petchkovsky）目前正与同事们合作，利用核磁共振技术进行一个描绘一般性情结反应的研究项目。到目前为止，"非常初步的结果表明，一般的情结反应涉及一些与维持梦的活动非常相似的途径"（个人交流）。看起来，荣格关于情结是梦的建筑师的说法被佩奇科夫斯基的发现所支持。情结、情结的形成以及梦中和通过梦来进行的情绪调节之间的联系，是荣格临床工作者在对被分析者的工作中经常体会到的。事实上，它是我们所依赖的东西。现在，这一点的物质基础或许可以建立起来了。在我们这个时代，很多人只会接受那些可以被具体和物质验证的"真理"。

对荣格派精神分析效力的研究

在瑞士，荣格派精神分析学家被要求证明他们工作的有效性，证明实践与理论是一致的，并表明有效性可以被无利害关系的他人验证（当然，如今不仅在瑞士才如此）。在只教授认知行为心理治疗的巴塞尔大学，学生们往往对荣格派精神分析感兴趣，但在真正接触它之前，他们会不断地质疑：那么研究呢？你能证明你的方法是有效的吗？它真的有帮助吗？他们之前被教导过，只有认知行为心理治疗才得到了研究的有力支持。当然，他们也相信这一点。对于这年轻的一代——他们将步入我们的后尘，并最终招揽下一代的荣格派精神分析师——做研究并要求基于研究数据的证明是正常的，也是我们所预期的。这可以让我们对未来有所指望。

瑞士和德国的荣格派精神分析学家马坦萨斯（Mattanza）、鲁道夫（Rudolf）

和凯勒（Keller）在 1997 年至 2003 年对荣格派治疗的长期实践进行了效果研究。这项瑞士研究项目由瑞士分析心理学会、C.G. 荣格研究所和 IAAP 赞助，于 2003 年完成。其结果是非常好的，在基于科学标准的研究中，荣格派治疗被证明是有效的。例如，人际问题非常显著地减少了（效应：o.76）（Mattanza et al.，167）。另一方面，没有建立对照组，也不是随机研究，所以不能说它具有严格科学意义上的"金标"质量。这是一项基于心理治疗中的真实情况的自然主义的研究，对于心理治疗的研究来说，这可以说是一个符合金标的合理方法。

第二个研究项目也正在瑞士进行。所有不同的心理治疗学派都参加了一个正在进行的门诊患者研究项目（Praxisstudie ambulante Psychotherapie，PAP）。每个学派都是其他学派的对照组。虽然这似乎是一个非常有趣和有价值的项目，但瑞士荣格派治疗师并不急于合作。因为他们已经参加了一项研究，因此不愿意这么快就开始另一项研究。此外，目前的研究需要对分析会话进行录音，这就产生了一种担忧，即录音机的存在可能会影响分析关系。有些人说，录音会话不是荣格派的风格。他们认为，研究和心灵并非融洽的伙伴，并不真正适合在一起。不少同事认为，我们应该停止做研究，只满足于做"荣格心理学的艺术家"。

研究结果

与 PAL 研究有关，由德国荣格派分析师进行的一项研究题为"两种形式的精神分析疗法的不同效果；海德堡 – 柏林研究的结果"。这项研究由德国医疗保险系统资助，比较了两种精神分析治疗方法：精神动力学治疗（PD）是一种焦点治疗，频率为每周一到两个小时；精神分析治疗（PA）鼓励退行过程，每周需要更多的时间，对移情 – 反移情的动力性工作更为深入。两者都是长程的治疗方法。研究发现："PA 组效果稍好，但这本身并不足以证明与它们相关的高付出是恰当的。"（Grande et al.，482）

令人欣慰的是，不仅有研究证明在荣格基础上进行的心理治疗是有效的，荣格派精神分析师也属于心理治疗的主流。从这些研究中也可以得出一些结果。深度心理学导向的心理治疗，或精神动力学治疗（PD）是受到追捧的，也是有效的。有了情结理论，荣格派就有了一致的理论，以主要的情结群落作为焦点，在此基础上结合自己掌握的其他所有荣格工具和方法一起进行焦点治疗。在心理治疗研究中，描述了一个表明焦点结构变化的表格（Mattanza 2006，49）。这可以很容易地调适运用到情结发生的变化上。

在各种荣格分析培训项目中，一般不提供对精神动力学心理治疗师的培训。但这可以作为荣格派精神分析学家培训的第一步。之后，想进一步发展的候选人，可再接受第二阶培训成为荣格派精神分析师。当然，我们大多数人都热爱分析，我们也相信分析，尽管只有少数人能够负担得起，尽管我们认识到在日常工作中，我们经常面对的是人格障碍者的结构性问题，面对的是需要深度心理导向的心理治疗而非主要是分析的患者。

荣格学界也在进行其他研究。例如，丹尼斯·拉莫斯（Denis Ramos，巴西）正在进行一个项目，以表明使用沙盘游戏疗法的儿童的发展和变化。她研究的主要目的是开发一种方法，使患者在沙盘游戏中使用的图画和语言表达的数据标准化。这是一项定性和定量的研究。

我相信，在荣格学界还有更多我不知道的研究项目正在进行。如果能有一个收集研究项目和数据的地方，维持较低的管理需求，并对感兴趣的公众和其他研究人员开放，那将是一件有利的事。

困境

作为荣格派精神分析学家，我们面临着一个两难的选择：我们需要参与研究，但同时我们又怀疑目前应用于心理治疗的科学水平的标准。一个基本问题是：当我们考虑心理治疗的基础时，"科学"的含义究竟是什么？这不仅是一个学术问题——这也是一个生存的问题，是一个法律体系认可与合法化的问题。谁来决定什么是"经过科学验证的心理治疗"？认知行为心理治疗师讲的是金标研究，他们觉得只有他们的方式才有权利被称为科学。另一些人，比如人本主义心理学家尤尔根·克里兹（Jürgen Kriz），则主张接受与对人的理解和各种心理理论相对应的多元研究方法和可接受的设计。假装只有某一个学派的所谓"金标"才被认为是科学的，这本身就是极不科学的。独占性地宣称自己有权使用科学一词，这根本就不科学。事实上，它可能是原教旨主义的，完全缺乏真正科学的批判立场。

现在，我们需要讨论"什么是科学的心理治疗"，而这应该与"循证医学"区分开来，后者是基于随机对照试验的金标准。此外还存在着"基于叙事的医学"，

它遵循的是现象学 – 解释学的研究方法。一种科学疗法的最终试金石是它在临床工作中被证明是成功的。

当然，并不是只有荣格派精神分析学家要面对这些问题。对弗洛伊德主义者和所有精神动力学心理治疗师来说都是如此。

基于叙事的医疗

"以叙事为基础的医学"观念对荣格派来说可能是非常有趣和重要的。定性的文本分析和互动的方法是基于社会科学和文化研究的。叙事允许进入讲故事者（叙述者）的主观体验。故事可以是一个梦，一个幻想，或者是个人生活史中的东西。由于镜像神经元的作用，听者可以认同叙述者。对叙事的分析导出了交流互动的认知 – 情感模型，或者用荣格的术语来说，导出了情结的集群和原型模式对交流和行为的影响（Roesler 2006）。勒斯勒尔（Roesler）的模型展示了如何在个人叙事中，找到原型模式作为核心。使用叙事学的方法，人们可以在分析过程中比较叙事的发展。荣格派精神分析学家往往高度关注叙事：个人生活史叙事、梦境叙事、积极想象叙事以及童话、神话等文化和原型叙事。讲故事，尤其是在友好、仁爱、支持的关系中讲故事，可以改变叙事。如果一个人被不同的情感氛围所包围，他可能会以不同的方式回忆起一个故事。一个人可能会以一种更积极的方式来讲述受伤和创伤的往日故事。我们如何讲述自己的人生故事，强烈地影响着未来。分析师在这方面有很多经验，我想我们应该更详细地研究一些这样的想法。从这个角度进行的研究将不属于自然科学，但可以是社会科学。

结论

荣格派精神分析师必须建立和保持与心理治疗研究主流的联系，但进行相关研究的方法必须更适合我们的基本理论。很显然，今天的我们必须为内心世界的真实性而积极奋斗，同时也要为内心世界与外部世界、咨询室与生活之间的联系而奋斗。当然这里面有很大的冲突。外部世界不承认主观性的有效性。作为专业的分析者，我们正在努力寻找使主观经验变得"客观"的方法，以便与其他人分享，并作为定量研究的基础。

有许多问题亟待解决。研究荣格派精神分析的机构在何处？研究者和实践者应怎样合作？需要有更多被赞助的教授职位给愿意与临床医生合作的荣格派精神分析师；需要有临床医生愿意腾出时间与研究者接触；需要有愿意参与辩论的分析师，来探讨今天需要什么样的心理治疗研究。

基本上讲，我们需要改变思想。我们需要坚信，研究（有几种研究）属于荣格派精神分析的职业范畴。这不应该主要是因为一个人为了符合国家的规定而必须做研究，而是因为一个人对分析中发生的事情感兴趣，对任何情况下什么最有帮助，对什么是最有效的治疗感兴趣。动机应该是我们要达到越来越真正的专业。或许在大学培训期间习惯于做研究的年轻同事会更愿意从事这项工作，但我对此表示怀疑。进入荣格世界的人，一般都在寻找想象力，寻找内心世界。但是，我们能不能不只关注内心世界呢？我们是不是也应该愿参与外在世界，为社会提供它所需要和要求的东西呢？我们难道不是把个体化的过程真正理解为内心世界与外部世界的互动？

这个问题最终归结为：作为荣格派精神分析师，我们真正想成为心理治疗领域的专业人士吗？或者说，如果不想，那我们又是什么呢？

体验式研究

对于临床医生来说，有一种研究是从咨询室的体验中产生的，可以称之为"体验式研究"。从对患者的临床经验中，一个人会不断地对自己的心理学理论提出质疑，重新制定关于什么是有效的信念。作为一个群体，我们正在处理心理治疗的结果，并试图将这些结果与我们的理论联系起来。心理治疗研究的结果影响着我们的临床工作和我们的督导。源于这些经验的产出，我们在世界各地出版了大量的著作：如何在绘画中使用符号、如何使用积极想象、如何与梦工作、如何运用象征、如何使用移情－反移情，等等。现在，我们缺少的是一批对理论问题感兴趣的同仁。

我的设想是：首先确定我们的理论有哪些方面需要被讨论，以及哪些方面需要学者们对其进行研究（如果我们能找到他们的话）？比如说，大多数荣格派精神分析师都在研究梦境，他们也相信能从梦境中得到很好的暗示，梦境能改变情绪等。克拉拉·E. 希尔（Clara E. Hill，不是荣格派）做了一个研究项目，让人们比较谈论自己的梦、谈论别人的梦，以及谈论个人冲突，哪个更有帮助。谈论自己的梦被认为最有帮助的。我希望身边有一些人对这类问题感兴趣，有机会做这样的研究。也许大家可以就这样的主题写论文。

学术研究

学者不需要的是临床医生，就能对荣格心理学感兴趣。他们的研究往往更多的是文化的、历史的、跨学科的—— 这是一个广泛的领域，使得荣格心理学如此有趣。与文化科学不同领域的互动，可以引发创造性的相遇和新的发展。沿着这些路线，临床医生也做了很多工作。问题是，如何收集和协调所有这些信息？而科学界，不仅仅是荣格学界，将如何接收这些数据？这种研究可以非常刺激我们的领域。但为什么这种科学交流没有真正发生？当然，还有语言的问题。用德语发表的研究数据在大多数情况下并没有被翻译成英语，即使翻译成英语，也往往引不起英语读者的兴趣。在德语区，我们似乎总对用英语发表的研究数据更感兴趣……

为何我们不被别人了解

科学心理治疗界如何接受荣格派的研究成果？过去几年，精神动力疗法中讨论的内容大多是一些熟悉的"荣格话题"：例如对精神病理学的资源导向视角，以及关于临床过程、创造力和灵性。荣格的观点通常不被提及，而是像一个被直接使用的矿坑，里面装满了好材料，但其来历却不值一提。荣格心理治疗一直是资源导向型的。然而在最近的关于资源导向心理治疗的文章中，却很少提到具体的荣格概念。是我们过去多年来表达得不够清楚？还是我们要用科学的方法来证明我们所说的资源导向疗法，以及它是如何发挥作用的？我们一直在谈论创造力是个体化过程中不可或缺的，荣格派精神分析师写的几千篇文章中都有表述。另外，灵性也是荣格派一个经久不衰的话题，而今甚至在与弗洛伊德式的心理治疗关联讨论。我们的贡献可能是非常有用的。而且我们的确有很多贡献！

当我们去讲课时，当我们在写关于情感、象征、梦境、绘画、想象力的书时，经常听到评论（尤其是弗洛伊德学派的同事）说荣格派精神分析学家很有创意，但有点狂放，不是很科学，但很刺激。一些荣格派的书卖得很好，但大学里的同事的论文中却不常引用他们的观点。分析心理学对那些寻求生活意义、想接触心灵、想变得更有意识的人来说，是有贡献的。一些机构为这些人开设了"公共课程"，这些课程非常成功。

那么，我们是否应该停留在那里，接受我们不属于主流的事实呢？缺乏对心理治疗有效性的研究，意味着我们可能有一天将得不到保险来覆盖我们的服务，但这有那么糟糕吗？我们准备好在荣格心理学中做艺术家了吗？

我个人更希望我们设法克服内心世界与外部世界需求之间的分裂。我相信，我们携手将能够做到这一点。

作者简介

维蕾娜·卡斯特，博士，是苏黎世大学的心理学教授，也是苏黎世荣格学院的培训分析师和讲师。她于 1995 年到 1998 年担任 IAAP 的主席，目前是国际深度心理学协会的主席和"林道心理治疗周"（Lindauer Psychotherapiewochen）的董事会成员。她在世界各地讲学，并撰写了许多关于心理学问题的书籍。

第 33 章

Jungian
Psychoanalysis
Working in the
Spirit of
Carl Jung

社会梦境矩阵

海伦·摩根

引言

社会梦境（social dreaming）是一种试图探索社会世界的无意识层面的开创性方法。它基于这样的假设，即我们做梦不仅仅是为了自己，也是作为我们生活的大环境的一部分——这种想法有着古老的渊源。早在弗洛伊德和荣格之前，梦和梦境对澳大利亚原住民、美国土著人、非洲人等社会人类就有十分重大的意义。梦为他们提供了一种理解自己生活的意义和所处世界的方法。这种观点认为梦不仅仅是梦者的私人财产，梦通过在社会背景下的探索，还可以帮助我们将有意识的、有限的理解拓宽到无意识的无限程度。

历史

社会梦境是由伦敦塔维斯托克人类关系研究所（Tavistock Institute of Human Relations in London）的团体分析家和组织顾问 W. 戈登·劳伦斯"发现"和发展

出来的。1995 年在苏黎世举行的 IAAP 大会上，它被正式引入到荣格国际社会的生活中，在那里，我和彼得·塔瑟姆（Peter Tatham）每天早上都会召集一个矩阵，并从那时起成为 IAAP 大会的一部分。现在全世界的荣格派都在各种场合使用它。社会梦境很适合在荣格语境中使用，因为它预设了一个集体无意识的现实，梦境可能从这个现实中产生，以谈论集体，而不仅仅是个人。

到 20 世纪 80 年代初，劳伦斯在他个人的分析、工作、阅读和旅行中，对梦的本质越来越感兴趣。多年来，他不仅对精神分析学中发展起来的个人梦境感兴趣，而且对梦境在西方以外的传统社会中的地位也很感兴趣，认为它是部落或社会当今和历史的一种受人尊重的表达方式，也是对未来的一种预测。在西方社会历史中的某处，梦一直被认为是重要的，而在近代，是弗洛伊德和荣格先后制定了一种方法，使梦能够在主流社会中找到认可。劳伦斯注意到这种对梦的崇敬具有民粹主义的一面，但他质疑将梦与一种离散的、个人主义的心理模型联系起来是否意味着这种兴趣会助长自恋式的关注，从而进一步切断我们彼此之间的联系。

夏洛特·贝拉特（Charlotte Beradt）写的《梦的第三帝国：一个国家的噩梦》（*The Third Reich of Dreams: The Nightmares of a Nation*）一书，帮助劳伦斯将梦境与个人和社会现象联系在一起。1933 年至 1939 年间，贝拉特收集了 300 个德国人的梦，她将这些梦境用代码记录下来，藏在图书馆的书脊里，后来，她得以将它们寄到国外的不同地址保存，直到她自己离开德国前往美国。若干年后，她才着手评估她的材料，那时已有关于纳粹政权史实的大量文件和研究记载。贝拉特提出，这些梦境并不是个人内心冲突未解决的产物，而是产生于做梦者所处的政治氛围，并诉说了这种氛围。

这本书中的观点让劳伦斯开始思考，通过对梦境的大量观察和收集，我们对自己的社会能获得怎样的了解。不仅仅是社会本身——它的历史和现在的过程，而是处于"成为"过程中的社会。他看到让这种新兴性质浮出水面所需的方法，脱离了弗洛伊德的归纳、演绎分析，而转向了更多的荣格视角，即尊重梦本身固有的权利，并试图通过联想和放大来阐明和解码其象征意义。

劳伦斯和他的同事于 1982 年在塔维斯托克人类关系研究所开启了一个为期八周的实验项目。这个项目由一系列 90 分钟的会议组成，题目是"一个关于社会梦境和创造力的项目"。当时他们决定把这个聚会叫作"矩阵"（matrix），而不是"团体"。"矩阵"在拉丁语中是子宫的意思，意思是"某物生长出来的地方"。为了进一步去除团体工作的概念，他们还把椅子摆成了螺旋形而不是圆形。这是为了强调活动的重点是梦境而不是个人，也是为了减弱在更常见的团体环境中发生的移情动力。

在这一初步实验之后，六年内并无新的进展。当时，劳伦斯被邀请在以色列组织一次关于"领导力与创新"的教学会议。劳伦斯需要提供一个本身就是创新的结构，于是他制定了一个由对话团体、相互顾问组和每天两次的社会梦境矩阵组成的方案。劳伦斯的《社会梦境 @ 工作》(*Social Dreaming @ Work*，Lawrence 1998)一书中对这一实验进行了较完整的报告。这一尝试的成功促使劳伦斯等人在世界各地展开了类似的活动。

社会梦境矩阵

社会梦境矩阵是一种特殊的容器，它的架设和维持方式是为了最大限度地让人们自由联想和放大梦境所提供的意象。注意力的焦点是梦而不是做梦者，主要目标是思维的转变。其意图是为了消除对个人自我的强调，并允许舍弃行动的需要和人格面具的问题。通过在矩阵中"失去"自我，注意力可以适当地集中于梦，从而关注群体的无意识，进而使一个更深入、更民主的动态得以出现。

在矩阵中，椅子呈螺旋状或一系列雪花状排列，因此，与围坐一圈的小组不同，它的空间是被填满的，参与者不一定是面对面。由召集人开启和关闭矩阵，时间通常为 60~90 分钟，在每次开始时，会说明矩阵的任务。这个任务是"对矩阵所提供的梦境进行联想，以便在个人思想和社会意义之间建立联系，找到联结"。召集人的角色是让参与者专注于联想和放大的任务，而不是解释，通常也会记录梦境。当一系列的矩阵接连几天举行时，比如在 IAAP 大会上，矩阵对大会的任何参与者都是开放的。参与者不需要每天都参加，也不需要自己带着梦才能参加。在这些情形中，矩阵的语言是英语，尽管在这样一个多元文化的环境中，经常会出现用其他语言表达梦境的情况，与会者会共同进行翻译。在其他情景，如果会议是双语的，则使用口译员，于是矩阵可以使用两种语言。

社会梦境

我们存在于情感和思维的网中，它存在于每一个社会关系中。这张网是无限的，大多是不被承认的，也是无意识的。梦就产生自这个无限的网中，于是一个个片段落入了我们有限的、有意识的、有知觉的心灵的掌握之中。社会梦境矩阵提供了一种接受梦境的方式，使我们可能通过梦境的媒介和其引发的联想，将我们有限的意识认知推向无意识的无限。

矩阵背后的核心假设是，我们做梦不仅是为了自己，也是我们生活的大背景的一部分。为了探索这个背景，我们需要从一个不同的角度，在一个不同于分析性二元对偶的设置中来研究梦。在后一种情形中，我们感兴趣的是梦者的联想，也可能包括分析者在反移情中的联想。梦被认为是在特定的移情过程中，来自个人特定心理的交流。对梦境的解释会因个人的理论框架不同而有不同看法，但总的来说，梦境被视为根本上属于梦者。

在社会梦境中，则采取不同的方法。任何在矩阵中谈论的梦都属于矩阵。这让人回想起梦境是日常生活话语的一部分的时代，梦境的意义可能是公共拥有的，而并非被视为个人的私密事务。梦境对于梦者的个人相关性和意义可以在其他地方被私下探索和解释，但在矩阵中，这些个人意味是被避免的。在这里，梦境被视为属于所有人，并作为游戏、联想和思考的材料。

矩阵作为一个不同于个人分析的容器被建立起来，同时其设置也特意区别于正在进行分析的团体。在分析性团体中，焦点是参与者之间的关系，尤其是与团体带领者的移情关系。团体内出现的任何材料，包括梦境，都将根据这些关系来考虑和解释。在社会梦境中不存在这种解释，无论是针对与会者之间还是与召集人之间的关系。

在矩阵中，一个梦是整个梦序列的一部分。任务是探索将梦境组合起来的模式，这就需要结合分析与综合思维。这种方法抛开了个人的、原子化的焦点，强调梦的系统性、整体性，这样参与的个人就不必再为自己的私人内心世界辩护，而是参与到更好地理解社会情境的合作冒险中去。

这当中的核心观点是，个体分析为梦提供了一种容器，并从一套假设出发。社会梦境矩阵提供了另一种容器，并从另一套假设出发。问题在于，如果容器发生变化，是否会产生不同的梦。劳伦斯认为：

把精神分析中使用的相同的思维过程带入社会梦境矩阵中是不成立的，因为我的假设是这会唤起不同版本甚至不同类型的梦。更需要注意的是，如果接受梦的容器系统发生了变化，所包含的梦也会发生变化……我认为社会梦境矩阵所质疑的是梦境属于一个人，并且要被依此解释这种意识形态。这并不是要贬低这种工作——在我自己的精神分析中，这种工作对我很重要。我要说的是，矩阵通过做梦者产生了不同的梦。语境不同，仅此而已。（Lawrence 1998，31，33）

环境中的社会梦境

如上所述，社会梦境可以在会议设置中作为探讨会议主题以及更广泛的社会环境主题的一种方式。它还可以作为揭示组织阴影的一种手段。我们对组织的看法往往受制于可观察的、逻辑的、理性的思维。它经常依赖于旨在保持对结果的控制的理论和策略——即使在动荡、复杂和不可预测的情况下。尽管如此，隐藏在阴影中的动力通常给那些在组织中工作的人带来最大的挑战。探讨那些不可言喻的、默许的、可能不为人知的东西，可以揭示共同的恐惧、幻想和冲突，从而对组织的现实有更深的理解。

任何组织的运作都离不开有意识的自我活动，包括决策、管理、代表、谈判和决策。这些都属于自我运作的范畴，但都有可能发生人格冲突、权力斗争、膨胀、荣誉问题，等等。社会梦境矩阵可以提供一种截然不同的空间，同一批人员可以在大相径庭的情境中相互接触，这就促成了在探索不确定性和悖论方面的合作。我们从个体分析中知道，梦境呈现给我们的是"是什么"，而不是"应该是什么"，因此，梦境提供了一个不受道德、判断、超我限制的框架内的阴影材料的表达。

由于篇幅不够，本文无法举例说明此类矩阵的内容。本书后面的参考文献中所列的书籍，包含了社会梦境在各种场合下的应用实例，包括自 1995 年第一届项目以来在 IAAP 大会上举办的一些社会梦境矩阵的写照。对任何一个这样的活动，几乎只能蜻蜓点水地粗略介绍。在矩阵的生命中，每个人都是作为网中的一个节点存在的，这个网与梦中的意象在不断流动着的联想中工作。你在这张网中的位置，不管从表面上还是从隐喻上所处的位置，决定了你的经历和记忆。有些梦境比其他梦境更好地被听到，有些评论则完全不被听到。所有的梦讲述时都会有轻微变化，在倾听时会有更多变化。正是个体差异的汇集，才有了容器，每个人都会带走对所发生的事情的不同看法。这里出现的是一张意义的网，参与者有多少，就会有多少印象和联想。

总结

社会梦境试图探索梦境可能传达的关于梦者的社会和政治环境的内容。梦先被分享，然后通过联想、放大和系统性思索来开拓和发展意义，试图将存在于个体心灵和共享环境之间的思想回声赋予表达。焦点从梦者转移到梦境，由于梦境与梦者的社会地位无关，因此这是一个完全民主的环境。参与其中的人被鼓励将自己交给思绪，而不去监督它们的重要性、相关性，不去在意它们是不是胡说八道或令人不快。于是，线性的思维过程被打破，因为一个想法会导致另一个想法，这可以产生令人称奇和同步的思维。最终并没有结论，思维仍然充满了悖论、矛盾、怀疑和不确定性，这就导向了劳伦斯所谓的意义的"多宇宙"（multi-verse），而不是"单宇宙"（uni-verse）。

作者简介

海伦·摩根，英国心理治疗师协会荣格派分析分会的高级会员、培训分析师和督导分析师，目前担任该协会的主席。她具有治疗性社区的背景，现在也在伦敦私人执业。除了关于社会梦境的文章，她发表的作品主题还包括荣格分析思想在新物理学中的应用、现代西方社会以及心理治疗中的种族和种族主义。

第五部分
培训

培养下一代荣格派精神分析师是所有专业荣格团体所关心的问题，全体荣格学会都为此投入了大量的时间和关注。在大多数学会中，它是会员开展的活动中最核心的，也是最辛苦的。正如安·凯斯门特（Ann Casement）的研究在她的"培训项目"一章中所显示的那样，在世界范围内存在着几种培训的基本模式。凯斯门特还将 IAAP 的荣格培训与国际精神分析协会的三种模式进行了比较。荣格培训的基本结构，是由卡尔·亚伯拉罕（Karl Abraham）和他的弗洛伊德派同事们于20 世纪 20 年代在柏林最初设计的精神分析培训模式衍生出来的，它围绕着三个基本要素：教学式研讨会、个人分析和分析案例的督导。在要求的组织和分配上，各个国家之间和各培训机构之间存在着差异。然而所有这些要求都以某种方式被涵盖了。

　　因为荣格本人在第二次世界大战前在苏黎世负责过以前的培训，荣格培训最基本的特点就是其个人培训分析。戴安·舍伍德（Dyane Sherwood）在她的"培训分析"一章中以高度个人化的方式讲述了在接受严格的训练计划时，承受分析的考验是怎样的情形。凯瑟琳·克劳瑟（Catherine Crowther）讨论了目前对督导的理解以及分析案例的督导师在培训项目中所扮演的微妙角色。这两章都生动地描绘了培训中这些错综复杂的方面。

　　最终，培训的期待成果是一个成熟的人格和一个终身学习的有胜任力的荣格派精神分析学家。

第 34 章

培训项目

安·凯斯门特

Jungian
Psychoanalysis
Working in the
Spirit of
Carl Jung

　　为了本章的目的，似乎应该对我在国际分析心理学会（IAAP）和其他地方的培训领域的背景简介一下：我曾在荣格派分析师协会（AJA）担任了四年的培训主席至 20 世纪 90 年代末；1998 年 1 月至 2001 年 9 月担任英国心理治疗委员会（UKCP）主席，在该组织的各个方面，包括其培训标准委员会，都发挥了积极的作用；2001 年至 2007 年担任 IAAP 执行委员会的学会申请小组委员会主席，其部分任务是评估申请 IAAP 学会培训地位的团体的培训计划；IAAP 执行委员会培训和管理小组成员，该小组后来演变成专业组织和发展研究小组；作为 2005 年在牛津举行的《分析心理学杂志》（JAP）50 周年纪念会议全体委员会成员就培训议题贡献了一篇论文，该论文随后在《分析心理学杂志》上发表。

　　培训和管理研究小组的成立源于莫瑞·斯坦在 2004 年巴塞罗那举行的协会代表会议上发表的主席讲话，他在讲话中以其惯有的先见之明指出："由于职业伦理这一紧迫的话题在 20 世纪 90 年代末期困扰着我们协会，促使了伦理委员会的成立……我相信，管理和培训标准问题也将是未来几年议程的核心。"伦理委员会的成立是一个漫长的过程，因为它需要大量的协商和深思熟虑的讨论，无疑，管理和培训标准有关的问题将需要充分的时间来解决。

2007 年开普敦大会上，就培训标准方面，执行委员会、学会理事会和 IAAP 代表会议发起了关于一组培训标准条款的讨论。该项目敦促成立一个 IAAP 培训标准附属委员会（TSS-C），以制定最低标准和培训期限。这是由分析心理学毕业生协会（AGAP）主席黛博拉·爱格（Deborah Egger）和我提出，并由 IAAP 的成员和培训协会共同组织和支持。TSS-C 需要支持 IAAP 坚持其章程中阐述的目标之一，即第 2 条第 3 点：要求保持高标准的培训、实践和伦理行为。代表会议同意以下建议，即下届行政机构应成立一个工作组，向世界各地的小组成员收集关于培训标准问题的信息。

必须指出的是，与类似的伞状机构一样，IAAP 必须在发展成为一个监管机构和维持其作为一个松散的组织联盟的组织现状之间保持张力。UKCP 的情况与此类似，但在我担任主席时，已成立了一个培训标准委员会，为其成员组织提出培训要求，包括至少四年的非全日制培训。IAAP 和 UKCP 都有具体的结构性问题需要解决：就 UKCP 而言，它的固有差异是由于它包含了几种不同的心理治疗模式；而 IAAP 则代表了一种在全球不同的语言和文化中广泛传播的模式。

国际心理咨询协会的一项中心任务是确定和代表可能申请加入该协会的真正的荣格分析团体和个人。荣格派精神分析师的核心身份是通过长期浸淫在 IAAP 指定的培训协会的精神中形成的。这使得心理的更深层的方面被触及到，也就是说，灵性和原型的层面，使个人能向象征的非理性领域敞开进入生活，以与促进自我发展一致的方式，使其为自性服务。正如荣格所说："虽然我只是一个过往的现象……但我身上的'他者'（是）永恒的、不朽之石。"（Jung 1963，59）

在世界一些地方，并没有 IAAP 注册的培训协会能够提供必要的深入培训，那么就存在一个候选人方案（Routers Program），帮助个人可以成为 IAAP 的个人会员。简而言之，这个计划的想法是由发展小组提出的，并在 1998 年佛罗伦萨的代表会议上投票通过。该方案的标准包括学历、个人分析、临床督导、个人发展、考试，所有这些都必须圆满完成才能申请成为 IAAP 个人会员。每个个人会员都必须遵守 IAAP 的伦理准则。

作为比较，我认为收集有关国际精神分析协会（IPA）培训规程的信息会很有意思，于是我与该协会教育委员会主席什穆埃尔·埃尔利希（Shmuel Erlich）教授取得了联系。他在提供国际精神分析协会的大量文件摘要以纳入本章方面贡献了很大帮助。

在我们的通信过程中，埃尔利希教授给我寄来了《资格认证和会员准入要求》。简而言之，它列出了三种培训模式，这些模式适时地被 IPA 认可和监管。这三种模式分别是 2007 年 3 月经理事会批准的爱丁根（Eitingon）模式、法国模式和乌拉圭模式。这三种模式的名称不应作为地理位置来理解。这些模式有如下一些特点。根据乌拉圭模式，分析要求包括在候选人入选前"相当程度地沉浸于"分析，以及与培训同期进行的五年以上的分析。研究所被组织成小组，负责各种教学职能——个人分析、课程和督导，从而最大限度地减少了传统培训分析师的作用。根据爱丁根模式，教学课程是由持续四五年的一系列研讨会构成，或至少450 个小时培训和至少 150 个小时针对不少于两个分析案例的督导构成。在爱丁根模式中，个人分析与培训同时进行；而在法国模式中，个人分析主要是在接受培训之前进行。三种模式下的培训时间长短不一，最少的是四年，有些则长得多。

IAAP 培训项目的比较研究

作为本章资料的一部分，我参考了丹妮丝·拉莫斯（Denise Ramos）在 2004年巴塞罗那大会上发表的出色的培训计划比较研究报告（以下简称为《研究》）。这项广泛的研究中的数据来自各协会的培训计划和要求，以及一份简短的、易于填写的问卷。在具有培训资格的 32 个 IAAP 学会中，有 21 个培训项目做出了答复，约占所有 IAAP 培训项目的 65.62%。在地区的分布上很均衡，包括北美、南美、欧洲、以色列、澳大利亚和新西兰。其中包括的标准如下：资格、时间要求、评估阶段和课程设置。本章的重点是课程设置，因为照搬《研究》似乎意义不大，但对《研究》中调查的其他标准做了简要说明，会考虑候选人的年龄资格、专业要求、个人分析、执照、培训期间要求的临床实践时间。《研究》显示，在这些方面都表现出很大的一致性，候选人在结束培训时完成了 301 至 500 小时的分析。最低培训时间细分为：52% 的人有四年，19% 的人有五年，24% 的人有六年，5%的人有八年。

关于课程设置，我在下面列出了《研究》表明的与分析心理学有关的具有相当一致性的基本科目。这些科目是：

- 分析心理学史；

- 分析心理学基础；

- 联想实验；

- 情结理论；

- 心理类型；

- 原型理论；

- 人格面具和阴影；

- 阿尼玛和阿尼姆斯；

- 自性的防御；

- 投射性认同 / 神秘参与；

- 个体化过程及其象征；

- 梦的心理学。

首先值得注意的是，除了巴西分析心理学会（SBrPA）之外，本章中出现的培训项目的学会都不是《研究》当中的学会。其他五个分别是德国柏林 C.G. 荣格研究所；韩国 C.G. 荣格研究所、韩国荣格派分析师协会（KAJA）；荣格派精神分析协会（JPA）；美国旧金山 C.G. 荣格研究所（CGJISF）；分析心理学会（SAP）。这些培训学会有些是 IAAP 的长期成员，而有些则是新近成立的。世界各地的这些培训具有多样性，但在某些领域，特别是在要求至少四年的培训期限方面，却有一定程度的统一性。我已向所有有关的学会寄去了草稿，征求他们的意见，我感谢他们为本章的形成提供了慷慨的帮助。我从他们每个人那里都收到了大量广泛而深入的材料，但由于篇幅所限，无法全部收录。有鉴于此，我选择了某些领域进行集中阐述，其中包括，在某些情况下的个人分析的细节，尽管毋庸多言，这是每个模型的训练中的必然要求。较长的 SBrPa 条目是所有六个训练项目的深度和水准的典范。

1. 柏林 C.G. 荣格研究所

柏林 C.G. 荣格研究所发给我的培训项目成立于 1947 年，是 2007—2008 年冬季学期的课程，其中包括大量的文献列表。我先总结一下文凭课程的总体学习计划，它给出了在该机构可以学习的三个培训项目的大纲。精神分析师课程是一个至少五年的非全日制学习计划，可以边工作边学习。儿童和青少年分析心理治疗师学习课程也是一个至少五年的非全日制学习课程，要边工作边学习。基于深度心理学的心理治疗学习项目是最低三年全日制的。

学习的总纲包括三个培训中每一个培训所涉及的内容，具体包括创伤的理论与治疗、对梦的理论介绍、伦理与专业问题、基础医学、团体治疗的理论与实践、神经心理学。所列研讨会的内容说明如下。

- 4 小时精神分析的基础知识。本讲座涵盖了第三方付费框架内和框架外的正规要求，特别关注治疗指征、技术和精神分析过程。它还将探讨每周 3 小时和 4 小时分析的区别。
- 精神病的心理治疗。
- 介绍经典的精神分析发展心理学。所涉及的理论家有：安娜·弗洛伊德、梅兰妮·克莱因、D.W. 温尼科特、C.G. 荣格、E. 诺伊曼、M. 福德汉姆。
- 从分析心理学的角度看精神病理学的概念。偏执型精神分裂症、边缘型障碍、抑郁症、焦虑神经症、包括自杀在内的精神科急症、"精神障碍"的标准与荣格分析心理学概念的比较。
- 心身疾病。皮肤（神经性皮炎）、哮喘、心脏神经官能症、疼痛综合症、对慢性病和不治之症的心理治疗。
- 精神分析中的分离问题。弗洛伊德和梅兰妮·克莱因的幼儿分离理论在分析过程中的意义。
- 第一个小时——关于取得既往史的技术研讨。
- 比较心理治疗。
- 相关精神分析文献专题研讨会。
- 弗洛伊德研讨会：爱的精神分析。
- 从分析心理学的角度看精神病理学和理解神经症：强迫障碍。
- 对严重创伤患者进行分析性心理治疗。
- 精神分析的历史，重点在于精神分析和民族主义。
- 治疗技术。弗洛伊德的技术著作，特别是《治疗的开始》；肯伯格的移情焦点治疗；移情 / 反移情；解释及其他干预，梦的工作及梦的功能。
- 精神分析发展心理学与性别差异。

- 怀孕和生育；虐待女孩和男孩；与性别有关的社会化差异。
- 分析性心理治疗技术研讨会。框架与设置、治疗计划、在移情 / 反移情背景下结束治疗。
- 梦的研讨会。除了荣格的立场，现代梦的研究将被介绍并实践案例学的材料。
- 精神分析发展心理学。
- 民族精神分析和跨文化心理治疗。
- 与医生签约的分析心理学。
- 精神病理学结果。鉴别诊断的意义、治疗指征和精神分析的心理动力学史。
- 儿童和青少年精神病学导论。
- 克莱因传统中的重要精神分析学家：汉娜·西格尔（Hanna Segal）、琼·里维埃（Joan Riviere）、艾德娜·奥肖内西（Edna O'Shaughnessy）、厄玛·布伦曼 – 皮克（Irma Brenman-Pick）。
- 基于深度心理学的心理治疗的概念。
- 自我心理学与客体关系理论和精神分析学。
- 从舒尔茨 – 亨克斯（Schultz-Henckes）的神经症理论。
- 分析心理学的概念：性格类型。
- 分析心理学的概念：情结理论及其发展。
- 分析心理学在临床上的概念：梦的理论、神经生物学的基础知识、原型结构。
- 家族神经遗传模式。
- 精神分析梦境理论文献研讨会（作者包括 C.G. 荣格、M. 弗里曼、S. 门佐思、U. 莫泽、A. 施普林格、A. 汉堡）。
- 心理动力组织咨询：督导、教练等。
- 家庭治疗理论。
- 婴儿观察介绍。
- 从 E. 诺伊曼的"深度心理学与新伦理学"看分析心理学史。
- 介绍行为治疗的理论和方法。
- 心理治疗与格式塔疗法的比较。
- 符号态度作为分析立场，介于"心智化"和涵容 / 被涵容之间。

2. 巴西分析心理学会

在圣保罗的分析师培训课程包括：

- 八个学期的研讨会；
- 八个学期的个人和团体督导；
- 理论与实践课程结束后一年内，进行课程结业论文的撰写与陈述。

该课程由四个讨论领域和深入的理论与实践训练组成：

- 分析心理学领域（第一和第二学期）；
- 人格的发展（第三和第四学期）；
- 精神病理学（第五和第六学期）；
- 作品（第七和第八学期）。

分析心理学模块旨在介绍荣格思想的主要路线，从历史、哲学和认识论的角度界定其基本框架。它聚焦于荣格理论产生于怎样的文化气候，最初是在弗洛伊德心理学场域内，之后以他自己的思想和价值观为背景，定义了一个特定的概念和实践领域。本模块介绍了心理结构和动力的基本要素。

人格发展模块涵盖了根据 C.G. 荣格的概念及其追随者所提出的关于发展的各种理论，从童年到成熟直至老年的周期，包涵了转化的各个时期。在"个体化"过程中理解每个人生阶段的意义，揭示了每个阶段中表现出来的原型以及它们如何在生命过程中互动。在这个模块中，候选人要学习的是情结所具有的原型根基和发展过程中的主导情结理论。

在分析心理学理论的范围内对精神病理学的概念进行了评议。本模块研究与临床实践相关的病理，如强迫症、癔症、厌食症、成瘾、心身障碍、自恋、人格障碍、精神病和精神病理障碍等。通过对其表现形式的符号性理解、对梦境和幻想的分析、神话的"放大"及其在文化中的相似之处的阐释，加深对此类障碍的理解。

作品构成了个体化过程的完整意义，即通过分析者的理解和经验寻求心灵的融合。它调和了理论和实践，提供了严格的个人和普遍的教导。荣格的作品是作为一个整体被关注的，它展示了基本概念的发展和通往个体化的路线。文本研究包括：炼金术、共时性、哲学和宗教传统，梦、艺术、文学和神话中的象征，意识进化的层次，以及与这些主题相关的实际临床课题。

- 第一年第一学期的研讨会包括：动力性精神科学的历史，19 世纪的社会和文化背景以及新的系统；哲学基础；荣格的生活和工作；弗洛伊德 / 荣格书信；情结理论；心理能量；本能和无意识；梦境心理学的一般方面；超越功能；关于心理本质的理论考虑。

- 第一年第二学期：转化的符号起源；原型和集体无意识；转化的符号；个人无意识和情结；自我和意识；人格面具；阴影；阴影和人格面具之间的自我；阿尼玛和阿尼姆斯的原型；自性；心理学和诗歌。

- 第二年第一学期：大母神的神话；母亲原型的心理学方面；原初关系障碍；意识、无意识和个体化；儿童原型的心理学；原初关系和自我 – 自性；从母系到父系；父亲的神话；父亲在个体命运中的重要性；记忆、梦境、反思；原始认同与投射；父权制；人生阶段；抛弃孩子；迈克尔·福德汉姆——历史本土化；作者与作品；生命前半期的个体化；迈克尔·福德汉姆的概念模型；迈克尔·福德汉姆的概念模型在临床工作中的意义。

- 第二年第二学期：当代理论中"被观察"的新生儿；童年幻想；符号功能；家庭作为自性的符号维度；俄狄浦斯：原型和角色；青春期；心理学和炼金术；心理类型；移情心理学；受伤的疗者的原型形象；心理治疗中的权力滥用；神话学。

- 第三年第一学期：依恋理论；自恋；作为创造性和防御性结构功能的拟声和自恋；回声、自恋和联合；边缘障碍；移情中的自恋和拟声；抑郁；惊恐；歇斯底里；意志和权力在倒错中的作用——受虐的心理动力学；受虐—— 一种心理阐释的形式；受虐和心理痛苦；身体的心理；成瘾；进食障碍；自闭症：概念学、流行病学；病因学：目前的假说；心智理论；神话学；临床实践。

- 第三年第二学期：精神科与象征性精神病理学：母性（感性）、父性（控制）、异性（相遇）和完全性（沉思）谱系；嫉妒的创造性和防御性结构功能——萨列里（Salieri）的神经症性、精神病理性、边缘性和精神病性防御；精神病理性防御；爱的结构功能的精神病理学；分析心理学的概念和假设在婚姻动力和夫妻理论中的应用；自恋 – 边缘在婚姻中的互补性；夫妻与家庭心理治疗；原型心理学视角下的精神病理学；梦；想象的技术；移情 / 反移情；儿童心理治疗的历史总结；象征语言与表达技术；精神病理学：发展障碍；受伤的疗者原型；东方神话课程；神话学。

- 第四年第一学期：沙盘；童话的心理结构；人性化过程与历史原型理论；西方文化中主客体的分离；对直觉、感觉、伦理、内向的排除，以及文化中完全性的丧失；符号的放大；童话的心理结构；心理学与宗教；宗教、神秘主义与炼金术；个体化过程的研究；道教；金花的秘密；创造力与艺术；心理学的创造力；分析中的创造性过程的属性与分析者的身份；研究在心理治疗中的价值。

- 第四年第二学期：联合（Coniunctio）与结合（Conjunction）的组成部分；炼金过程的意义；两个一级结合（Conjunction）的内容和意义；共时性、原型、类精神原型、精神和物质的相遇、鲍利和荣格的关系；炼金语言的治疗价值和黑色诱惑；白银与白土；红化；人类的善恶冲突与意义神话；与自性的相遇；个体化中对女性的拯救；当今时代的伦理与仪式；个体化中的伦理议题；当今时代的伦理反思。

3. 纽约荣格分析心理学会

荣格分析心理学会（JPA）于 2004 年成为了 IAAP 培训协会，是一个学习型社群，其模式将重点从等级结构中的培训转移到通过参与一个持续专业发展的社群进行学习。因此，主要的努力方向是让临床和个人与无意识相遇，并支持和示范这种相遇的态度和方法。学习群体承认教师和学生、分析师和培训中的分析师之间的不对称性，但它的教育模式并不依赖于权力的行使。

考核是过程的一部分，然而对每个候选人来说都是不同的。每个候选人首先都要和三个分析师组成的小组一起认真考虑成为分析师的意义（个人、专业和理论上的），以及如何获得和体现这种意义。其次，所有的评价都是以点接触的方式进行的，即与老师或督导面对面的方式，而不是通过评审委员会进行。同时，也支持候选人对培训本身的评价，对导师的沟通能力和对候选人学习的促进能力做出评价。这就形成了一种相互承担风险的风气，候选人的贡献度是很高的。最后，候选人的个人成长被认为属于个人的分析过程而受到尊重。

JPA 利用各种学习形式，让不同的学习风格加入进来，拓展心灵参与的多种方式。除了每周的课程外，还有为期一整天的梦实践、由候选人组织的与教员进行的个人阅读辅导、让分析师和候选人之间进行广泛的专题互动和讨论的周末座谈会，最后还有一个鼓励创造性和跨学科整合的毕业项目。

总之，JPA 正在努力从不同的学科的谱系和分析方法上实现埃拉诺斯（Eranos）式的呈现，以鼓励与当代文化中的分析心理学实践相关的一般心理学。

课程设置如下。

（1）症状和符号的形成

- 精神病理学：原因和目的。
- 荣格分析与心理过程中的目的论：当代文学中的源作品。
- 分析和发展传统中的圣秘和创造力：幻觉、虚构和意象的相对使用。

（2）心理过程场域

- 心理内部：情结、梦、防御、性格结构、人际间；移情、社区 / 群体 / 文化；超个人。
- 荣格的临床片段：从成集和未成集的作品《溶解与凝结》中：情结，分解性，组织和解离。
- 原型：历史的、经典的、动力的和当代的解释。
- 文化无意识。
- 荣格诠释学和符号学。
- 四年的梦实践，包括梦理论、各种梦的实践方法的应用、解释学、积极想象和其他想象技术、场理论、象征形成、神话起源，以及相关的神经科学和心理学文献。
- 四年的案例研讨。
- 持续的临床督导。

（3）转化系统：意象及其应用

- 炼金术与神秘主义、诺斯替主义。
- 意识的产生与溶解。
- 从非洲到炼金术：埃及人的精神状态。

- 当代荣格论述。
- 心灵现实与心理状态：想象的解释模式。

（4）神话起源和神话传说

- 神话传说及其精神动力性的应用。
- 意识的创造：人格结构和当代精神分析理论作为现代神话。

（5）心身结合

- 关于心智和心灵本质的神经科学文献。
- 个体化及其表现：与心灵客观性的多种关系；分析中的艺术与创造。
- 象征 / 心灵 / 身体。

（6）分析的态度和技巧

- 分析伦理的深度维度。
- 放大和积极想象。
- 荣格派精神分析中的技术问题。
- 放大、解释和移情场。
- 荣格作品集中的技术调查。

4. 韩国荣格派分析师协会

韩国荣格派分析师协会（KAJA）于 2007 年 8 月通过选举成为 IAAP 培训协会。成为荣格派分析师的最低培训期限为七年兼职。2004 年 8 月，KAJA 成为 IAAP 的非培训协会。在此之前，韩国 C.G. 荣格研究所成立于 1997 年 10 月，1998 年成为分析心理学研究培训机构。这是由 IAAP 的荣格成员和 1978 年成立的韩国分析心理学会执行委员会的成员组成的。现在，韩国 C.G. 荣格研究所实施 KAJA 的培训计划，并附有大量的阅读清单，包括精神分析、精神病学和文化人类学的参考资料。培训有两个步骤：预备课程和文凭课程，每个步骤结束时都需要通过考试才能毕业。

预备课程是文凭课程的一个准备步骤，在这个课程中，受训者将学习分析心理学和相关心理治疗学派的基本理论。候选人还应该具备通过个人分析，以荣格的方式觉知自己的无意识的基本态度。这一步的理论学习部分包括以下科目：分析心理学基础；梦的心理学；情结理论和联想实验；"神经症"的比较理论；精神病理学基础（适用于非精神科医生候选人）；宗教比较史；原始心理学；神话和童话心理学；分析实践中的伦理学。

这一步骤还包括 150 个小时的个人分析，至少 6 个学期的学习，提交两份研讨会报告，一份关于联想实验，另一份关于原型象征，以及 6 个月内在认可的诊所至少 300 个小时的精神科实习（适用于非精神科医生候选人）。

下一步是文凭课程，该课程以分析心理学的基本原理为基础，并要求有能力将其应用于实践，以便了解无意识。这一步包括个人分析、有资格的控制分析师的督导、控制案例的小组督导、研讨会、工作坊、专题讲座和分析心理学研究。理论研究包括以下内容：分析心理学的理论和实践（个体化的象征、人格的发展、移情/反移情）；梦的解析；神话和童话的心理学解析；理解无意识的象征性表达（在绘画中）；临床精神科学（诊断、鉴别诊断、非精神科医生的精神病治疗）；分析案例研究；分析心理学领域的研究。

文凭考试的报考条件如下。

- 共 300 小时分析（预备课程毕业后至少 150 小时）。
- 在控制分析师的督导下与患者进行 500 小时以上的分析，其中控制分析师个别督导不少于 100 小时。一份控制分析师的报告。
- 在学院学习六个学期以上。
- 关于神话和童话心理学解析的论文。
- 预备课程毕业后，附加 300 小时的精神科实习（对于非精神科医生候选人）。
- 三个案例的分析报告。
- 对控制个案进行至少 40 次团体督导。
- 在学院培训执行委员会委派的分析师指导下完成毕业论文。
- 学院评估委员会在对候选人的案例进行审查后的报告。
- 培训执行委员会参照评估委员会的报告做出最后的决定。

5. 旧金山 C.G. 荣格学院

托马斯·基尔希发出个人来文，澄清 1950 年在旧金山成立的荣格派分析师协会（SJA）与 1964 年 7 月成立的 C.G. 荣格研究所之间的关系。协会是专业部门，而研究所则负责维持培训计划和与公众的关系。由于这两个机构的成员是一样的，因此在 20 世纪 80 年代，协会被合并归入了研究所，以便只保留一个法律身份，所有活动都在研究所的主持下进行。

培训课程包括四年的每周研讨会，主要由研究所成员授课。前两年涵盖基本理论和临床事项，如：情结；原型；神话；象征；类型学；发展理论；一般心理动力学；精神病理学；

分析技术，包括梦的解析、积极想象和沙盘游戏；移情／反移情。为第一年和第二年的候选人制定体验式和教学式的小组进程。

第三年和第四年的课程由课程委员会和考生共同规划，包括高级课题和专业课题。除研讨会外，还要求定期参加 39 小时的连续案例会议，完成后才能进入控制分析。

研究所的分析培训计划规定，申请人在提交申请表之前必须完成不少于 200 小时的个人分析。这必须是在下列协会中合格的荣格派分析师那里完成的：分析心理学毕业生协会（苏黎世）；C.G. 荣格派分析师协会（华盛顿）；洛杉矶 C.G. 荣格研究所；旧金山 C.G. 荣格研究所；南加州 C.G. 荣格研究中心；芝加哥荣格派分析师协会；达拉斯荣格派分析师协会；乔治亚荣格派分析师协会；区域间荣格派分析师协会；荣格派精神分析协会；新英格兰荣格派分析师协会；新墨西哥荣格派分析师协会；纽约分析心理学协会；北卡罗来荣格派分析师协会；俄亥俄谷荣格派分析师协会；北太平洋分析心理学研究所；西北太平洋荣格派分析师协会；匹兹堡荣格派分析师协会；费城荣格派分析师协会；圣地亚哥荣格派分析师协会。

培训中的候选人需要在整个培训期间持续进行个人分析。

分析训练分为以下三个阶段：

（1）预备期（这是候选人和研究所之间相互评估的试用期，根据候选人个人的需要，试用期为一年或更长）；

（2）候选状态；

（3）高阶（包括至少与两名培训分析师进行控制分析）。

第一和第二年的课程包括以下研讨班：IAAP 和 C.G. 荣格研究所的历史；在荣格遇到弗洛伊德之前；原型意象；情结理论；伦理态度；神话和童话；男性和女性；自性；心灵的宗教功能。

三年级和四年级课程包括以下研讨班：转化的象征；关于分析心理学的两篇论文；梦；早期状态、移情；童话；对分析空间的体验和反思；移情 / 反移情；福德汉姆；炼金术；神秘联合；在场域的把持中把持场域；弗洛伊德和荣格；荣格、能量和昆达里尼。

如果候选人成功地完成了研讨会、控制分析和一篇关于控制案例的论文，并被认证委员会和一名或多名合格的外部荣格派分析师认为是令人满意的，则被认证为完成了培训的荣格派分析师。

6. 伦敦分析心理学会

分析心理学会（SAP）成立于 1936 年，但由于战争年代的干扰，直到 1946 年才形成。为了本章的目的，培训委员会寄来了 2006/07 年的培训方案，这是一个为期四年的研讨班课程。由于篇幅所限，在此无法详述而仅作部分介绍。下面的研讨会列表附有大量的阅读清单。在研讨会期间，还穿插了案例展示和讲习班。

第一年的研讨会包括以下部分。

- 荣格的背景，包括关于荣格扎根于精神病学和心理学的研讨班、荣格与弗洛伊德、荣格与科学、荣格与哲学。
- 弗洛伊德：梦的解析；性；无意识；梦、歇斯底里和移情的开始；婴儿性欲和俄狄浦斯情结；快乐原则与现实原则；弗洛伊德结构理论中的自我；自我与超我的关系；疾病的产生；弗洛伊德的原型视像。
- C.G. 荣格：理论的发展；弗洛伊德和荣格的讨论。福德汉姆的发展模型；原初自我与去整合；客体关系导论。

第二年 / 第三年的研讨会包括：

- 分析的目的；

- 移情：历史与发展；

- 反移情；

- "关于预先未知"；

- 解释；

- 分析师的人格；

- 积极想象与放大；

- 象征与超越功能；

- 与梦工作；

- 心理学与灵性。

第四年的研讨会包括：

- 评估和诊断；

- 与创伤工作；

- 倒错；

- 饮食障碍；

- 伦理；

- 荣格与学院；

- 研究。

SAP 认为，培训候选人与协会一名高级成员每周四次的个人分析是培训的核心，必须始于申请培训之前至少一年。在整个培训过程中，每周四次的频率要一直持续到候选人当选为 SAP 成员为止。除了个人分析和理论研讨班，培训的另一个支柱是每周由两名培训分析师对两个（一男一女）每周四次的长程案例的分析工作进行督导。培训委员会和培训总监每月召开一次会议，审查培训课程和每个候选人的学习进度，旨在将三种学习方式结合起来，并为每个候选人配备一名个人导师，同时配备一名年度小组协助人，关注候选人小组动态。经过四年的研讨班和至少两年的分析患者工作后，在导师同意的情况下，每位候选人要提交一篇关于分析患者的临床论文，并附上理论评议，作为对其加入学会准备情况的最终评估的一部分。

结论

本章篇幅有限，无法对六种荣格培训项目和本章导言中提到的三种 IPA 模式（爱丁根、法国、乌拉圭）进行比较。只能说它们的培训结构有一定程度的重合，下面几个例子可以用来强调这一点：柏林 C.G. 荣格学院开设的五年制兼职精神分析师课程学习项目相当于乌拉圭模式中的五年期；荣格派精神分析协会强调学习共同体而非等级结构，这与法国模式取消"培训分析师"的头衔有异曲同工之处。法国模式指出："督导被认为是使候选人成为分析师的过程，强调的是对患者材料以及候选人的材料进行深入的分析式倾听。"（IPA 2007：5）这一原则适用于六大荣格协会提供的培训，正如爱丁根模式的以下陈述一样："分析是培训的一个组成部分……"（IPA 2007：5）最重要的是，本篇中提到的所有培训都具有至少四年的期限——实际情况中，这些培训的时间都要长得多。

致谢

我感谢为编写本章慷慨解囊的六个 IAAP 培训协会。它们是：SBrPA——巴西分析心理学会、德国柏林 C.G. 荣格研究所；荣格派精神分析学会；韩国 C.G 荣格研究所、韩国荣格派分析师协会、美国旧金山 C.G. 荣格研究所、分析心理学会。

我要感谢国际精神分析协会教育委员会主席什穆埃尔·埃尔利希教授对本章的贡献。

我还要感谢黛博拉·爱格帮助我翻译德文，感谢阿德里亚娜·奥本海姆（Adriana Oppenheim）帮助我翻译巴西葡萄牙语。

作者简介

安·凯斯门特，LP，是英国心理治疗师协会的高级会员，荣格派精神分析协会的会员，也是纽约州执业精神分析师。2001 年至 2007 年，她在 IAAP 执行委员会任职，目前是其伦理委员会的荣誉秘书。

第 35 章

培训分析

戴安·舍伍德

Jungian
Psychoanalysis
Working in the
Spirit of
Carl Jung

　　培训分析是分析训练的核心和灵魂，因为一个足够好的分析对于未来的分析师来说是至关重要的，它能帮他找到独特的个人身份和分析工作方式，能让他与荣格群体建立健康而现实的关系，使他在面对分析实践的诸多挑战时，不断致力于自我省察和谘商。荣格是第一个认识到培训分析的必要性的人（Kirsch 1995，437），然而关于这个主题的临床文章却很少，这无疑是因为书写与在同一个小的分析群体中的某人所做的临床工作是一件微妙的事情，即使在获得许可的情况下。

　　在美国，将接受治疗作为心理治疗专业人员培训的一部分并非常模，而使用药物和认知行为方法进行以症状为中心的治疗占据主导。相比之下，精神分析学派将症状视为无意识的交流，并认可移情的核心作用。我们的许多分析文献都涉及移情和反移情的力量，它是分析师可以将这些相互交织的现象概念化并与之合作的方式。荣格派也强调象征功能作为意识和无意识之间桥梁的重要性。无论我们指的是灵魂、心理、还是心－身的疗愈，我们都认识到，分析需要的不仅仅是技术、教育或洞察力。

　　由于受到限制，不能详细写出别人的培训分析的细节，我就写写自己的经历，从找到荣格分析这一方法说起。年轻的时候，我的态度是理性的、分析的，与集体的时代精神是一致的。之后，在做神经科学博士后工作的时候，我开始回忆我的梦。在恩加登的一次度假中，我读到了《记忆、梦、反思》（Jung 1961）。这对我来说，和许多人一样，是一次改变人生的经历。然而，当我审慎地从神经科学研究转向临床训练时，我认为唯一严肃而负责任的做法是进入经典的弗洛伊德课程。幸运的是，一位仅有的荣格派分析师教授了入门的临床进程课。当我第一次了解到性格类型学时，他评论说我是直觉型，并问我是如何达成我的研究所需的精确和技术性的细胞内记录的！我开始意识到，由于我对无意识的恐惧，我一直在感官–思维领域工作。后来我进一步明白，我决定在一个非常传统的精神分析课程中学习，恰恰保留了这种防御。

在我进入旧金山 C.G. 荣格研究所开始分析训练的七年前，我开始了我的荣格训练分析。一个梦使我结束了弗洛伊德式的精神分析，并放弃了成为弗洛伊德式精神分析师的所有计划。在梦中：

> 我在瑞士恩加登的一家山间餐厅吃午饭。我点了一条新鲜的鳟鱼，这是在鱼缸里饲养的活鳟鱼。它被完整地端到我的盘子里，我惊恐地发现它开始摆动。我的第一个念头是，我清楚地知道拿刀子在它的脑部扎一刀就可以结束它的痛苦。但我却变得歇斯底里，我跳起来，大声喊道："它还活着！它还活着！"我不知道该怎么办！旁边一个男人把杯子里的勺子倒了过来，说："结束了。"

我相信，只有我梦中的自我的歇斯底里，才能让我从躺椅上下来！我结束了我的精神分析，我对分析师充满尊重，也认识到他的方法不适合我。这个梦，标志着我的潜意识还活着——而不仅仅有待被分析、被切割——我的内在生命以令人兴奋、困惑、甚至压倒性的方式迸发出来。我以前的荣格老师把我介绍给了一位经验丰富的荣格派分析师，她和我非常匹配：她是一个感觉型的人，为我们的工作赋予了极大的同理心和深度。她在我需要帮助的领域极为擅长。

在我自己成为分析师之前，我都无法想象我的分析师当时可能经历的复杂状况，这不仅是因为我的硬性思维，也是因为我急于进入分析培训。我记得分析进行几年后的一次明确的交流，当时我提出了自己想要申请参加分析培训项目的问题。我的分析师语气很坚定地告诉我，现在还不是时候。当时我问为什么，她说，在智力的层面我或许可以被录取，但我的梦表明我还没有准备好。她无法向我再做解释。不久后我又做了一个梦，在梦里，研究院的各色人等在她的咨询室里来回穿梭，扰乱了我的分析，于是我明白了不但我内在没有做好准备，我也没有认识到研究院的生活可能侵入我个人的分析空间。几年后，我知道自己已经做好了申请的准备，如果分析师不同意，我一定会抗议的！

也许这一片段很好地描述了旧金山的培训项目，因为每个项目都是其创始人和周围文化和及专业背景的产物（Kirsch 2001；Horne 2007；Kelly 2007）。在加州，没有无证的分析师：拥有州政府授予的专业执照是必须的。这就要求有医学、心理学、社会工作、护理学的研究生学位，或一个硕士级别的咨询项目，以及两到三年的被督导的临床工作（通常是在诊所或医院的环境中）并通过有关一般专业知识、诊断和伦理的书面考试。许多人在寻求了第一份职业后才接受心理治疗师的培训，而不是在获得本科学位后就直接受训。在我们学院的早期，候选人会在住院医生实习的最后一年或获得执照后不久就被录取，但这些年的趋势是，只有当他们有了足够的个人分析，并超越了 200 个小时的必要分析时长，且已经是有经验的从业者时，才会被录取。有些人是在他们的孩子已长大成人，而且他们已经执业三十年后才申请的！因此，目前在旧金山，大多数的培训分析都是在后半生进行的。

旧金山学院没有特定的培训分析师类别，候选人可以自由选择学院中的任何分析师成员。这意味着，没有必要在培训之初因为自己的分析师不是培训分析师而中断分析。事实上，人们普遍意识到，一个具有强大工作联盟的已足够建立起的分析，可以帮助候选人涵容和处理由培训的评估、个人和团体压力所刺激的情结。我们的政策明显不同于当地的弗洛伊德精神分析机构的政策，这些机构要求培训分析师必须来自一个选定的分析师群体。有些机构也允许与培训分析师提前开始分析，以满足分析要求，但大多数情况下，培训分析是与培训同时开始的。我有一些精神分析的同事，他们等了好几年才提出申请，寄希望于等到他们的分析师成为培训分析师，这样他们就不需要更换分析师或进行第二次分析了。

所以，在旧金山进行的荣格培训分析，是在候选人正在执业并过着相当成人化的生活——或许正当养家糊口或照顾年迈的父母时进行的。候选人会参加四年的研讨班、一个临床案例会议和团体过程，并经历一段时间高强度的针对分析工作的督导，最终以论文和与理事会的见面为结束。完成该计划的时间从六年到十五年以上不等，候选人要在整个过程中坚持个人分析。候选人可以连续或同时（少有的情况）与一个以上的分析师一起工作，此外还需要有分析师就候选人的临床工作进行咨询。

有时对于配偶已经是分析师或候选人的情况会予以特别考量，允许他们会见本研究院以外的分析师。我们预料，这样可以保护候选人不因对配偶的投射（正面的和负面的）遭受污染，或因配偶是个人分析师的同事或学生，而不愿意讨论伴侣关系。尽管乱伦原型是所有分析的一部分，但如果它太过具体地存在，就可能成为医源性的。

这就不得不提到伴随培训分析而来的乱伦和自恋情结的加剧。在我们研究院，培训分析被认为是神圣不可侵犯和完全保密的，是一种密封的工作，分析者不得向培训委员会提供任何有关被分析者的信息。当然，这并不意味着培训不会给分析带来特殊挑战或污染。培训分析中的分析者和被分析者都是一个更大的共同体的一部分，在这个共同体中，分析者已经是正式成员，而被分析者则向往成为成员。这可能激活双方的权威情结。

此外，分析师个人对学院、学院的各个成员和培训计划有自己的看法、反应和预期。如何处理这些问题呢？在我看来，有时，以一个措辞谨慎的问题、评论或挑眉的形式稍微偏离分析立场，可能会有帮助。然而危险的是，这样的干预也可能会使分析探索短路，导致候选人对自己做出判断的能力过于自信，试图驾驭团体内部复杂的观点和关系。

一些分析师会公开表示对某些同事、某些分析方法和研究院本身的不屑或钦佩。这有可能助长分析者和被分析者之间的共谋，身为膨胀的局外人，或完美的局内人，坐而论道。被分析者要么加入分析者的行列，要么冒着被否定的风险去对质；这也剥夺了被分析者和分析者面对群体或某些个人及分析方式所背负的潜在阴影或理想化问题的机会。防御性的分裂可以保护两者的病态自恋，在与群体进行真实接触的情况下，无疑会遭遇痛苦的挑战。这让人想起古根布尔－克雷格（Guggenbühl-Craig）关于分析师作为巫师的评论：

巫师……不愿意容忍任何同事或竞争对手……被这个内在的人物所蛊惑，一般的分析师希望所有需要帮助的人都只向他求助……他幻想自己是那个最好的、最强大的巫师，这使他不可能心甘情愿地把个案交给地位平等的同事……他内心的一个魔鬼般的小巫师声称自己是唯一那个……真正懂得分析的人。（1971，39-40）

培训分析尤其会面临这种危险。受训者可能一辈子都是"学徒"，也就是培训分析师的崇拜者和模仿者。或者他自己可能试图成为一名大巫师，这就导致了老师父和前学徒之间的刻骨铭心的责怨；年轻的分析师对老前辈怀有深深的怨恨，而后者则觉得自己受到了背叛。两人再也不能很好地合作了。（1971，40）

需要补充的是，分析师可能会自觉或不自觉地试图让候选人——被分析者"皈依"为学徒或追随者，转而采用"真正的"或"正确的"工作方式，从而侵犯了被分析者发现其作为人和分析师的独特潜力的需要。如果被分析者对分析者有强烈的认同感，这可能会是一个特别的问题。

如果父母移情/反移情问题仍未解决，一些训练分析有可能延续分析者或被分析者的一生，但并不作为为被分析者的个体化服务的有价值的交流。我曾见过一些分析师在其导师去世后才崭露头角。另一种情况是，被分析者可能无意识或有意识地对年老或患病的分析师承担起照顾的角色——以满足分析师对关系、确认和/或收入的需要——在分析者本应退休的时候（据我所知，有许多分析师隐藏着不断恶化的残疾或绝症，这使他们的被分析者失去了结束工作的相关机会，令人震惊）。

分析师如何在处理个人、身体、财务以及最重要的分析脆弱性和局限性等问题时，提供一个安全可靠的分析容器？这些问题在培训分析中变得更加重要。一旦分析者进入培训项目，他就能了解更多关于分析师的信息——无论通过现实、预测还是流言蜚语。同样，分析师也可能听到别人对被分析者的谈论。但愿分析师有能力抱持和处理这些材料，但被分析者会不会觉得能够或愿意提起有关分析师的负面信息？同事和候选人对分析师的积极看法会不会抑制被分析者解决其真实的或投射的不足和失败的需要？分析者可能会意识到一些分析师身上发生的高压和痛苦的私人或职业事件和情况（如家庭成员死亡、婚姻不忠、离异、同事的敌意等），这就需要小心注意干扰候选人分析材料的反移情反应。

约瑟夫·亨德森在 1929 年 26 岁时与荣格一起进行了深入的分析，讲述了他的个人情结如何固着在荣格和弗洛伊德之间著名的决裂事件上：

当时人们普遍认为，他们关系的破裂是由于父子矛盾，弗洛伊德是父亲，荣格是儿子……弗洛伊德和荣格关系中的父子关系自然而然地调动了我对父亲的矛盾情绪。从我早期对荣格的移情来看，我倾向于把他看作一个被专制的父亲误解的儿子；但后来，由于荣格也是一个父亲的形象，我发现有很大余地可以对他进行相当剧烈的抵抗。在这样的抗拒状态下，我觉得荣格是坏的（至少是不共情的）父亲，而弗洛伊德成了好的（或者说是被误解的）父亲。后来一切又反转过来，荣格又成了好父亲。

我很快就意识到，弗洛伊德 – 荣格的争议正在抑制我与自己的父母意象分离或修复的过程，如果任其发展下去，本身就可能成为一种假父母。荣格很好地理解了这个问题，并帮助我化解了父亲意象的投射。但尽管有他的帮助，还是存在一定的问题，因为我感受到 C.G. 荣格和艾玛 – 荣格在与弗洛伊德决裂后所经历的一些个人痛苦仍然存在。（Henderson 1982，3–4）

亨德森后来通过对史料的研究，对弗洛伊德和荣格之间的决裂有了自己的认识，在 1939 年他的分析结束后，与荣格依然保持着良好的关系。

在培训分析中，分析者和被分析者可能会参加各种会议，并观察彼此与他人的互动。这些情形大多是根据个人情况来处理的，分析师要考虑到当时移情的状态。当我还是一名新候选人的时候，我向分析师提到我要参加研究院的一个小组讲座。与会时，大家似乎对分析师没有出席感到惊讶。当我在下一次分析中提出这个问题时，她告诉我，她在得知我会参加后选择了不出席。我很感动，因为我无意中参加了她参与多年的小团体，她做出了牺牲。几年后，我们俩都意识到，出席一个小型的、非临床的专业会议不再有问题了。其他情况可能涉及较大的活动场合，分析者和被分析者可能会互相观察对方与同事的互动或发言。重要的是保证被分析者可以自由带出任何反应。

约瑟夫·亨德森向我描述了他向荣格移情的类似转变。在工作初期的某个时候，荣格恰好在约瑟夫的分析会议结束后立即从他家开车进城，他提出要送约瑟夫一程。他接受了，但却僵硬地坐着，当他置身于咨询室外的这种奇怪状况时，不知道该说什么。当搭车结束后，他松了一口气，这种情况再也没有出现过。过了一段时间，他被邀请参加一个正式的晚宴，荣格也参加了。这一次，他觉得完全自在。后来，当他的分析结束后，他描述了对移情作为"象征性的友谊"的解决方式。他认为（我也同意这个说法），既然做了分析者和被分析者，就不可能转入普通友谊的相互亲密关系。然而，另一种温暖的、相互尊重的关系有时也会自行发展出来。

爱与恨、竞争与嫉妒、愤怒与恐惧、羞耻与屈辱、受伤与被伤、快乐与悲伤等问题，都存在于人类的每一次深层交往中。在培训分析中，这些都会变得复杂或更为剧烈。如何表达情欲？如果分析中包括一段患者、分析师或两人都坠入爱河的时期，如果他们在分析之外有交集，特别是当有伴侣或配偶在场时，不能对这种感觉付诸行动的痛苦可能会因此加剧或减轻。

当一个分析者发现一个受训者同事也在和同一个分析师见面时，可能会产生同胞竞争，也可能会产生亲属感。我记得我梦见自己一个人走进一座美丽的大教堂，看到我的分析师坐在一位候选分析者的旁边，我认为这位被分析者比我自己更成熟、更有趣、更亲和。这是一个非常痛苦的梦，因为我真的相信，我的分析师更喜欢和她一起工作，永远不会和我分享与圣秘（大教堂所代表的）的深层联结，就像她必然会和我这位受训的姐妹所做的那般。然后，我的分析工作步入了对这些感觉的探索，我对自己的缺点有了更多的接受，自卑感减少了，同时对我和我的分析师的独特关系有了新的认识——不是通过保证，而是通过她对我们工作的关切。

另一方面，作为一名分析师，当被分析者告诉我某位顾问给她提供了很好的帮助，或对该顾问或另一位分析师的独特能力表示钦佩时，我经常会感到嫉妒或刺痛。有时，这会妨碍我反思当时那个沟通的意义。我的嫉妒是投射性认同还是我的个人情结？这是一个微妙的平衡，既要注意反治疗的分裂、见诸行动，以及移情或反移情的稀释，又要避免膨胀性地相信分析不仅是中心，也是全能的。我经常提醒自己，如果我是一个足够优秀的分析师，被分析者则需要找到更多象征性的和人际关系的发展途径。每个候选人都需要多个导师来培养独特的工作方式和分析的灵活性，以便与不同的患者接触。从某种意义上说，每一个分析者，都需要逾越或者超越那个培训分析师。

　　这就引出了"终止"的问题，即训练分析的结束。我记得传统的弗洛伊德学者在我的课程中讲过，分析的"终止"意味着排除未来的接触，以便分析者能够解决丧失和哀悼的问题。虽然这种观点已不再被严格地坚持，但我可以理解它的价值，尤其是它在面对存在问题时可能具有的价值。这种结构也避免了"终止"后可能真正发展出什么样的关系这种具体化的问题，让两人更开放地去探索幻想的材料。然而在培训分析中，这种避免联系的情况是不可能的，因为两人都会待在一个小社群里，这种情形可能会一直持续。在一个大的研究院里，分析者和被分析者有可能维持最少的接触，避免一起在委员会中任职。但在较小的机构中，这种情况要困难得多。

　　糟糕的结束会影响分析者或被分析者参加研究院活动的舒适度。由于糟糕的结束通常涉及高度唤起的和未解决的情结，以及象征化能力的失败，这种仇恨可能会持续一生。分析师也许会感到特别脆弱，因为被分析者可以自由地对同事谈论分析，其中可能会有严重的歪曲，对有些分析师的工作造成不利影响，出于保密，分析师被不能对此做出回应。另一方面，被分析者也可能会感到很脆弱，因为他觉得自己失去了对一位德高望重或有权势的分析师的尊重；或者他会感到轻蔑或厌恶，因为这样一位令人失望的分析者仍然是研究院的成员。在最好的情况下，被分析者（也包括分析师）可能需要很多年才能开始了解发生了什么，并启动某种会面或解决方案；在最坏的情况下，被分析者会找到另一个分析师，与其合谋形成对前一位分析师的投射（近年来，我们研究院内外的一些分析师向分析者和被分析者提供了专门的僵局咨询，取得了非常有益的结果）。

　　在我完成分析训练几年后，我自己的训练分析以一种非常自然的方式结束了。我深深地沉迷于对炼金术意象和象征的研究中，就像在我自己的长程分析中那样，强有力地占据着我。我脑海中浮现出的象征着我心理变化的意象是一个女人优雅地骑着鱼或海豚，发现于古老的凯尔特人的冈德斯特鲁普大锅（Gundestrup Cauldron）上（见图 35–1）。

　　分析过程现在有了自己的生命，并在我向患者、同事、自然界以及我的拉科塔朋友潘西·霍克温称之为"大奥秘"（Wakan Tanka）学习的过程中继续着。

图 35-1　古代凯尔特冈德斯特鲁普大锅的细节（丹麦国家博物馆）

　　我的训练分析并非治愈，也没有让我变得纯粹或完满。但它确实彻底改变了我的生存体验，帮助我接受作为人的局限性，并发现新的可能。我很感谢我的分析师对我的深切的理解、慈爱和冷静的共情。尤为重要的是她的正直及认真专注的分析态度。

作者简介

　　戴安·舍伍德，博士，旧金山荣格学院成员和教师。她与约瑟夫·亨德森合著有《心灵的转变》（*Transformation of the Psyche*），并担任《荣格杂志》的编辑。

第 36 章

Jungian
Psychoanalysis
Working in the
Spirit of
Carl Jung

对学徒的督导

凯瑟琳·克劳瑟

　　成为一名分析师首先意味着做一个长期的学徒以实现对导师的内化，并面对由此带来的所有矛盾。荣格培训的各个流派在重视知识学术和理论学习方面虽不尽相同，但它们都一致认为，应高度重视扶持和评估受训者的个人"准备"和自我觉察。这指的是在与他人的关系中能够深刻而诚实地体验自己的内在心智过程的能力。实践中该如何实现这一点呢？为这个目标服务的显然首先是个人分析。其次，对受训者最有影响力的也许就是督导。督导的功能是提供一个场所，帮助形成作为分析师这个专业身份的去整合／再整合过程（Fordham 1957）。督导有助于初学者在咨询室中收集并运用所有积累的生活经验、理论知识、本能、同理心、直觉和真诚于自己和患者的无意识过程，并在同每个患者的工作中与原型集体意象产生共鸣。分析师在他们的整个职业生活中都保留着对重要的督导师的强烈移情，并常被视为属于培训机构中某个的督导谱系。

　　首先我想声明的是，我对督导和被督导都很享受。尽管考虑到督导者拥有相对较高的权力和权威地位，但督导的创造性目的是培养相互之间的好奇心，打开心理和情感体验，以探索和挖掘有意义的个人及集体无意识心灵的地质。这是一项有趣而刺激的工作，有时是令人痛苦的诚实，有时是令人沮丧的不确定，有时则是令人愉快的启示。对督导的矛盾态度比比皆是。如果督导被认为是迫害性的或竞争性的，那么学习的空间就被压缩得很小，这些都是很常见的。分析工作由于必定涉及分析者的整个人格，所以在督导中容易产生自恋暴露的痛苦感觉，这与其他技能的督导不同。"被督导者"这个尴尬的名称是否意味着督导的对象是人而不是治疗的工作？正如霍普伍德（Hopwood，2005）所指出的那样，"被督导者可能很容易感到由于自己是什么样的人而遭到批评，而不是仅仅因为做了什么"。然而，如果能够建立起信任和好奇心，督导就不会再让人觉得是基于标准的监管，而是为了寻求"思考的空间"。

我们精神分析传统给助人行业的独特礼物是：督导作为一个宝贵的终身学习工具。它不仅适用于未经训练和缺乏经验者，也是我们持续的专业性和创造性发展的必要组成部分。然而，本章将只论述与培训新的心理治疗师和分析师有关的督导方面的内容。同时，我也会讲述我在另一种文化中（俄罗斯）进行督导的体验。在被禁止了半个世纪之后，精神分析在俄罗斯又再度兴起。

关于如何平衡督导师的多项功能成分——教授者、导师、协调人、边界守卫者、评判员、容器或辅助分析者等，这方面的争论一直存在。显然这些角色的各个方面都很重要，有些是外显的，有些是内隐的。荣格对患者持尊重的态度，他承认分析师同样沉浸在分析过程中，他不喜欢教条，所有这些都奠定了荣格督导传统的基础，明确其目的是扶持、促进和赋能。被督导者将在成长中发展其个人的分析能力，对"分析的艺术、技能和方法"耳濡目染，学习成为他们自己的同时焦虑感越来越少（Hubback 1995，98）。

权威和伦理

虽然创造性、相互性、游戏性、信任和享受都被公认为是督导的重要品质，但督导者起着监督作用的事实，连同其作为投射出的超我情结的一部分的原型生活，也是不容否认的。权力的动力从未远离，可能在现实或幻想中变成迫害。在培训机构中，通常是督导师对学员的分析工作质量进行报告和评判。最坏的情况下，这会激起学员的偏执和主管的膨胀。在公众越来越关注精神医疗服务标准、患者权利和心理治疗监管的今天，督导权威和权力的行使更加引人瞩目，保护患者和监督实践标准的功能不再脱开与督导的关系。在英国，定期、持续地就我们的工作与同事进行督导或咨询，现今已经被奉为心理治疗师进行年度注册更新的正式要求。我们在一个伦理框架内工作，患者的福利作为要旨是不言而喻的。在一个机构中，督导的权威是由角色、专业还是个人素质决定的？如果督导师发现自己负责的工作在她看来是达不到标准的甚至是有害的，她的责任是什么？当暴力、犯罪或虐待儿童被举报时，责任与保密性的冲突如何解决？我把这些作为持续关注的问题提出来，并没有明确或清晰的答案。我们帮助我们的被督导者理解使性幻想和攻击性幻想、自杀和其他自伤的态度得以显现是重要的工作目标，但督导者也必须做出判断，是否以及何时需要在分析框架之外采取行动，以保护患者、被督导者或其他人免受伤害。把握权威和想象力这两种对立功能之间的张力，是荣格派一贯重视的。正如希勒（Shearer）所说："荣格的心理学是独特的，它以心理的矛盾性为出发点，以心理的多种对立面的结合而非消除为目标"（2003，209）。

培训和学徒生涯

铁匠学徒或水管工会与师傅并肩工作，他可见的工作会获得检查和指正，但这样的督导如果运用在分析中却会破坏分析方法的本质。津肯（Zinkin）称其为不可能的职业，并断言被督导者不可能"告诉"也不可能"知道"所报告的小节中究竟发生了什么。"被督导的分析不是分析，而是另一种东西，分析应该是两个人的私事。督导者在整个过程中，既在场又不在场，而这是不可能的。"（Zinkin 1995，244）在明确了这一矛盾之后，津肯提出，督导者和被督导者实际上是在共享着对一个处在分析中的患者的幻想。他确认他享受督导作为一种有价值的联合的想象中的冒险，并谈到双方都会从中获得巨大的学习和收益，更不用说对患者应有的好处了。

许多分析师都对"督导"一词的适用性提出质疑，因为它暗示着在促进一位新的分析师的出现和成长的微妙过程中，督导扮演着高高在上、权威、判断和管理功能的角色。这些分析师更倾向于相互学习（Astor 2003）、思考空间（Mollon 997）、教育（Wharton 2003）、共享梦空间（Shapley 2007）、游戏（Perry 2003）等理念。霍普伍德（Hopwood，2005）将督导者称为助产士，而迷宫、矩阵（Perry

2003）和棱镜（Wiene 2007）这些意象都被认为传达了督导的一些复杂性。这使我们有必要考虑在多大程度上应将督导视为教学，或者说对学习的促进，并提醒我们自己注意教育一词的拉丁文词根—— e-ducere，意为引导出来，这在我们的职业中意味着将已经（无意识地）形成的东西带入意识。

像分析关系一样，督导关系也不是对称的，一方比另一方更资深、更有经验、更知识丰富。然而，它的不同之处在于，这种关系是在成人的层面上进行的，不鼓励退行，也不探讨移情，尽管两者都有可能发生，而且可能被识别。对督导产生的婴儿化的移情可能会因为整个培训机构内学员所处的幼稚化氛围而得到加强。另一方面，有些督导会积极主动排除退行，以对后辈应有的尊重对待学员，事实上他们几年后也会加入协会变成同事。

"不知道" vs "技术"

荣格对理论化和技术提出过著名的批判：

由于每个人都是新的、独特的心灵元素的组合，所以对真理的查验在每个案例中必须重新开始，因为每个"案例"都是个别的，不能从任何先入为主的公式中推导出来。……如果我们根据任何固定的理论来解释个体心灵，无论我们多么喜欢它，我们都会错过它的意义。（Jung 1946/1966，para. 173）

然而，如果每个分析者的任务是利用自身为理解我们的患者服务，那么如果不学习一些分析传统、技术、时间、界限、伦理和工作的方法方式，就无法做到这一点。督导试图通过创造一种氛围来传授分析的艺术，在这种氛围中，体验性和情感性的学习可以进行，创造性的、游戏性的猜想可以发生。其目的是使每个受训者都能在自己作为分析者的个人风格中有机地发展。督导师在培训中的评价作用会不可避免地抑制学员自由地成为自己，但通常随着时间的推移，学员起初试图"得到正确答案"的焦躁会转变为对反思过程的信任，并对矛盾持开放态度，诚实地对待困惑和理解不足，并从"错误"中学习，这都是督导中例行的工作。督导通过表现出对患者材料的开放性关注和对受训者观点的尊重来辅助这一过程，避免教条主义，"强调没有正确的结论要得出，只有假设待验证"（Wharton 2003，

86）。督导师提出一个模型，学员在对督导师和个人分析师的认同中形成分析态度，逐渐学会用第三只耳朵倾听无意识的、象征性的内容，在好奇和不知道的状态下等待，在材料没有显现出潜在的形态之前，不过早强加意义。

尽管如此，在学习过程中还是需要一些原则。夸大对"不知道"的依赖，有可能成为胡思乱想的借口，逃避对患者的现状提出必要的质疑。一些督导者发现，使用逐字记录对于探索治疗中的细节和发现受训者处理神经症性反移情能力中的所谓"盲点"至关重要。当然，尽可能多地记住治疗小节的时间序列中每分钟的进展，对于帮助受训者审视自己的措辞和时间，并随后意识到自己在治疗的张力中漏掉了什么是很有价值的。也有人发现，这种逐字逐句的书面报告，由于造成太过有意识地处理督导中的主题、动机和互动，会使分析师与患者情感精神层面的交流丧失活力。我的一位被督导者创造了一个巧妙的方法，她的笔记用交错相连的圆形气泡写成，以遐想的方式散布在页面上，这不同于线性的因果模式记录。佩里担心，逐字记录有可能……

排除对分析小节中种种事件的探索，如对情绪的感知、参与双方创造的非言语语言，以及被督导者"难以启齿"的联想和反应。后者通常围绕着对身体接触的焦虑、色情性渴望、通过额外的时数来增加在场感、写信、电话联系、施受虐情结的激活、使用代币、接受礼物、屈服于压力而减少费用、"非分析性"的干预或无可名状的共情失败等。在督导中谈论这些往往是羞于启齿的，但却能带来成长和个人风格的发展。（Perry 2003，194）

在精神分析的早期，个人分析和督导并没有截然分开，由于它们在反移情和心理气氛方面有着太多相似的必要关注，所以有关这两种功能的适当分界线的问题时而会出现混淆。督导师常常会注意到，某些患者呈现的攻击性、分离性、情色化、亲密性等问题会激活受督导者相应的问题，或神经症性反移情中被否定的"盲区"，从而极大地阻止了被督导者对患者同调性的倾听。对于如何与被督导者解决这个问题，意见并不一致，有些人会直接向被督导者提出这是属于他们个人分析的工作，有的则强烈地感到这将构成对被督导者个人分析的严重干扰。我则认同阿斯特幽默而又严肃的评价：

我不同意某些督导师的做法，他们让被督导者带着这样那样的感觉去找他们的分析师。我们原本就是分析师，所以我们要以分析的方式进行工作，而不是以交通警察的身份。以此，这种评论通常会透露出对被监督者的分析师的某种竞争态度或未言说的敌意，仿佛暗示着如果分析师做得更好，问题就不会出现。（Astor 2003，55）

分析性地进行，就意味着耐心地、反复地引起被督导者对影响着他们的工作的问题的关注，并相信他们愿意认识到这是富有成效的个人材料。因此，督导往往是帮助被督导者心理成长的有力鞭策。长时间的分析训练是必不可少的，它有助于对情结的接受以及整合那些投射到患者身上的体验。如果被督导者在督导过程中被反复证明无法对所突出的问题做出反应，不能够以此为启迪，反而觉得是一种迫害，那么这将揭示被督导者的分析能力存在某些问题，有待在督导中能够被共同认识到。但是，强行对被督导者的分析速度提出要求并属于督导者的职权范围，只不过可能需要放慢（或在极少数情况下终止）被督导者获得资质的进度。

作为容器的督导

当督导作为第三方进入时，将带来三角关系的动态。由此，安全地包裹在"神圣容器"（vas bene clausum）的保密性中的分析性配对的理想将不再保持其字面涵义。矛盾的是，尽管打破了圣器上的封印，第三者的存在却可以增强分析容器的可靠性和耐久性。可以与之类比的是父亲或祖父母在保护母亲和婴儿的亲密关系中的作用，使母婴关系能够经历风暴，从而加深。一个受训者仿佛是个新妈妈，可能会被移情中唤起的婴儿情绪的破坏力所压倒，她需要祖父母的支持，度过绝望，并要避免字面上接受患者斥责治疗无益的贬低性攻击。督导师就像祖父母和父亲一样，如果看到受训者应付得不是很好，有时就会很想接手，变得指手画脚，当然被督导者有时也会幻想换一位分析型的"母亲"会对患者更好。然而，督导师需要维护这二人的关系。针对被督导者与被投射的失败感的合谋，对患者利用投射性认同的强大手段来传达绝望、伤痛和需求，由于无法承受而转变变成了攻击或行动等，这些讨论可以成为洞察的窗口。督导者允许被督导者激烈的反移情情绪反应的充分宣泄，它们在不被理解的情况下可能会危及患者，甚至威胁到分析的继续进行。督导者强烈的心理参与加上不被激情阻碍的思维功能，使其具有足够的情感距离，充当良性的第三人。督导培养的是一种好奇和探究的态度，而不是评判受训者如何被患者的原始状态所支配，这样就打开了一个意识和分化的空间。

这已被概念化为一个涵容性的俄狄浦斯三角（Britton 1998）。我发现这个概念特别适用于在俄罗斯进行的督导。长久以来的政治历史，似乎使一些俄罗斯的被督导者无意识地预见到，与患者的冲突、紧张和分歧将不可避免地导致分析关系的破坏。这有时会导致被督导者对患者的过早离去被动地认命，或者对患者的要求姑息迁就，执着地试图不失去他们。督导可以对这些两极化的态度提出质疑，帮助被督导者看到双方的致命冲动，并带着兴趣和好奇心去审视拒绝的所有潜藏意义，开始对患者的离开进行挑战、解释和工作，而非简单地接受。第三人的存在为我们打开了思考的空间，并培养了一种对象征性理解的力量的新体验，让患者恢复信心，认识到个人和文化的阴影都是可被接受的，不必是破坏性的，因此实际上可以加强分析性二人组的稳健性。

三角与平行关系

马蒂森（Mattinson 1981）对督导中的三角关系的讨论，使人们注意到患者－分析师、分析师－督导师、督导师－患者之间不断变化的焦点，以及俄狄浦斯三角中的一角有可能在任何时候被忽视或被过分强调的危险。在培训中，还有其他关系在塑造和冲击着督导关系。在与受训者的分析师形成的三角关系中，竞争的幻想存在于许多层面，受训者不得不比较分析的风格，并处理分裂的忠诚，而督导和受训者的分析师都在推测对方的效能，警惕他们原始的羞耻和尴尬、胜利和优越感。希勒（Shearer，2003）评论道："联盟和拒斥的痛苦能量，围绕着 3 这个数字跳动。然而，在不同的时间、地点和文化中，三位一体也是神圣的，3 这个数字如果不具有动态的话，那就什么都不是"（Shearer 2003，208）。各培训机构，其实是精神分析的整个大厦，都吸引着移情和认同，佩里这样看待："从患者身上漾出一系列可渗透的同心圆，包含了所有的参与者。"（Perry 2003，195）

虽然表面上督导三角的思考重点是分析性配对，但其他两种关系也需要关注。大多数督导者——尤其是在培训设置中——也会关注受训者与督导者关系的质量。督导者对被督导者将患者带入督导的方式以及整个督导环节的氛围都很感兴趣。

就像我们试图鼓励受训者用同理心去倾听，用全身而不仅仅是用耳朵去观察患者，关注他们反移情的生理和心理反应一样，督导师也树立态度的榜样。督导者关注被督导者的肢体语言和语气，搜索焦虑或膨胀的迹象，同调被督导者对他们自身的心理影响，同时尽量维持足够的距离来思考他们反应的多层潜在意义。

"平行过程"（Ekstein and Wallerstein 1958）描述了在督导中经常观察到的一种现象，尤其在团体督导中，被督导者对患者的介绍对督导者或整个团体有明显的情绪影响。这种远距离的反移情可被当作心理信息，反映了当前分析环节中患者和被督导者之间的移情中可能是无意识的任何情感或动力性互动。以下是我在督导实践中的一个例子：

> 一位被督导者没有意识到自己在容忍患者的隐蔽攻击时的受虐倾向，但似乎表现出一种平行的攻击行为，她在督导小组中礼貌地否定了一位试图指出患者对她的破坏作用的同事。她温柔地坚持要向他们"证明"她对患者行为的不同看法。组员们对她的理论都不自在地顺从，直到有一个人最终说出了对讨论气氛的受虐感，并承认由于暗中受到"欺负"，被迫同意而生出愤怒。这种对当前平行动态的诚实情感，对被督导者来说，比之前任何关于自己和患者之间动态的推理都更有说服力，她开始对之前自己一直回避的施受虐开放思考。

奥格登（Ogden 1999）作为临床医生的标志之一是他竭尽所能地利用自己的遐想作为自我分析和自我督导的来源。他要求被督导者不仅写下疗程中言语交流的过程记录，而且要包括每时每刻的思考、幻想、感受和身体感觉，甚至包括患者缺席的疗程。他并不试图将被督导者的遐想与患者的思想和感觉做简单的一一对应，而是对它们进行联想性的游戏，让它们在督导讨论中"回响"，将它们作为意义可能出现的"分析对象"收集进来。他自己对被督导者的表现和方式特征的遐想，同样也是探索的一部分，要在讨论中分享。然而，赛德拉克（Sedlak 2003）发出了警示，反对过于依赖反移情而损害了对患者材料的仔细聆听。他引用波塔里斯（Pontalis）的话质疑"乐于展示自己的反移情的时尚，仿佛说一个人是在用自己的盲点去看，用自己的聋耳去听，用自己的无意识去意识到"（Pontalis 1975，引自 Duparc 2001，161）。我们最好提醒自己，这些直觉不能被当作既定的事实，无论这些相似之处多么引人注目（和有用）。但是，我们都有机会惊奇地发现，在督导中对分析关系的一个尚未被探索的方面进行试探性的或自由联想性的揭示之后，患者在下一次治疗中就会自发地谈到完全相同的主题。客观心理的概念谈及了三方共享的无意识过程的交流能量，在这个过程中，所有人都在学习。

督导三角中的第三对组合是患者－督导师。无论患者是否被告知督导师的存在，他们似乎常常意识到他们的存在，有时会不自觉地感到或梦见要么是安慰的，要么是干扰的第三个人物的存在。他们可能会有意识地利用幻想中的督导者来削弱分析师（"很聪明！我看你昨天去见过督导了！"）。毫无疑问，督导者对被督导者呈报的患者有自己独特的态度和反应。重要的是，不应把督导者的意见强加给默许的被督导者。如果督导师直接就患者的反应提出解释，而被督导者一味附和，那么学习就只不过模仿。上周的理论往往与本周的分析小节没有直接关联，因此被督导者需要鼓励，相信自己内化的理论会在必要时重现。

对边界的掌握

佩里在上面的引文中列出的"难以启齿"的条目与分析会话的框架有关，说明围绕边界会产生的强烈的情感。学徒期的一个重要环节是，不仅要学会处理，而且要学会审视对有关守时、分析师的非自我披露、假期等"规则"的挑战，认识到患者通过行动化来传达意识的内容，并以此测试他们。对做到这一点至关重要的是，受训者要找到自己内化的、个人的心理边界，这个边界应是强大而灵活的，是他们所看重的，而不应是照搬一种外在的"规则"观念，仅供他们执行或躲在后面。这些"规则"对于稳定地积累有边界的内在空间体验构成了脚手架，从而创造力、自我发现以及与他人的关系都能得到成长。督导者在督导小节的框架、时间安排和边界上都树立了一种形式。

在另一种文化——俄罗斯进行的督导，要求我重新思考我的传统边界，认定在我看来哪些是必不可少的、不可简化的框架，以及哪些可以更加灵活。俄罗斯的心理治疗师没有向患者收取假期费用的工作传统，往往愿意根据需求调整见面时间。俄罗斯暑期长假后的复工没有明确日期，往往取决于患者何时给分析师打电话。沟通的手段通常是手机和电子邮件，因为信件的投递并不可靠，甚至会认为向患者索要地址是一种侵犯。我的感觉是，在会见时间之外频繁地打手机，受到侵犯的往往是分析师。与俄罗斯的被督导者的讨论经常会让我感到欣慰，因为能够承认普遍存在的反移情，即对患者的要求的不满、回避或恐惧。这促使人们对边界的意义和目的有了更丰富的认识，尤其是如果没有一个强有力的框架，分析师和患者都会被剥夺对负面移情的必要参与。

马丁（Martin 2003）指出，根据莫尼 – 基尔（Money-Kyrle）的观点，分析会话的安全框架使患者能够面对"对时间和最终死亡的不可避免性的认识"（Money-Kyrle 1978，443），因此，出于对依赖、分离和死亡焦虑的防御，必然会受到攻击。然而，在咨询的极限张力中被患者突如其来的个人问题弄得不知所措，会引发新手们象征化能力的丧失。他们可能会在具体的文字层面上做出回应，或者变得防御和禁锢。督导中的思考空间，可以帮助他们再次摆正方向，在随后的会面中更加深思熟虑地回顾这个事件。

成为督导师

督导在我们这个行业中的重要地位怎么强调都不过分。然而，这是一种几乎靠渗透来传授的技能。过去人们认为，一个好的分析师随着时间的推移会自动成为一个好的督导师，并且拥有与生俱来的沟通能力和向学徒传授行业技能的能力。津肯（1995）指出，评估什么是好的督导是多么艰难的一件事，同时也肯定了培训机构有责任做这样的尝试。当津肯在 1995 年写下这篇文章时，还没有督导方面的培训。只有一个人对自己的督导的记忆，这一方面意味着鼓舞人心的督导的遗产，另一方面意味着正统和模仿（或相反的报复性反应）的不散阴魂代代相传。此后，英国和其他地方为有经验的从业者开设了督导课程。通常，这些课程承认，督导不能像分析一样被"教"。这些课程并不是教学式的，而是旨在为思想和问题的交流提供一个舞台，通过对"督导的督导"来鼓励反思性实践。而课程组织者和督导者则会见面讨论，"共同督导"他们对新手督导者的督导。通过督导，人们对更多思考空间的渴求显然被唤起了。

然而，现有的分析训练督导师大多没有参加过正式的督导课程，而是通过阅读和写作来反思自己的督导方法，并可能参加针对督导议题的同行讨论。值得注意的是，最近许多有关督导的书籍都是由不同视角的文章汇编而成，是合作的产物（Kugler 1995；Martindale et al. 1997；Hughes and Pengelly 1997；Driver and Martin 2002；Wiener et al. 2003；Petts and Shapley 2007）。由此可见，同行讨论为发展督导艺术提供了重要素材。新任督导由于是培训委员会的成员，他们进行的是另一种形式的非正式学徒培训。在那里，他们吸收和消化资深督导的价值观和态度，在他们所服务的各种培训机构考量被督导者是否已准备好获得执业资格时，参与细致的评估程序，并贡献他们的意见。这就提供了一种有价值的"在工作中学习"的契机。麦格拉申（McGlashan 2003）使用"个体化的督导者"一词来强调督导者如同被督导者一样，需要发展个人成长和自我觉察。

师徒二人的原型介入，必然会带来其阴影。我们分析性的"不评判"态度可能会转向另一极。在我们希望扶持和促进被监督者成长的同时，当然也有其相反的一面，即利用我们的权力恶意破坏学徒的正当权威。在我们鼓励对督导师的观点提出不同意见和挑战的同时，我们可能会不希望看到理想化移情的松动，因为新手找到了自己的想法和声音。我们被给予了很好的建议"要意识到嫉妒心会想要去剪掉被督导者的翅膀，因为他们的潜力和不断增长的专业知识威胁到我们"（Shapley 2007，14）。重要的是，督导者要带着谦虚和怀疑的态度去倾听［疑难（dubium）一词——要有两个头脑］（Perry 2003），鼓励讨论督导关系中的困难，以避免在不知不觉中被我们自己人格的阴影面所困。

结论

毫无疑问，我自己的临床实践通过担任督导和接受督导得到了加强和磨练。我发现在不同的文化背景下进行督导，能让我获得多方面的学习，并被所呈现的普遍性和独特性所打动。目睹被督导者的成长和尝试他们的才能所带来的同学习的乐趣，是非常真实的。我认为，督导者需要允许和涵容无意识与幻想，同时又要坚持必不可少的第三种立场，即代表着分化、意识和感知的立场。鼓励被督导者运用想象力和思维，不仅是为了自己和患者的利益，也将有助于后世分析理论的延续和拓展。

作者简介

凯瑟琳·克劳瑟是分析心理学会的专业会员，在伦敦私人执业。她是 SAP 培训委员会的前任主席，也是 IAAP 项目在俄罗斯的联合召集人和督导。

参考文献

序言

Jung,C.G.1961.*Memories, dreams, reflections.*NewYork:Vintage Books.

Kirsch, James.1982.C.G.Jung and the Jews:The real story. *Journal of Psychology and Judaism*6,2.

———.1983.Reconsidering Jung's so-called anti-Semitism.In *Thearms of the windmill:Essays in Analytical Psychology in honor of Werner H.Engel*,ed.Joan Carson,5–27.Baltimore:Lucas.

Kirsch,Thomas B.2000.*The Jungians.* London:Routledge.

Lammers,A.,ed. In press.*Correspondence between C.G. Jung and James Kirsch.* New York:Routledge/Brunner.

Samuels, Andrew.1993.*The political psyche.*London:Routledge.

第 1 章

Edinger, Edward. 1985. *Anatomy of the psyche.* La Salle: Open Court.

De Jong, H.M.E. 1969. *Michael Maier's* Atalanta Fugiens*: Sources of an alchemical book of emblems.* Leiden: E. J. Brill.

Fink, Bruce. 2007. *Fundamentals of psychoanalytic technique: A Lacanian approach for practitioners.* New York: W. W. Norton and Co.

Giegerich, Wolfgang. 1998. *The soul's logical life.* Frankfurt: Peter Lang.

Hillman, James. 1978. The therapeutic value of alchemical language. *Dragonflies* 1: 118–26.

———. 1983/2004. *Archetypal psychology.* Putnam, CT: Spring Publications, Inc.

———. 1991. The cure of the shadow. In *Meeting the shadow: The hidden power of the dark side of human nature*, ed. Connie Zweig and Jeremiah Abrams, 242–43. New York: G. P. Putnam's Sons.

Jung, C.G. 1939/1968. Conscious, unconscious, and individuation. In CW 9i.

———. 1955–56/1963. *Mysterium coniunctionis.* CW 14.

———. 1956. *Symbols of transformation.* CW 5.

Lambert, Kenneth. 1981. *Analysis, repair and indivi*duation. London: Academic Press. Marlan, Stanton. 2005. *The black sun: the alchemy and art of darkness.* College Station: Texas A&M Press.

Micklem, Neil. 1993. The shadow of wholeness. *Harvest: journal for Jungian studies* 39: 114–24.

Mookerjee, Ajit. 1988. *Kali the feminine force.* NY: Destiny Books.

Neumann, Erich. 1969. *Depth psychology and a new ethic.* New York: G.P. Putnam & Sons.

Newman, Kenneth D. 1993. Science: the shadow of the shadow. *Harvest: Journal for Jungian Studies* 39: 37–42.

Ricoeur, Paul. 1970. *Freud and philosophy: an essay on interpretation.* New Haven and London: Yale University Press.

Samuels, Andrew. 1985. *Jung and the post-Jungians.* London and New York: Tavistock/ Routledge.

Sarton, May. 1971. *A grain of mustard seed.* NY: WW Norton & Co.

Stein, Murray, ed. 1995. *Jungian analysis.* La Salle: Open Court.

第 2 章

Alschuler, Lawrence R. 2006. *The psychopolitics of liberation: Political consciousness from a Jungian perspective.* New York: Palgrave Macmillan.

Bovensiepen, Gustav. 2006. Attachment-dissociation network: Some thoughts about a modern complex theory. *Journal of Analytical Psychology* 51, 3: 451–66.

Cambray, Joseph, and Linda Carter. 2004. Analytic methods revisited. In *Analytical psy- chology: Contemporary perspectives in Jungian analysis*, ed. Joseph Cambray and Linda Carter, 116–48. New York: Brunner-Routledge.

Hogenson, George B. 2004. Archetypes: Emergence and the psyche's deep structure. In *Analytical psychology: Contemporary perspectives in Jungian analysis*, ed. Joseph Cambray and Linda Carter, 32–55. New York: Brunner-Routledge.

Jacobs, Theodore J. 2002. Response to the *JAP*'s Questionnaire. *Journal of Analytical Psychology* 47, 1: 17–34.

Jung, C.G. 1911/1973. On the doctrine of complexes. In CW 2.

———. 1931/1966. Problems of modern psychotherapy. In CW 16.

———. 1934/1969. A review of the complex theory. In CW 8.

———. 1946/1966. Psychology of the transference. In CW 16.

———. 1966. *The practice of psychotherapy.* CW 16.

Knox, Jean. 2004. Developmental aspects of analytical psychology: New perspectives from cognitive neuroscience and attachment theory. In *Analytical psychology: Contemporary perspectives in Jungian Analysis*, ed. Joseph Cambray and Linda Carter, 56–82. New York: Brunner-Routledge.

Mitchell, Stephen A. 1998. Letting the paradox teach us. In *Trauma, repetition, and affect regulation: The work of Paul Russell*, ed. Judith Guss Teicholz and Daniel Kriegman, 49–58. New York: The Other Press.

———. 2002. Response to *JAP*'s Questionnaire. *Journal of Analytical Psychology* 47, 1: 83–89.

Perry, John W. 1970. Emotions and object relations. *Journal of Analytical Psychology* 15, 1: 1–12.

Russell, Paul L. 1998. The role of paradox in the repetition compulsion. In *Trauma, rep- etition, and affect regulation: The Work of Paul Russell*, ed. Judith Guss Teicholz and Daniel Kriegman, 1–22. New York: The Other Press.

Sandner, Donald F., and John Beebe. 1982. Psychopathology and analysis. In *Jungian analysis*, ed. Murray Stein, 294–334. Chicago: Open Court.

———. 1995. Psychopathology and analysis. In *Jungian analysis*, ed. Murray Stein, 297–348. Chicago: Open Court.

Saunders, Peter, and Patricia Skar. 2001. Archetypes, complexes and self-organization. *Journal of Analytical Psychology* 46, 2: 305–23.

第 3 章

Beebe, John. 2004. A Clinical Encounter with a Cultural Complex. In *The cultural com- plex: Contemporary Jungian perspectives on psyche and society*, ed. Thomas Singer and Samuel Kimbles, 223–36. London and New York: Brunner-Routledge.

Henderson, Joseph. 1947. Unpublished letter, December 3, 1947, addressed to C.G. Jung.By permission of the author.

———. 1962/1964. The archetype of culture. In *Der Archetyp. Proceedings of the 2nd International Congress for Analytical Psychology*, ed. Adolf Guggenbühl-Craig, 3–15. Basel and New York: S. Karger.

———. 1984. *Cultural attitudes in psychological perspective*. Toronto: Inner City Books.

———. 1990. The cultural unconscious. In *Shadow and self*, 102–13. Wilmette, IL: Chiron Publications.

Jung, C.G. 1913/1967. The theory of psychoanalysis. In CW 4.

———. 1936/1964. Wotan. In CW 10.

———. 1936/1976. The Tavistock lectures. In CW 18.

———. 1973. *Experimental researches*. In CW 2.

Kaplinsky, Catherine. 2008. Shifting shadows: Shaping dynamics in the cultural uncon- scious. *Journal of Analytical Psychology* 53, 2.

Kimbles, Samuel. 2000. The cultural complex and the myth of invisibility. In *The vision thing*, ed. Thomas Singer, 157–69. London: Routledge.

———. 2004. A cultural complex operating in the overlap of clinical and cultural space. In *The Cultural Complex: Contemporary Jungian perspectives on psyche and society*, eds. Thomas Singer and Samuel Kimbles, 199–211. London and New York: Brunner- Routledge

Lewis, Bernard. 1993. *Islam and the West*. New York and London: Oxford University Press.

McGuire, William. 1989. *Bollingen: An adventure in collecting the past*. Princeton: Princeton University Press

McNeill, William. 1963. *The rise of the West: A history of the human community*. Chicago and London: University of Chicago Press.

Morgan, Helen. 2004. Exploring racism: A clinical example of a cultural complex. In *The cultural complex: Contemporary Jungian perspectives on psyche and society*, ed. Thomas Singer and Samuel Kimbles, 212–22. London and New York: Brunner- Routledge.

Singer, Thomas, ed. 2000. *The vision thing: Myth, politics and psyche in the world*.

London and New York: Routledge.

———. 2002. The cultural complex and archetypal defences of the collective spirit: Baby Zeus, Elian Gonzales, Constantine's sword, and other Holy Wars. *The San Francisco Library Journal* 20, 4: 4–28.

———. 2007. A personal meditation on politics and the American soul. *Spring Journal* 78.

Singer, Thomas and Samuel Kimbles, eds. 2004. *The cultural complex: Contemporary Jungian perspectives on psyche and society*. London and New York: Brunner- Routledge.

第 4 章

Adler, Alfred. 1923. *The practice and theory of individual psychology*. London: Routledge & Kegan Paul.

Hillman, James. 1972. *The myth of analysis: Three essays on Archetypal Psychology*.New York,

London: Harper Colophon.

Jung, C.G. 1928/1977. General aspects of dream psychology. In CW 8.

———. 1929/1966. Aims of psychotherapy. In CW16.

———. 1931a/1966. Problems of modern psychotherapy. In CW16.

———. 1931b/1977. Analytical Psychology and 'Weltanschaung'. In CW 8.

———. 1935/1966. Principles of practical psychotherapy. In CW16.

———. 1939/1976. The symbolic life. In CW 18.

———. 1944/1968. Introduction to the religious and psychological problems of alchemy.In CW12.

———. 1945/1966. Medicine and psychotherapy. In CW16.

———. 1950/1968. Concerning rebirth. In CW 9i.

———. 1961/1976. Symbols and the interpretation of dreams. In CW18.

Lambert, Kenneth. 1974. The personality of the analyst in interpretation and therapy. In *Technique in Jungian Analysis*, ed. Michael Fordham, Rosemary Gordon, Judith Hubback, and Kenneth Lambert, 18–44. London: Heinemann.

McGuire, William, ed. 1974. *The Freud/Jung letters*. London: Hogarth Press and Routledge.

Nowlan, Alden. 2004. He sits down on the floor of a school for the retarded. In *Between tears and laughter: Selected poems*. Northumberland: Bloodaxe Books.

Phillips, Adam. 1995. *Terrors and experts*. London: Faber & Faber.

Pink Floyd. 1979. Another brick in the wall. Album: *The Wall*.

Rilke, R. M. 1993. *Duino elegies*. Einsiedeln: Daimon Verlag.

Stein, Murray. 1996. *Practicing wholeness*. New York: Continuum.

Papadopoulos, Renos. 2006. Jung's epistemology and methodology. In *The handbook of Jungian psychology: Theory, practice and applications,* 7–53. London and New York: Routledge.

Wilkinson, Margaret. 2006. *Coming into mind. The mind-brain relationship: A Jungian clinical perspective.* London and New York: Routledge.

Wordsworth, William. 1959. *Poetical works*. London: Oxford University Press.

第 5 章

Jung, C. G.. 1931/1966. Problems of modern psychotherapy. In CW 16.

———. 1934/1969. The soul and death. In CW 8.

———. 1937/1958. Psychology and religion. In CW 11.

———. 1952/1958. Answer to Job. In CW 11.

———. 1944/1953. *Psychology and alchemy*. CW 12.

Luke, Helen. 2001. *Old age: Journey into simplicity*. New York: Parabola.

Schwartz-Salant, Nathan. 2007. *The black nightgown: The fusional complex and the unlived life.* Wilmette: Chiron.

Stein, Murray. 2005. *Transformation—Emergence of the self.* College Station, TX: Texas A&M University Press.

Woodman, Marion. 1985. *The pregnant virgin: A process of psychological transformation.*Toronto: Inner City.

第 6 章

Agassi, Joseph. 1969. Leibniz's place in the history of physics. *Journal of the History of Ideas* 30: 331–44.

Armstrong, Karen. 2006. *The great transformation*. New York and Toronto: Alfred A. Knopf.

Beebe, Beatrice and Frank Lachman. 2005. *Infant research and adult treatment: Co- constructing interactions*. New Jersey: The Analytic Press.

Cambray, Joseph. 2002. Synchronicity and emergence. *American Imago* 59, 4: 409–34.

———. 2006. Towards the feeling of emergence. *Journal of Analytical Psychology* 51, 1: 1–20.

———. 2009. *Synchronicity: Nature and psyche in an interconnected universe*. College Station: Texas A & M University Press.

Cambray, Joseph, and Linda Carter, ed. 2004. *Analytical psychology: Contemporary per- spectives in Jungian analysis*. Hove and New York: Brunner-Routledge.

Cantor, Geoffrey, David Gooding, and Frank A.J.L. James. 1991/1996. *Michael Faraday*.New Jersey: Humanities Press.

Damasio, Antonio. 2003. *Looking for Spinoza: Joy, sorrow, and the feeling brain*. New York: Harcourt, Inc.

Edinger, Edward. 1996. *The Aion lectures*. Toronto: Inner City Books.

Hogenson, George. 2005. The Self, the symbolic and synchronicity: Virtual realities and the emergence of the psyche. *Journal of Analytical Psychology* 50, 3: 271–84.

Jung, C.G. 1951/1959. *Aion: Researches into the phenomenology of the self*. In CW 9ii.

———. 1971. *Psychological types*. CW 6.

———. 1975. *Letters*, 2: 1951–1961. Ed. Gerhard Adler and Aniela Jaffe. Princeton, NJ: Princeton University Press.

Knox, Jean. 2003. *Archetype, attachment, analysis: Jungian psychology and the emergent mind*. Hove and NY: Brunner-Routledge.

Lammers, Ann Conrad. 2007. Jung and White and the God of terrible double aspect.*Journal of Analytical Psychology* 52, 3: 253–74.

Lammers, Ann Conrad, and Adrian Cunningham, eds. 2007. *The Jung-White letters*.London and New York: Routledge.

Mainzer, Klaus. 2005. *Symmetry and complexity*. New Jersey: World Scientific.

Mumford, David, Caroline Series, and David Wright. 2002. *Indra's pearls: The vision of Felix Klein*. Cambridge: Cambridge University Press.

Nichol, Lee, ed. 2003. *The essential David Bohm*. London and New York: Routledge.

Singer, Thomas, and Samuel L. Kimbles, eds. 2004. *The cultural complex: Contemporary Jungian perspectives on psyche and society*. Hove and New York: Brunner-Routledge.

Solomon, Hester MacFarland. 2007. *The self in transformation*. London: Karnac.

Stein, Murray. 1998. *Transformation: Emergence of the self*. College Station: Texas A & M University Press.

Stewart, Louis H. 1987. A brief report: Affect and archetype. *Journal of Analytical Psychology* 32, 1: 35–46.

Williams, L. Pearce. 1980. *The origins of field theory*. Maryland: University Press of America, Inc.

Yates, Francis A. 1966. *The art of memory*. Chicago: University of Chicago Press.

第 7 章

Beebe, John. 1988. Primary ambivalence toward the Self: Its nature and treatment. In *The borderline personality in analysis,* ed. Nathan Schwartz-Salant and Murray Stein, 97–127. Wilmette, IL: Chiron Publications.

———. 2004. Understanding consciousness through the theory of psychological types. In *Analytical psychology: Contemporary perspectives in Jungian analysis*, ed. Joseph Cambray and Linda Carter, 83–115. Hove and New York: Brunner-Routledge.

———. 2006. Psychological types. In *The handbook of Jungian psychology: Theory, practice, and applications*, ed. Renos Papadopoulos, 130–52. London and New York: Routledge.

Dalp, Sammlung. 1952. *Handschriften-deutung*. Bern: Franke Verlag.

Gordon, Rosemary. 1985. Big Self and little self: Some reflections. *Journal of Analytical Psychology* 30: 261–71.

Hillman, James. 1971. The feeling function. In *Lectures on Jung's typology*, 73–150.Zurich: Spring Publications.

Jung, C.G. 1950/1959. Concerning rebirth. In CW 9, i.

———. 1961/1980. Symbols and the interpretation of dreams. In CW 18.

Myers, Isabel (with Myers, P. B.). 1980. *Gifts differing*. Palo Alto, CA: Davies-Black Publishing.

Samuels, Andrew. 2008. Personal Communication.

Sharp, Daryl. 1987. *Personality types: Jung's model of typology*. Toronto: Inner City Books. First published in German as *Das Diner der psychologischen Typen* ("The Dinner Party of the Psychological Types"), Sammlung Dalp, 1952.

Von Franz, M.-L. 1971. The inferior function. In *Lectures on Jung's typology*, 1–72. Zurich: Spring Publications.

Wheelwright, Joseph. 1982. Psychological types. In *Saint George and the dandelion: 40 years of practice as a Jungian analyst*, 53–77. San Francisco: C.G. Jung Institute of San Francisco.

Winnicott, Donald. 1987. *Holding and interpretation: Fragment of an analysis*. New York: Grove Press.

第 8 章

Beebe, Beatrice, and Frank Lachmann. 2002. *Infant research and adult treatment. Co-con- structing interactions*. Hillsdale, NJ and London: Analytic Press.

Bell, David. 2010. Bion: The phenomenologist of loss. In *Bion today* (New Library of Psychoanalysis) edited by Chris Mawson. London and New York: Routledge.

Bion, Wilfred. 1993. *Attention and interpretation*. London: Karnac Books. Bollas, Christopher. 2007. *The Freudian moment*. London: Karnac Books.

Bovensiepen, Gustav. 2002. Symbolic attitude and reverie: Problems of symbolisation in children and adolescents. *Journal of Analytical Psychology* 47, 2: 241–57.

Britton, Ronald. 1998. *Belief and imagination: Explorations in psychoanalysis*. London and New York: Routledge.

Colman, Warren. 2003. Interpretation and relationship: Ends or means? In *Controversies in analytical psychology*, ed. Robert Withers, 352–62. Hove and New York: Brunner- Routledge.

Fordham, Michael. 1957/1974. Notes on the transference. In *New developments in analyt- ical psychology*. London: Heinemann.

———. 1974. Jung's conception of the transference. *Journal of Analytical Psychology* 19, 1:1–22.

Freud, Sigmund. 1916. *Analytic Therapy*. In Standard Edition 16. London: The Hogarth Press.

Green, André. 1974. Surface analysis, deep analysis. *International Review of Psycho- analysis* 1:415–23.

Henderson, Joseph L. 1975. C.G. Jung: A reminiscent picture of his methods. *Journal of Analytical Psychology* 20, 2: 114–21.

Joseph, Betty. 1985. Transference: The total situation. *International Journal of Psycho- analysis* 66,

4:447–55.

Jung, C.G. 1935/1976. The Tavistock lectures. In CW 18.

———. 1944/1952. *Psychology and alchemy*. CW 12.

———. 1946/1966. The psychology of the transference. In CW 16.

———. 1963/1995. *Memories, dreams, reflections*. London: Harper Collins.

Kaplan-Solms, Karen, and Mark Solms. 2000. *Clinical studies in neuro-psychoanalysis*.London: Karnac Books.

Kast, Verena. 2003. Transcending the transference. In *Controversies in Analytical Psychology*, ed. Robert. Withers, 85–95. Hove and New York: Brunner-Routledge.

Kirsch, Jean. 1995. Transference. In *Jungian analysis*, ed. Murray Stein, 170–209.Chicago and La Salle,IL:Open Court.

Lyons-Ruth, Karlon. 1998. Implicit relational knowing: Its role in development and psy- choanalytic treatment. *Infant Mental Health Journal* 19, 3:282–91.

McGuire, William, ed. 1974. *The Freud/Jung letters*. London: The Hogarth Press and Routledge & Kegan Paul.

Pally, Regina. 2000. *The mind-brain relationship*. London: Karnac Books.

Perry, Christopher. 1997. Transference and countertransference. In *The Cambridge com- panion to Jung*, ed. Polly Young-Eisendrath and Terence Dawson, 141–64. Cambridge: Cambridge University Press.

Plaut, Alfred B. 1966. Reflections about not being able to imagine. *Journal of Analytical Psychology* 11, 2:113–33.

Samuels, Andrew. 2006. Transference/countertransference. In *The handbook of Jungian psychology*, ed. Renos Papadopoulos, 177–95. London and New York: Routledge.

Schore, Alan N. 1994. *Affect regulation and the origin of the self: The neurology of emo- tional development*. Hillsdale, NJ and Hove, UK: Lawrence Erlbaum Associates.

———. 2001. Minds in the making: Attachment, the self-organising brain, and develop- mentally-oriented psychoanalytic psychotherapy. *British Journal of Psychotherapy* 17, 3: 299–329.

Steinberg, Warren. 1988. The evolution of Jung's ideas on the transference. *Journal of Analytical Psychology* 33, 1: 21–39.

Stern, Daniel N., et al. 1998. Non-interpretive mechanisms in psychoanalytic therapy.*International Journal of Psycho-analysis* 79, 5: 903–23.

Wiener, Jan. 2004. Transference and countertransference. In *Analytical psychology: Contemporary perspectives in Jungian analysis*, ed. J. Cambray and L. Carter, 149–75. Hove and New York: Brunner Routledge.

———. 2007. Evaluating progress in training: Character or competence? *Journal of Analytical Psychology* 52, 2:171–85.

———. 2009. *The therapeutic relationship: Transference, countertransference and the making of meaning*. College Station, TX: Texas A and M University Press.

Williams, Mary. 1963. The indivisibility of the personal and collective unconscious.*Journal of Analytical Psychology* 8, 1:45–51.

Winnicott, Donald W. 1965. *The maturational processes and the facilitating environment*.London: The Hogarth Press and The Institute of Psycho-Analysis.

第 9 章

Bion, Wilfred. 1970. *Attention and interpretation*. London: Tavistock.

Freud, Sigmund. 1900/1976. *The interpretation of dreams.* In Penguin Freud Library, vol. 4. (Reprinted from Standard Edition, vol. 4–5, 1953.)

———. 1931/1976. Preface to the third (revised) English edition of *The interpretation of dreams.* Penguin Freud Library, vol. 4.

Gellner, Ernest. 1985. *The psychoanalytic movement.* London: Paladin.

Hobson, Allan, and Robert McCarley. 1977. The brain as a dream state generator: An acti- vation-synthesis hypothesis of the dream process. *American Journal of Psychiatry* 134:1335–48.

Jung, C.G. 1912/1952/1956. Two kinds of thinking. In CW 5.

———. 1916/1969. The transcendent function. In CW 8.

———. 1934/1966. The practical use of dream analysis. In CW16.

———. 1948/1969. General aspects of dream psychology. In CW 8.

———. 1963/1977. *Memories, dreams, reflections.* Glasgow: Fountain Books.

Keats, John. 1817/1958. *The letters of John Keats 1814–1821.* Ed. Hyder Edward Rollins. Cambridge, MA.: Harvard University Press.

Langer, Susanne K. 1942. *Philosophy in a new key: A study in the symbolism of reason, rite, and art.* Cambridge, MA: Harvard University Press.

Rycroft, Charles. 1966. Causes and meanings. In *Psychoanalysis observed.* London: Constable.

———. 1979. *The innocence of dreams.* London: Hogarth.

Solms, Mark & Oliver Turnbull. 2002. *The brain and the inner world: An introduction to the neuroscience of subjective experience.* London and New York: Karnac.

Whitmont, Edward, and Sylvia Perera. 1989. *Dreams: A portal to the source.* London and New York: Routledge.

第 10 章

Fordham, Michael. 1974. *Technique in Jungian analysis.* London: Karnac.

———. 1978. *Jungian psychotherapy.* London: Karnac. Hederman, M. 2007. *Symbolism.* Dublin: Veritas.

Hobson, Alan. 2002. *Dreaming: A very short introduction.* Oxford: Oxford University Press.

Jacobi, Jolande. 1967. *The way of individuation.* London: Hodder & Stroughton.

Langer, Suzanne. 1951. *Philosophy in a new key.* Cambridge: Harvard University Press, 1996.

Mattoon, Maryann. 1984. *Understanding dreams.* Dallas: Spring Publications.

Jung, C.G. 1912/1970. *Symbols of transformation.* CW 5. Princeton: Princeton University Press.

———. 1923/1971. *Psychological types.* CW 6. Princeton: Princeton University Press.

———. 1909/1961. *Freud and psychoanalysis.* CW 4. Princeton: Princeton University Press.

Samuels, Andrew. 1985. *Jung and the post-Jungians.* London: Routledge.

Solms, Mark. 1997. *The neuropsychology of dreams.* New Jersey: Lawrence Erlbaum Association.

Wilkinson, Margaret. 2006. *Coming into mind.* London: Routledge.

第 11 章

The *illustration*: Mercurius as a winged dragon entering the unsealed Hermetic vessel. Illustration from a seventeenth- or eighteenth-century alchemical manuscript"Sapientia Veterum."The British Museum, London. Courtesy of www.aras.org.

Chodorow, Joan. 1997. *Jung on active imagination.* Princeton, NJ: Princeton University Press.

Corbin, Henry. 1969/1998. *Alone with the alone: Creative imagination in the Sufism of Ibn 'Arabi.*

Princeton, NJ: Princeton University Press.

Cwik, August. 1995. Active imagination: Synthesis in analysis. In *Jungian analysis*, 2nd ed., ed. Murray Stein. Chicago: Open Court.

Dallett, Janet. 1982. Active imagination in practice. In *Jungian analysis*, 1st ed., ed.Murray Stein, 173–91. Chicago: Open Court.

Fabricius, Johannes. 1976. *Alchemy: The medieval alchemists and their royal art*. London: Aquarian Press.

Frith, Chris. 2007. *Making up the mind: How the brain creates our mental world*. Oxford: Blackwell Publishing.

Giegerich, Wolfgang. 2001. *The soul's logical life*. Frankfort: Peter Lang.

Goethe, J.W. 1961. *Faust*. Tr. Walter Kaufmann. New York: Anchor Books

Hillman, James. 1983/2005. *Healing fiction*. Putnam, CT: Spring Publications.

Jung, C.G. 1916/1969. The transcendent function. In CW 8.

———. 1936/1976. The Tavistock lectures. In CW 18.

———. 1944/1968. *Psychology and Alchemy*. CW 12.

———. 1955–56/1976. *Mysterium Coniunctionis*. In CW14.

———. 1961/1989. *Memories, dreams, reflections*. New York: Vintage Books.

———. 2009. *The red book*. Ed. Sonu Shamdasani. New York: W.W. Norton & Co.

Kearney, Richard. 1988/1994. *The wake of imagination*. New York: Routledge.

Rundle-Clark, Robert T. 1959/1978. *Myth and symbol in ancient Egypt*. London: Thames & Hudson.

Salman, Sherry. 2006. True imagination. *Spring* 74: 175–87.

第 12 章

Case, Caroline, and Tessa Dalley. 2006. *The handbook of art therapy*. London and New York: Routledge.

Cwik, August. 1991. Active Imagination as imaginal play-space. In *Liminality and tran- sitional phenomena*, ed. Murray Stein and Nathan Schwartz-Salant, 99–114. Wilmette, Illinois: Chiron Publications.

———. 1995. Active imagination: Synthesis in analysis. In *Jungian analysis*, ed. Murray Stein, 136–69. Chicago and La Salle, Illinois: Open Court.

Edwards, Michael. 1987. Jungian analytic art therapy. In *Approaches to art therapy: Theory and technique*, ed. Judith Rubin, 92–113. New York: Brunner Mazel Pub.

Fordham, M. 1967. Active imagination—deintegration or disintegration? *Journal of Analytical Psychology* 12, 1:51–65.

Goodheart, William. 1981. Book review of Reality and fantasy: Transitional objects and phenomena. *San Francisco Jung Institute Library Journal* 2, 4:1–24.

Jung, C.G. 1961. *Memories, dreams, reflections*. New York: Random House.

———. 1955/1976. *Mysterium coniunctionis*. CW 14. Princeton, NJ: Princeton University Press.

Kalshed, Donald. 1996. *The inner world of trauma: Archetypal defenses of the personal spirit*. London and New York: Routledge.

Milner, Marion. 1993. The role of illusion in symbol formation. In *Transitional objects and potential spaces: Literary uses of D.W. Winnicott*, ed. Peter L. Rudnytsky, 13–39. New York: Columbia University Press.

Ogden, Thomas. 1997. *Reverie and interpretation: Sensing something human*. Northvale, NJ & London: Jason Aronson.

Schaverien, Joy. 1991. *The revealing image: Analytical art psychotherapy in theory and practice.* London and New York: Routledge.

第 13 章

Gebser, Jean. 1986. *The ever present origin.* Athens, OH: Ohio University Press.

Kalsched, Donald. 1997. *The inner world of trauma: Archetypal defense of the personal spirit.* London: Routledge.

Pattis Zoja, Eva. 2003. Digging in the air: Inflative fantasies in Sandplay therapy. *Journal of Sandplay Therapy* 11, 1: 49–62.

Von Gontard, Alexander. 2007. *Theorie und Praxis der Sandspieltherapie, ein Handbuch aus kinderpsychiatrischer Sicht.* Stuttgart: Kohlhammer Verlag.

第 14 章

Chodorow, Joan. 1991. *Dance therapy and depth psychology: The moving imagination.* London: Routledge.

Jung, C.G. 1998. *Visions Seminar 2: Notes of the seminar given in 1930–1934.* London: Routledge.

———. 1954/1960. On the nature of the psyche. In CW 8.

Monte, Cedrus. 2005. Numen of the flesh. *Quadrant* 35, 2: 11–31.

Rolf, Ida P. 1978/1990. *Rolfing and physical reality.* Rochester, Vermont: Healing Arts Press.

Woodman, Marion. 1996. *Dancing in the flames.* Boston: Shambhala.

第 15 章

Ashton, Paul. 2007. *From the brink: An exploration of the void from a depth psychologi- cal perspective.* London: Karnac.

De Simone, Gilda. 1997. *Ending analysis: Theory and technique.* London: Karnac. Eliot, T. S. 1974. *Collected poems 1909–1962.* London: Faber and Faber.

Fordham, Michael. 1969. On terminating analysis. In *Technique in Jungian analysis*, ed. Michael Fordham, Rosemary Gordon, Judith Hubback, and Kenneth Lambert, 100–107. London: William Heinemann Medical Books Ltd.

Freud, S. 1958. *Collected works*, vol. 12. London: Hogarth Press. Jung, C.G. 1934/1966. The practical use of dream-analysis. In CW 16.

———. 1943/1967 The spirit Mercurius. In CW 13.

Stewart, Louis. 1995. The primal symbols of pre-creation. (Copyright the author, used by kind permission of Joan Chodorow.)

Wheelwright, Joseph. 1994. Termination. In *Jungian analysis*, ed. Murray Stein, 111–19. La Salle and London: Open Court.

Winnicott, Donald. 1965. *The maturational processes and the facilitating environment.* London: Hogarth.

第 16 章

Cambray, Joseph. 2001. Enactments and amplification. *Journal of Analytical Psychology* 46: 275–303.

Cwik, August J. 1991a. Active imagination as imaginal play-space. In *Liminality and tran- sitional phenomena*, ed. Nathan Schwartz-Salant and Murray Stein, 99–114. Wilmette, IL: Chiron.

———. 1991b. Jung, hypnosis and active imagination. Thesis, C.G. Jung Institute of Chicago.

———. 2006. The art of the tincture: Analytical supervision. *Journal of Analytical Psychology* 51: 209–25.

Goodheart, William. 1980. Review of Langs and Searles. *San Francisco Jung Institute Library Journal* 1: 2–39.

Groesbeck, C. Jess. 1975. The archetypal image of the wounded healer. *Journal of Analytical Psychology* 20: 122–45.

Jung, C.G. 1944/1968. *Psychology and alchemy*. CW 12.

———. 1946a/1966. The psychology of the transference. In CW 16.

———. 1946b/1969. On the nature of the psyche. In CW 8.

Langs, Robert. 1973. *The technique of psychoanalytic psychotherapy*. New York: Jason Aronson.

———. 1979. *The therapeutic environment*. New York: Jason Aronson.

———. 1994. *Doing supervision and being supervised*. London: Karnac.

McCurdy, Alexander. 1995. Establishing and maintaining the analytical structure. In *Jungian Analysis*, 2nd ed., ed. Murray Stein, 81–104. Chicago: Open Court.

Newman, Kenneth D. 1981. The riddle of the *vas bene clausum*. *Journal of Analytical Psychology*, 26: 229–341.

Ogden, Thomas H. 1979. On projective identification. *International Journal of Psycho- Analysis* 60: 357–73.

———. 1994. The analytic third: Working with intersubjective clinical facts. *International Journal of Psycho-Analysis* 75: 3–19.

———. 1997. Reverie and metaphor: Some thoughts on how I work as a psychoanalyst. *International Journal of Psycho-Analysis* 78: 719–32.

———. 1999. The analytic third: An overview. http://www.fortda.org/Spring_99/ana- lytic3.html.

———. 2001. Reading Winnicott. *Psychoanalytic Quarterly* 70: 299–323.

———. 2004. This art of psychoanalysis: Dreaming the undreamt dreams and interrupted cries. *International Journal of Psycho-Analysis* 85: 857–77.

———. 2005. On holding and containing, being and dreaming. In *This art of psychoanaly- sis: Dreaming undreamt dreams and interrupted cries*, 93–108. New York: Routledge.

Samuels, Andrew. 1985. Countertransference, the mundus imaginalis and a research proj-ect. *Journal of Analytical Psychology* 30: 47–71.

Samuels, Andrew, Bani Shorter, and Fred Plaut. 1986. *A critical dictionary of Jungian analysis*. London: Routledge & Kegan Paul.

Schaverien, Joy. 2007. Countertransference as active imagination: Imaginative experiences of the analyst. *Journal of Analytical Psychology* 52: 413–31.

Searles, Harold. 1979. The patient as therapist to his analyst. In *Countertransference and related subjects: Selected papers*, 380–459. Madison: International Universities Press. Sedgwick, David. 1994. *The wounded healer: Countertransference from a Jungian per-spective*. London: Routledge.

Siegelman, Ellen. 1990. Metaphors of the therapeutic encounter. *Journal of Analytical Psychology* 35: 175–91.

Winnicott, Donald W. 1945/1975. Primitive emotional development. In *Through paedi- atrics to psycho-analysis*, 145–56. New York: Basic Books.

———. 1963/1965. Psychiatric disorder in terms of infantile maturational processes. In *The maturational processes and the faciltating environment*, 230–41. International Universities

Press.

————. 1971. Transitional objects and transitional phenomena. In *Playing and reality*, 1–25. New York: Basic Books.

第 17 章

Altmeyer, Martin. 2000. *Narzißmus und Objekt: Ein intersubjektives Verständnis der Selbstbezogenheit*. Göttingen: Vandenhoeck & Ruprecht.

Benjamin, Jessica. 1995. *Like subjects, love objects: Essays on recognition and sexual dif- ference*. New Haven: Yale University Press.

Bettighofer, Siegfried. 1998. Übertragung *und Gegenübertragung im therapeutischen Prozess*. Stuttgart: Kohlhammer.

Bovensiepen, Gustav. 2004. Bindung—Dissoziation—Netzwerk. *Analytische Psychologie* 35: 31–53.

Braun, Claus. 2004. Der Mythos der introvertierten Individuation. *Analytische Psychologie* 35: 423–47.

Buber, Martin. 1923/1970. *I and Thou*. New York: Scribner.

Dieckmann, Hans, ed. 1980. Übertragung *und Gegenübertragung*. Hildesheim: Gerstenberg.

Fairbairn, W.R.D. 1952. *Psychoanalytical studies of the personality*. London: Tavistock Freud, Sigmund. 1893. Katharina. In *The Standard Edition of the Complete Psychological Works of Sigmund Freud*, II, 125–34. London: Hogarth Press. Goldschmidt, H.L. 1964. *Dialogik*. Frankfurt a. M.: Europäische Verlagsanstalt. Höhfeld, Kurt. 1997. Individuation und Neurose. *Analytische Psychologie* 28: 188–202.

Jacoby, Mario. 1980/1985. *The longing for paradise: Psychological perspectives on an archetype*. Boston: Sigo Press.

————. 1984. *The analytic encounter: Transference and human relationship*. Toronto: Inner City Books.

Jung, C.G. 1916/1969. The transcendent function. In CW 8.

————. 1929/1966. Problems of modern psychotherapy. In CW 16.

————. 1934/1969. A review of the complex theory. In CW 8.

————. 1935/1966. Principles of paractical psychotherapy. In CW 16.

————. 1941/1966. Psychotherapy today. In CW 16.

————. 1946/1966. The psychology of the transference. In CW 16.

————. 1951/1966. Fundamental questions of psychotherapy. In CW 16.

Jung, Christine. 2005."Der erste Gegenstand des Menschen ist der Mensch" : Ludwig Feuerbach entdeckte die Dialogik. In *Im Dialog mit dem Anderen*, ed. Lilian Otscheret and Claus Braun 2005, 216–35. Frankfurt: Brandes and Apsel.

Lesmeister, Roman. 2005. Technik und Beziehung. Erkundung eines Widerstreits. In *Im Dialog mit dem Anderen*, ed. Lilian Otscheret and Claus Braun, 29–56. Frankfurt: Brandes and Apsel.

Otscheret, Lilian, and Claus Braun, eds. 2005. *Im Dialog mit dem Anderen*. Frankfurt: Brandes and Apsel.

Rudolph, Gert. 2005. *Strukturbezogene Psychotherapie*. Stuttgart, NY: Schattauer.

Stern, Daniel. et al. 1998. Non-interpretive mechanisms in psychoanalytic therapy. The"something more"than interpretation. *International Journal of Psycho-Analysis* 79: 903–21.

Treurniet, N. 1996. Über eine Ethik der psychoanalytischen Technik. *Psyche* 50: 1–31.

Winnicott, D.W. 1960. *The maturational processes and the facilitating environment*.London: Hogarth Press.

第 18 章

Beebe, Beatrice, and Frank Lachmann. 2002. *Infant research and adult treatment: Co-con- structing interactions.* Hillsdale, NJ and London: The Analytic Press.

Bowlby, John. 1980. *Attachment and loss, 3. Loss: Sadness and depression.* London: Hogarth Press.

Boston Change Process Study Group (BCPSG). 2007. The foundational level of psycho- dynamic meaning: Implicit process in relation to conflict, defence and the dynamic unconscious. *International Journal of Psychoanalysis* 88:843–60.

Fonagy, Peter. 1991. Thinking about thinking: Some clinical and theoretical considerations in the treatment of a borderline patient. *International Journal of Psychoanalysis* 72, 4: 639–56.

Fonagy, Peter, Gyorgy Gergely, Elliot Jurist, and Mary Target. 2002. *Affect regulation, mentalization and the development of the self.* New York: Other Press.

Fordham, Michael. 1957/1996. Notes on the transference. In *Analyst-patient interaction. Collected papers on technique*, ed. Sonu Shamdasani. London and New York: Routledge.

———. 1979/1996. Analytical psychology and countertransference. In *Analyst-patient interaction. Collected papers on technique*, ed. Sonu Shamdasani. London and New York: Routledge.

Fosshage, James. 2004. The explicit and implicit dance in psychoanalytic change. *Journal of Analytical Psychology* 49, 1: 49–66.

Gergely, Gyorgy, and John Watson. 1996. The social biofeedback theory of parental affect-mirroring: The development of emotional self awareness and self-control in infancy. *International Journal of Psycho-analysis* 77: 1181–1212.

Holmes, Jeremy. 2001. *The search for the secure base.* London and New York: Brunner- Routledge.

Jung, C.G. 1931/1966. Problems of modern psychotherapy. In CW 16.

———. 1935/1966. Problems of modern psychotherapy. In CW 16.

———. 1937/1966. Problems of modern psychotherapy. In CW 16.

———. 1939/1968. Conscious, unconscious and individuation. In CW 9i.

———. 1946/1966. The psychology of the transference. CW16.

Knox, Jean. 2005. Sex, shame and the transcendent function: the function of fantasy in self development. *Journal of Analytical Psychology* 50, 5: 617–40.

———. 2007. The fear of love. *Journal of Analytical Psychology* 52, 5: 543–64.

Sandler, Joseph. 1976. Countertransference and role responsiveness. *International Review of Psychoanalysis* 3:43–47.

Schore, Allan. 2003. *Affect regulation and the repair of the self.* New York and London:W.W. Norton & Co.

Siegel, Daniel. 1998. The developing mind: Towards a neurobiology of interpersonal expe- rience. *The Signal* 6, 3–4: 1–11.

West, Marcus. 2007. *Feeling, being, and the sense of self: A new perspective on identity, affect and narcissistic disorders.* London: Karnac Books Ltd.

Winnicott, Donald. 1965. The theory of the parent-infant relationship. In *The maturational process and the facilitating environment*. Studies in the theory of emotional develop- ment. London: Hogarth Press.

———. 1971. The use of an object and relating through identifications. In *Playing and reality*. London: Tavistock Publications.

第 19 章

Beebe, Beatrice and Frank Lachmann. 2002. *Infant research and adult treatment: Co-constructing interactions.* Hillside, NJ and London: The Analytic Press.

Beebe, Beatrice, et al. 2005. *Forms of intersubjectivity in infant research and adult treat- ment.* New York: Other Press.

Cambray, Joseph. 2002. Synchronicity and emergence. *American Imago* 59, 4: 409–34.

———. 2004. Synchronicity as emergence. In *Analytical Psychology: Contemporary per- spectives in Jungian Analysis*, ed. Joseph Cambray and Linda Carter, 223–48. New York: Brunner-Routledge.

Cambray, Joseph, and Linda Carter. 2004. *Analytical Psychology: Contemporary perspec- tives in Jungian Analysis.* New York: Brunner-Routledge.

Gianino, Andrew, and Tronick, Ed Z. 1988. The mutual regulation model: The infant's self and interactive regulation, coping and defensive capacities. In *Stress and coping*, ed. Tiffany M. Field, Philip McCabe, and Neil Schneiderman, 47–68, Hillsdale, NJ: Erlbaum.

Hillman, James. 1972. *The myth of analysis.* New York: Harper Colophon Books.

Hogenson, George. 2004. Archetypes: Emergence and the psyche's deep structure. In *Analytical Psychology: Contemporary perspectives in Jungian Analysis*, ed. Joseph Cambray and Linda Carter, 32–55. New York: Brunner-Routledge.

———. 2007. From moments of meeting to archetypal consciousness: Emergence and the fractal structure of analytic practice. In *Who owns Jung?* ed. Ann Casement, 293–314. London: Karnac.

Jung, C.G. 1921/1971. Definitions. In CW 6.

———. 1943/1966. On the psychology of the unconscious. In CW 7.

———. 1948/1967. The spirit Mercurius. In CW 13.

———. 1946/1966. The psychology of the transference. In CW 16.

———. 1973. *Letters* 1, ed. Gerhard Adler and Aniela Jaffé. London: Routledge and Kegan Paul.

Knox, Jean. 2003. *Archetype, attachment, analysis: Jungian psychology and the emergent mind.* London: Bruner-Rutledge.

———. 2004. Developmental aspects of analytical psychology: New perspectives from cognitive neuroscience and attachment theory. In *Analytical Psychology: Contemporary perspectives in Jungian Analysis*, ed. Joseph Cambray and Linda Carter, 56–82. New York: Brunner-Routledge.

Loewald, Hans. 1986. Transference-countertransference. *Journal of the American Psychoanalytic Association* 34: 275–87.

Modell, Arnold. 1997. Reflections on metaphor and affects. *Annual of Psychoanalysis* 25.

———. 2003. *Imagination and the meaningful brain.* Cambridge, MA: MIT Press.

Ogden, Thomas. 1994. The analytic third: Working with intersubjective clinical facts. *The International Journal of Psycho-Analysis* 73:517–26.

———. 1994. *Subjects of analysis.* Northvale, NJ: Jason Aronson.

———. 1997. *Reverie and interpretation.* Northvale, NJ: Jason Aronson.

Pally, Regina. 2005. A Neuroscience perspective on forms of intersubjectivity in infant research and adult treatment. In *Forms of intersubjectivity in infant research and adult treatment,* ed. Beatrice Beebe et al., 191–241. New York: Other Press.

Samuels, Andrew. 1985. Symbolic dimensions of eros in transference-countertransference: Some clinical uses of Jung's alchemical metaphor. *International Review of Psychoanalysis* 12: 199–214.

Sander, Louis. 1983. Polarities, paradox, and the organizing process of development. In *Frontiers of infant psychiatry,* ed. Justin D. Call, et al., 333–45, New York: Basic Books.

———. 2002. Thinking differently: Principles of process in living systems and the speci-ficity of being known. *Psychoanalytic Dialogues* 12, 1:11–42.

第 20 章

Bick, Esther. 1968. The experience of the skin in early object-relations. *International Journal of Psycho-Analysis* 49:484–86.

Botella, Cesar and Sara Botella. 2005. *The work of psychic figurability.* Hove and New York: Bruner-Routledge.

Cambray, Joseph, and Linda Carter. 2004. Analytical methods revisited. In *Analytical Psychology: Contemporary perspectives in Jungian Analysis*, ed. Joseph Cambray and Linda Carter, 116–48. Hove and New York: Bruner-Routledge.

Carvahlo, Richard. 1991. Mechanism, metaphor. *Journal of Analytical Psychology* 36: 331–41.

———. 2007. Response to Astor's paper. *Journal of Analytical Psychology* 52, 2: 233–37. Coleridge, Samuel Taylor. 1817/1983. *Biographia literaria.* Vol. 2. Princeton: Princeton University Press.

Ferrari, Armando. 2004. *From the eclipse of the body to the dawn of thought.* London: Free Associations.

Fordham, Michael. 1956. Active imagination or imaginative activity. *Journal of Analytical Psychology* 1, 2: 207–8.

———. 1963. Notes on the transference and its management in a schizoid child. *Journal of Child Psychotherapy* 12, 1: 7–15.

Gordon, Rosemary. 1965. The concept of projective identification: an evaluation. *Journal of Analytical Psychology* 10, 2: 127–49.

Hogenson, George. 2004. The self, the symbolic and synchronicity: Virtual realities and the emergence of the psyche. In *Edges of experience: Memory and mergence*, ed. Lyn Cowan, 155–67. Einsiedeln: Daimon Verlag.

Jung, C.G. 1921/1971. *Psychological types.* CW 6.

Kernberg, Otto. 1987. Projection and projective identification: Developmental and clinical aspects. *Journal of the American Psychoanalytical Association* 35: 795–819.

Lombardi, Ricardo. 2000. Corpo Affetti, Pensiero: Riflessioni su alcune ipotesi di Ignzio Matte Blanco e Armando Ferrari. *Rivista di Psicoanalisi* 46, 4: 683–706. (my translation).

Matte Blanco, Ignazio. 1988. *Thinking, feeling, being.* London: Routledge.

Ogden, Thomas. 1989. On the concept of an autistic-contiguous position. *International Journal of Psycho-Analysis* 70: 127–40.

Schaverien, Joy. 2007. Countertransference as active imagination: Imaginative experiences of the analyst. *Journal of Analytical Psychology* 52, 4: 413–33.

Wiener, Jan. 2004. Transference and countertransference. In *Contemporary perspectives in Analytical Psychology*, ed. Joseph Cambray and Linda Carter, 149–75. Hove and New York: Bruner-Routledge.

第 21 章

Bair, Deidre. 2003. *Jung, a biography.* Boston, New York, London: Little, Brown and Company.

Chodorow, Nancy. 1994. *Femininities, masculinities, sexualities: Freud and beyond.*Lexington,

KY: University of Kentucky Press.

Colman, Warren. 2005. Sexual metaphor and the language of unconscious phantasy.*Journal of Analytical Psychology* 50, 5: 641–60.

Greenson, Ralph. 1967. *Technique and the practice of psychoanalysis*. London: Hogarth Press.

Hopcke, Robert H. 1989. *Jung, Jungians and homosexuality*. Boston and London: Shambhala.

Jung, C.G. 1928/1969. On psychic energy. In CW 8.

———. 1946/1966. The psychology of the transference. In CW 16.

———. 1956/1970. *Symbols of transformation*. CW 5.

Oakley, Ann. 1972. *Sex, gender and society*. London: Maurice Temple Smith Ltd.

Samuels, Andrew. 1985. *The plural psyche: Personality, morality and the father*. London and New York: Routledge

———. 2001. *Politics on the couch*. London: Karnac.

Schaverien, Joy. 1995. *Desire and the female therapist: Engendered gazes in psychother- apy and art therapy*. London and New York: Routledge.

———. 2002. *The dying patient in psychotherapy: Desire, dreams and individuation.*London and New York: Palgrave/Macmillan.

Schaverien, Joy, ed. 2006. *Gender, countertransference and the erotic transference: Perspectives from analytical psychology and psychoanalysis*. London and New York: Routledge.

Schwartz-Salant, Nathan and Murray Stein, eds. 1992. *Gender and soul in psychotherapy.*Wilmette, IL: Chiron Publications.

Stoller, Robert J. 1968. *Sex and gender*. London: Hogarth Press.

Williams, Sherly. 2006. Women in search of women. In *Gender, countertransference, and the erotic transference : Perspectives from analytical psychology and psychoanalysis*, ed. Joy Schaverien, 145–56. Hove, East Sussex, New York: Routledge.

Young-Eisendrath, Polly, and Florence Wiedemann. 1987. *Female authority: Empowering women through psychotherapy*. New York: Guilford Press.

Young-Eisendrath, Polly. 1999. *Women and desire: Beyond wanting to be wanted*. New York: Harmony Books.

第 22 章

Bauer, Joachim. 2001. Integrating psychiatry, psychoanalysis, neuroscience.*Psychotherapie Psychosomatik Medizinische Psychologie* 51: 265–66.

Dickinson, Paddy. 2007. Personal communication to the author, September.

Heuer, Birgit. 2003. Clinical paradigm as analytic third: reflections on a century of analy- sis and an emergent paradigm for the millennium. In *Contemporary Jungian clinical practice*, ed. Elphis Christopher and Hester McFarland Solomon, 329–39. London: Karnac.

———. 2008. Discourse of illness or discourse of health: Towards a paradigm-shift in post-Jungian clinical theory. In *Dreaming the myth onward*, ed. Lucy Huskinson, 181–90. London: Routledge.

McGuire, William, and R. F. C. Hull. 1977. C.G. *Jung speaking*. London: Thames and Hudson.

McTaggart, Lynne. 2001. *The field*. London: HarperCollins.

Solomon, Hester. 2001. Origins of the ethical attitude. *Journal of Analytical Psychology* 46: 443–54.

第 24 章

Adler, Gerhard. 1958. The First International Congress for Analytical Psychology. *Journal of Analytical Psychology* 4, 2: 187–89.

Agnel, Aimé. 2004. *Jung: La passion de l'autre,* Collection Les Essentiels. Toulouse: Milan.

Agnel, Aimé et al. 2005. *Le vocabulaire de Carl Gustav Jung.* Paris: Ellipses. Voice: Le soi.

Allain-Dupré, Brigitte, ed. 2005. Maria et le thérapeute. Une écoute plurielle. Collection"Confrontat ions."*Cahiers jungiens de psychanalyse,* ed. Brigitte Allain-Dupré.

———. 1996. Enfants de la clinique, clinique de l'enfant. *Cahiers jungiens de psych- analyse* 86: 67–81.

———. 2006. What do the child analysts bring to the Jungian thought? In *Proceedings of the 16th International Congress for Analytical Psychology*, ed. Lyn Cowan, 49–62. Einsiedeln: Daimon Verlag.

———. 2009. The ethics of the subject in child analysis: The Question of subjectivation.*Cape Town 2007.* Ed. Pramila Bennett. Einsiedeln: Daimon Verlag.

Bair, Deirdre. 2004. *Jung: A biography.* Boston: Little, Brown and Company.

Bosio Blotto, Wilma. 2005. Le paradis, retrouvailles et pertes. In *Maria et le thérapeute: Une* écoute *plurielle.* Collection"Confrontations,"ed. Brigitte Allain-Dupré, 155–68. *Cahiers jungiens de psychanalyse.*

Douglas, Claire. 1997. The historical context of Analytical Psychology. In *The Cambridge companion to Jung*, eds. Polly Young-Eisendrat P. and Terence Dawson, 17–34. Cambridge: Cambridge University Press.

Davies, Miranda and Mara Sidoli, eds. 1988. *Jungian child psychotherapy: Individuation in Childhood.* London: Karnac Books.

Fordham, Michael.1944. *The life of childhood: a contribution to analytical psychology.*London: Kegan Paul, Trench, Trubner & Co.

———. 1957. *New developments in analytical psychology.* London: Routledge.

———. 1969. *Children as individuals.* London: Hodder and Stoughton.

———. 1976. *The self and autism.* London: Heineman.

———. 1981. Neumann and childhood. *Journal of Analytical Psychology* 26, 2: 99–122.

———. 1993. *The making of an analyst: A memoir.* Free Association Books.

Fürst, Emma. 1907. Statistical investigations on word associations and on familial agree- ment in reaction type among uneducated persons. Unpublished. See Jung, *Collected Works* 2 para. 886 n.13.

Hillman, James. 1975. *Re-visioning psychology.* New York: Harper & Row.

Humbert, Elie. 1977. *Vocabulaire des psychothérapies*, ed. André Virel, 274. Paris: Fayard.Voice: Le Soi.

Jung, Carl Gustav. 1909/1949. The significance of the father in the destiny of the individ- ual. In CW 4.

———. 1910/1949. A contribution to the psychology of rumour. In CW 4.

———.1910/1916/1946. Psychic conflicts in a child. In CW 17.

———. 1912/1952. Symbols of the mother and of rebirth. In CW 5.

———. 1912/1949. A case of neurosis in a child. In CW 4.

———. 1923/1946. Child development and education. In CW 17.

———. 1961. *Memories, dreams, reflections.* Recorded by Aniela Jaffe. New York: Vintage Books.

Kirsch, Thomas. 2000. *The Jungians: A comparative and historical perspective*. London: Routledge.

Knox, Jean. 2003. *Archetype, attachment, analysis: Jungian psychology and the emergent mind*. London: Routledge.

Lyard, Denyse. 1979. Le modèle théorique d'Erich Neumann. *Cahiers de psycholo- giejungienne* 20: 1–50.

———. 1998. *Les analyses d'enfants: Une clinique jungienne*. Paris: Albin Michel. McGuire, William, ed. 1974. *The Freud/Jung letters*. Princeton: Princeton University Press.

Nagliero, Gianni. 2005. Empathie et technique. In *Maria et le Thérapeute*, ed. Brigitte Allain-Dupré et al. Collection"Confrontations,"ed. Brigitte Allain-Dupré, 77–89. *Cahiers jungiens de psychanalyse*.

Neumann, Erich. 1950. *The origins and history of consciousness*. Princeton: Princeton University Press.

———. 1966. Narcissism, normal self formation and the primary relationship to the mother. *Spring, an annual of Archetypal Psychology and Jungian Thought*, 81–106

———. 1973/1988. *The child, structure and dynamics of the nascent personality*. London: Maresfield Library.

Shamdasani, Sonu. 2003. *Jung and the making of modern psychology*. Cambridge: Cambridge University Press.

Sidoli, Mara. 1989. *The unfolding self*. Boston: Sigo Press.

———. 2000. *When the body speaks*. London: Routledge.

Sidoli, Mara, and Gustav Bovensiepen 1995. *Incest fantasies and self destructive acts*.London: Transaction Publishers.

Stern, Daniel. 1985. *The interpersonal world of the infant: A view from psychoanalysis and developmental psychology*. New York: Basic Books.

Vandenbroucke, Bernadette. 2006. On the experience of a group of child and adolescent analysts: Reinventing Jungian concepts. *Proceedings of the 16th International Congress for Analytical Psychology,* ed. Lyn Cowan. Einsiedeln: Daimon Verlag.

Vannoy-Adams, Michael. 1997. The archetypal school. In *The Cambridge Companion to Jung*, ed. Polly Young-Eisendrath & Terrance Dawson. Cambridge: Cambridge University Press.

Vitolo, Antonio. 1990. *Un esilio impossibile, Neumann, tra Freud e Jung*. Roma: Borla. Wickes, Frances G. 1927/1955. *The inner world of childhood*. London: Appleton and Company.

Wilkinson, Margaret. 2006. *Coming into mind: The mind-brain relationship: A Jungian clinical perspective*. London: Routledge.

第 25 章

Arnett, Jeffrey J. 2000. Emerging adulthood. A theory of development from the late teens through the twenties. *American Psychologist* 55: 469–80.

———. 2007. *Adolescence and emerging adulthood: A cultural approach*. Englewood Cliffs: Prentice Hall.

Bovensiepen, Gustav. 1986. Die Funktion des Traumes für die Beziehung des Ich zum Unbewußten in der Analyse von Prä-Adoleszenten. *Kind und Umwelt* 51: 2–33.

———. 1991. Können Roboter lieben? Suizid, Selbstverletzung und die psychische Funktion des Körpers als "Container" bei Jugendlichen mit Frühstörungen. *Analytische Psychologie* 22: 273–94.

———. 2008. Mentalisierung und Containment. Kritische Anmerkungen zur Rezeption der Entwicklungs-und Bindungsforschung in der klinischen Praxis. *Analytische Kinder-und Jugendlichenpsychotherapie* 39, 137: 7–28.

———. 2010. Living in the soap bubble: The fertile couple and the standstill of the tran- scendent function in the treatment of an adolescent girl. *Journal of Analytical Psychology* 55, 2:189–203.

Fordham, Michael. 1985. Defences of the self. In *Explorations into the self*, 152–60.London: Academic Press.

Franz, Marie-Louise von. 1981. *Puer Aeternus*. Santa Monica, CA: Sigo Press.

Jung, C.G. 1911/1912/1970. *Symbols of transformation*. CW 5.

———. 1931/1969. The stages of life. In CW 8.

Kalsched, Donald. 1996. *The inner world of trauma: Archetypal defenses of the personal spirit.* London and New York: Routledge.

Meltzer, Donald. 1973. *Sexual states of mind*. Perthshire, Scotland: Clunie Press.

Seiffge-Krenke, Inge. 2007. *Psychoanalytische und tiefenpsychologisch fundierte Therapie mit Jugendlichen*. Stuttgart: Klett-Cotta.

Sidoli, Mara and Gustav Bovensiepen, eds. 1995. *Incest fantasies and self destructive acts: Jungian and post-Jungian psychotherapy in adolescence*. New Brunswick and London: Transaction Publishers.

第 26 章

Almaas, A. 1998. *Essence: The diamond approach to inner realization*. York Beach, ME: Samuel Weiser, Inc.

Balint, Michael. 1979. *The basic fault: Therapeutic aspects of regression*. Evanston, IL: Northwestern University Press.

Beebe, Beatrice, and Frank Lachmann. 1994. Representations and internalization in infancy: Three principles of salience. *Psychoanalytic Psychology* 11: 165.

Bernstein, Jerome. 2005. *Living in the borderland: The evolution of consciousness and the challenge of healing trauma*. London: Routledge.

Bosnak, Robert. 2007. *Embodiment: Creative imagination in medicine, art and travel*.London: Routledge.

Bowlby, John. 1988. *A secure base: Parent-child attachment and healthy human develop- ment*. New York: Basic Books.

Bromger, Philip. 1998. *Standing in the spaces: Essays in clinical process, trauma, and dis- sociation*. Hillsdale, NJ: The Analytic Press.

———. 2006. *Awakening the dreamer: Clinical journeys*. Mahway, NJ: The Analytic Press.

Chodorow, Joan. 1978. Dance therapy and the transcendent function. *American Journal of Dance Therapy* 2, 1: 16–23.

———. 1984. To move and be moved. *Quadrant* 17, 2: 39–48. Edinger,

Edward. 1972. *Ego and archetype*. New York: Penguin Books.

Ferenczi, Sandor. 1988. *The clinical diary of Sandor Ferenczi*. Ed. Judith Dupont.Cambridge, MA: Harvard University Press.

Gerhardt, Sue. 2004. *Why love matters: How affection shapes a baby's brain*. Hove and New York: Brunner-Routledge.

Graves, Robert. 1955. *The Greek myths*. London: Penguin.

Guntrip, Harry. 1971. *Psychoanalytic theory, therapy, and the self*. New York: Basic Books.

Hedges, Lawrence. 2000. *Terrifying transferences: Aftershocks of childhood trauma.*Northvale, NJ: Jason Aronson Inc.

Hillman, James. 1975. *Re-visioning psychology.* New York: Harper & Row Jung, C.G. 1912/1970. *Symbols of transformation.* CW 5.

———. 1933. *Modern man in search of a soul.* New York: Harcourt Brace & Company.

———. 1940/1959. The psychology of the child archetype. In CW 9i.

———. 1963. *Memories, dreams, reflections.* New York: Random House.

Kalsched, Donald. 1996. *The inner world of trauma: Archetypal defenses of the personal spirit.* London: Routledge.

Khan, Masud. 1974. Towards an epistemology of cure. In *The privacy of the Self,* 93–98. New York: International Universities Press.

Knox, Jean. 2003. *Archetype, attachment, analysis: Jungian psychology and the emergent mind.* New York: Brunner-Routledge.

Levine, Peter. 1997. *Waking the tiger: Healing trauma.* Berkeley, CA: North Atlantic Books.

Mitchell, Steven. 1988. *Relational concepts in psychoanalysi*s. Cambridge, MA: Harvard University Press.

Ogden, Pat, Kekuni Minton, and Clare Pain. 2006. *Trauma and the body: A sensorimotor approach to psychotherapy.* New York: W.W. Norton & Co.

Schore, Alan. 2003a. *Affect regulation and the repair of the self.* New York: W.W. Norton& Company.

———. 2003b. *Affect dysregulation and disorders of the self.* New York: W.W. Norton & Company

Shengold, Leonard. 1989. *Soul murder: The effects of childhood abuse and deprivation.*New York: Fawcett Columbine

Stern, Daniel. 1985. *The interpersonal world of the infant: A view from psychoanalysis and developmental psychology.* New York: Basic Books.

Stromsted, Tina. 2001. Re-inhabiting the female body: Authentic movement as a gateway to transformation. *The Arts in Psychotherapy* 28, 1: 39–55.

Taki-Reece, Sachiko. 2004. Sandplay after a catastrophic encounter: From traumatic expe- rience to emergence of a new self. *Archives of Sandplay Therapy* 17, 2: 65–75.

Van der Kolk, Bessel.A. 1994. The body keeps the score: Memory and the evolving psy- chobiology of posttraumatic stress. *Harvard Review of Psychiatry* 1: 253–65.

Van der Kolk, B.A., and Ronald Fisler. 1995. Dissociation and the fragmentary nature of traumatic memories: Overview and exploratory study. *Journal of Traumatic Stress* 8, 4: 505–25.

Wilkinson, Margaret. 2006. *Coming into mind, the mind-brain relationship: A Jungian clinical perspective.* London: Routledge.

Winnicott, Donald. 1963/1965. Communicating and not communicating leading to a study of certain opposites. In *The maturational processes and the facilitating environment.* London: Hogarth Press.

Woodman, Marion. 1984. Psyche/Soma awareness. *Quadrant* 17, 2: 25–37.

第 27 章

Antonovsky, Aaron. 1987. *Unravelling the mystery of health: How people manage stress and stay well.* San Francisco: Jossey–Bass Publishers.

Asper, Kathrin. 1993. *The abandoned child within: On losing and regaining self-worth.* New York: Fromm International Publishing Corporation.

————. 1992. *The inner child in dreams.* Boston: Shambhala Publications.

Bretherton, Inge. 1990. Communication patterns, internal working models, and the inter-generational transmission of attachment relationships. *Infant Mental Health Journal* 11:237–51.

Brisch, Karl-Heinz. 1999. *Bindungsstörungen.* Stuttgart: Klett-Cotta.

Brisch, Karl-Heinz, and Theodor Hellbrügge, eds. 2003. *Bindung und Trauma.* Stuttgart: Klett-Cotta.

Bürgin, Dieter. 2007. Potenziell traumatogene Faktoren in der Intensivmedizin. *Jahrbuch der Psychotraumatologie* 2007: 43–50. Kröning: Asanger.

Diepold, Barbara. 1996. Diese Wut hört niemals auf. *Analytische Kinder-und Jugendlichen Psychotherapie* 89: 73–85.

Egger, Patrizia. 2006. Die Besetzung des Körpers. In *Die Welt als Barriere— Deutschsprachige Beiträge zu den Disability Studies,* ed. Erich Otto Graf und Jan Weisser, 75–82. Rubigen/Bern: Edition Soziothek.

Fraiberg, Selma et al. 1975. Ghosts in the nursery. *Journal of American Academy of Child Psychiatry* 14: 387–421.

Frank, Arthur W. 1997. *The wounded storyteller.* Chicago/London: The University of Chicago Press.

Gloger-Tippelt, Gabriele, ed. 2001. *Bindung im Erwachsenenalter.* Bern: Verlag Hans Huber.

Gomille, Beate. 2001. Unsicher-präokkupierte mentale Bindungsmodelle. In *Bindung im Erwachsenenalter,* ed. by Gabriele Gloger Tippelt, 201–26. Bern: Verlag Hans Huber. Goffman, Erving. 1963. *Stigma: Notes on the management of spoiled identity.* Englewood

Cliffs, NJ: Prentice Hall.

Guggenbühl, Adolf . 1979. *Der Archetyp des Invaliden.* Gorgo: Zeitschrift für archetypis- che Psychologie und bildhaftes Denken 2.

Herman, Judith L. 1993. Sequelae of prolonged and repeated trauma: evidence for a com- plex postraumatic syndrome (DESNOS). In *Postraumatic stress disorder – DSM IV and beyond,* ed. J. R. Davidson and E. A. Foa, 213–28. Washington: American Psychiatric Press.

Jung, C. G., and Karl Kerenyi. 1969. *Essays on a science of mythology: The myth of the divine child and the Mysteries of Eleusis.* Bollingen Series XX. Princeton: Princeton University Press.

Kalland, Mirjam. 1995. *Psychosocial aspects of cleft lip and palate.* Helsinki: Yliopistopaino.

Landolt, Markus. 2004. *Psychotraumatologie des Kindesalters.* Göttingen: Hogrefe.

Lieberman, Alicia F., and Lisa Amaya-Jackson. 2005. Reciprocal influences of attachment and trauma. In *Enhancing early attachments. Theory, research, intervention, and pol- icy,* ed. Lisa J. Berlin, Yair Ziv, Lisa Amaya-Jackson, and Mark T. Greenberg. New York/London: The Guilford Press.

Mundy, Elisabeth, and Baum Andrew. 2004. Medical disorders as a cause of psychological trauma and posttraumatic stress disorder. *Current Opinion in Psychiatry* 17, 2: 123–28.

Olkin, Rhoda. 1999. *What psychotherapists should know about disability.* New York/London: The Guilford Press.

Oster, Harriet. 2005. The repertoire of infant facial expression: An ontogenetic perspec- tive. In *Emotional development, recent research advances,* ed. Jacquelin Nadel and Darwin Muir. Oxford/New York: University Press.

Pleyer, Karl-Heinz. 2004. Co-traumatische Prozesse in der Elter-Kind-Beziehung. *Systema* 2:132–49.

Reddemann, Luise. 2001. *Imagination als heilsame Kraft.* Stuttgart: Pfeiffer bei Klett- Cotta.

Riecher-Rössler, Anita, and Meir Steiner, eds. 2005. *Perinatal stress, mood and anxiety disorders.* Basel: Karger .

Sas, Stefan. 1964. *Der Hinkende als Symbol*. Studien aus dem C.G. Jung-Institut. Zürich: Rascher.

Schore, Allan. 2003. *Affect regulation and the repair of the self.* New York/London: W.W. Norton & Company.

Stern, Daniel N., and Nadia Bruschweiler-Stern. 1998. *The birth of a mother.* New York: Basic Books.

Tillich, Paul. 1962. *The courage to be.* New Haven/London: Yale University Press.

Van der Kolk, Bessel, Alexander McFarlane, and Lars Weisaeth, eds. 1996. *Traumatic Stress: The effects of overwhelming experience on mind, body and society.* New York/London: The Guilford Press.

Winnicott, Donald W. 1975. *Through paediatrics to psychoanalysis.* New York: Basic Books.

第 28 章

Bromberg, Philip M. 2003. One need not be a house to be haunted. On enactment, disso- ciation, and the dread of"Not-Me" —A case study. *Psychoanalytic Dialogues* 13, 5: 689–709.

Bromberg, Philip M. 2006. *Awakening the dreamer: Clinical journeys.* New York: The Analytic Press.

Damasio, Antonio. 1999. *The feeling of what happens: Body, emotion and the making of consciousness.* London: Heinemann.

Edelman, Gerald M., and Guilio Tononi. 2000. *Consciousness: How matter becomes imagination.* London: Penguin.

Jung, C.G. 1921/1971. Definitions. In CW 6.

———. 1928/1966. The therapeutic value of abreaction. In CW 16.

———. 1934/1964. The development of personality. In CW 17.

———. 1953/1966. The function of the unconscious. In CW 7.

———. 1963. *Memories, dreams and reflections.* New York: Random House.

Johnson, Mark. 1987. *The body in the mind: The bodily basis of meaning, imagination and reason.* Chicago and London: University of Chicago Press.

Knox, Jean M. 2003. *Archetypes, attachment and analysis: Jungian psychology and the emergent mind.* London: Brunner-Routledge.

———. 2004. Developmental aspects of analytical psychology: New perspectives from cognitive science and attachment theory. Jung's model of the mind. In *Analytical Psychology: Contemporary perspectives in Jungian analysis,* ed. Joseph Cambray and Linda Carter, 56–82. Hove and New York: Brunner-Routledge.

Mancia, Mauro. 2005. Implicit memory and the early repressed unconscious. *International Journal of Psychoanalysis* 87:83–101.

Orbach, Susie. 2007. Separated attachments and sexual aliveness: How changing attach- ment patterns can enhance intimacy. *Attachment: New Directions in Psychotherapy and Relational Psychoanalysis* 1:1.

Panksepp, Jaak. 1998. *Affective neuroscience: The foundations of human and animal emo- tions.* New York and Oxford: Oxford University Press.

Schore, Allan N. 2001 The right brain as the neurobiological substratum of Freud's dynamic unconscious. In *The psychoanalytic century. Freud's legacy for the future,* ed. David Scharff. New York: Other Press.

———. 2007. Review of *Awakening the dreamer: Clinical journeys* by Philip Bromberg. *Psychoanalytic Dialogues* 1, 75: 753–67.

Stein, Murray. 2006. Individuation. In *The handbook of Jungian psychology,* ed. Renos K. Papodopoulos. Hove and New York: Routledge.

Teicher, Martin. 2000, Wounds time won't heal. *Cerebrum* 2, 4.

Van der Hart, Otto, Ellert R.S. Nijenhuis, and Kathy Steele. 2006. *The haunted self: Structural dissociation and the treatment of chronic traumatization.* New York and London: W.W. Norton & Company Inc.

Wilkinson, Margaret A. 2006. *Coming into mind: The mind-brain relationship: A Jungian clinical perspective.* Hove and New York: Brunner-Routledge.

———. 2007. Jung and neuroscience: The making of mind. In *Who owns Jung*, ed. Ann Casement. London: Karnac

Woodhead, Judith. 2004."Dialectical process "and" constructive method" ; micro- analysis of relational process in an example from parent-infant psychotherapy. *Journal of Analytical Psychology* 49, 2: 143–60.

———. 2005. Shifting triangles: Images of father in sequences from parent-infant psy- chotherapy. *International Journal of Infant Observation* 7, 2–3: 76–90.

第 29 章

Augustine. 2003. *The city of God.* Trans. Henry Bettenson. Penguin Classics. Damasio, Antonio. 1999. *The feeling of what happens.* San Diego: Harcourt.

Helvétius, Claude-Adrian. Del Espíritu. http://thales.cica.es/rd/Recursos/rd99/ed99–0257- 01/bhelvet.html

Hillman, James. 1990. *Archetypal psychology: A brief account.* Dallas: Spring Publications, Inc.

———. 1992. *Emotion: A comprehensive phenomenology of theories and their meanings for therapy.* Evanston: Northwestern University Press.

Jung, C.G. 1911–12/1970. *Symbols of transformation.* CW 5.

———. 1916/1953. The relations between the ego and the unconscious. In CW 7.

———. 1921/1971. *Psychological types.* CW 6.

———. 1951/1968. *Aion.* CW 9i.

———. 1952/1969. Synchronicity: An acausal connecting principle. In CW 8.

Kant, Immanuel. 2006. *Anthropology from a pragmatic point of view.* Trans. and ed. Robert B. Louden. Cambridge: Cambridge University Press.

Kerényi, C. 1961. *The Gods of the Greeks.* London: Thames and Hudson. López-Pedraza, Rafael. 2008. *Sobre emociones.* Caracas: Festina Lente.

Neumann, Erich. 1973. *The origins and history of consciousness.* Princeton: Princeton University Press.

Rougemont, Denis de. 1940. *Love in the western world.* New York: Harcout, Brace & Co. Sánchez, Luis Rafael. 1989. *La importancia de llamarse Daniel Santos.* Hanover: Ediciones Norte.

Sartre, Jean-Paul. 1999. *Bosquejo de una teoría de las emociones.* Madrid: Alianza Editorial.

Shweder, Richard A. 1994."You're not sick, you're just in love" : Emotion as an interpre- tative system. In *The nature of emotion,* ed. Paul Ekman and Richard J. Davidson, 32–44. Oxford: Oxford University Press.

Stein, Murray. 1996. *Practicing wholeness.* New York: Continuum.

Solomon, Robert. 1993. *The passions: Emotion and the meaning of life.* Indianapolis: Hackett.

第 30 章

Beebe, John. 1992. *Integrity in depth*. College Station: Texas A & M University Press. Britton, Ronald. 1998. *Belief and imagination: Explorations in psychoanalysis*. London:
Routledge.

Cavell, Marcia. 1998. Triangulation, one's own mind and objectivity. *International Journal of Psychoanalysis* 79: 449–68.

Fonagy, Peter. 1989. On tolerating mental states: Theory of mind in borderline personal- ity. *Bulletin of the Anna Freud Centre* 12: 91–115.

Gabbard, Glen and Eva Lester. 1995. *Boundaries and boundary violations in psychoanaly- sis*. New York: Basic Books.

Hegel, G. W. F. 1807/1977. *The phenomenology of spirit*. Oxford: Oxford University Press.

Hinshelwood, R. D. 1989. *A dictionary of Kleinian thought*. London: Free Association Books.

Jung, C.G. 1916/1961. Seven sermons to the dead. In *Memories, dreams, reflections*, 378–90. New York: Vintage Books.

———. 1916/1969. The transcendent function. In CW 8.

———. 1936/1964. Wotan. In CW 10.

———. 1961. *Memories, dreams, reflections*. New York: Vintage Books.

Rose, Gillian. 2000. Symbols and their function in managing the anxiety of change: An intersubjective approach. *International Journal of Psychoanalysis* 81:453–70.

Samuels, Andrew. 1989. *The plural psyche*. London: Routledge.

Schore, Alan. 1994. *Affect regulation and the origins of the self: The neurobiology of emo- tional development*. Hillsdale, NJ: Erlbaum.

Solomon, Hester McFarland. 2000. The ethical self. In *Jungian thought in the modern world*, eds. Elphis Christopher and Hester McFarland Solomon, 191–216. London: Free Association Books.

———. 2007. *The self in transformation*. London: Karnac Books.

Wilkinson, Margaret. 2006. *Coming into mind: The mind-brain relationship: A Jungian clinical perspective*. East Sussex: Routledge.

第 31 章

Ashton, Paul. 2007. *From the brink: Experiences of the void from a depth psychological perspective*. London: Karnac.

Ashton, Paul, ed. 2007. *Evocations of absence: Multidisciplinary perspectives on void states*. New Orleans: Spring.

Dourley, John P. 1994. In the Shadow of the Monotheisms: Jung's conversations with Buber and White. In *Jung and the Monotheisms, Judaism, Christianity, and Islam*, ed.
J. Ryce-Menuhin, 125–45. London: Routledge.

———. 2003. Archetypal hatred as social bond: Strategies for its dissolution. In *Terror, violence and the impulse to destroy*, ed. John Beebe, 135–59. Einsiedeln: Daimon Verlag.

———. 2004. Jung, Mysticism and the double Quaternity: Jung and the psychic origin of religious and mystical experience. *Harvest* 50, 1: 47–74.

———. 2007. The Jung-White dialogue and why it couldn't work and won't go away. *Journal of Analytical Psychology* 53, 3: 275–95.

Hegel, G.W.F. 1825/1990. *Lectures on the history of philosophy: The lectures of 1825- 1826*. Vol. 3, Medieval and Modern Philosophy, ed. and trans. R.F. Brown, Berkeley: University of California

Press.

Jung, C.G. 1964. The undiscovered self. In CW 10.

———. 1965. *Memories, dreams, reflections*, ed. Aniela Jaffe. New York: Vintage.

———. 1968. Introduction to the religious and psychological problems of alchemy. In CW 12.

———. 1968b. *Archetypes of the collective unconscious.* CW 9i.

———. 1968c. Gnostic symbols of the self. In CW 9ii.

———. 1969. Psychology and religion. In CW 11.

———. 1969b. Transformation symbolism in the Mass. In CW 11.

———. 1969c. Answer to Job. In CW 11.

———. 1969d. The transcendent function. In CW 8.

———. 1969e. On the nature of the psyche. In CW 8.

———. 1970. *Mysterium Coniunctionis.* CW 14.

———. 1971. The Relativity of the God-concept in Meister Eckhart. In CW 6.

———. 1975/1953. *C.G. Jung letters, 2: 1951–1961*, ed. G. Adler, A. Jaffe. Princeton: Princeton University Press.

———. 1976. Jung and religious belief. In CW 18.

———. 1976b. Techniques of attitude change conducive to world peace. In CW 18. Marlan, Stanton. 2005. *The black sun: The alchemy and art of darkness.* College Station: Texas A & M University Press.

Marx, Karl. 1843/1972. On the Jewish question. In *The Marx-Engels reader*, ed. R.C. Tucker, 24–51. New York: W. W. Norton.

McGinn, Bernard. 1998. *The flowering of mysticism: Men and women in the new mysti- cism 1200–1350.* New York: Crossroad.

———. 2001. *The mystical thought of Meister Eckhart.* New York: Crossroad.

第 32 章

Grande, Tilman, et al. 2006. Differential effects of two forms of psychoanalytic therapy; Results of the Heidelberg-Berlin study. *Psychotherapy Research* 16, 4: 470–85.

Hill, Clara, Roberta Diemer, et.al. 1993. Are the effects of dream interpretation on session quality, insight and emotions due to the dream itself, to projection or to the interpre- tation process? *Dreaming* 3, 4: 269–80.

Kriz, J. 2007. Wie lässt sich die Wirksamkeit von Verfahren X wissenschaftlich begrün- den? *Psychotherapeutenjournal* 3: 258–61.

Mattanza G., I. Meier, and M. Schlegel, eds. 2006. *Seele und Forschung: Ein Brückenschlag in der Psychotherapie.* Basel: Karger.

Roesler, Christian. 2006. Narrative Biographieforschung und archetypische Geschichten- muster. In *Seele und Forschung, Ein Brückenschlag in der Psychotherapie*, ed. Mattanza et al.

Spitzer, M. 2000. *Geist im Netz.* Heidelberg: Spektrum Akademischer Verlag.

第 33 章

Beradt, Charlotte. 1985. *The third Reich of dreams: The nightmares of a nation 1933–1939.* Northamptonshire, UK: The Aquarian Press.

Lawrence, W. Gordon, ed. 1998. *Social dreaming @ work.* London: Karnac.

———. 2005. *Introduction to social dreaming: Transforming thinking.* London: Karnac.

————, ed. 2007. *Infinite possibilities of social dreaming*. London: Karnac.

Morgan, Helen, and Peter Tatham. 2003. Social dreaming at Cambridge. In *Proceedings of the 15th International Congress for Analytical Psychology*. Einsiedeln: Daimon Verlag.

第 34 章

Jung, C.G. 1963. *Memories, dreams, reflections*. London: Routledge & Kegan Paul.

Ramos, Denise. 2004. *Comparative study of training societies*. International Association for Analytical Psychology.

Training Programs of the following IAAP Training Societies: SBrPA—Brazilian Society for Analytical Psychology; C.G. Jung Institut Berlin; Jungian Psychoanalytic Association; C.G. Jung Institute of Korea, Korean Association of Jungian Analysts; The C.G. Jung Institute of San Francisco; The Society of Analytical Psychology.

第 35 章

Guggenbühl-Craig, Adolf. 1971. *Power in the helping professions*. Dallas, TX: Spring Publications.

Henderson, Joseph L. 1982/1995. Reflections on the history and practice of Jungian analysis. In *Jungian analysis*, ed. Murray Stein, 3–28. Chicago: Open Court.

Horne, Michael. 2007. There is no 'truth' outside a context: Implications for the teaching of analytical psychology in the 21st century. *Journal of Analytical Psychology* 52, 2:127–42.

Jung, C.G., with Aniela Jaffé. 1961. *Memories, dreams, reflections*. New York: Random House.

Kelly, Tom. 2007. The making of an analyst: From 'ideal' to 'good-enough. *Journal of Analytical Psychology* 52, 2: 157–69.

Kirsch, Thomas B. 1982/1995. Training analysis. In *Jungian analysis*, ed. Murray Stein, 437–50. Chicago and LaSalle, IL: Open Court.

————. 2001. *The Jungians: A comparative and historical perspective*. London: Routledge.

第 36 章

Astor, James. 2003. Empathy in the use of countertransference between supervisor and supervisee. In *Supervising and being supervised: A practice in search of a theory*, ed. Jan Wiener, Richard Mizen, and Jenny Duckham, 49–64. London: Palgrave Macmillan

Britton, Ronald. 1998. *Belief and imagination*. London and New York: Routledge. Driver, Christine, and Edward Martin. 2002. *Supervising psychotherapy*. London: SAGE Publications.

Duparc, Francois. 2001. The countertransference scene in France. *International Journal of Psychoanalysis* 82, 1: 151–69

Ekstein, Rudolph, and Robert S. Wallerstein. 1958. *The teaching and learning of psy- chotherapy*. New York: Basic Books

Fordham, Michael. 1957. Notes on the transference. In *New developments in analytical psychology*. London: Routledge and Kegan Paul

Hopwood, Ann. 2005. Is there a Jungian approach to supervision? Unpublished talk given to supervision course, Society of Analytical Psychology.

Hubback, Judith. 1995. Styles of supervision. In *Jungian perspectives on clinical supervi- sion*, ed. Paul Kugler, 96–99. Einsiedeln: Daimon Verlag.

Hughes, Lynette, and Paul Pengelly. 1997. *Staff supervision in a turbulent environment: Managing process and task in front-line services*. London; Bristol, PA: Jessica Kingsley Publishers.

Jung, C.G. 1946/1966. Analytical psychology and education. In CW 16.

Kugler, Paul, ed. 1995. *Jungian perspectives on clinical supervision*. Einsiedeln: Daimon Verlag.

Martin, Edward. 2003. Problems and ethical issues in supervision. In *Supervising and being supervised: A practice in search of a theory*, ed. Jan Wiener, Richard Mizen, and Jenny Duckham, 135–50. London: Palgrave Macmillan

Martindale, Brian, ed. 1997. *Supervision and its vicissitudes*. London: Karnac Books. Mattinson, Janet. 1981. The deadly equal triangle. In *Change and renewal in psychody-namic social work: British and American developments in practice and education for services to families and children*. MA: Smith College School of Social Work.

McGlashan, Robin. 2003. The individuating supervisor. In *Supervising and being super- vised: A practice in search of a theory*, ed. Jan Wiener, Richard Mizen, and Jenny Duckham, 19–33. London: Palgrave Macmillan.

Mollon, Phil. 1997. Supervision as a space for thinking. In *Supervision of psychotherapy and counselling*, ed. Geraldine Shipton, 24–34. Buckingham; Philadelphia: Open University Press.

Money-Kyrle, Roger E. 1978. *The aim of psychoanalysis: The collected papers of Roger Money-Kyrle*. Perth, Scotland: Clunie Press

Ogden, Thomas. 1999. *Reverie and interpretation: Sensing something human*. London: Karnac Books.

Perry, Christopher. 2003. Into the labyrinth: A developing approach to supervision. In *Supervising and being supervised: A practice in search of a theory*, ed. Jan Wiener, Richard Mizen, and Jenny Duckham, 187–206. London: Palgrave Macmillan.

Petts, Ann, and Bernard Shapley. 2007. *On supervision: Psychoanalytic and Jungian ana- lytic perspectives*. London: Karnac Books.

Pontalis, J.-B. 1975. A partir du contre-transfert. Le mort et le vif entrelacés. *Revue Français. Psychanalysis* 12: 73–88.

Sedlak, Vic. 2003. The patient's material as an aid to the disciplined working through of the countertransference and supervision. *International Journal of Psychoanalysis* 84, 6: 1487–1500.

Shapley, Bernard. 2007. On supervision. *Karnac Review*. London: Karnac Books.

Shearer, Ann. 2003. Learning about supervision. In *Supervising and being supervised: A practice in search of a theory*, ed. Jan Wiener, Richard Mizen, and Jenny Duckham, 207–23. London: Palgrave Macmillan.

Wharton, Barbara. 2003. Supervision in analytic training. In *Supervising and being super- vised: A practice in search of a theory*, ed. Jan Wiener, Richard Mizen, and Jenny Duckham, 82–99. London: Palgrave Macmillan.

Wiener, Jan, Richard Mizen, and Jenny Duckham, eds. 2003. *Supervising and being super- vised: A practice in search of a theory*. London. Palgrave Macmillan

Wiener, Jan. 2007. The analyst's countertransference when supervising: Friend or foe? Journal of Analytical Psychology 52, 1: 51 – 69.

Zinkin, Louis. 1995. Supervision: The impossible profession. In *Jungian perspectives on clinical supervision*, ed. Paul Kugler, 240–39[??]. Einsiedeln. Daimon Verlag.

Jungian Psychoanalysis: Working in the Spirit of Carl Jung

Edited By Murray Stein

ISBN: 978–0–8126–9668–4

Copyright © 2010 by Carus Publishing Company

Authorized translation from English language edition published by Open Court Publishing Company.No part of this publication may be reproduced, stored in a retrieval system or transmitted in any form or by any means, electronic, mechanical photocopying, recording or otherwise without the prior permission of the publisher.

Simplified Chinese translation copyright © 2023 by China Renmin University Press Co., Ltd.

All rights reserved.

本书中文简体字版由 Open Court Publishing Company 授权中国人民大学出版社在中华人民共和国境内（不包括香港特别行政区、澳门特别行政区和台湾地区）出版发行。未经出版者书面许可，不得以任何方式抄袭、复制或节录本书中的任何部分。

版权所有，侵权必究。